W0021549

Nautilus
Biologie 11

Ausgabe B

Reinhard Bochter
Herbert Hofmann
Klaus Hupfer
Sandra Sinclair

Bayerischer Schulbuch Verlag

Nautilus
Biologie 11
Ausgabe B

© 2009 Bayerischer Schulbuch Verlag GmbH, München
www.oldenbourg-bsv.de

1. Auflage 2009 R06

Druck 13 12 11 10 09
Die letzte Zahl bezeichnet das Jahr des Drucks.
Alle Drucke dieser Auflage sind untereinander unverändert
und im Unterricht nebeneinander verwendbar.

Umschlaggestaltung: Lutz Siebert-Wendt, München
Lektorat: Katja Walther, München
Herstellung: Alice Wüst, München
Satz: fidus Publikations-Service GmbH, Nördlingen
Druck: Himmer AG, Augsburg

ISBN 978-3-7627-0164-4

Strukturelle und energetische Grundlagen des Lebens 11

Genetik und Gentechnik 65

Neuronale Informationsverarbeitung 175

Trinkwasser – im Spannungsfeld von Ökologie und Ökonomie 217

1. Münchner Trinkwasser – Qualität dank konsequentem Wasserschutz 218

2. Wasserqualität als öffentliches Gut? 220

3. Vorschläge zur Projektstruktur . . 221

4. Der Einstieg ins wissenschaftsorientierte Arbeiten 223

5. Methoden 225

6. Dokumentation und Präsentation 232

Grundwissen und Basiskonzepte Klasse 11

Basiskonzepte / Themen	*Struktur und Funktion*	*Reproduktion*
Organisation und Funktion der Zelle	**Unterschiedliche Zelltypen** → Prokaryoten ohne, Eukaryoten mit Zellmembran und Zellkern; tierische Zellen ohne, pflanzliche Zellen mit Zellwand, Plastiden und Vakuole **Zellorganellen** → Ribosomen: Umsetzung Erbinformation in Bioproteinsynthese; Endoplasmatisches Retikulum: Infrastruktur durch Kanalsystem; Dictyosomen: Stoffsynthese und -transport; Microbodies: Stoffwechsel; Lysosomen: Abbau von Eiweißen; Zellkern: enthält Erbinformation; Mitochondrien: Zellatmung; Plastiden: Fotosynthese **Biomembran** → Ort der Trennung von und des Stoffaustauschs zwischen Zellaußen- und Innenraum	
Energiebindung/Stoffaufbau durch Fotosynthese	**Blattanatomie:** durchsichtige Epidermis; Palisadengewebe und Schwammgewebe mit Plastiden; Spaltöffnungen zur CO_2-Aufnahme, Abgabe von O_2 und Wasserdampf → Blattaufbau spiegelt Funktion wider („Blatt als Ort der Fotosynthese")	
Bau und Funktion der Nervenzelle	Bau eines Neurons mit **Dendriten** (Fortsätze), **Axon** (Nervenfaser), **Endknöpfchen** und **Synapsen** (Vernetzung mit anderen Nerven- und Körperzellen) Neuronen sind erregbar → **Ruhepotenzial/Aktionspotenzial**	
Erregungsübertragung an Synapsen	Feinbau chemische Synapse: • präsynaptische Zelle • synaptischer Spalt • postsynaptische Zelle	
Lernen und Gedächtnis auf neuronaler Ebene	Aufteilung des Großhirns in **sensorische**, **motorische** und **Assoziationsfelder** mit entsprechenden Funktionen	
Grundlagen der Molekulargenetik	Aufbau und Struktur von Nukleinsäuren → Abfolge der vier DNA-Basen **A**denin, **C**ytosin, **G**uanin und **T**hymin (in RNA **U**racil) codiert genetische Information	Verdoppelung der DNA durch **Replikation/identische Reduplikation** → enzymatische Trennung des DNA-Doppelstrangs und Anlagerung und Verknüpfung komplementärer Nukleotide (**komplementäre Basenpaarung**) Proteinbiosynthese als Übertrag und Realisierung von Erbinformation → **Transkription, Translation** Transport von genetischer Information → **m-RNA** (Zellkern – Ribosom), **t-RNA** (Zytoplasma – Ribosom)
Zytogenetik		**Mitose** → Teilung von Körperzellen unter quantitativer Weitergabe unveränderten Erbguts an Tochterzelle **Meiose** → Chromosomensatz wird bei Bildung der Geschlechtszellen auf einfachen Satz reduziert
Humangenetik	das **AB0-System** → Oberflächenstrukturen von Antikörpern im Blutserum bestimmter Blutgruppe	einfache Erbgänge beim Menschen → **polygene** und **monogene Vererbung**
Klassische Genetik	Chromosomen als Träger der Erbanlagen → Allele liegen an sogenannten Genorten	**monohybrider** Erbgang → ein alternierendes Merkmalspaar **dihybrider** Erbgang → zwei alternierende Merkmalspaare komplexe Erbgänge • intermediärer Erbgang • Genkopplung und Genaustausch

Stirnlappen, Schläfenlappen, Scheitellappen, Hinterhauptslappen

Grundwissen und Basiskonzepte Klasse 11

Basiskonzepte / Themen	*Steuerung und Regelung*	*Information und Kommunikation*
Energiebindung/ Stoffaufbau durch Fotosynthese	Schließzellen und damit Öffnung der Spaltöffnungen über Zellinnendruck (Turgor) gesteuert → Regulation von CO_2-Aufnahme und Wasserverlust durch Verdunstung	
Organisation und Funktion der Zelle	**enzymatische Prozesse** → Enzyme als Biokatalysatoren, die Zellstoffwechsel regeln **Substrat- und Wirkungsspezifität** steuern Interaktion zwischen Enzymen und Substraten **Regulation der Enzymaktivität** durch Substratkonzentration, Temperatur, verschiedene Vorgänge der Hemmung	
Energiebindung/ Stoffaufbau durch Fotosynthese	**Einfluss von Außenfaktoren:** Temperatur, Lichtintensität und CO_2-Konzentration regulieren Fotosyntheseleistung	
Erregungsübertragung an Synapsen	Funktionsweise einer chemischen Synapse • **spannungsgesteuerte** Ionenkanäle • Ioneneinstrom in präsynaptische Zelle • Freisetzung **Neurotransmitter;** andocken an **rezeptorgesteuerte** Ionenkanäle • Ioneneinstrom in postsynaptische Zelle • **enzymatische Spaltung** des Neurotransmitters	Weiterleitung von Aktionspotenzialen durch Änderung der Ionenkonzentrationen in Außenmilieu und Innenraum der Zelle
Bau und Funktion der Nervenzelle	**Ionenpumpen** → erhalten Ionenverteilung an Zellmembran aufrecht; Beispiel: **Natrium-Kalium-Pumpe**	
Lernen und Gedächtnis auf neuronaler Ebene	synaptische Eingangssignale können **erregend** oder **hemmend** wirken → De- und Hyperpolarisation Erregbarkeit bestimmter postsynaptischer Zelle wird durch eingehende Nervenimpulse gesteuert → Vorgänge der **Langzeitpotenzierung** und **Langzeitdepression** Lernfähigkeit neuronaler Netze durch Verstärkung spezifischer Impulse und simultan eingehender Signalfolgen	**Signalverarbeitung** von Nervenimpulsen → Lerneffekte durch Sensibilisierung von Synapsen (**Langzeitpotenzierung**) **Speicherung** von Gelerntem: • Produktion synapsenverstärkender Proteine → binden an kurzzeitig verstärkte Synapsen → Bildung zusätzlicher Synapsen zwischen betreffenden Neuronen Ausbildung **dendritischer Dornen** → wachsen zur Synapsenbildung gezielt auf Endknöpfchen zu
Grundlagen der Molekulargenetik	Steuerung der **Genaktivität** durch Regulationssystem aus • Strukturgenen • Operatorgenen • Regulatorgenen Mechanismen zur enzymatischen Reparatur von Genmutationen → **Exonukleasen** entfernen defekten Teil des Genstrangs während Replikation	

Grundwissen und Basiskonzepte Klasse 11

Basiskonzepte / Themen	*Stoff- und Energieumwandlung*	*Variabilität und Angepasstheit*
Energiebindung/Stoffaufbau durch Fotosynthese	**Lichtreaktion** → Nutzung der Lichtenergie zum Aufbau energiereicher Moleküle (ATP, NADPH/H$^+$) **Dunkelreaktion** → Nutzung energiereicher Moleküle zum Aufbau von Glucose **Anabolismus** → Umwandlung von Glucose in körpereigene Speicherkohlenhydrate oder Baustoffe	Blattanatomie → Aufbau eines Blattes ist an Standort der Pflanze angepasst; z.B. fehlende oder vorhandene Spaltöffnungen
Energiefreisetzung durch Stoffabbau	**Katabolismus** → Gewinnung von energiereichem ATP durch Glucose-Abbau • **aerob**: Zellatmung unter Anwesenheit von O_2 (38 ATP pro eingesetztem Glucosemolekül) → Glykolyse → Oxidative Decarboxylierung → Zitronensäurezyklus → Atmungskette (Endoxidation) • **anaerob**: Gärung unter Abwesenheit von O_2 (2 ATP pro eingesetztem Glucosemolekül) → alkoholische Gärung → Milchsäuregärung	
Bau und Funktion der Nervenzelle		Erhöhung der Geschwindigkeit der Nervenleitung: Vergößerung des Axondurchmessers (z.B. beim wirbellosen Tintenfisch) **Myelinisierung** des Axons (bei Wirbeltieren) → **saltatorische Erregungsleitung**
Grundlagen der Molekulargenetik		**Prokaryoten:** ununterbrochene Folge der Gensequenz → m-RNA wird sofort nach Synthese in Proteine übersetzt **Eukaryoten:** codierte Gensequenz (**Exons**) durch nichtcodierende Anteile (**Introns**) unterbrochen → m-RNA muss vor Proteinbiosynthese **prozessiert** werden

Liebe Kolleginnen und Kollegen, liebe Schülerinnen und Schüler,

Die rasanten Fortschritte in den Biowissenschaften, ihre aktuellen Forschungsergebnisse und deren Anwendung berühren mittlerweile fast jeden Bereich des heutigen Lebens. Ein sachgerechter und verantwortungsvoller Umgang mit diesen hochaktuellen biologischen Themen erfordert fachliche und methodische Kompetenz sowie deren Einbindung in den gesellschaftlichen Kontext. Basierend auf der Vermittlung elementarer biologischer Prinzipien sowie vertiefter Fachkenntnisse bietet das Lehr- und Arbeitsbuch **Nautilus 11** das notwendige Fundament für die Vernetzung der „Wissenschaft des Lebens" mit der gesellschaftlichen und individuellen Realität. Die Auswahl der Inhalte fußt dabei konsequent auf den Lehrplanvorgaben zum achtjährigen Gymnasium des Landes Bayern. **Nautilus 11** ist daher die ideale Vorbereitung auf das Abitur.

Das Kapitel **Strukturelle und energetische Grundlagen des Lebens** ermöglicht eine differenzierte Vertiefung des bereits vorhandenen Wissens zu Bau und Funktion der Zelle sowie zu Biomolekülen; bei beiden Aspekten kommt vor allem das Basiskonzept **Struktur und Funktion** zum Tragen. Die Darstellung der energetischen Vorgänge innerhalb der Zelle und ihrer biochemischen Grundlagen eröffnet den Blick auf Stoffkreisläufe kleineren und größeren Maßstabs und damit auf aktuelle Themen der Ökologie. Nicht zuletzt die detaillierten Betrachtungen zur Fotosynthese erlauben hier eine Vertiefung des Basiskonzepts **Stoff- und Energieumwandlung**. Auch das Prinzip der **Steuerung und Regelung** findet im Zusammenhang mit der Einflussnahme von Außenfaktoren und anderen Regelgrößen auf Vorgänge in der Zelle Anwendung.

Die vertiefende Darstellung der Prinzipien der klassischen, der Molekular- sowie der Zytogenetik im Kapitel **Genetik und Gentechnik** ist am Basiskonzept **Reproduktion** ausgerichtet. Doch auch die Prinzipien der **Steuerung und Regelung** und **Variabilität und Angepasstheit** kennzeichnen Thematiken wie z.B. die unterschiedliche Speicherung und Realisierung pro- bzw. eukaryotischer Erbinformation. Eine ausführliche Einführung in aktuelle Methoden auf der einen sowie ethische Analysen auf der anderen Seite tragen zu einem reflektierten Umgang mit aktuellen Fragen der angewandten Gentechnik und Gendiagnostik bei.

Die Basiskonzepte **Information und Kommunikation** sowie **Steuerung und Regelung** ziehen sich wie ein roter Faden durch das Kapitel **Neuronale Informationsverarbeitung**. Neben der Darstellung molekularer neurophysiologischer Prozesse bietet dieses Kapitel auch aktuelle Erkenntnisse zu Informationsverarbeitung, Lernen und Gedächtnis auf neuronaler Ebene. Jeder dieser Themenbereiche ist notwendige Grundlage für die sachgerechte Auseinandersetzung mit den ständig wachsenden Erkenntnissen der Neurowissenschaften.

Neben dem Einbinden vertiefter Fachkenntnisse in das Verständnis von biologisch-gesellschaftlichen Zusammenhängen ist die Vorbereitung auf das Studium ein wesentlicher Inhalt des Biologieunterrichts in Sekundarstufe II. **Nautilus 11** trägt diesem Ziel mit der gezielten Förderung einer wissenschaftspropädeutischen Ausbildung Rechnung. Zahlreiche Praktikumsangebote fordern zur selbstständigen und intensiven Auseinandersetzung mit Sachverhalten, Phänomenen und Experimenten auf und schulen biologische Arbeitsmethoden. Das Kapitel **Trinkwasser – im Spannungsfeld von Ökologie und Ökonomie** enthält einen zeitgemäßen und realitätsnahen Projektvorschlag zur Methodenschulung, ohne die eigene Planungs- und Gestaltungstätigkeit der Schülerinnen und Schüler durch zu enge Vorgaben einzuschränken. Mit seiner Einführung in (natur-)wissenschaftliches Arbeiten, beispielhafter Darstellung geeigneter Methoden sowie Ratschlägen zu Planung und Ergebnispräsentation ist dieses Kapitel auch für andere Projekt-Thematiken eine allgemeingültige und wertvolle Hilfestellung.

Wie seine Vorgänger-Bände folgt auch dieses Werk der bewährten **Nautilus**-Struktur: **Informationsseiten** mit themenbezogenen **Aufgaben** in der Randspalte werden durch Rubrikenseiten ergänzt. In der Rubrik **Praktikum** finden sich Experimente, die Methoden trainieren und Biologie erfahr- und anwendbar machen. Die Rubrik **Exkurs** bietet eine Fülle an weiterführenden und vertiefenden Informationen, die einen offenen Biologieunterricht ermöglichen aber nicht verpflichtend sind; in komprimierter Form finden sich solche Inhalte auch in Randspalten-Boxen, die oft Nachbardisziplinen streifen. Die Seiten und Abschnitte zur **Zusammenfassung** relevanter Inhalte an geeigneten Stellen des Bandes dienen einer gestrafften Wiederholung; integrierte fakultative Inhalte sind *kursiv* ausgezeichnet. Relevante Stichworte einer Thematik werden in der Rubrik **Auf einen Blick** am Ende eines jeden Kapitels als Mindmap dargestellt. Lehrplaninhalte, die nicht zwingend/obligatorisch behandelt werden müssen, bei ausreichender Zeit aber selbstverständlich in den Unterricht aufgenommen werden können, sind im Inhaltsverzeichnis und den Kapiteln selbst als eigene Kategorie *Plus* ausgezeichnet.

Und nun viel Spaß und viel Erfolg!
Autoren und Verlag

Strukturelle und energetische Grundlagen des Lebens

1 Organisation und Funktion der Zelle

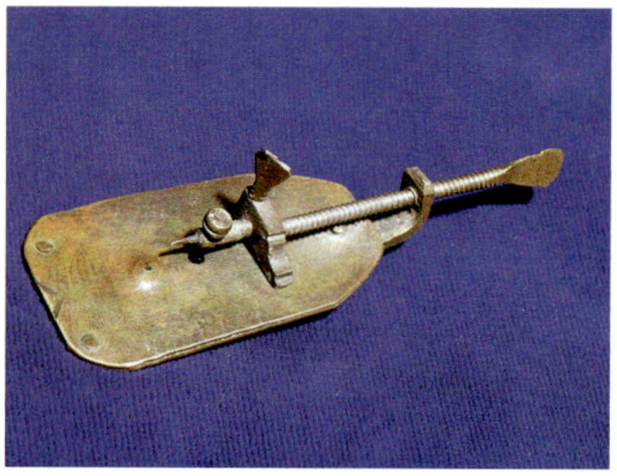

ANTONI VAN LEEUWENHOECK *(Abb. 2)*, ein niederländischer Naturforscher, setzte ab 1676 das Mikroskop zu wissenschaftlichen Studien ein. Sein einfaches **Lichtmikroskop** *(Abb. 1)* vergrößerte etwa 270fach. Ihm gelang damit u. a. die Entdeckung der roten Blutkörperchen. Selbst Zeichnungen kleinerer Zellen, wie Bakterien- und Hefezellen, sind überliefert. Die Wissenschaft erkannte nicht die Tragweite dieser Entdeckungen. Erst um 1800 erwachte erneut das Interesse für den Mikrokosmos. 1830 konnte das Mikroskop durch die Entwicklung leistungsfähigerer Linsen erheblich verbessert werden. Die Bilder wurden schärfer und waren weniger von Farbsäumen umgeben.

Bereits 1833 entdeckte man den Zellkern und 1839 das Zytoplasma als „lebenden Bestandteil" jeder Zelle. Um 1838 stand fest, dass alle Lebewesen aus Zellen aufgebaut sind. Im letzten Drittel des 19. Jahrhunderts gelang es, parallel zu erneuten Verbesserungen des Mikroskops, die Zellteilung und die Mechanismen bei der Befruchtung detailliert aufzuklären.

1934 eröffnete der deutsche Physiker ERNST RUSKA mit der Erfindung des **Elektronenmikroskops** eine neue Epoche der Zellforschung.

Intensive Forschung mit immer besseren Licht- und Elektronenmikroskopen hat unsere Kenntnis über den Bau und die Funktionen der Zelle weit vorangebracht.

Bei Lebewesen finden sich zwei Grundtypen von Zellen:

- Bakterien und Cyanobakterien (früher: Blaualgen) besitzen einfacher gebaute Zellen (Protozyten; gr. proto – zuerst, ursprünglich, kytos – Zelle) ohne Zellkern. Daher werden beide Organismengruppen auch als **Prokaryoten** (gr. pro – vor, karyon – Kern) bezeichnet.

- Alle anderen Lebewesen, gleichgültig ob Einzeller (z. B. Pantoffeltierchen) oder Vielzeller (z. B. Mensch), bestehen aus komplizierter gebauten Zellen mit eigenem Zellkern. Solche Lebewesen werden als **Eukaryoten** (gr. eu – gut) bezeichnet. Ihre Zellen (Euzyten) enthalten eine Vielzahl von Zellorganellen.

Die eukaryotische Zelle lässt sich als Weiterentwicklung der Protozyte auffassen. Der Zellbau und die Zellbestandteile sind daher weitgehend bei der Besprechung der eukaryotischen Zelle erläutert.

Abb. 1 Nachbildung des ersten von van Leeuwenhoeck gebauten Mikroskops

Abb. 2 Antoni van Leeuwenhoeck

Exkurs

Elektronenmikroskopie

Prinzipiell ähneln sich die Funktionsweisen von Licht- und Elektronenmikroskop *(Abb. 3 und 4)*: Anstelle von Licht werden Elektronenstrahlen genutzt; magnetische oder elektrische Felder übernehmen die Aufgabe der Linsen. Bei der Elektronenmikroskopie können allerdings nur tote Objekte untersucht werden. Auch sind die Ansprüche an die Herstellung der verwendeten Präparate sehr hoch. In Tabelle 1 sind wichtige Daten der beiden Mikroskoptypen im Vergleich dargestellt.

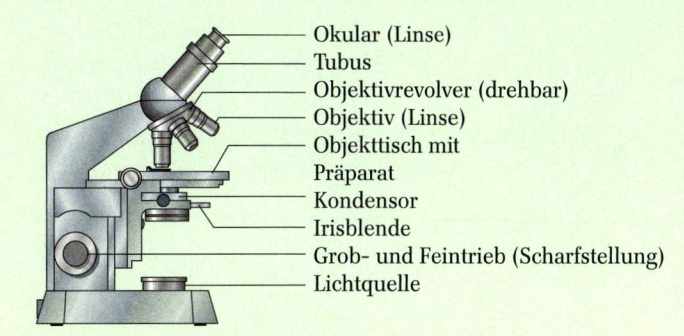

Okular (Linse)
Tubus
Objektivrevolver (drehbar)
Objektiv (Linse)
Objekttisch mit Präparat
Kondensor
Irisblende
Grob- und Feintrieb (Scharfstellung)
Lichtquelle

Abb. 3: Bau des Lichtmikroskops

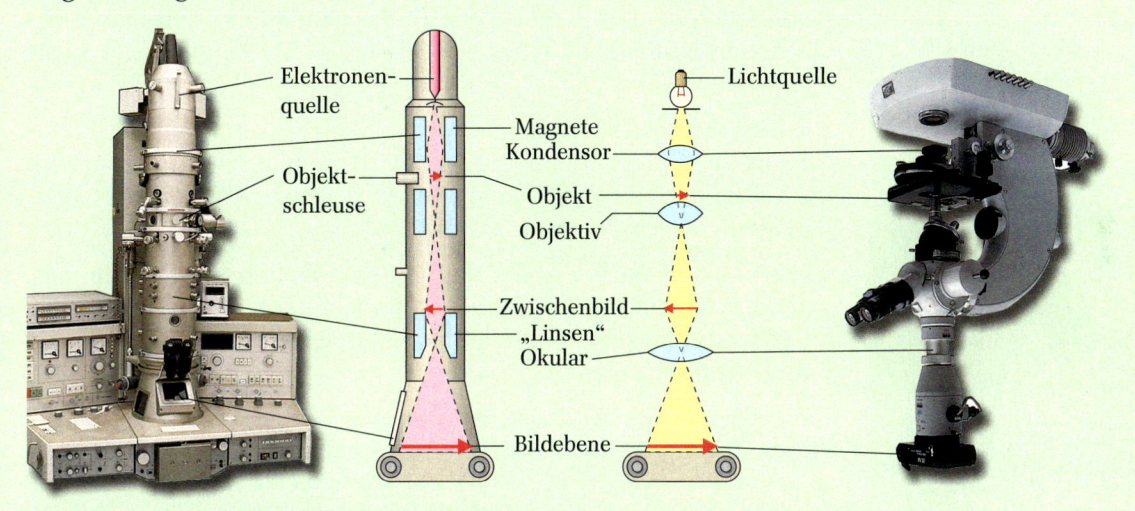

Elektronen-quelle
Objekt-schleuse

Lichtquelle
Magnete Kondensor
Objekt
Objektiv
Zwischenbild
„Linsen"
Okular
Bildebene

Abb. 4 Strahlengang von Elektronen- und Lichtmikroskop

	Lichtmikroskop	Elektronenmikroskop
Vergrößerung	bis 2 000fach	bis 1 000 000fach
Auflösungsvermögen	bis 200 nm, z. B. Zelle (20 μm), Erythrocyten (5 μm), Zellkern (0,005 μm), kleine Bakterien (500 nm)	bis 0,1 nm, z. B. DNA (2 nm), Pockenvirus (250 nm), Ribosomen (15 nm), Glucose-Molekül (0,7 nm)
Vergrößerung durch	Glaslinsen	Magnetfeld
Verwendete Strahlen	Lichtstrahlen	Elektronenstrahlen
Mikroskopie von	intakten Zellen (Lebend-, Ausstrich- und Totalpräparate), nachträgliche Anfärbung zur besseren Kontrastierung	toten Präparaten (in Kunstharz gebettete, dünn geschnittene Präparate von 0,1 μm Dicke beim TEM, Gefrierbruchpräparate beim REM), Anfärbungen

Tab. 1 Vergleich zwischen Licht- und Elektronenmikroskop

1 nm = 10^{-9} m
1 μm = 10^{-6} m
TEM: Transmissions-Elektronenmikroskop
REM: Raster-Elektronenmikroskop

Auflösungsvermögen:
Entfernung zwischen zwei Punkten, bei der man diese gerade noch getrennt wahrnehmen kann.

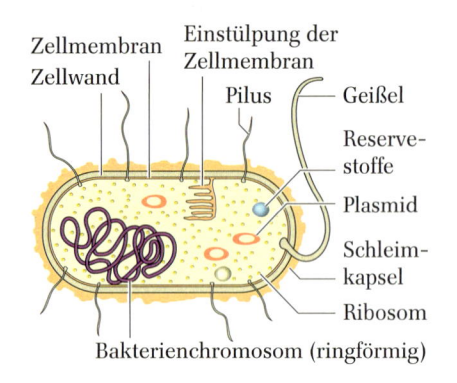

Zellmembran
Zellwand
Einstülpung der Zellmembran
Pilus
Geißel
Reservestoffe
Plasmid
Schleimkapsel
Ribosom
Bakterienchromosom (ringförmig)

Abb. 1 Schematischer Bau einer prokaryotischen Zelle

70 S / 80 S Ribosom, S = Svedberg, Einheit für den Sedimentationskoeffizient

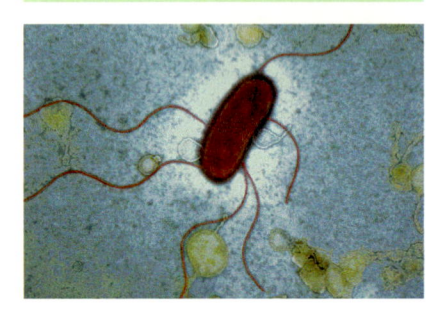

Abb. 2 Elektronenmikroskopische Aufnahme einer Bakterienzelle (E.coli)

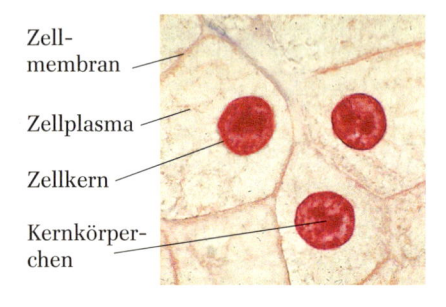

Zellmembran
Zellplasma
Zellkern
Kernkörperchen

Abb. 3 Tierische Zelle im Lichtmikroskop

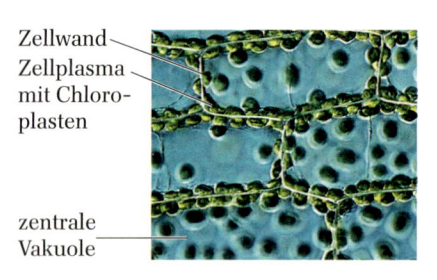

Zellwand
Zellplasma mit Chloroplasten
zentrale Vakuole

Abb. 4 Pflanzliche Zelle im Lichtmikroskop

1.1 Die prokaryotische Zelle

Die Zellen von Bakterien und Cyanobakterien („Blaualgen": Erste Organismen der Evolution, die durch Fotosynthese Sauerstoff erzeugten) sind einfacher gebaut als eukaryotische Zellen.

Allen Prokaryoten *(Abb. 1)* fehlt eine Kernmembran und somit ein echter Zellkern. Die Erbsubstanz liegt als ein ringförmiger **DNA-Faden (Bakterienchromosom) frei im Cytoplasma** und ist nicht an Histon-Proteine gebunden *(S. 100, Abb. 7)*. Zusätzlich besitzen Prokaryoten kleine ringförmige DNA-Moleküle, die man als **Plasmide** bezeichnet. Sie tragen unter anderem Gene für Antibiotika-Resistenzen und solche, die den Austausch genetischen Materials zwischen Bakterien bewirken (Fertilitätsfaktoren). Ein Plasmid kann sich unabhängig vom Bakterienchromosom verdoppeln. In der genetischen Forschung und bei gentechnologischen Vorgängen spielen sie als Vektoren eine wichtige Rolle *(S. 147)*.

Die **Ribosomen** der Prokaryoten sind von geringerer Masse (70 S Ribosomen) als die der Eukaryoten (80 S Ribosomen) und sind benannt nach ihrer geringeren Sedimentationsgeschwindigkeit bei der Zentrifugation.

Weitere Zellorganellen fehlen. Ihre Aufgaben werden von **Einstülpungen der Zellmembran** (Mesosomen) übernommen. So sind auf der inneren Membran z. B. Enzyme für die Energiegewinnung durch Zellatmung lokalisiert.

Die **Zellwand** der Bakterien ist stets **mehrschichtig** und besteht aus Makromolekülen, die Bausteine der Stoffklasse der Kohlenhydrate *(S. 52)* sowie Bausteine der Stoffklasse der Proteine *(S. 26 f.)* beinhalten. Manche Bakterien besitzen **Geißeln** zur **Fortbewegung**; auch Schleimkapseln kommen vor.

Prokaryoten vermehren sich exponenziell durch **Zweiteilung**. Auch geschlechtliche Vorgänge (**Konjugation**) und damit der Austausch genetischen Materials sind möglich. Prokaryoten sind immer Einzeller. Vielzellige Lebewesen wie bei Eukaryoten fehlen.

1.2 Die eukaryotische Zelle

Erst anhand elektronenmikroskopischer Aufnahmen lässt sich der Feinbau der Zelle studieren. Abbildung 6 zeigt das elektronenmikroskopische Bild einer Pflanzenzelle. Grundsubstanz aller Zellen ist das Cytoplasma, das nach außen von der Zellmembran (Plasmalemma) begrenzt ist. Es besteht aus Wasser und gelösten Stoffen (Salze, Nährstoffe) und enthält verschiedene Reaktionsräume, die Zellorganellen. Das gesamte Cytoplasma wird von fadenartigen Strukturen durchzogen, die aus Proteinen bestehen. Ein Teil dient der Zelle als Stütze und wird daher als Cytoskelett bezeichnet.

Die **pflanzliche Zelle** *(Abb. 4, 5 und 6)* unterscheidet sich von der tierischen durch den Besitz einer **Zellwand**, einer **Vakuole** und **Plastiden**. Die **tierische Zelle** *(Abb. 3, 7 und 8)* besitzt ein **Centrosom**, das **zwei Zentriolen** beinhaltet, die für die **Zellteilung** wichtig sind.

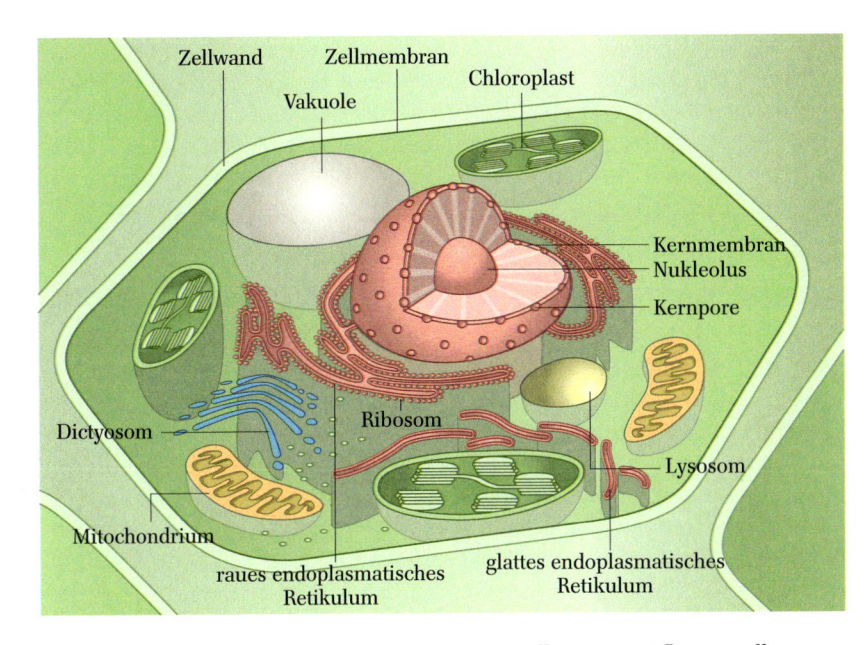

Abb. 5 Dreidimensionale, stark vereinfachte Darstellung einer Pflanzenzelle

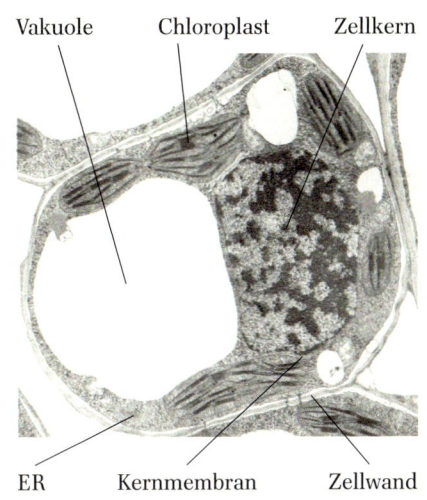

Abb. 6 Typische jüngere Pflanzenzelle im elektronenmikroskopischen Bild (Vergrößerung 20 000-fach)

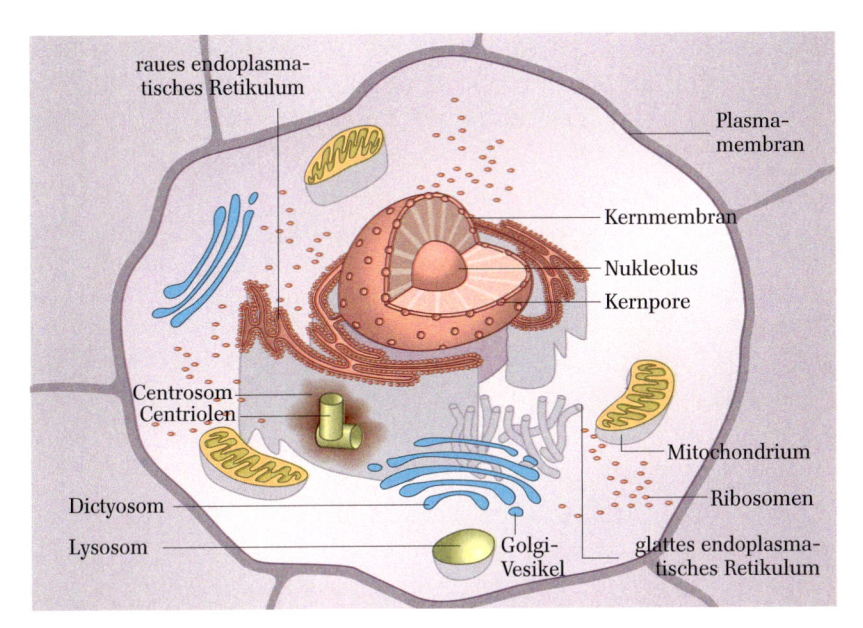

Abb. 7 Dreidimensionale, stark vereinfachte Darstellung einer Tierzelle

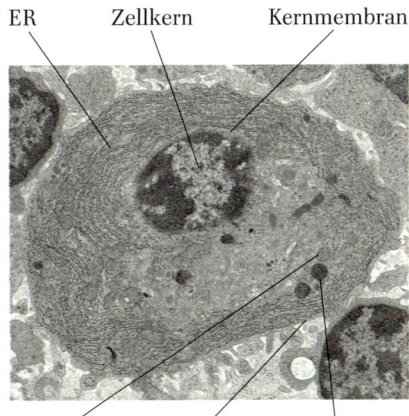

Abb. 8 Elektronenmikroskopische Aufnahme einer Tierzelle

1.2.1 Zellorganellen ohne Membranhülle

Die **Ribosomen** *(Abb. 9)* sind die kleinsten Zellorganellen und liegen entweder frei im Cytoplasma oder auf der Oberfläche des endoplasmatischen Retikulums, einem Zellorganell, das die ganze Zelle durchzieht. Sie setzen sich aus zwei Untereinheiten zusammen, die jeweils aus Nucleinsäuren (rRNA, *S. 70*) und Proteinmolekülen bestehen. Sie sind für die Synthese von Proteinen verantwortlich.

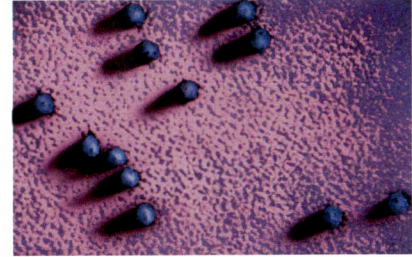

Abb. 9 Ribosomen im Elektronenmikroskop, Vergrößerung 200 000-fach

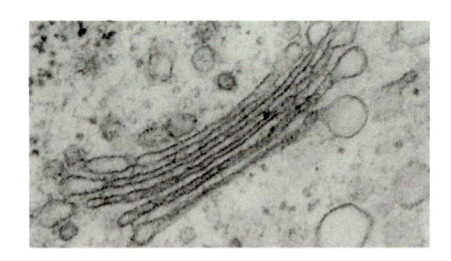

Abb. 10 Dictyosom mit Golgi-Vesikeln im Elektronenmikroskop, Vergrößerung 50 000 fach

Abb. 11 Zellkern mit Poren im Elektronenmikroskop, Vergrößerung 8700 fach

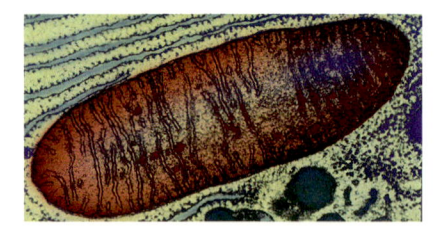

Abb. 12 Elektronenmikroskopische Aufnahme eines Mitochondriums

A1 Vergleichen Sie Pro- und Eukaryoten nach folgenden Gesichtspunkten: Organisation des Erbmaterials, Bau und Aufgabe der Zellorganellen bzw. deren Ersatzstrukturen!

A2 Vergleichen Sie Prokaryoten nach denselben Gesichtspunkten mit den Zellorganellen Mitochondrien und Plastiden!

A3 Erläutern Sie den biologischen Sinn der Besetzung des Endoplasmatischen Retikulums mit Ribosomen.

A4 Geben Sie mindestens vier nicht nahe verwandte Gruppen von Lebewesen an, bei denen Geißeln vorkommen.

Die Zellen von Bakterien, Pilzen und höheren Pflanzen besitzen eine **Zellwand**. Sie besteht bei höheren Pflanzen vorwiegend aus **Zellulose** und in verholztem Gewebe zusätzlich aus Holzstoff (Lignin), während Bakterien und Pilze andere Baustoffe verwenden. Bei tierischen Zellen fehlt die Zellwand, die der Zelle Festigkeit gibt und ihre Form bestimmt.

1.2.2 Zellorganellen mit einfacher Membran

Das **Endoplasmatische Retikulum (ER)** entspringt der Membran des Zellkerns *(Abb. 5 und 7, S. 15)* und steht so mit diesem in Verbindung. Es bildet membranumschlossene Räume und Kanäle mit sackartigen Erweiterungen, wird ununterbrochen umorganisiert und dient der **Produktion von Zellbestandteilen**. Eine Vielzahl von **Stoffwechselvorgängen** finden hier statt. Man unterscheidet das **rauhe ER**, das mit Ribosomen besetzt ist und das **glatte ER** ohne Ribosomen.

Die **Dictyosomen (Golgi-Apparat)** sind ein System flacher, aufeinander liegender **Membranstapel**, die im Randbereich Bläschen abschnüren (Golgi-Vesikel, *Abb. 10)*. Sie enthalten Syntheseprodukte und stellen das **Transportsystem der Zelle** dar. Durch die Membranhülle gut verpackt können die Syntheseprodukte zum Zielort und aus der Zelle ausgeschleust werden. Dabei verschmilzt die Vesikelmembran mit der Zellmembran. Die Ausgangsstoffe für die Synthese erhalten die Dictyosomen in der Regel aus Vesikeln, die vom ER gebildet wurden *(Abb. 13)*.

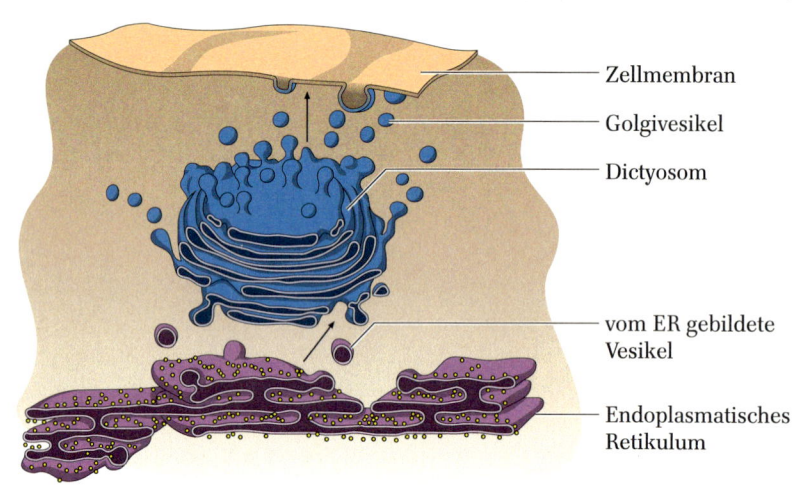

Zellmembran

Golgivesikel

Dictyosom

vom ER gebildete Vesikel

Endoplasmatisches Retikulum

Abb. 13 Zusammenwirken von ER und Dictyosom

In **Microbodies** erfolgen Stoffwechselvorgänge, bei denen das Zellgift Wasserstoffperoxid (H_2O_2) entsteht. Das in vielen Microbodies vorkommende Enzym Katalase sorgt für einen schnellen Abbau dieses giftigen Stoffwechselprodukts.

Lysosomen enthalten Eiweiß abbauende Enzyme und verhindern durch deren Einschluss die Selbstzerstörung (Autolyse) der Zelle.

Die **Zellsaftvakuole** der pflanzlichen Zellen enthalten Wasser und gelöste Salze, Proteine, Zucker und oft Gift- und Farbstoffe. Die Vakuole stellt ein osmotisches System dar und trägt zur **Regulierung des Wasserhaushalts** und zur **Stabilität** der Pflanze bei: Als Folge der intrazellulären Stoffkonzentration in der Vakuole nimmt die Zelle Wasser auf, woraufhin der Zellinnendruck (Turgor) steigt, dem durch die Zellwand verursachten Außendruck entgegenwirkt und so die Zelle festigt.

1.2.3 Zellorganellen mit doppelter Membran

Der **Zellkern** oder **Nukleus** ist durch eine doppelte Membran vom Plasma abgegrenzt. Die äußere Membran steht mit dem endoplasmatischen Retikulum in Verbindung. Zahlreiche Kernporen *(Abb. 11)*, die bis zu 25 % der Kernoberfläche einnehmen können, ermöglichen den Stoffaustausch zwischen dem Kerninneren und dem Plasma. Das Innere des Zellkerns enthält neben einer Grundsubstanz das **Chromatin**, die Kernkörperchen (Nucleoli) und das Kernskelett. Chromatin besteht aus scheinbar ungeordneten fädigen, vernetzten Gebilden. Während der Zellteilungsvorgänge wird das Chromatin stark spiralisiert und in der Gestalt der **Chromosomen** im Mikroskop sichtbar. Die Chromosomen enthalten Desoxyribonukleinsäure (DNA) und Proteine. Die Nucleoli bestehen ebenfalls aus Nucleinsäuren und sind maßgeblich an der Produktion von **Ribosomen** beteiligt.

Mitochondrien

Alle eukaryotischen Zellen enthalten Mitochondrien *(Abb. 12, 14)*, die eine stark gefaltete innere Membran enthalten. Durch die Faltung wird die innere Oberfläche stark vergrößert. So ist Platz für die wichtigen **Enzymkomplexe der Zellatmung**. Mitochondrien sind die Kraftwerke der höher entwickelten eukaryotischen Zellen. Sie stellen die **Energieversorgung** sicher. Ihre Grundsubstanz ist die Matrix, die unter anderem DNA und 70 S-Ribosomen enthält.

Plastiden

In pflanzlichen Zellen kann man häufig eine große Zahl der grün gefärbten **Chloroplasten** beobachten *(Abb. 15, 16)*. Sie gehören zu den **Plastiden**. Chloroplasten sind bereits im Lichtmikroskop gut zu erkennen. Im elektronenmikroskopischen Bild zeigen die Chloroplasten einen komplizierten Innenaufbau. In einer Grundsubstanz, dem **Stroma**, liegen die DNA, 70 S-Ribosomen und zahlreiche Membranen, die man als **Thylakoide** bezeichnet. An manchen Stellen liegen sie stapelartig übereinander. Sie sind dann sogar bei starker Vergrößerung im Lichtmikroskop als dunkle Körnchen erkennbar und werden als Grana bezeichnet.

Das Chlorophyll und andere pflanzliche Pigmente sind in die Thylakoidmembranen eingebettet und in besonders hoher Konzentration in den **gestapelten Bereichen (Grana)** zu finden. Hier läuft die Fotosynthese ab. Die Thylakoide stellen den dazu nötigen Enzymkomplexen eine große Oberfläche zur Verfügung *(Abb. 17)*. Im Chloroplasten findet man ferner die Fotosyntheseprodukte in Form von Stärkekörnern und Öltröpfchen.

Exkurs

Eng verwandt mit den Chloroplasten sind **Leukoplasten** und **Chromoplasten**. Alle drei Plastiden entwickeln sich aus einer gemeinsamen Vorform und können ineinander umgewandelt werden. Leuko- wie auch Chromoplasten sind fotosynthetisch inaktiv. Leukoplasten dienen der Speicherung von Stärke (Amyloplasten), Fetten (Elaioplasten) und Proteinen (Proteinoplasten) in Wurzeln und Knollen. Chromoplasten treten besonders häufig in Blütenblättern auf *(Abb. 30, S. 22)*. Rote und gelbe Blütenfarben werden in der Regel durch die Farbstoffe der Chromoplasten verursacht.

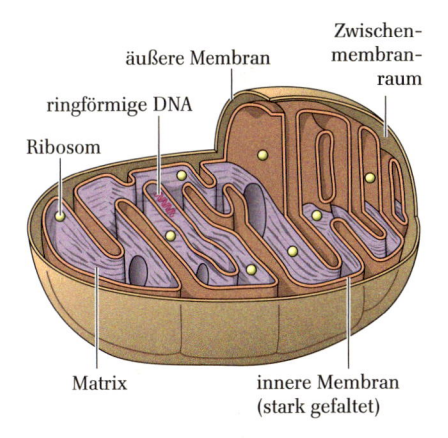

Abb. 14 Schematischer Bau eines Mitochondriums

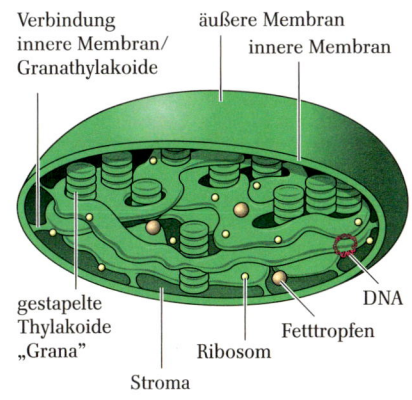

Abb. 15 Schematischer Bau eines Chloroplasten

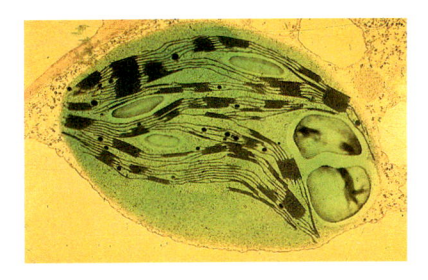

Abb. 16 Chloroplast einer Blattzelle des Wiesenlieschgrases, (EM-Aufnahme; Vergrößerung 4 500 fach)

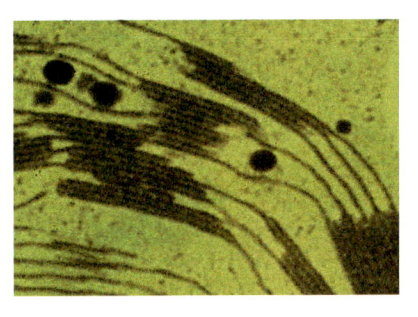

Abb. 17 EM-Aufnahme von Thylakoiden in Zellen der Wasserpest

1.2.4 Phospholipide – Hauptbestandteile biologischer Membranen

Phospholipide sind wie Fette Ester des Glycerins *(S. 19, Lipide)*. Eine der Hydroxygruppen des Glycerins ist jedoch mit Phosphorsäure verbunden, die wiederum mit anderen Gruppen weiter verknüpft sein kann *(Abb. 18)*.

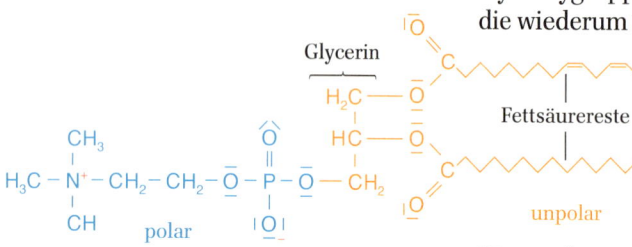

Abb. 18 Lecithin

Die verbleibenden Hydroxygruppen sind mit einer gesättigten und einer ungesättigten Fettsäure verbunden. Phospholipide besitzen damit eine ausgeprägte **polare Region** und einen großen **unpolaren Bereich**, der durch die langkettigen Fettsäurereste zu Stande kommt. In polaren Lösungsmitteln wie Wasser lagern sich die Phospholipidmoleküle so zusammen, dass die polaren Abschnitte nach außen zum Lösungsmittel und die unpolaren Abschnitte nach innen zueinander orientiert sind *(Abb. 19)*. Diese besondere Eigenschaft spielt beim Aufbau von **Biomembranen** (Zell-, Chloroplasten-, Mitochondrienmembran) eine wichtige Rolle.

Biomembranen *(Abb. 20)* sind **unpolare Barrieren** zwischen einem Außen- und Innenraum. Ihre Hauptbausteine, die Phospholipide, ordnen sich zu einer **Doppelschicht**. Dabei weisen die polaren Abschnitte (Estergruppe) nach außen und die unpolaren Fettsäurereste in das Membraninnere. So werden in einer Zelle verschiedene Reaktionsräume durch Biomembranen voneinander abgegrenzt.

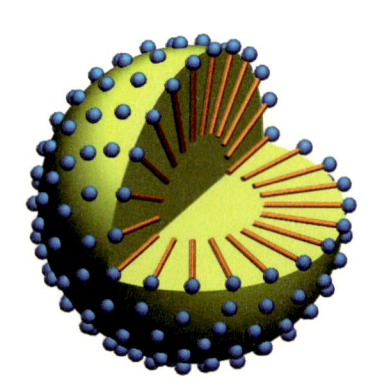

Abb. 19 Phospholipidtropfen

In das Phospholipidgerüst der Membran werden, abhängig von den speziellen Aufgaben, eine Vielzahl weiterer Stoffe eingelagert (z. B. Enzymproteine, Transportproteine, Porenproteine, Chlorophyll bei Thylakoidmembranen; *Abb. 17, S. 17*). Häufig werden diese Stoffe durch ihre unpolaren Anteile im Inneren der Membran fixiert. Durch die **Membrankanäle** wird ein Stoffaustausch und damit ein **Informationsaustausch** zwischen zwei Zellen oder Reaktionsräumen gewährleistet.

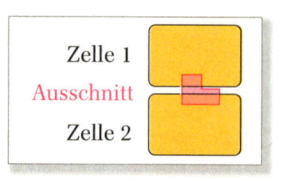

Entlang einer Membran können z. B. auch Protonen und Elektronen für wichtige Stoffwechselreaktionen (vgl. Elektronentransportkette; *S. 45, S. 59f.*), aber auch Moleküle transportiert werden *(S. 19, Transportfunktion von Membranen)*. Eine weitere wichtige Eigenschaft biologischer Membranen ist ihre **selektive Durchlässigkeit (Semipermeabilität)**, die auf die spezifischen Proteinstrukturen der Membranproteine zurückzuführen ist. Dies hat zur Folge, dass die Diffusion von manchen gelösten Stoffen nicht oder nur in eine Richtung möglich ist.

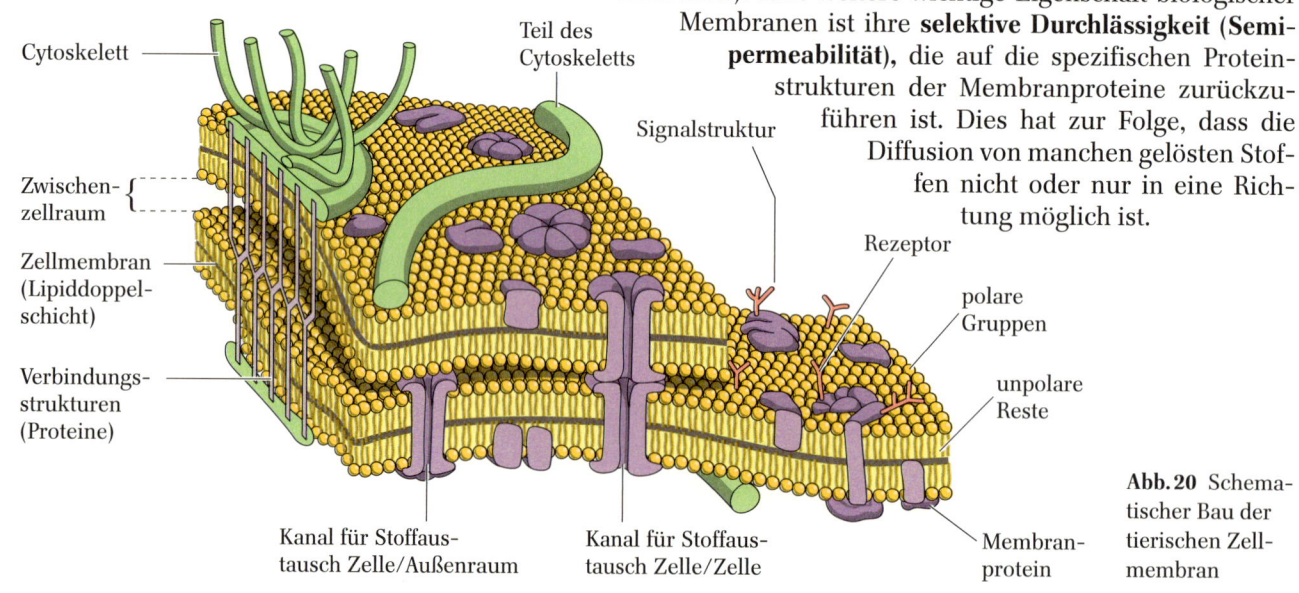

Abb. 20 Schematischer Bau der tierischen Zellmembran

Exkurs

V

Transportfunktion von Membranen

Ionen und Moleküle können eine Membran entweder durch **passiven Transport** oder durch einen **aktiven Transport** passieren. Beim **passiven Transport** diffundieren Stoffe durch spezielle Ionenkanäle (Membranproteine), die einen hydrophilen (polaren) Weg durch den hydrophoben (unpolaren) inneren Bereich der Membran bilden. Die Diffusion erfolgt vom Ort höherer zum Ort niedrigerer Stoffkonzentration. Die selektive Durchlässigkeit der Kanäle beruht darauf, dass verschiedene Moleküle durch elektrostatische Wechselwirkung die Strukturen der Membranproteine beeinflussen. Je nach Wechselwirkung wird der Durchtritt eines Stoffes deshalb mehr oder weniger stark begünstigt.

Beim **aktiven Transport** können Moleküle mithilfe von Transportproteinen (Carrier) auch entgegen der Richtung des Konzentrationsgefälles durch die Membran gelangen. Diese Transportform erfordert Energie, welche z. B. aus verschiedenen chemischen Reaktionen, die an einer Membran ablaufen, stammen kann. (Freisetzung und Speicherung von Energie in chemischer Form findet z. B. bei den Redoxreaktionen der Atmungskette statt. S. 59).

Lipide
```
            „eigentliche" Fette:    fettähnliche Substanzen:
               Triglyceride         • Phospholipide
              (Neutralfette)        • Carotinoide
                                    • Stereoide
```
Abb. 21 Einteilung der Lipide

Lipide

Lipide sind als Reservestoffe bei höheren Pflanzen v. a. in Samen angereichert. Ihre Fettsäuren mit einer oder mehreren Doppelbindungen werden als **ungesättigt** bezeichnet. Ihr Schmelzpunkt liegt im Vergleich zu den entsprechenden gesättigten Fettsäuren sehr niedrig. Diese Eigenschaft sorgt dafür, dass Fette mit einem hohen Anteil an ungesättigten Fettsäuren flüssig sind. Viele Fettsäuren, insbesondere die ungesättigten, sind für den Menschen **essenziell**, d. h. sie müssen mit der Nahrung aufgenommen werden (z. B. Linolsäure, Linolensäure, Arachidonsäure).

Ungesättigte Fettsäuren haben für unsere Gesundheit eine besondere Bedeutung: Während ein übermäßiger Konsum von gesättigten Fettsäuren Gefäßablagerungen begünstigt, wirken die meisten einfach und mehrfach ungesättigten Fettsäuren diesen sogar entgegen. Sie schützen damit unser Herz-Kreislauf-System. Ungesättigte Fettsäuren sind enthalten in pflanzlichen Ölen, gesättigte Fettsäuren in festen Fetten.

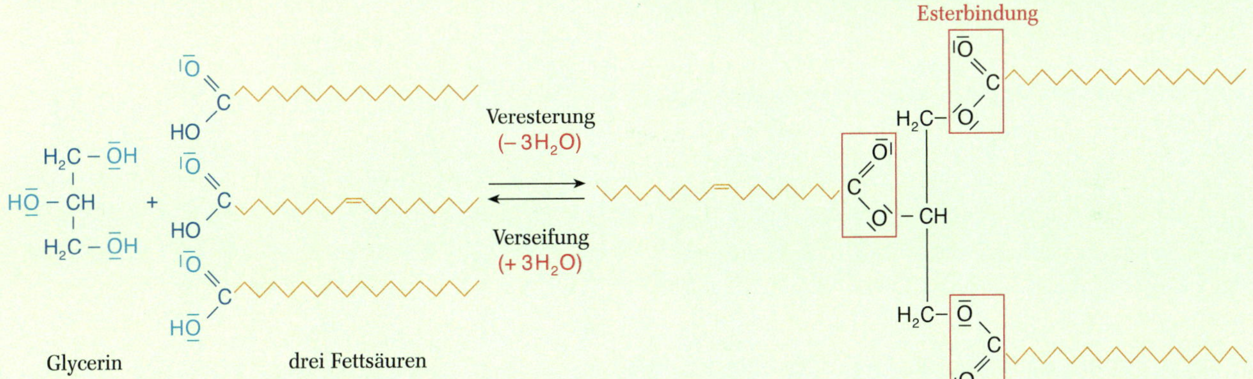

Abb. 22 Strukturformelgleichung zur Veresterung und Verseifung

Fettsäure	Summen-formel	Doppelbindungen im unpolaren Teil		Schmelz-punkt [°C]	Vorkommen
		Zahl	Position		
Buttersäure	C_3H_7COOH	0		−8	Milch, Butter
Laurinsäure	$C_{11}H_{23}COOH$	0		44	Milch, Butter
Palmitinsäure	$C_{15}H_{31}COOH$	0		63	vor allem tierische Fette
Stearinsäure	$C_{17}H_{35}COOH$	0		69	vor allem tierische Fette
Ölsäure	$C_{17}H_{33}COOH$	1	9/10	13	pflanzliche Öle
Linolsäure	$C_{17}H_{31}COOH$	2	9/10 und 12/13	−6	Fisch, pflanzliche Öle
Linolensäure	$C_{17}H_{29}COOH$	3	9/10, 12/13 und 15/16	−14	Fisch, pflanzliche Öle

Tab. 2 Häufige Fettsäuren

Exkurs

Pilze – eine besondere Form der Eukaryoten

Pilze *(Abb. 23)* nehmen in der botanischen Systematik eine Sonderstellung ein. Sie leben heterotroph wie die Tiere, ihre Zellen besitzen aber eine Zellwand wie die der Pflanzen. Als Besonderheit findet man in der Zellwand-Substanz von Pilzen neben Zellulose Chitin eingelagert, ein Makromolekül, welches eine der Zellulose verwandte Struktur besitzt. Pilze sind Sporenträger und können sich geschlechtlich und ungeschlechtlich fortpflanzen. Man unterscheidet Formen, die aus Zellverbänden bzw. einzelnen Zellen bestehen (z.B. Hefe-Pilze) und Formen, die Fruchtkörper ausbilden, z.B. Ständerpilze (Fliegenpilz, Champignon). Ihre unterirdischen Verzweigungen (Hyphen, Mycel, *Abb. 24*) sind nicht mit den Wurzeln von Pflanzen zu vergleichen, sondern sind Zellfäden und gehören zum Pilzkörper. Pilze gehören im Stoffkreislaufsystem zu den Destruenten, ihre Lebensweise ist saprophytisch (gr. sapro – faulig, phyto – Gewächs).

A5 Stellen Sie die Unterschiede zwischen den Zellen von Bakterien, Pilzen, Pflanzen und Tieren in einer Tabelle zusammen. Berücksichtigen Sie auch die biochemische Zusammensetzung der Zellstrukturen!

Abb. 23 Vielfalt der Pilze: (a) Parasolpilz, (b) Bovist, (c) Schleimpilz, (d) Gießkannenschimmel

Osmose und Plasmolyse

Ein mit konzentrierter Salzlösung gefülltes und an der Unterseite mit einer semipermeablen Membran verschlossenes Glasgefäß taucht in Wasser *(Abb. 25)*. Bereits nach kurzer Zeit steigt die Flüssigkeit im Rohr hoch. Die Flüssigkeitszunahme kann nur durch eindringende Wassermoleküle erklärt werden, da die semipermeable Membran keine größeren Teilchen, wie Ionen mit ihrer Hydrathülle oder organische Moleküle, passieren lässt.

In der Natur herrscht in Lösungen ein Bestreben zum Konzentrationsausgleich durch Diffusion. Daher verteilen sich gelöste Stoffe gleichmäßig in der Lösung. In Abbildung 25 ist das Herausdiffundieren der Ionen des Salzes aus dem Glasgefäß wegen der semipermeablen Membran nicht möglich. Der Konzentrationsausgleich wird durch das Hineindiffundieren der Wasserteilchen bewirkt. Die Diffusion von Lösungsmittelteilchen durch semipermeable Membranen bezeichnet man als **Osmose**. Mit dem Eindringen der Wassermoleküle wächst das Flüssigkeitsvolumen im Glasgefäß und damit steigt der Flüssigkeitsspiegel im Glasrohr an. Der Druck, der die Lösung hochpresst, wird als **osmotischer Druck** bezeichnet. Ihm wirkt der hydrostatische Druck der wachsenden Flüssigkeitssäule entgegen. Schließlich steigt die Flüssigkeit

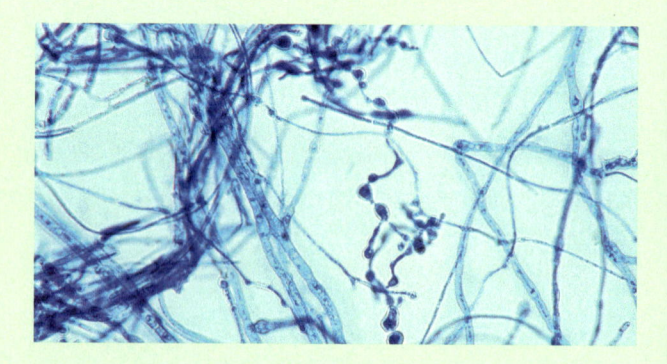

Abb. 24 Mikroskopische Aufnahme von Hyphen

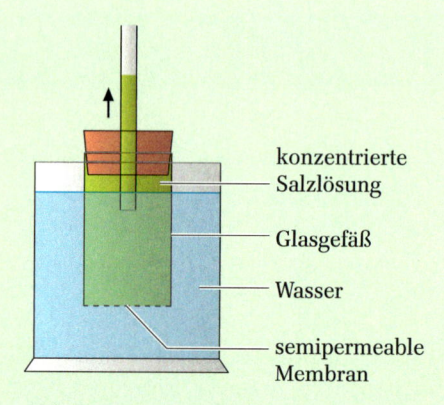

konzentrierte Salzlösung

Glasgefäß

Wasser

semipermeable Membran

Abb. 25 Versuchsanordnung zur Osmose

nicht mehr weiter an: Der osmotische Druck und der hydrostatische Druck sind gleich groß.

Membranen von Zellen sind ebenfalls semipermeabel. Das Zellplasma enthält viele chemische Substanzen in deutlich höherer Konzentration als die Umgebung. Daher diffundiert laufend Wasser in das Zellplasma und die Vakuole hinein. Der osmotische Druck steigt an und presst das Zellplasma fest gegen die Zellwand der Pflanzenzelle. Erhöht man die Salzkonzentration in der Umgebung der Zellen (Versuch 2.2, S. 22), so kehren sich die Vorgänge um: Wasser verlässt die Zelle und das Plasma löst sich von der Zellwand ab. Dieser Vorgang heißt **Plasmolyse**. Jetzt lässt sich die Lage der Zellmembran als Hülle des Plasmas erahnen (Abb. 26). Abhängig von den verwendeten Chemikalien erreicht man mehr runde oder nach innen gewölbte Formen.

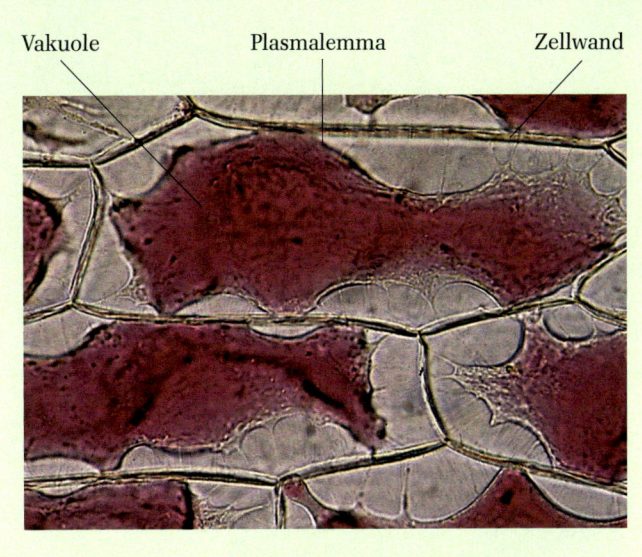

Abb. 26 Plasmolyse

A6 Bei einem zuckerkranken Menschen befindet sich zu viel Zucker im Blut, was schwerwiegende gesundheitliche Folgen hat. Erklären Sie mithilfe Ihres Wissens über Osmose, welche Auswirkungen ein hoher Blutzuckerspiegel auf die Zellen der verschiedenen Organe hat.

A7 Erklären Sie, worauf die desinfizierende Wirkung von Alkohol zum Schutz vor Bakterien und Pilzen beruht.

Praktikum

1. Mikroskopieren menschlicher Schleimhautzellen

Durchführung: Mit dem Holzspatel (nur einmal verwenden!) wird etwas Mundschleimhaut an der Wangenseite abgeschabt und auf den Objektträger überführt. Nach Zugabe von einem Tropfen Wasser wird das Deckgläschen aufgelegt und ein Tropfen der Methylenblaulösung durch das Präparat (vgl. Abb. 27) gesaugt.

Hinweise zur Auswertung: Bei schwacher Vergrößerung wird eine nicht zu stark deformierte Zelle gesucht. Diese Zelle wird dann in der Größe von etwa 3 cm gezeichnet. Identifizieren und beschriften Sie die wichtigen Strukturen.

Material:
Sterile Holzspatel, Objektträger, Deckgläser, Becherglas, Pipette, Mikroskop, Papiertaschentuch, Methylenblaulösung $w = 1\,\%$

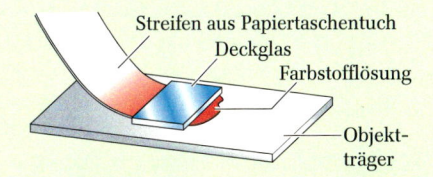

Abb. 27 Anfärben von Schleimhautzellen

2. Mikroskopieren pflanzlicher Zellen aus der Zwiebelhaut

1. Versuch:

Durchführung: Präparieren Sie nach Abbildung 28 (S. 22) ein höchstens 5 mm × 5 mm großes Hautstückchen der Innenseite der Zwiebelschuppe. Achten Sie darauf, dass nur das durchsichtige Häutchen und nicht anhaftendes Zwiebelfleisch abgehoben wird!
Übertragen Sie das Zwiebelhautstück auf den Objektträger in einen großen Tropfen Wasser, legen Sie das Deckgläschen auf und mikroskopieren Sie. Suchen Sie bei schwacher Vergrößerung luftblasenfreie

Material:
Zwiebel, Pinzette, Messer, Calciumnitrat-Lösung (0,7 M; O: brandfördernd, x_i: reizend), Kaliumnitrat-Lösung (1 M; O: brandfördernd) Objektträger, Deckgläser, Becherglas, Pipette, Mikroskop, Papiertaschentuch

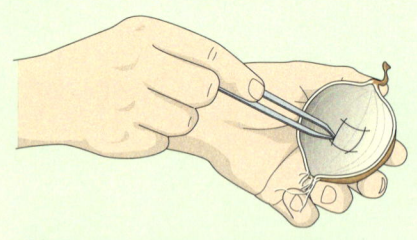

Abb. 28 Präparation der Zwiebelschuppenhaut

Abb. 29 Wasserpest

Material:
Wasserpest (*Elodea spec.*), Pinzette, Objektträger, Deckgläser, Becherglas, Pipette, Mikroskop

Material:
Blätter von *Clivia nobilis*, Styroporblock, Rasierklingen, Pipetten, Objektträger, Deckgläser, Mikroskop, Sudan-Glycerinlösung

Abb. 30 *Clivia nobilis*

dünne Stellen (keine stark lichtbrechenden Bereiche, Zellen müssen klar erkennbar sein, dürfen sich nicht in mehreren Lagen überschneiden).

Falls Sie keine geeigneten Stellen finden: Erstellen Sie ein neues Präparat. Auch am Mikroskop geübte Biologen stellen ganze Serien von Präparaten her und suchen sich das Beste heraus. Auch hier kann das Präparat zur Anfärbung von Zellkern und Zellwand wie auf *S. 21, Abb. 27* beschrieben hergestellt werden.

Hinweise zur Auswertung: Bei stärkerer Vergrößerung werden drei Zellen ganz und die Nachbarzellen andeutungsweise skizziert. Die einzelne Zelle sollte mindestens 1,5 cm groß gezeichnet sein! Beschriften Sie die Skizze mithilfe von Abbildung 4 *(S. 14)* und erstellen Sie bei schwacher Vergrößerung eine Tabelle mit Gemeinsamkeiten und Unterschieden der Mundschleimhautzelle und der pflanzlichen Zelle.

2. Versuch:

Durchführung: Durch weitere Zwiebelhautpräparate wird jeweils ein Tropfen Calciumnitratlösung bzw. Kaliumnitratlösung gesaugt.

Hinweise zur Auswertung: Die Veränderungen des Präparats werden im Abstand weniger Minuten kontrolliert. Sobald deutliche Änderungen sichtbar sind, wird eine Zelle skizziert. Die Erklärung der Vorgänge lässt sich anhand des Zusatztextes zu Osmose und Plasmolyse erarbeiten.

Erweiterung: Die Plasmolyse ist nach dem Durchsaugen von Wasser reversibel (Deplasmolyse).

3. Mikroskopieren der Chloroplasten in Zellen der Wasserpest

Durchführung: Mit der Pinzette wird ein Blättchen der Wasserpest *(Abb. 29)* abgezogen und ohne weitere Anfärbung auf den Objektträger in einen Tropfen Wasser überführt. Nach Auflegen des Deckgläschens wird mikroskopiert.

Hinweise zur Auswertung: Die Unterschiede zwischen den Zellen der Wasserpest und der Zwiebelhaut werden zusammengestellt.

4. Mikroskopischer Nachweis unpolarer Stoffe

Durchführung: Anhand der Anleitung auf *S. 38* werden Schnitte durch Blätter der Zimmerpflanze *Clivia nobilis* (Klivie, *Abb. 30*) hergestellt und in einen Tropfen Sudan-Glycerinlösung gebracht. Das Präparat wird unter schwacher mikroskopischer Vergrößerung nach intensiv gefärbten Bereichen untersucht.

Hinweise zur Auswertung: Informieren Sie sich anhand von Abbildung 1 *(S. 36)* über den Aufbau des Blattes! In welchen Bereichen des Blattes weist Sudan-Glycerin unpolare Stoffe nach? Worin liegt die biologische Bedeutung dieser unpolaren Schichten?

1.3 Bedeutung und Regulation enzymatischer Prozesse

Die Reaktionen des Stoffwechsels laufen in Lebewesen nur in Gegenwart von Enzymen ab. Diese bestehen aus Proteinen *(S. 26)* und dienen als Biokatalysatoren.

1.3.1 Grundlagen der Enzymkatalyse

Die überwiegende Zahl der chemischen Reaktionen in der Zelle erfordern eine hohe Aktivierungsenergie *(Abb. 1)*. Um diese Reaktionen mit ausreichender Geschwindigkeit ablaufen zu lassen, sind stark erhöhte Temperaturen Voraussetzung. Allerdings wären solche Temperaturen für die Zelle nicht zuträglich.

Um alternativ die Aktivierungsenergie herabzusetzen sind **Katalysatoren** nötig. Alle Reaktionen in Lebewesen verlaufen in Gegenwart von solchen Biokatalysatoren, den **Enzymen**. Sie liegen am Anfang und am Ende der Reaktion in nahezu gleicher Menge vor, werden also praktisch nicht verbraucht.

Enzyme gehören zu den Proteiden: Sie besitzen einen Protein-Anteil und einen Nicht-Protein-Anteil (Coenzyme). Vitamine enthalten oft Bausteine für Enzyme. Sie müssen daher nur in geringen Mengen aufgenommen werden. Fehlen sie, so kommt es langfristig zu Enzymausfällen und schweren, oft tödlichen Erkrankungen des Körpers.

Bei einer enzymkatalysierten Reaktion bindet das Enzym (E) zunächst den in der Regel viel kleineren Ausgangsstoff (Substrat, S) zum **Enzym-Substrat-Komplex** (ES). Dann erfolgt häufig unter Anlagerung oder Abspaltung weiterer Stoffe (**Coenzyme**, wie ATP) die eigentliche Reaktion. Schließlich zerfällt der Komplex in das Enzym und die Endprodukte.

$$\text{Substrat} + \text{Enzym} \rightleftharpoons \text{ES} \rightarrow \text{Enzym} + \text{Endprodukte}$$

Die Bindungsstelle für das Substrat wird als **aktives Zentrum** (katalytischer Bereich) des Enzyms bezeichnet *(Abb. 2)*.

Enzyme zeigen im Vergleich zu anorganischen Katalysatoren wichtige Besonderheiten, die im Folgenden dargelegt werden sollen.

1.3.2 Spezifität von Enzymen

Substratspezifität

Enzyme können nur ein oder wenige von der Struktur her sehr ähnliche Substrate umsetzen, da die Oberfläche des Substrats genau zur Oberfläche des aktiven Zentrums passen muss *(Abb. 3, S. 24)*. Das Substrat 2 in Abbildung 3 kann trotz großer Ähnlichkeit nicht vom Enzym gebunden und umgesetzt werden. Die Struktur des aktiven Zentrums und des Substratmoleküls müssen zusammenpassen wie ein Schlüssel zum Schloss (**Schlüssel-Schloss-Prinzip**). Nur der richtige Schlüssel kann das Schloss aufsperren. Selbst sehr ähnliche Schlüssel sperren nicht, sie blockieren lediglich das Schloss. Dies gilt analog auch bei Enzymen: Stoffe, die dem Substrat sehr ähnlich sind, werden zwar vom Enzym gebunden, blockieren aber lediglich die Enzymtätigkeit, ohne umgesetzt zu werden.

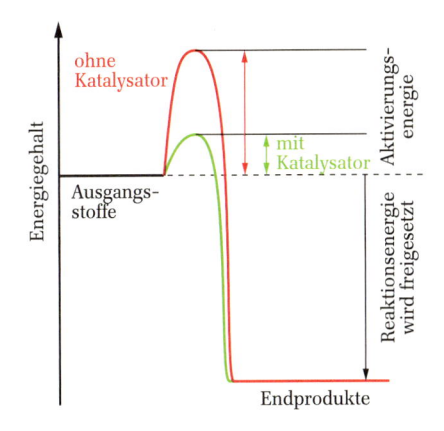

Abb. 1 Energiediagramm einer Reaktion mit und ohne Katalyse

A8 Erläutern Sie die Unterschiede zwischen einem anorganischen Katalysator und einem Enzym.

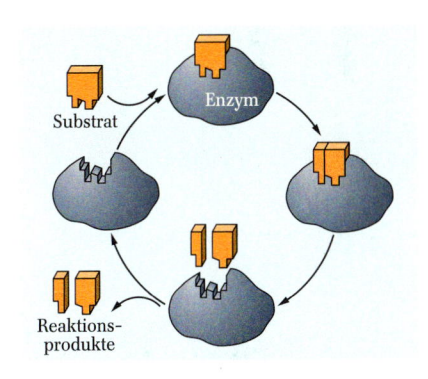

Abb. 2 Schematische Darstellung der Spaltung eines Moleküls mittels Enzymkatalyse

Exkurs

Die Spezifität der Bindung zwischen Substrat und aktivem Zentrum ist von entscheidender Bedeutung für Aktivität und Regulation der Enzyme. Bei manchen Enzymen bewirkt der Kontakt zwischen Substrat und aktivem Zentrum eine Konformationsänderung des Enzyms, wodurch sich ein noch effektiverer Enzym-Substrat-Komplex bildet. Diese „induzierte Anpassung" (***induced fit***) erweitert das Schlüssel-Schloss-Prinzip und zeigt, dass zwischen Enzym und Substrat eine dynamische Interaktion bestehen kann.

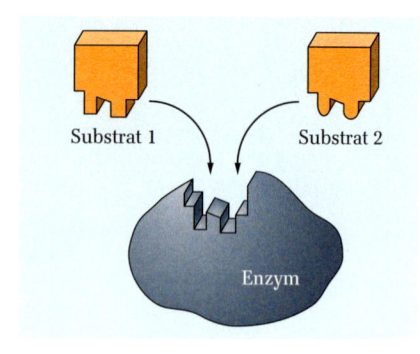

Abb. 3 Substratspezifität eines Enzyms

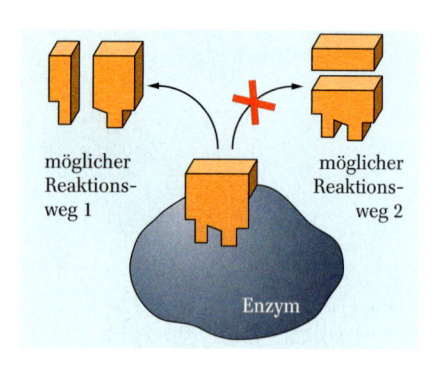

Abb. 4 Wirkungspezifität eines Enzyms

A9 Geben Sie an, welche Eigenschaften eines Enzyms durch seine räumliche Struktur bedingt werden.

A10 Erklären Sie die Notwendigkeit vieler verschiedener Enzyme innerhalb einer Zelle.

A11 Definieren Sie den Begriff „Fließgleichgewicht" und erläutern Sie, warum ein Organismus nur bei Aufrechterhaltung eines komplexen Fließgleichgewichts existieren kann.

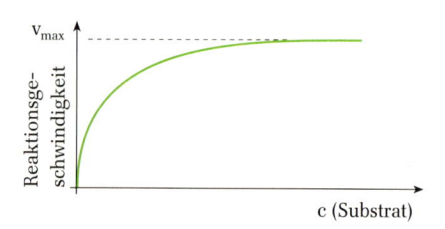

Abb. 5 Abhängigkeit der Reaktionsgeschwindigkeit von der Substratkonzentration

Wirkungsspezifität

Die zueinander passenden Oberflächen von Enzym und Substrat sind über die Substratspezifität hinaus dafür verantwortlich, dass das vom Enzym gebundene Substrat nur in **einer ganz bestimmten Art und Weise umgesetzt** werden kann *(Abb. 4)*. Nur der auf der linken Seite der Abbildung angegebene Reaktionsweg 1 ist möglich. Für andere denkbare Umsetzungen werden andersartig konstruierte Enzyme benötigt. Enzyme sind also substrat- und wirkungsspezifisch. Dies bedeutet, dass im Regelfall **ein Enzym nur einen ganz bestimmten Ausgangsstoff zu einem definierten Endstoff umsetzen kann**. Daher benötigen fast alle chemischen Reaktionen des Körpers ein eigenes Enzym. Heute sind bereits mehrere tausend Enzyme bekannt! Bei **gruppenspezifischen Enzymen** gilt das Schlüssel-Schloss-Prinzip nicht so streng. Nur der für die Reaktion entscheidende Teilbereich des Moleküls wird spezifisch gebunden und umgesetzt. Der restliche Teil des Moleküls ist dagegen belanglos. So können etwa verschiedene Proteine, die dieselbe Peptidgruppe beinhalten, umgesetzt werden.

1.3.3 Regulation der Enzymaktivität

Einfluss der Substratkonzentration

Bei Zunahme der **Substratkonzentration** steigt die Wahrscheinlichkeit, dass ein Substratmolekül auf ein Enzymmolekül trifft. Der **Stoffumsatz steigt** also zunächst mit der Substratkonzentration *(Abb. 5)*. Sind alle Enzymmoleküle ständig mit Substrat besetzt, kann eine weitere Erhöhung der Substratkonzentration keine weitere Steigerung der Reaktionsgeschwindigkeit bewirken und die Kurve strebt dem Sättigungswert V_{max} (**maximale Reaktionsgeschwindigkeit**) zu. Die Substratkonzentration hat demnach auch regulatorische Funktion.

Die Enzymaktivität unterliegt den Gesetzen von chemischen Gleichgewichtsreaktionen. Wird ein Produkt aus dem Reaktionssystem entfernt, verschiebt sich die Lage des Gleichgewichts zu Gunsten der Seite der Produkte. Da chemische Reaktionen in Lebewesen fast immer mit anderen gekoppelt sind (z. B. Glucose-Abbau in der Glykolyse, *S. 57*), wird das Reaktionsprodukt meist sofort in eine andere Reaktion eingeschleust. Da somit die Konzentrationen von Edukten und Produkten fast nie gleich sind, laufen Enzymreaktionen gemäß eines Fließgleichgewichts ab *(Abb. 6)*. Sollte ein Endprodukt nicht mehr verbraucht werden, stellt es ein Substrat für die Rückreaktion dar und die Reaktion läuft umgekehrt ab.

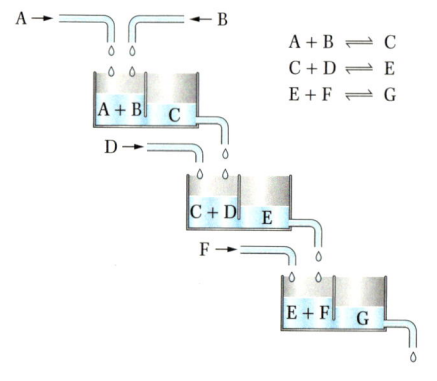

Abb. 6 Modellhafte Darstellung eines Fließgleichgewichts bei einer enzymkatalysierten Reaktion: Verbrauch eines Produkts führt zu dessen Neubildung

Einfluss der Temperatur

Enzymatische Reaktionen sind temperaturabhängig. Es gilt die RGT-Regel (Reaktions-Geschwindigkeits-Temperatur-Regel): Eine Erhöhung der Temperatur um 10 °C führt zu einer Erhöhung der Reaktionsgeschwindigkeit um mindestens das Doppelte. Diese Regel ist allerdings nur für den Temperaturbereich zwischen 0 °C und 40 °C gültig, da Enzyme ab 40 °C durch Hitze denaturiert werden *(S. 29, Proteine)*. Der biologische Sinn von Fieber beruht auf der erhöhten Aktivität der Enzyme des Immunsystems bei erhöhter Temperatur.

Exkurs

Einfluss des pH-Werts

Enzyme bestehen unter anderem aus Proteinen. Bei **pH-Änderungen** ändert sich ihre Raumstruktur. Betrifft die Strukturänderung den katalytischen Bereich, so passen das aktive Zentrum und die Oberfläche der Substratmoleküle nicht mehr so gut zusammen. Nur bei einem bestimmten pH-Wert sind die Oberflächen optimal aufeinander abgestimmt: Der Stoffumsatz erreicht ein **Maximum** *(Tab. 1 und Abb. 7)*.

Enzym	Vorkommen	pH-Optimum	Aufgabe
Amylase	Mund (Speichel)	7	Stärkeverdauung
Pepsin	Magen	1	Eiweißverdauung
Trypsin	Dünndarm	9,5	Eiweißverdauung

Tab. 1 Verschiedene Verdauungsenzyme und ihr pH-Optimum

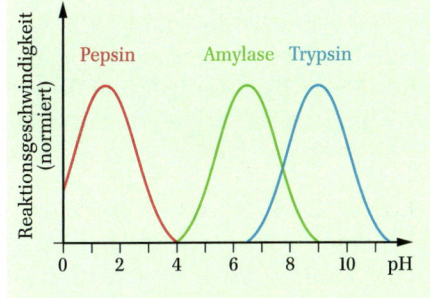

Abb. 7 Zusammenhang zwischen pH-Wert und Reaktionsgeschwindigkeit

1.3.4 Hemmung der Enzymaktivität

Kompetitive Hemmung

Ist ein **Hemmstoff dem Substrat ähnlich**, wird er vom aktiven Zentrum gebunden, ohne jedoch zu reagieren. So entfernt etwa im Energiestoffwechsel ein Enzym Wasserstoff aus der Bernsteinsäure *(S. 58)*. Die chemisch ähnliche Malonsäure behindert diese Reaktion. Es bildet sich ein Enzym-Hemmstoff-Komplex (EH). Ein Umsatz des Substrats wird dadurch unmöglich. Zwischen Substrat und Hemmstoff herrscht **Konkurrenz** um die Bindung an das aktive Zentrum *(Abb. 8)*:

Beide Vorgänge sind chemische Gleichgewichtsreaktionen. Steigt die Substratkonzentration stark an oder werden nicht gebundene Hemm-

A12 Urease ist ein Enzym, das Harnstoff ($[NH_2]_2CO$) in NH_3 und CO_2 spaltet. Formulieren Sie die Reaktionsgleichung zur hydrolytischen Spaltung von Harnstoff durch Urease.

A13 Erklären Sie, wie es durch Säuren oder Laugen zu Verätzungen der Haut kommt.

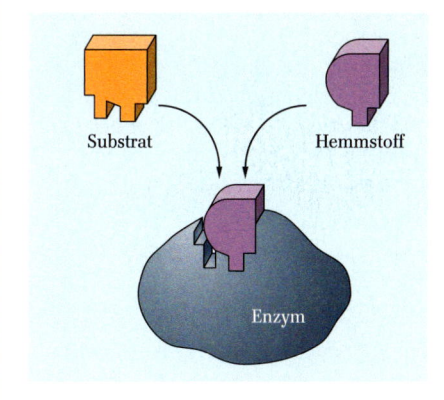

Abb. 8 Kompetitive Hemmung

A14 Aufgrund des entstehenden Ammoniaks ist die hydrolytische Spaltung von Harnstoff mithilfe des Indikators Phenolphthalein (Rosafärbung im Basischen!) nachweisbar.
Stellen Sie die Reaktionsgeschwindigkeit des Enzyms (Substratkonzentration in Abhängigkeit von der Zeit) grafisch dar und wählen Sie bei der Beschriftung der Achsen relative Einheiten. Ergänzen Sie Ihr Diagramm durch eine zweite grafische Darstellung für den Fall, dass ein kompetitiver Hemmstoff zugegeben wurde.

stoffmoleküle aus der Umgebung des Enzyms entfernt, so überwiegt die Ablösereaktion des Hemmstoffs. Das aktive Zentrum wird wieder für Substratmoleküle frei.

Allosterische Hemmung

Dabei lagert sich ein Molekül an einer zusätzlichen Bindungsstelle außerhalb des aktiven Zentrums an, die meist zwischen den Untereinheiten eines Enzyms lokalisiert ist. Die Bindung zwischen Hemmstoff und Enzym erfolgt nach dem Schlüssel-Schloss-Prinzip. Sie verursacht eine Strukturänderung des ganzen Proteins. Am aktiven Zentrum passt die veränderte Oberfläche nicht mehr zum Substrat *(Abb. 9)*.

Allosterische Regulation

In einer langen Reaktionskette wird z.B. aus den Kohlenhydraten der Nahrung ATP gewonnen. Reichert sich ATP im Körper an, so wird ein Enzym der Reaktionskette gehemmt. ATP wirkt hier als **Hemmstoff.** Dagegen wirkt das Molekül AMP, aus welchem ATP gebildet wird, als **Aktivator.**

Irreversible Hemmung durch Denaturierung

Enzymgifte wie Cyanide (Salze der Blausäure, HCN), Fluoride (F^-), Kohlenstoffmonooxid (CO) oder Schwermetallionen (Hg^{2+}, Pb^{2+}), werden an strukturbestimmenden Stellen des Enzymeiweißes fest gebunden und verändern das aktive Zentrum. Damit kann das vorgesehene Substrat nicht mehr angelagert und umgesetzt werden. Der Giftstoff verbindet sich so fest mit dem Enzym, dass er nicht mehr abgelöst werden kann. Dies hat schwere oder tödlich verlaufende Erkrankungen des Lebewesens zur Folge.

Endprodukthemmung

Die Enzymaktivität kann durch ein Stoffwechselendprodukt vermindert werden. Die Aminosäure Isoleucin z.B. wird in einer Reihe von Enzymreaktionen aus der Aminosäure Threonin hergestellt. Isoleucin hemmt das Enzym, das Threonin an sein aktives Zentrum bindet. Je mehr Isoleucin vorhanden ist, desto weniger Threonin wird umgesetzt (negative Rückkoppelung).

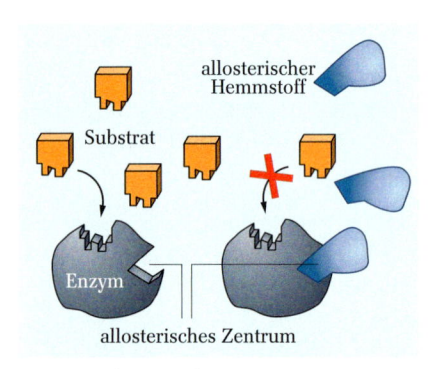

Abb. 9 Allosterische Hemmung

A15 Eine zu hohe Substratkonzentration kann sich ebenfalls hemmend auf die Enzymaktivität auswirken (siehe Praktikum, V 2.2, S. 32). Stellen Sie die Reaktionsgeschwindigkeit der enzymatischen Spaltung von Harnstoff durch Urease in Abhängigkeit von der Harnstoffkonzentration grafisch dar und wählen Sie zur Beschriftung der Achsen relative Einheiten!

Exkurs

Proteine

Entdeckt und isoliert wurden Eiweißstoffe oder Proteine erstmals als Bestandteil des Hühnereiweißes. Sehr bald erkannte man, dass diese Stoffgruppe eine zentrale Bedeutung am Aufbau aller Lebewesen *(Tab. 1)* und als Träger aller Lebensfunktionen besitzt *(Tab. 2)*.

Beim Erhitzen mit Säure zerfallen Proteine in ihre Bestandteile, die α-Aminocarbonsäuren, kurz **Aminosäuren** genannt *(→ Chemie, 10. Klasse)*.

Tab. 1 Zur Bedeutung unterschiedlicher Proteine

Proteine des Immunsystems	Abwehrproteine (Antikörper)
Sonstige Proteine	Transportproteine („Carrier" in Biomembranen), Hormone (Peptid- und Proteohormone, z.B. Insulin, Glucagon, Wachstumshormon), Bluteiweiße, z.B. Hämoglobin, Fibrinogen

Strukturproteine	Skleroproteine: Kollagene (Bindegewebsstoffe) Keratine (Harnstoffe) kontraktile Proteine (Aktin und Myosin im Muskel)
Enzymproteine	Regulatoren, Rezeptoren (Erkennungsstellen in Biomembranen)

Rindermuskel	19 %	Hühnereiklar	11 %
Fisch	17 %	Hühnereidotter	16 %
Haut	95 %	Kuhmilch	3 %
Haare	97 %	Weizenkörner	10 %
Blut (Mensch)	21 %	Sojabohnen	36 %

Tab. 2 Der Proteingehalt unterschiedlicher biologischer Gewebe und Produkte

Name	Abkür-zung	Name	Abkür-zung
Glycin	Gly	Cystein	Cys
Alanin	Ala	Methionin	Met
Valin	Val	Asparaginsäure	Asp
Leucin	Leu	Glutaminsäure	Glu
Isoleucin	Ile	Asparagin	Asn
Serin	Ser	Glutamin	Gln
Threonin	Thr	Lysin	Lys
Prolin	Pro	Arginin	Arg
Phenylalanin	Phe	Histidin	His
Tyrosin	Tyr	Selenocystein	Sec
Tryptophan	Trp	Pyrrolysin	Pyl

Tab. 3 21 in Proteinen vorkommende Aminosäuren

Aminosäuremoleküle haben immer den gleichen Aufbau: Ein zentrales Kohlenstoffatom trägt eine Aminogruppe, eine Carboxylgruppe, ein Wasserstoffatom und einen organischen Rest R. Dieser ist bei den verschiedenen Aminosäuren unterschiedlich *(Abb. 10)*.

Primärstruktur

Reagiert die Säuregruppe einer Aminosäure mit der Aminogruppe einer anderen Aminosäure unter Wasseraustritt *(Abb. 11)*, entsteht ein sogenanntes **Peptid**. Die geknüpfte Bindung heißt **Peptidbindung.** Proteine sind **Polypeptide** mit über 100 Aminosäuren. Die Abfolge der Aminosäuren eines Proteins – die Aminosäuresequenz – nennt man **Primärstruktur** *(Abb. 12)*.

Die Proteine der meisten Organismen sind aus 20 bis 22 verschiedenen Aminosäuren aufgebaut; den

noch existieren unzählbar verschiedene Proteinmoleküle. Möglich wird diese Vielfalt dadurch, dass Proteine aus einer unterschiedlichen Anzahl von Aminosäuren bestehen, jede Aminosäure mit jeder anderen verknüpft werden und der Anteil der Aminosäuren variieren kann. Für ein Peptid oder Protein aus n Aminosäuren bestehen demnach 20^n Sequenzmöglichkeiten, also z. B. für ein Protein aus 146 Aminosäuren 20^{146} mögliche Verknüpfungen. Für die Struktur und damit für die spezifische Funktion eines Proteins ist seine Primärstruktur verantwortlich.

Bei der Proteinbiosynthese an den Ribosomen (s. *S. 79 ff.*) können 20 sogenannte **kanonische Aminosäuren** gebildet werden. Die weiteren Aminosäuren werden nach der Proteinbiosynthese aus anderen Aminosäuren oder durch eine spezielle Entschlüsselung des genetischen Codes gebildet.

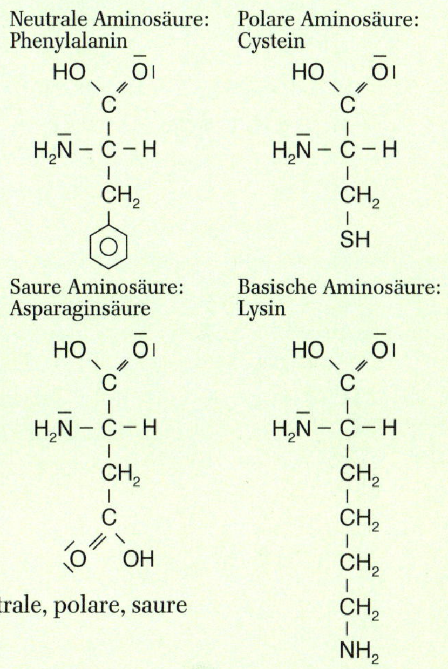

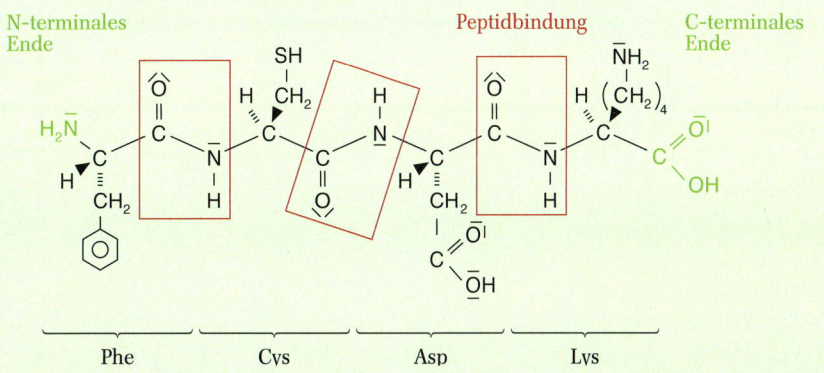

Abb. 10 Beispiele für neutrale, polare, saure und basische Petide

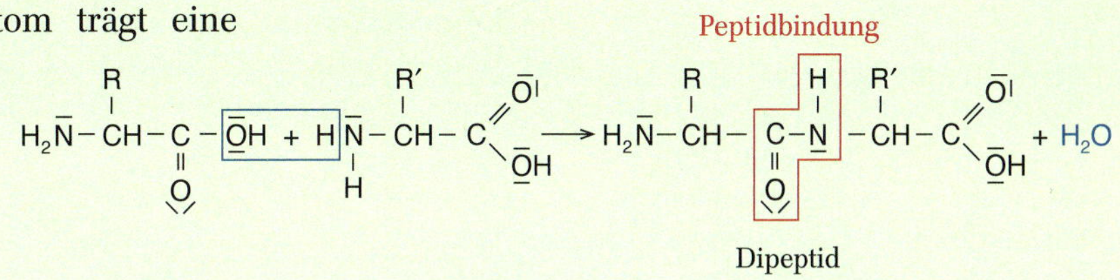

Abb. 11 Verknüpfung zweier Aminosäuren zu einem Dipeptid

Abb. 12 Oligopeptid aus den Aminosäuren Phenylalanin, Cystein, Asparaginsäure und Lysin (Primärstruktur).

Sekundärstruktur

Nebeneinander liegende Molekül-
ketten können über Wasserstoffbrückenbindungen *(Abb. 15)* miteinander verknüpft sein. Sie bewirken eine periodisch sich wiederho-
lende räumliche Anordnung. Zwei
Raumstrukturen treten besonders
häufig auf:

Die zickzackartige **Faltblattstruktur**
(Abb. 13) entsteht durch **intermole-
kulare Wasserstoffbrückenbindungen.** Die Reste stehen abwechselnd oberhalb und unterhalb der
Blattstruktur. Ein typischer Vertreter für ein reines Faltblattprotein
ist Seide. Wenn die Polypeptidkette in sich gewunden ist, stehen
sich in bestimmten Abständen
NH-Gruppen und CO-Gruppen
gegenüber, jetzt aber innerhalb
desselben Moleküls. Bilden sich
zwischen diesen Gruppen **intramo-**

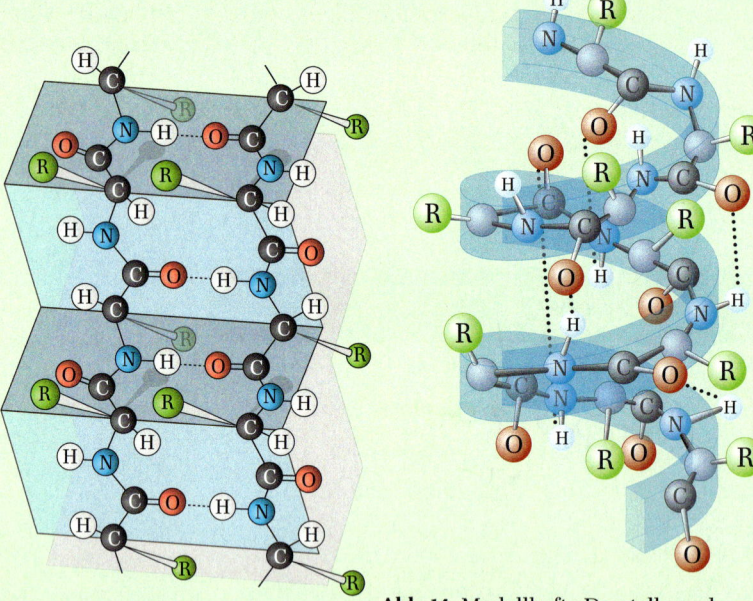

Abb. 13 Faltblattstruktur der Seide

Abb. 14 Modellhafte Darstellung der α-Helix der Wolle

lekulare Wasserstoffbrückenbindungen, entsteht eine
helikale Struktur, genauer eine rechtsgewundene
Schraube. Ein typischer Vertreter für ein Protein mit
einer solchen α-**Helix** ist Wolle *(Abb. 14).* Faserartige
Proteine, z. B. das Kollagen der Haut oder das Kera-
tin der Haare werden auch aus α-Helices gebildet. Oft
lässt sich jedoch kein besonderes Ordnungsprinzip erkennen.

Stabilisierung tragen Wasserstoffbrückenbindungen
bei, daneben auch Dipolanziehungskräfte und VAN-
DER-WAALS-Kräfte. Liegen zwei Aminosäuren mit
SH-Gruppen (z. B. bei Cystein) einander gegenüber, so entstehen sogenannte Disulfidbrücken, die
als Atombindungen die stärkste der genannten Verknüpfung ermöglichen. Bei einer Dauerwelle werden
Disulfidbrücken aufgelöst und nach dem Legen der
Haare an anderen Stellen neu geknüpft.

An ein stark elektronegatives Atom (z. B. einem Sauerstoffatom O oder einem Stickstoffatom N) gebundene
Wasserstoffatome sind in ihrer Bindung etwas gelo-
ckert und werden leicht positiv aufgeladen.
Steht einem solchen Wasserstoffteilchen ein Atom
mit einer negativen Ladung oder Teilladung (z. B. ein
Sauerstoffatom O) ge-
genüber, dann entsteht
zwischen diesen beiden
Atomen eine Anzie-
hungskraft, die soge-
nannte **Wasserstoff-
brückenbindung.**

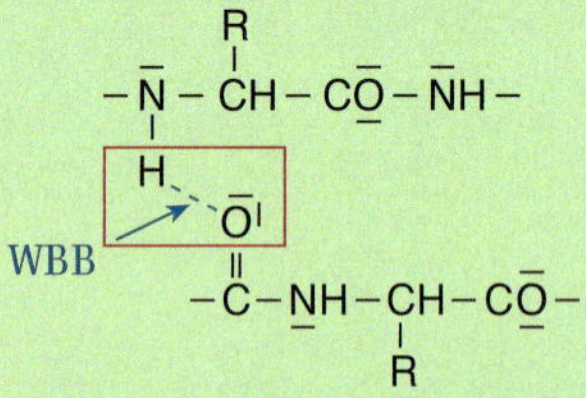

Abb. 15 Wasserstoffbrückenbindung zwischen funktionellen Gruppen zweier Peptide

Tertiärstruktur

Häufig hat die Sekundärstruktur noch eine zusätzliche
räumliche Anordnung. Diese **nichtperiodischen Fal-
tungen** durch Wechselwirkungen zwischen den Sei-
tengruppen nennt man **Tertiärstruktur** *(Abb. 16).* Zur

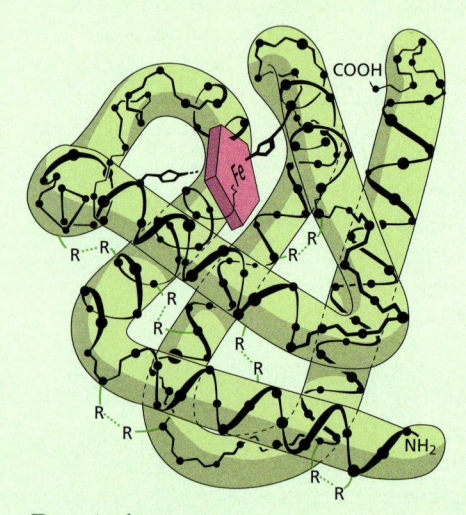

Abb. 16 Tertiär-
struktur eines
Proteins mit
prosthetischer
Gruppe (Hämo-
globin)

Denaturierung

Viele Eigenschaften der Proteine beruhen auf ihrer
Tertiärstruktur. So erklärt sich die Löslichkeit von
Hühnereiweiß durch einen kugelförmigen Molekül-

bau. Beim Erhitzen über 40 °C wird dieser zerstört: Es kommt zur Denaturierung. Auch durch das Einwirken von Säure oder Schwermetallsalzen (auch Cyanid-Giften) werden Proteine irreversibel (nicht umkehrbar) denaturiert und daher funktionslos. Kaliumcyanid denaturiert z.B. die Enzyme der Zellatmung, was zum Tod führt. Reversible (umkehrbare) Strukturveränderungen können durch Salze und Alkohol verursacht werden.

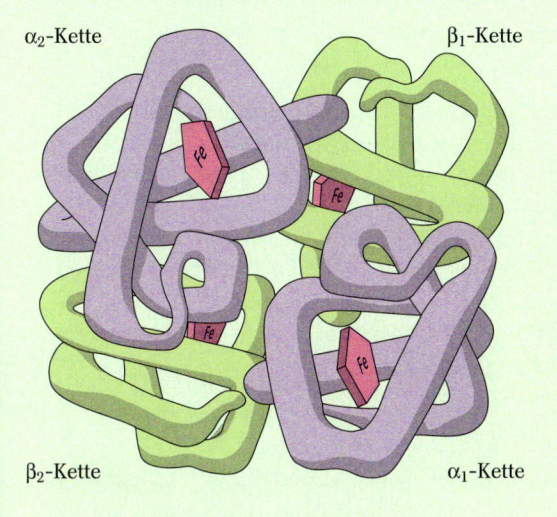

α₂-Kette   β₁-Kette

β₂-Kette   α₁-Kette

Abb. 17 Quartärstruktur des Hämoglobins

Quartärstruktur

Lagern sich mehrere Peptidketten in Tertiärstruktur zu einem Gesamtmolekül zusammen, spricht man von einer **Quartärstruktur.** Dabei wirken die gleichen Kräfte wie bei der Bildung der Tertiärstruktur.

Sind in die reine Proteinstruktur neben Aminosäuren andere Stoffgruppen (sog. prosthetische Gruppen, z.B. die Häm-Gruppen im Hämoglobin, s. Abb. 17) fest gebunden eingelagert, bezeichnet man das gesamte Molekül als **Proteid**.

> Ein bekanntes Beispiel für die Quartärstruktur ist **Hämoglobin** (Abb. 17), welches aus vier Untereinheiten besteht, zwei α-Ketten mit je 141 Aminosäuren und zwei ß-Ketten mit je 146 Aminosäuren. Jede Untereinheit trägt zusätzlich einen sogenannten Porphyrinring mit einem zentral gebundenen Fe^{2+}-Ion. An dieses Eisen(II)-Ion kann sich ein Sauerstoffmolekül locker binden und so im Blut transportiert werden.

1.3.5 Coenzyme

Adenosintriphosphat (ATP) ist das wichtigste **Energiespeichermolekül** des Stoffwechsels. Die Aufgabe von ATP lässt sich durch einen Vergleich aus dem Alltagsleben beschreiben: Aus Primärenergieträgern (z.B. Kohle, Erdöl, Erdgas) werden **Zwischenenergieträger** (z.B. Benzin) gewonnen, die dann der Endverbraucher nutzt. So wird in der Zelle aus Kohlenhydraten und Fetten zuerst ATP als Energieüberträger hergestellt (Abb. 18). Energie verbrauchende Vorgänge nutzen dann die im ATP gespeicherte Energie. Ein Bestandteil von ATP (Abb. 20, S. 30) ist Adenin, das mit dem Zucker Ribose zum Adenosin verknüpft wird und auch als Baustein der Erbsubstanz fungiert. Adenosin kann drei Phosphatgruppen binden.

Für die Energiespeicherfunktion des ATPs sind die an das Adenosin gekoppelten **Phosphatgruppen** von besonderer Bedeutung. Sie tragen viele **benachbarte negative Ladungen**, was zu starker **elektrostatischer Abstoßung** führt (Abb. 20, S. 30). Atombindungen verhindern jedoch, dass sich die Gruppen voneinander entfernen.

Exkurs
Phosphatgruppen werden in der Biochemie in der Regel mit dem Symbol P_i (inorganic phosphate) oder $\textcircled{P}$ abgekürzt.

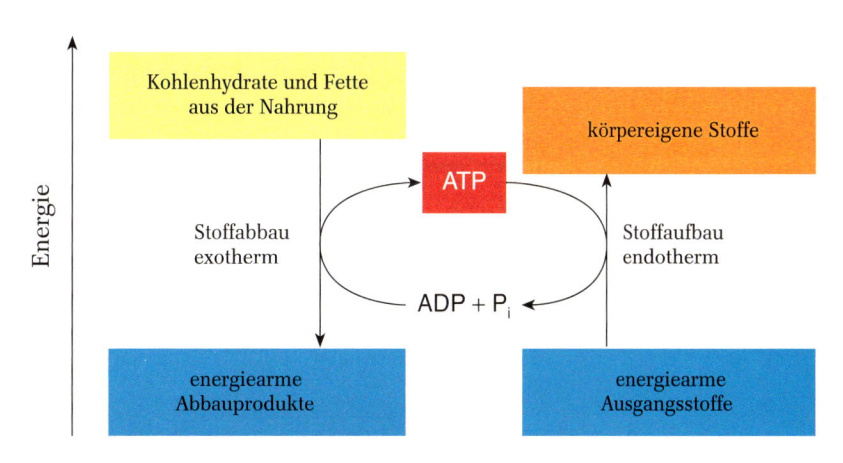

Abb. 18 ATP als Energieüberträger

Das ATP-Molekül ist daher energiegeladen wie eine gespannte Feder. Bindungen, wie sie im ATP zwischen den P_i-Gruppen auftreten, werden in der Biochemie als **energiereiche Bindungen** bezeichnet und häufig mit dem Symbol ~ angegeben.

Bei der Spaltung von ATP entstehen Adenosindiphosphat (ADP), P_i und Energie. In Kurzform schreibt man dafür:

$$ATP \rightleftharpoons ADP + \bar{P}_i$$

ATP kann in der Zelle nur wirksam werden, wenn es **locker an Enzyme gebunden** ist. Solche Verbindungen werden **Coenzyme** oder auch **Cosubstrate** genannt.

Wasserstoff übertragende Coenzyme und Redoxvorgänge

Wie ATP als Überträgermolekül für Energie fungiert, wirken die Coenzyme Nicotinamidadenindinukleotid (**NAD⁺**) bzw. Nicotinamidadenindinukleotidphosphat (**NADP⁺**) als Überträgermoleküle für Elektronen bei **Redoxreaktionen** *(Abb. 19)*. Elektronen werden bei Redoxreaktionen in der Zelle in den wenigsten Fällen direkt ausgetauscht. Stoffe, die oxidiert werden, übertragen ihre Elektronen z. B. auf NAD⁺. Dort sind sie zwischengespeichert und können für Reduktionen an anderer Stelle eingesetzt werden *(Abb. 19)*.

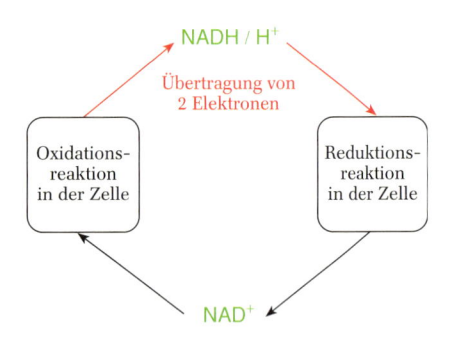

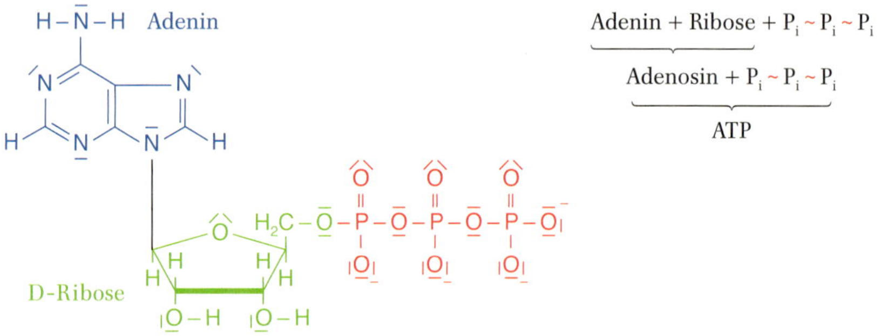

Abb. 19 Elektronentransport

Abb. 20 ATP – Strukturformel und vereinfachte Darstellung

NAD⁺ und NADP⁺ werden daher auch als **Redoxäquivalente** bezeichnet. Sie besitzen komplizierte Molekülstrukturen *(Abb. 21)*. NAD⁺ bzw. NADP⁺ unterscheiden sich nur durch eine P_i-Gruppe.

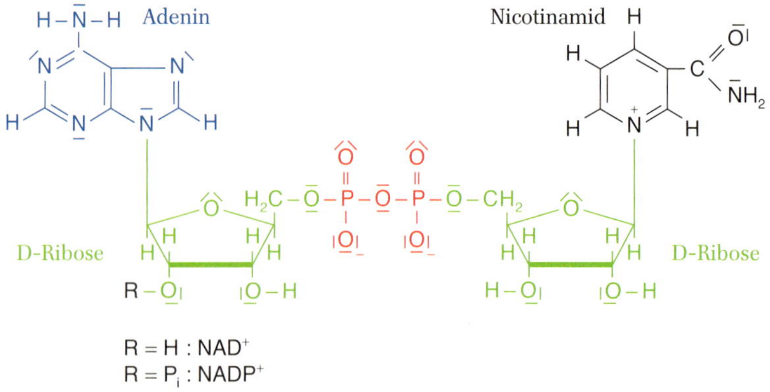

R = H : NAD⁺
R = P_i : NADP⁺

Abb. 21 Strukturformeln von NAD⁺ und NADP⁺

A 16 ATP wird oft nicht nur zu ADP, sondern auch zu AMP (Adenosinmonophosphat) umgesetzt. Formulieren Sie die chemische Gleichung mit vereinfachten Symbolen. Diskutieren Sie anhand passender Strukturformeln, welches der beiden Moleküle (ADP oder AMP) energiereicher ist.

A 17 Ähnlich wie in Batterien sind in der Zelle die Orte von Oxidation und Reduktion häufig getrennt. Beschreiben Sie, wie die Elektronen zwischen oxidierenden und reduzierenden Reaktionskomplexen in der Zelle ausgetauscht werden.

Nicotinamid als Baustein von NAD⁺ darf nicht mit dem hochgiftigen Alkaloid Nicotin verwechselt werden, das im Tabakrauch enthalten ist. Als wichtiger Baustein des NAD⁺/NADP⁺ kann Nicotinamid vom Körper nicht selbst hergestellt werden, sondern muss als Vitamin der B-Gruppe (Vitamin B_2-Komplex) mit der Nahrung aufgenommen werden.

Die Aufnahme bzw. Abgabe der Elektronen erfolgt über die Nicotinamidgruppe, der Rest des Moleküls nimmt an den Redoxvorgängen nicht teil *(Abb. 22)*.

NAD$^+$ ist ein universeller Elektronenüberträger im **Zellstoffwechsel** *(S. 57)*, **NADP$^+$** spielt bei der **Fotosynthese** eine wichtige Rolle *(S. 44 ff.)*.

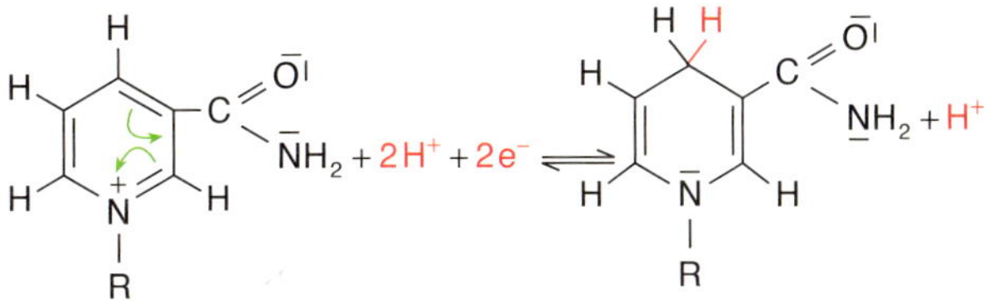

$$NAD^+ + 2H^+ + 2e^- \rightleftharpoons NADH + H^+$$
$$NADP^+ + 2H^+ + 2e^- \rightleftharpoons NADPH + H^+$$

Abb. 22 Redoxvorgänge an NAD$^+$ und NADP$^+$

Praktikum

1. Wirkung des Enzyms Peroxidase (Katalase) in der Kartoffel

Wasserstoffperoxid (H_2O_2) ist ein starkes Zellgift. Daher enthalten fast alle tierischen und pflanzlichen Zellen Enzyme zum Abbau dieser Verbindung.

Versuch 1.1

Durchführung: In ein Reagenzglas wird zu Wasserstoffperoxidlösung ein Stückchen Kartoffel gegeben. Führen Sie die Glimmspanprobe durch.

Hinweise zur Auswertung: Notieren Sie die Versuchsbeobachtung! Peroxidasen sind Enzyme, die Wasserstoffperoxid zerlegen. Welche chemische Reaktion läuft im Reagenzglas ab? Formulieren Sie die Reaktionsgleichung.

Versuch 1.2

Durchführung: Der Inhalt des Reagenzglases wird nach dem Ende der Reaktion auf zwei Reagenzgläser verteilt. Zum ersten Reagenzglas gibt man etwas frische Wasserstoffperoxidlösung, zum zweiten Reagenzglas ein frisches, gleich großes Kartoffelstück.

Hinweise zur Auswertung: Notieren und erklären Sie die Beobachtungen.

Versuch 1.3

Durchführung: Schneiden Sie zwei etwa gleich große Kartoffelstücke aus einer Kartoffelscheibe. Ein Stück wird im Mörser zerquetscht. Geben Sie das Kartoffelstück und den „Kartoffelbrei" in jeweils ein Reagenzglas mit etwa gleich viel Wasserstoffperoxidlösung.

Hinweise zur Auswertung: Notieren Sie die Versuchsbeobachtung und erklären Sie den Sachverhalt.

> **Material:**
> Kartoffeln, 3 Reagenzgläser, Reagenzglasgestell, Messer, verdünnte Wasserstoffperoxidlösung $w = 3\%$ (C: ätzend), Mörser mit Pistill, dünner Holzstab

2. Besonderheiten der Enzymkatalyse am Beispiel des Enzyms Urease

Urease ist ein Enzym, das Harnstoff in Kohlenstoffdioxid und Ammoniak zerlegt.

Versuch 2.1

Durchführung: In zwei Reagenzgläsern werden 5 mL Harnstoff-Lösung mit wenigen Tropfen Phenolphthaleinlösung versetzt. In einem von beiden werden zusätzlich 5 mL Methylharnstoff zugesetzt. Dann wird zu beiden Reagenzgläsern etwa eine gleich große Spatelspitze Urease zugegeben und vor einem weißen Hintergrund beobachtet.

Hinweis zur Auswertung: Welche der Besonderheiten der Enzyme werden durch dieses Experiment belegt?

Versuch 2.2

Durchführung: In je einem Reagenzglas werden 5 mL 2 %ige bzw. 25 %ige bzw. 50 %ige Harnstofflösung gegeben und die Ansätze jeweils mit Phenolphthalein und einer Spatelspitze Urease versetzt.

Hinweis zur Auswertung: Vergleichen und erklären Sie die Versuchsergebnisse!

Versuch 2.3

Durchführung: 5 mL Harnstoff–Lösung (2 %) werden mit Indikator versetzt. Eine Spatelspitze Urease wird in 1 mL Wasser gegeben und vor Zugabe zur Harnstoff-Lösung kurz aufgekocht.

Hinweis zur Auswertung: Begründen Sie das Versuchsergebnis mithilfe Ihres Wissens über die Eigenschaften von Proteinen.

3. Einfluss von Hitze auf das Enzym Peroxidase

Grundlagen *vgl. Versuch 1, S. 31*

Durchführung: Eine Kartoffel wird in der Mitte durchgeschnitten und eine in der Bunsenbrennerflamme erhitzte Münze wird aufgedrückt. Anschließend wird Wasserstoffperoxidlösung mit einer Pipette auf die Schnittfläche geträufelt.

Hinweise zur Auswertung: Fertigen Sie eine grobe Skizze der mit Wasserstoffperoxid versetzten Kartoffelschnittfläche an. Erklären Sie den Befund.

4. Veränderung der Enzymaktivität

Grundlagen *vgl. Versuch 1, S. 31*

Durchführung: Man zerquetscht sechs gleich große Kartoffelstücke im Mörser und gibt sie in jeweils ein Reagenzglas. Die nach dem folgenden Muster beschrifteten Reagenzgläser werden mit folgenden Lösungen versetzt:

L1 + L2:   2 mL verdünnte Natronlauge

W1 + W2: 2 mL Wasser

S1 + S2:   2 mL verdünnte Salzsäure

Zu L2, W2 und S2 wird eine Spatelspitze Kupfersulfat gegeben, anschließend werden zu allen Reagenzgläsern jeweils 5 mL Wasserstoffperoxid zugesetzt.

Hinweise zur Auswertung: Vergleichen Sie die Heftigkeit der Gasentwicklung! Erklären Sie die unterschiedliche Reaktion in Lauge, Wasser, Säure und die Wirkung von Kupfersulfat.

Zusammenfassung

Anhand ihres Zellbaus lassen sich Lebewesen in zwei Gruppen einteilen: **Prokaryoten** (Bakterien und Cyanobakterien) und **Eukaryoten**. Die **prokaryotische Zelle** lässt sich als **ursprünglicher Zelltyp** auffassen. Sie besitzt ein großes **ringförmiges DNA-Molekül** sowie kleine **Plasmide** als genetische Einheiten; es gibt keinen echten Zellkern und fast alle **Zellorganellen fehlen**. Ihre Aufgaben werden von wenig differenzierten Membranstrukturen übernommen. Die Zellwände unterscheiden sich bezüglich Baumaterial und Konstruktion deutlich von denen höherer Pflanzen. Die Zellen der **Eukaryoten** besitzen **viele** unterschiedliche **Zellorganellen**. Diese bilden gegeneinander abgegrenzte Reaktionsräume für eine Vielzahl chemischer Umsetzungen. Durch diese Spezialisierung werden komplexere Leistungen der Zelle (z. B. wirksamere Energiegewinnung, effektivere Fotosynthese und Aufgabenteilung im vielzelligen Organismus) begünstigt.

Lipide dienen als Energiespeicher und Grundbausteine **biologischer Membranen**. Diese bestehen aus einer **Phospholipid-Doppelschicht**, deren unpolare Fettsäure-Reste einander zugewandt sind. Sie bilden Barrieren zwischen angrenzenden Reaktionsräumen. Häufig sind andere Moleküle, z. B. Proteine, Chlorophylle etc., in die Membran eingelagert. Als grundlegende biologische Baustoffe sind **Proteine** unverzichtbare Komponenten aller Lebewesen. Ihre Aufgaben als Bestandteile in Enzymen, Rezeptoren oder Membranporen sowie im Stoff- und Informationsaustausch zwischen Zellen sind so bedeutend, dass sie unter genetischer Kontrolle hergestellt werden.

*Sie bestehen aus (20 kanonischen) **Aminosäuren** und nehmen komplexe Strukturen ein. Die Aminosäuresequenz (**Primärstruktur**) ist verantwortlich für die Struktur (**Sekundär-, Tertiär- oder Quartärstruktur**) und damit für die spezifische Funktion eines Proteins. Die jeweiligen Strukturen werden durch verschiedene Wechselwirkungen (Wasserstoffbrückenbindungen, Ionenbindungen, Disulfid-Brücken, Van-der-Waals-Kräfte) der Aminosäureseitenketten stabilisiert.*

In der Zelle werden nahezu alle chemischen Vorgänge über **Enzyme** gesteuert, die als **Biokatalysatoren** wirken. Sie arbeiten nach dem Schlüssel-Schloss-Prinzip und beschleunigen chemische Reaktionen in der Zelle. Enzyme liegen am Ende der Reaktionen in gleicher Menge wie am Anfang vor, werden also nicht verbraucht, und sind **wirkungs- und substratspezifisch**. Dies ermöglicht über allosterische oder kompetitive **Hemmvorgänge** eine gezielte Regulation der Zellchemie. Weitere **regulierende Faktoren** der Enzymaktivität sind Substratkonzentration, Temperatur und der pH-Wert.

Das wichtigste Biomolekül zur Speicherung und Übertragung von Energie ist bei allen Lebewesen **ATP**, bestehend aus Adenosin und drei Phosphatgruppen. Der Transfer von Elektronen während der zahlreichen Redoxvorgänge im Organismus wird durch die Wasserstoff und damit Elektronen übertragenden Coenzyme **NAD^+/$NADH + H^+$** oder **$NADP^+$/$NADPH + H^+$** gewährleistet.

2 Energiebindung und Stoffaufbau durch die Fotosynthese

Exkurs

Die nur begrenzt zur Verfügung stehenden chemischen Substanzen sind für das Leben auf der Erde nur darum ständig und in ausreichendem Maß zugänglich, da sie einer dauernden Wiederverwertung unterliegen. In sogenannten Stoffkreisläufen zirkulieren diese Elemente in einem Zusammenspiel aus permanent stattfindenden Auf- und Abbauprozessen in den Organismen und Ökosystemen. Wichtige Beispiele sind der Stickstoff- und der Kohlenstoffkreislauf.

Eine der bedeutendsten Leistungen von Lebewesen ist die Fotosynthese der Pflanzen. Sie ermöglicht uns das Leben auf der Erde durch Freisetzung von Sauerstoff und die Produktion von Biomasse. Kohlenstoff, gebunden im Kohlenstoffdioxid der Atmosphäre, wird vor allem durch die Fotosynthese in energiereiche organische Stoffe eingebaut. Diesen Vorgang nennt man **Assimilation** (aufbauender Stoffwechsel). Beim Abbau dieser energiereichen Verbindungen durch Zellatmung (biologische Oxidation) wird am Ende wieder Kohlenstoffdioxid frei. Hier spricht man von **Dissimilation** (abbauender Stoffwechsel) *(Abb. 1)*.

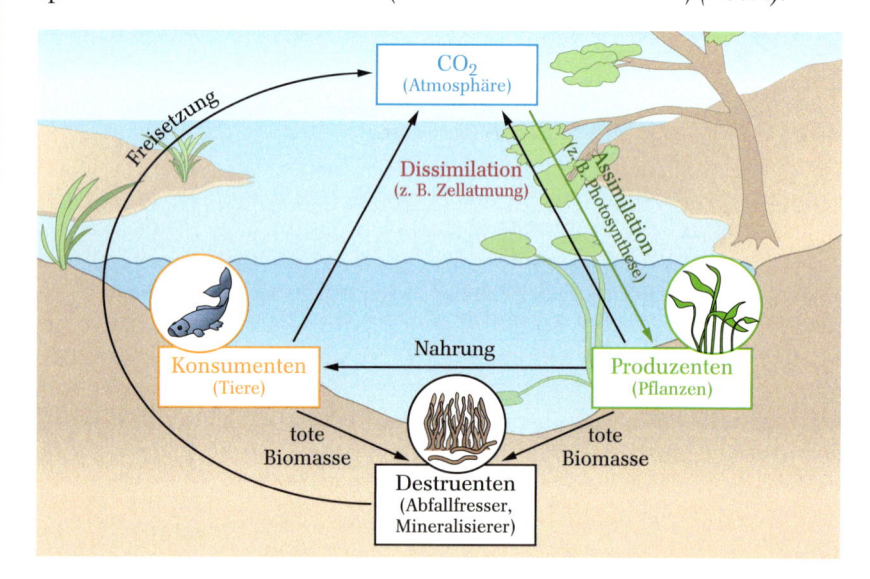

Abb. 1 Vereinfachte Darstellung des Kohlenstoffkreislaufs

A1 Grüne Pflanzen ernähren sich über die Fotosynthese. Erklären Sie, weshalb sie trotzdem auf Mineralsalze angewiesen sind.

A2 Stellen Sie dar, welche stickstoff-, schwefel- und phosphorhaltigen Verbindungen beim aeroben Abbau toter Biomasse durch Mikroorganismen entstehen und erläutern Sie den Stoffkreislauf bezüglich der Elemente Schwefel und Phosphor. In welchen Molekülen bzw. Stoffgruppen kommen diese Elemente in Lebewesen vor?

Grüne Pflanzen sind fähig, aus anorganischen Stoffen wie CO_2 und H_2O mit Hilfe von Lichtenergie **energiereiche organische Substanzen** aufzubauen (*s. Kapitel 2.6*: Bedeutung organischer Kohlenstoff-Verbindungen in der Technik). Man nennt sie **fotoautotrophe** Lebewesen. Sie sind in Hinblick auf energiereiche Stoffe Selbstversorger. Organismen, die auf von außen kommende Nährstoffe angewiesen sind, werden **heterotrophe** Lebewesen genannt. Die verschiedenen Formen der Ernährung sind in Abbildung 2 zusammengefasst.

Exkurs

Im **Kohlenstoff-Kreislauf** *(Abb. 1)* wird der Kohlenstoff in Form von CO_2 von den Pflanzen aufgenommen und in **organische Substanz (Biomasse)** umgewandelt, die den Tieren als Nahrung dient. Mikroorganismen (Bakterien, Pilze) bauen totes organisches Material unter O_2-Verbrauch ab, wobei der Kohlenstoff in Form von CO_2 wieder in die Atmosphäre gelangt. **Stickstoff-Kreislauf:** Beim aeroben Abbau toter Biomasse durch die Destruenten entsteht u. a. **Nitrat** (NO_3^-), das von den Pflanzen aufgenommen wird. Der Stickstoff dient zur Produktion von **Aminosäuren**, den Bausteinen der **Proteine** *(S. 26 f.)*. Er wird auch zur Synthese von DNA *(S. 69)* und **Coenzymen** (NAD^+, $NADP^+$, ATP etc., *s. S. 29 ff.*) benötigt.

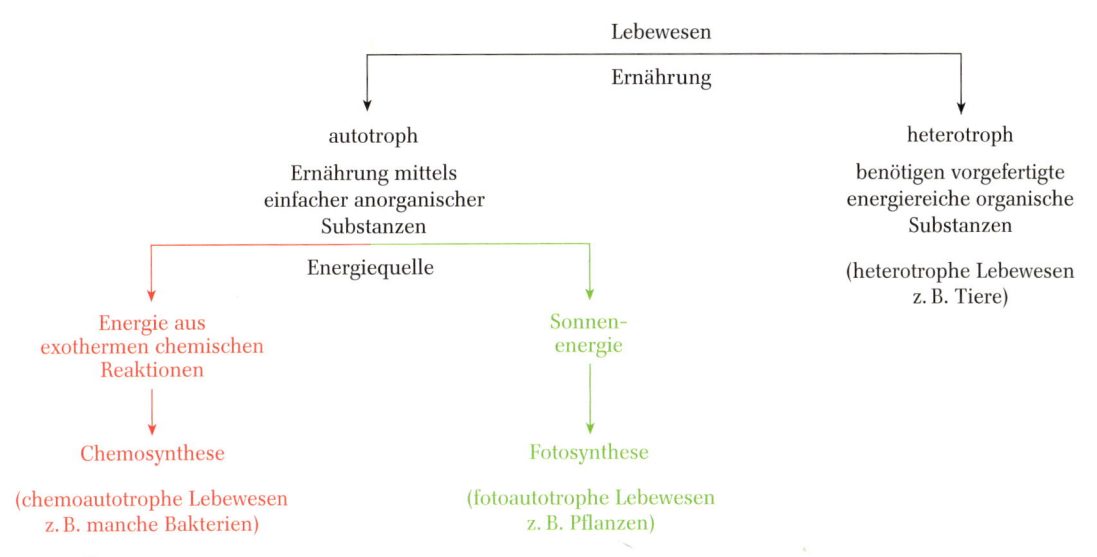

Abb. 2 Übersicht zur Ernährung der Lebewesen

Bei der Fotosynthese werden Sauerstoff und Glucose gebildet.

Summengleichung: $6\,CO_2 + 12\,H_2O \rightarrow C_6H_{12}O_6 + 6\,O_2 + 6\,H_2O$

Die von der Fotosynthese umgesetzten Energie- und Stoffmengen sind erheblich. Allerdings wird, wie Abbildung 3 zeigt, nur ein kleiner Teil der auf die Blätter einstrahlenden Sonnenenergie tatsächlich verwertet. Ein grober Schätzwert zur Produktionsrate der Fotosynthese geht davon aus, dass 100 m² Blattfläche bei guter Belichtung in einer Stunde etwa 50 g Stärke produzieren. Tabelle 1 zeigt die Tagesleistung eines voll entwickelten Baumes.

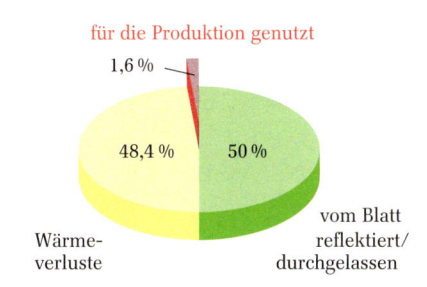

Abb. 3 Nutzung der Sonnenenergie durch Fotosynthese

Verbrauch	
Kohlenstoffdioxidaufnahme	9 400 l
Bildung	
Sauerstoffproduktion	9 400 l
Nährstoffproduktion	12 kg
Wasserverdunstung	400 l

Tab. 1: Daten zur Fotosynthese einer voll entwickelten Buche an einem Sonnentag

Exkurs

2.1 Das Blatt als Ort der Fotosynthese

Die Fotosynthese kann nur in Zellen ablaufen, die Chloroplasten enthalten. Der wichtigste Ort der Fotosynthese in einer Pflanze ist das Blatt, dessen Aufbau im folgenden Kapitel beschrieben werden soll.

2.1.1 Der Aufbau eines Laubblattes

Der Aufbau eines typischen Laubblattes lässt sich am besten an einem Querschnittsbild studieren (*Abb. 1*).

Blattober- und -unterseite werden durch die **Kutikula** begrenzt, eine Schicht aus wachsartigen, Wasser abweisenden Stoffen. Darunter befindet sich die **Epidermis**. Sie besteht aus einer Lage pflastersteinartig miteinander verzahnter Zellen. Kutikula und Epidermis geben dem Blatt mechanischen Schutz und verringern die Wasserverdunstung über die Blattoberfläche. Die Epidermiszellen sind klar und durchsichtig. So kann das Sonnenlicht bis zu den tiefer gelegenen Geweben des Blattes vordringen. An der sonnenzugewandten Seite befindet sich das **Palisadengewebe**. Seine dicht aneinander liegenden Zellen enthalten eine hohe Zahl an Chloroplasten. Daher ist das Palisadengewebe der **Hauptort der Fotosynthese**. Auch das anschließende **Schwammgewebe** ist fotosynthetisch aktiv. Es ist von zahlreichen luftgefüllten Hohlräumen durchzogen, die man als **Interzellulare** bezeichnet.

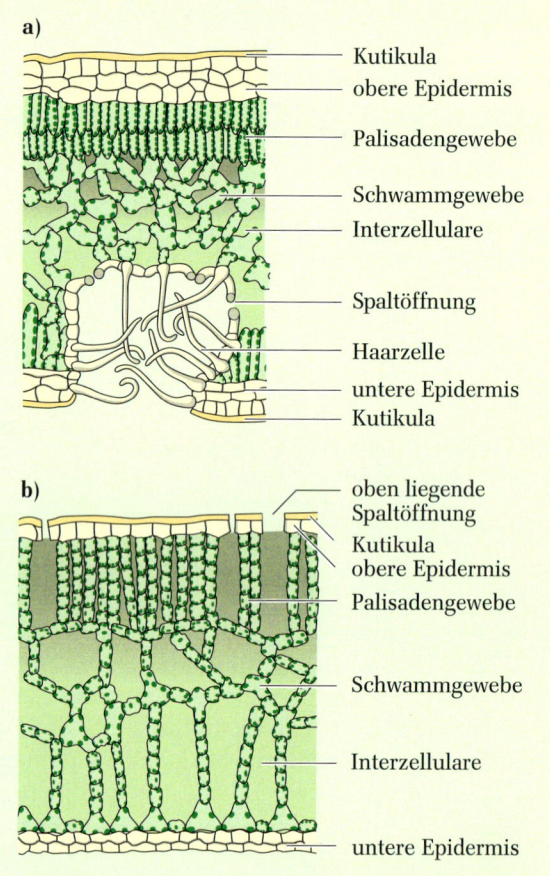

a)
- Kutikula
- obere Epidermis
- Palisadengewebe
- Schwammgewebe
- Interzellulare
- Spaltöffnung
- Haarzelle
- untere Epidermis
- Kutikula

b)
- oben liegende Spaltöffnung
- Kutikula
- obere Epidermis
- Palisadengewebe
- Schwammgewebe
- Interzellulare
- untere Epidermis

Abb. 2 Querschnitt durch ein Oleanderblatt **a)** und das Schwimmblatt einer Seerose **b)**

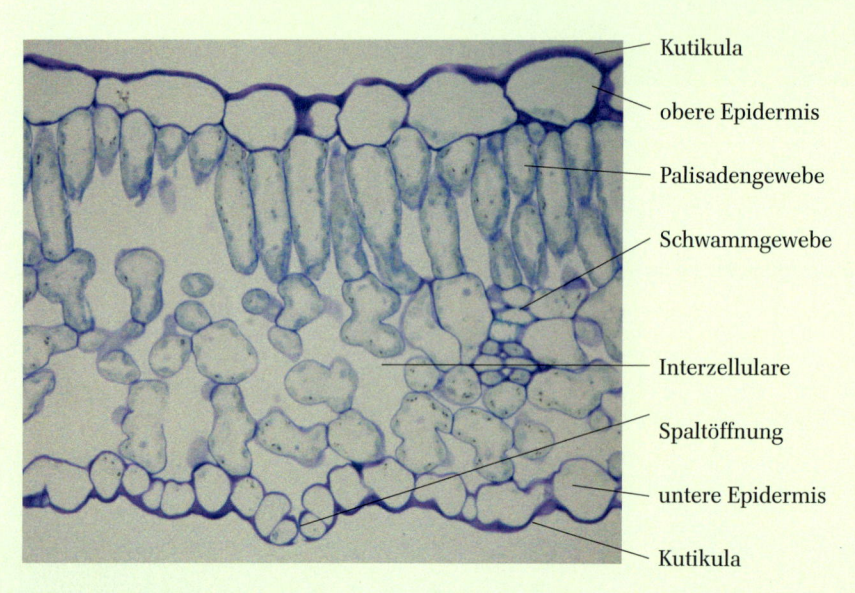

- Kutikula
- obere Epidermis
- Palisadengewebe
- Schwammgewebe
- Interzellulare
- Spaltöffnung
- untere Epidermis
- Kutikula

Abb. 1 Querschnitt durch ein Laubblatt, mikroskopische Aufnahme

A3 Geben Sie an, in welchen Klimaregionen Oleander *(Abb. 2a)* gefunden werden kann und erläutern Sie, wie diese Pflanze durch den Bau ihrer Blätter an ihre klimatische Umgebung angepasst ist. Gehen Sie auch auf die Funktion der Haarzellen ein.

A4 Beschreiben Sie die Anpassung der Blätter einer Seerose *(Abb. 2b)* an ihre Umgebung.

2.1.2 Die Spaltöffnungen (Stomata)

Durch die **Spaltöffnungen** an der Blattunterseite *(Abb. 3)* gelangt Kohlenstoffdioxid in das Blattinnere und diffundiert zu allen fotosynthetisch aktiven Zellen.

Im Gegenzug werden der gebildete **Sauerstoff** und **wasserdampfhaltige Luft** nach draußen transportiert. Über Kapillarkräfte saugt das Blatt Wasser und darin gelöste Nährsalze aus den Wurzeln nach. Hohe **Verdunstung** und ungenügender Wassernachschub verursachen das **Schließen der Spaltöffnungen**.

Die den Stomata benachbarten Epidermiszellen sind durch ein Gelenk mit den Schließzellen verbunden, die durch Formveränderungen die Größe des zwischen ihnen liegenden Spalts regulieren. Bei guter Wasserversorgung und damit hohem Zelldruck vergrößert sich die Vakuole und drückt gegen die Zellwand. Der Turgor (Zellinnendruck) steigt. Dies führt zu einer geringfügigen Deformierung und Bewegung der Schließzellen, was eine Öffnung der Stomata verursacht. Sie geben einen schmalen Spalt frei, der Gasaustausch kann funktionieren.

Die Regulationsmechanismen der Stomata ermöglichen den Pflanzen außerdem eine Steuerung des Wasserverlusts durch Verdunstung, der durch die Spaltöffnungen stattfindet. Gibt die Pflanze bei äußeren Umweltbedingungen wie großer Hitze und Trockenheit zu viel Wasser durch Transpiration ab, lässt der Zelldruck in den Schließzellen nach. Es kommt zum Erschlaffen der Zelle und aufgrund der Eigenelastizität der Zellwand zum Verschließen der Spaltöffnung. Die Wasserverdunstung erfolgt dann nur noch in erheblich reduziertem Ausmaß durch die Epidermis und Kutikula. An heißen Tagen schließen sich daher in den Mittagsstunden die Spaltöffnungen. Der Nachschub an Kohlenstoffdioxid unterbleibt, die Fotosynthese wird gedrosselt.

Die Spaltöffnungen sind folglich ein wichtiges Stellglied für die Balance zwischen Fotosynthese- und Transpirationsrate sowie der Wasserbilanz der Pflanze.

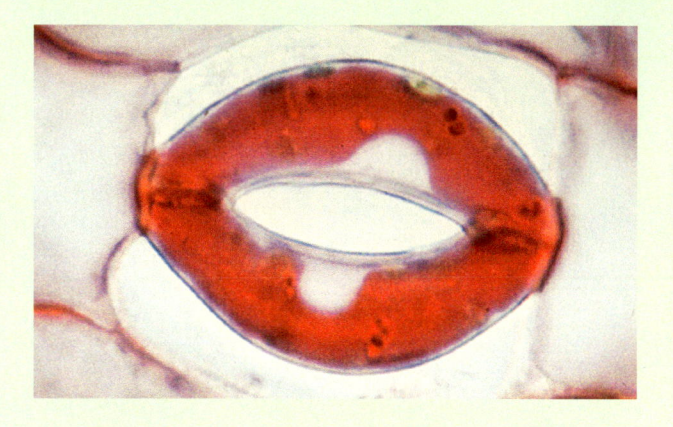

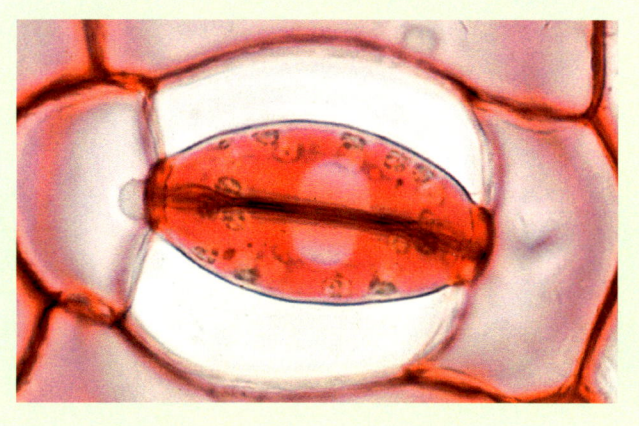

Abb. 3 Spaltöffnungen auf Blattunterseite; oben offen, unten geschlossen

A5 Fertigen Sie eine Skizze an, die den Mechanismus veranschaulicht, der zur Öffnung der Stomata in Abhängigkeit vom Turgor führt.

A6 Erläutern Sie weitere mögliche Unterschiede im Bau eines Blattes von einer Sonnenpflanze und von einer Schattenpflanze.

Praktikum

1. Untere Epidermis mit Spaltöffnungen

Durchführung: Ritzen Sie das Blatt an der Unterseite (!) nach Abbildung 4 mit der Rasierklinge vorsichtig an (nicht durchschneiden, Verletzungsgefahr!) und ziehen Sie mit der Pinzette ein dünnes, farbloses, höchstens 5 mm x 5 mm großes Stückchen der unteren Epidermis ab. Bringen Sie das Epidermisstück in einen Tropfen Wasser und legen Sie das Deckgläschen auf. Betrachten Sie das Objekt unter schwacher Vergrößerung.

Hinweise zur Auswertung: Durchmustern Sie das Präparat nach Zellen mit bohnenförmiger Gestalt. Interpretieren Sie das mikroskopische Bild anhand von Abbildung 3 *(S. 37)*! Skizzieren Sie eine Spaltöffnung mit den umgebenden Epidermiszellen.

Material:
Frische, möglichst festere Blätter (z. B. Christrose, Schwertlilie), Rasierklinge, Pinzette, Objektträger, Deckgläschen, Pipette, Wasserglas, Mikroskop

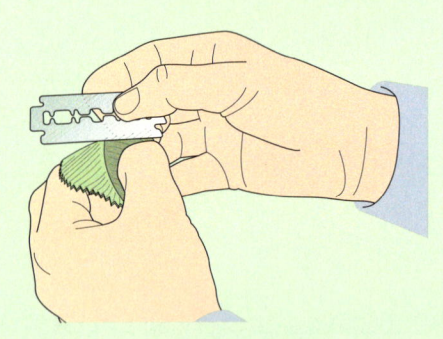

Abb. 4 Präparation der unteren Blatthaut

2. Blattquerschnitt

Durchführung: Das Blatt wird in den Spalt des Styroporblocks eingelegt. Auf der Oberseite wird mit einer Rasierklinge eine glatte Schnittfläche hergestellt. Jetzt wird eine neue Rasierklinge kurz vor der Schmalseite des Blattes angesetzt und in einem Arbeitsgang ein dünner Schnitt durch Blatt und Styropor gezogen *(Abb. 5)*. Nach dieser Vorschrift werden zahlreiche Querschnitte des Blattes hergestellt und jeweils sofort auf einen Objektträger mit Wassertropfen überführt. Erfahrungsgemäß sind viele Schnitte zu dick oder höchstens in Teilbereichen nutzbar. Es empfiehlt sich daher, eine ganze Serie von Schnitten anzufertigen und sie dann erst, ausgehend von den Blatträndern, unter dem Mikroskop zu durchmustern.

Hinweise zur Auswertung: Suchen Sie eine geeignete Stelle und interpretieren Sie das mikroskopische Bild anhand der Abbildung 1 *(S. 36)*! Fertigen Sie eine Skizze aus einem Bereich ohne Leitbündel an (Größe: 1/4 Seite)!

Material:
Ligusterblätter oder Blätter der Christrose, Styroporblöcke, Rasierklingen, Pinzette, Objektträger, Deckgläschen, Pipette, Wasserglas, Mikroskop

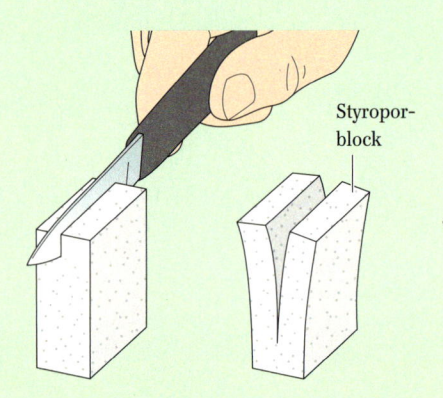
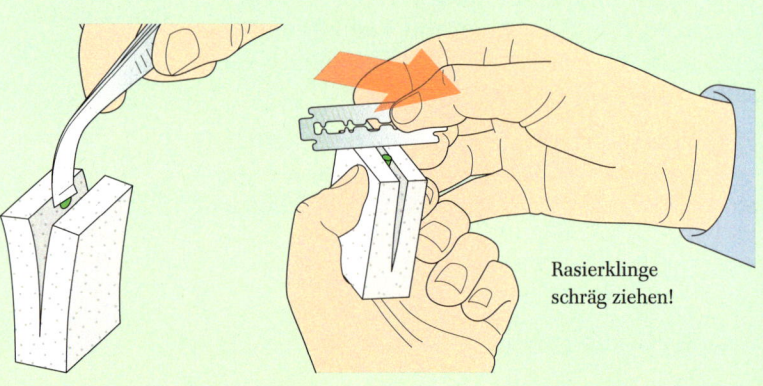

Styropor-block

Rasierklinge schräg ziehen!

Abb. 5 Herstellung eines Blattquerschnitts

2.2 Abhängigkeit der Fotosynthese von Außenfaktoren

Für die Fotosyntheseleistung einer Pflanze sind in erster Linie die Temperatur, das Licht (Beleuchtungsstärke und Wellenlänge) und die Konzentration von Kohlenstoffdioxid von großer Bedeutung. Da die Pflanze für zahlreiche Stoffwechselprozesse auch Energie benötigt, findet stets auch Zellatmung, d.h. Stoffabbau zur Energiegewinnung statt *(s. Kapitel 3.1)*. Der Punkt, an dem die Sauerstoffproduktion dem Sauerstoffverbrauch durch Atmung entspricht, wird **Kompensationspunkt** genannt *(Abb. 2)*.

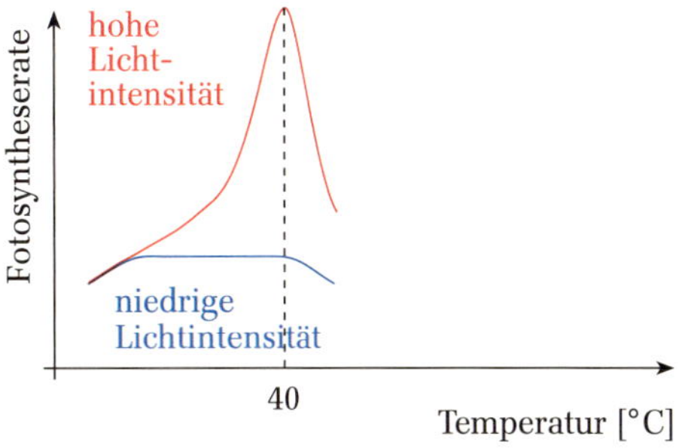

2.2.1 Der Einfluss der Temperatur

Zur Produktion organischer Substanzen müssen zahlreiche enzymkatalysierte Reaktionen durchlaufen werden. Ihre **Reaktionsgeschwindigkeit** hängt stark von der Temperatur ab. Im Experiment wird häufig die Fotosyntheserate anhand der Sauerstoffproduktion gemessen. So wurde auch der folgende Zusammenhang ermittelt:

Zunächst beobachtet man für eine Temperaturerhöhung um jeweils 10 °C eine Verdoppelung der Reaktionsgeschwindigkeit. Diesen Zusammenhang bezeichnet man als **Reaktionsgeschwindigkeits-Temperatur-Regel** (**RGT-Regel**). Genaue Untersuchungen zeigen, dass die Fotosyntheserate bei zunehmender Temperatur **exponentiell ansteigt**. Dies ist für endotherme chemische Reaktionen typisch. Mit weiter steigender Temperatur verlangsamt sich der Anstieg, dann sinkt die Fotosyntheserate sehr schnell ab. Verursacht wird dies durch die **Temperaturempfindlichkeit der beteiligten Enzymproteine**. Sie verändern ihre Struktur, sodass ab etwa 40 °C ihre katalytische Wirkung nachlässt. Noch höhere Temperaturen führen zu irreversiblen Veränderungen (Denaturierung) und einem völligen Zusammenbruch des Stoffumsatzes. Dieser geschilderte Zusammenhang ist für alle Pflanzen typisch. Die genaue **Lage des Temperaturoptimums** hängt aber von der jeweiligen Pflanzenart sowie den beteiligten Enzymen ab.

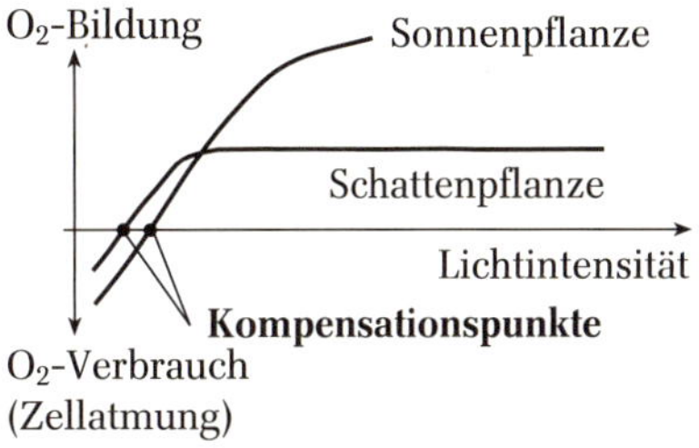

2.2.2 Einfluss der Lichtintensität

Erhöht man die Einstrahlung von weißem Licht, so steigt die Sauerstoff-Produktion rasch an. Später ist eine Sättigung durch volle Auslastung des Fotosynthese-Apparates zu beobachten. Bei sehr hohen Lichtintensitäten kommt es jedoch zu einem Rückgang der Fotosyntheseleistung, bedingt durch den damit verbundenen Temperaturanstieg (Schädigung der Enzyme), den Wasser-Verlust und die hohe Einstrahlung von UV-Licht *(Abb. 1)*.

2.2.3 Einfluss der Kohlenstoffdioxid-Konzentration

Mit zunehmender CO_2-Konzentration steigt die Fotosyntheserate an. Dann verlangsamt sich der Anstieg, bis er einen Höchstwert, ein Optimum, erreicht *(Abb. 3)*.

Der CO_2-Gehalt der Atmosphäre liegt bei etwa 0,03 % und stellt für die Fotosynthese damit den **begrenzenden Faktor (Minimumfaktor)** dar.

Abb. 1 Einfluss der Temperatur auf die Fotosynthese bei unterschiedlichen Lichtintensitäten

Abb. 2 Abhängigkeit der O_2-Bildung von der Lichtintensität

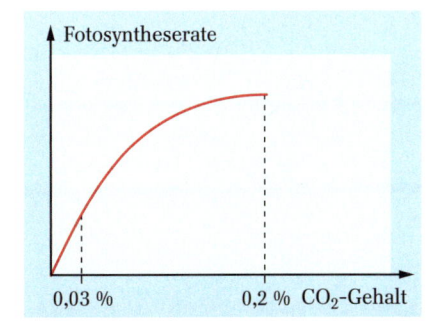

Abb. 3 Abhängigkeit der Fotosyntheserate vom CO_2-Gehalt

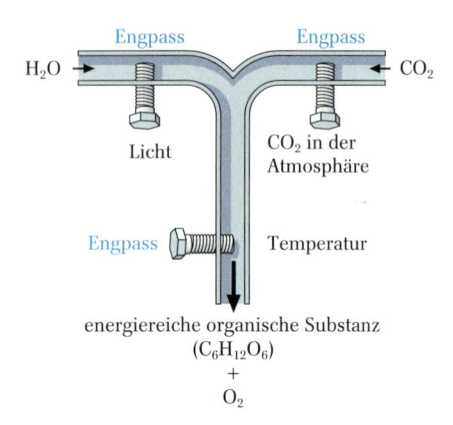

Abb. 4 Engpässe im Reaktionsverlauf der Fotosynthese

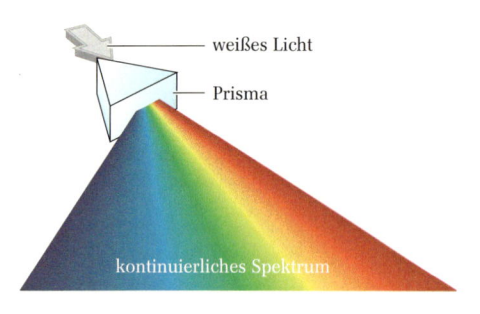

Abb. 1 Zerlegung des Sonnenlichts durch ein Prisma

Das ist die Größe, die im Verhältnis zu den anderen Faktoren der Pflanze am wenigsten zur Verfügung steht. Diesen Umstand macht man sich in Gewächshäusern durch Begasung zu Nutze.

Die Abhängigkeit der Fotosynthese von Außenfaktoren kann durch das Engpass-Modell veranschaulicht werden *(Abb. 4)*. Fehlt einer der Faktoren, kann die Fotosynthese nicht ablaufen.

2.3 Experimente zur Aufklärung der Fotosynthese-Reaktionen

Die Abhängigkeit der Fotosynthese von der Wellenlänge des Lichts soll anhand wichtiger historischer Experimente erläutert werden:

2.3.1 Einfluss der Wellenlängen des Lichts

Mithilfe eines Glasprismas oder eines Beugungsgitters lässt sich weißes Sonnenlicht in seine Spektralfarben zerlegen *(Abb. 1)*. Man erhält ein **kontinuierliches Spektrum**, also ein Spektrum, das nicht nur aus einzelnen Linien oder Banden besteht und von violett bis dunkelrot reicht. Andere Lichtquellen, etwa Glühbirnen zeigen bei Zerlegung nur den Gelb- und Rotanteil, während die Violett- und Blauanteile des Spektrums fehlen.

Bei der Belichtung eines Algenfadens entdeckte THEODOR ENGELMANN im Jahr 1882, dass sich zugesetzte Sauerstoff liebende Bakterien an den Stellen des Algenfadens vermehrten, an denen dieser mit rotem bzw. mit blauem Licht bestrahlt wurde. Die Fotosyntheseleistung war dort am größten. Keine Sauerstoff-Produktion ließ sich an den Stellen nachweisen, die mit gelb-grünem Licht (550 nm) bestrahlt wurden.

Die Abhängigkeit der Fotosyntheserate vom Farbanteil des Lichts gilt nicht nur für Algen, sondern für alle fotosynthetisch aktiven Organismen. Direkte Untersuchungen der Lichtabsorption an isolierten Chloroplasten und an isolierten Thylakoid-Membranen belegen diesen Befund *(Abb. 2)*.

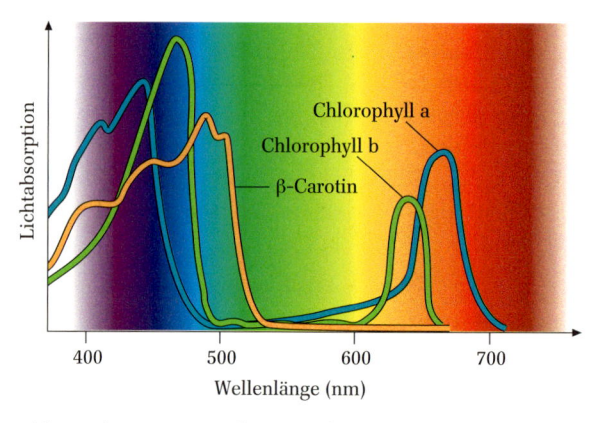

Abb. 2 Absorptionsspektren wichtiger Fotosynthesepigmente

Die **Absorptionsmaxima** der Fotosynthese-Pigmente **liegen im roten und blauen Spektralbereich** des Lichts (*Abb. 2*, Bsp. Chl *a*: Absorptionsmaxima bei Licht der Wellenlängen 450 nm und 680 nm). Weitere Blattfarbstoffe (akzessorische Pigmente), wie die **Carotinoide** und die **Xanthophylle**, helfen, die Absorptionslücken etwas zu verringern (vgl. Absorptionskurve β-Carotin, *Abb. 2*). Die absorbierte Lichtenergie wird von den anderen Pigmenten auf das Chlorophyll übertragen. Die verschiedenen Absorptionsmaxima der einzelnen Pigmente führen zusammen zu breiteren Absorptionsbereichen, was durch das Wirkungsspektrum der Fotosynthese (*Abb. 3*) veranschaulicht wird.

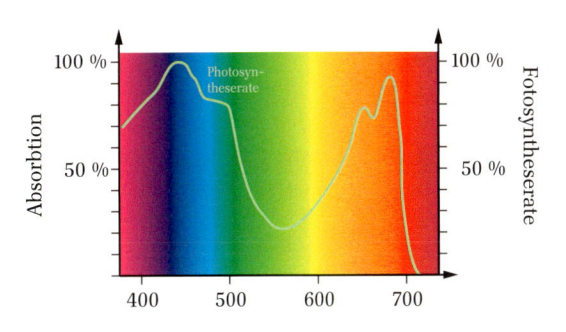

Abb. 3 Wirkungsspektrum der Fotosynthese

Im Jahr 1957 entdeckte Robert Emerson, dass die Fotosyntheserate an Thylakoiden bei gleichzeitiger Bestrahlung mit Licht der Wellenlänge von 680 nm und 700 nm größer war als die Summe der Fotosyntheseraten, die man bei getrennter Einstrahlung der beiden Wellenlängen misst. Dieser Befund ließ den Schluss zu, dass in den Thylakoidmembranen **zwei Fotosysteme** existieren, die miteinander in Wechselwirkung stehen und in ihrer Funktionsfähigkeit voneinander unabhängig sind.

2.3.2 Die Hill-Reaktion

Der britische Biochemiker Sir Robert Hill führte 1939 Versuche an isolierten Thylakoidmembranen durch. Er entdeckte, dass in Anwesenheit von Fe^{3+}-Ionen im wässrigen Milieu ohne CO_2-Zufuhr bei Belichtung Sauerstoff produziert wurde und dabei Fe^{3+}-Ionen zu Fe^{2+}-Ionen reduziert wurden. Da kein CO_2 anwesend war, kam Hill zu der Hypothese, dass der bei der Fotosynthese gebildete Sauerstoff aus dem Wasser stammen musste, das mithilfe von Lichtenergie in die Elemente gespalten wurde:

$$4\ Fe^{3+} + 2\ H_2O \xrightarrow{\text{Licht, Thylakoide}} O_2 + 4\ Fe^{2+} + 4\ H^+$$

Als Elektronenakzeptor dienten hier Fe^{3+}-Ionen. Diese Aufgabe wird in lebenden Systemen von dem Coenzym $NADP^+$ übernommen (*S. 30 f.*), das Wasserstoff und Elektronen von einem Molekül auf ein anderes zu übertragen vermag.

A7 Fertigen Sie eine beschriftete Skizze zu dem Versuch an, den Hill einst durchführte!

2.3.3 Tracer-Methode

Die Hypothese von R. Hill wurde durch Isotopen-Markierungsversuche bewiesen. Im Jahr 1941 wurden radioaktiv markierte Wassermoleküle zur Fotosynthese eingesetzt, die die Sauerstoff-Isotope ^{18}O enthielten. Die Untersuchung der Fotosynthese-Produkte zeigte, dass der entstandene Sauerstoff diese Isotope enthielt, nicht aber die gebildete Glucose. Setzte man dagegen radioaktiv markiertes Kohlenstoffdioxid ein, tauchte das Isotop nicht im entstandenen Sauerstoff auf, sondern im Glucose-Molekül.

$$6\ CO_2 + 12\ H_2{}^{18}O \rightarrow C_6H_{12}O_6 + 6\ {}^{18}O_2 + 6\ H_2O$$

Exkurs

Die Blattpigmente

In den Zellen von Palisaden- und Schwammgewebe findet sich dicht gedrängt eine große Zahl grün gefärbter Chloroplasten. Die komplexe Innenstruktur der Chloroplasten wurde bereits im Kapitel 1 beschrieben. Aus zerstörten Chloroplasten lassen sich durch **chromatografische Trennung** die einzelnen Blattfarbstoffe erhalten. Abbildung 5 zeigt das Ergebnis der **Dünnschichtchromatografie** eines Blattextraktes, links im UV-Licht, rechts im Tageslicht. Neben Chlorophyll a und b und β-Carotin gibt es noch eine Reihe weiterer Blattfarbstoffe, auf die hier nicht näher eingegangen wird.

Zur Trennung wird das Substanzgemisch mit den Blattfarbstoffen auf ein **Trägermaterial** aufgebracht und ein geeignetes **Fließmittel** verwendet. Neben dem zu untersuchenden Stoffgemisch kann man die vermuteten Reinstoffe auftragen, sodass die **Identifizierung der aufgetrennten Bestandteile** möglich wird. Obwohl das Trägermaterial völlig trocken erscheint, enthält es in seinen winzigen Poren größere Mengen an Wasser. Wasser dient bei der Trennung als **polare**, das kapillar hochsteigende Fließmittel als mehr oder weniger **unpolare Phase. Die zu trennenden Stoffe verteilen sich** aufgrund ihres Molekülbaus in typischer Weise zwischen beiden Phasen. Viele solcher Verteilungsvorgänge sind nun in den Poren des Trägermaterials hintereinander geschaltet und verbessern die Trennwirkung. Stoffe, die überwiegend ins Fließmittel übergehen, werden schnell transportiert. Lösungsbestandteile, die vorwiegend in der wässrigen Phase zu finden sind, wandern langsam. Jeder der Stoffe lässt sich nun anhand der Wanderungsstrecke und durch Vergleich mit der mitlaufenden Reinsubstanz einwandfrei zuordnen. Das Gemisch aus den zerstörten Chloroplasten zeigt, dass eine ganze Reihe verschiedener Farbstoffe vorliegen. Für die Fotosynthese sind die chemisch sehr ähnlichen **Chlorophylle a und b und das β-Carotin** von Bedeutung. Der hohe Anteil an Chlorophyll lässt die Blätter grün erscheinen. Die anderen Farbstoffe erkennt man mit bloßem Auge erst dann, wenn sie in hoher Konzentration wie bei der Blutbuche vorliegen. Das Chlorophyll ist in den **Thylakoidmembranen** verankert. Am Chlorophyllmolekül *(Abb. 4)* lassen sich zwei funktionelle Bereiche unterscheiden. Der orange **unpolare Phytolrest** fixiert das Molekül in der Lipiddoppelschicht der Thylakoidmembran. Das **polare Ringsystem** enthält Elektronen, die durch Licht leicht angeregt werden können. Es handelt sich um ein delokalisiertes π-Elektronensystem. Solche Systeme sind in der organischen Chemie von Benzol und vielen Farbstoffen bekannt. Die angeregten Elektronen **speichern** somit kurzzeitig die **Energie des Sonnenlichts**.

Chlorophyll

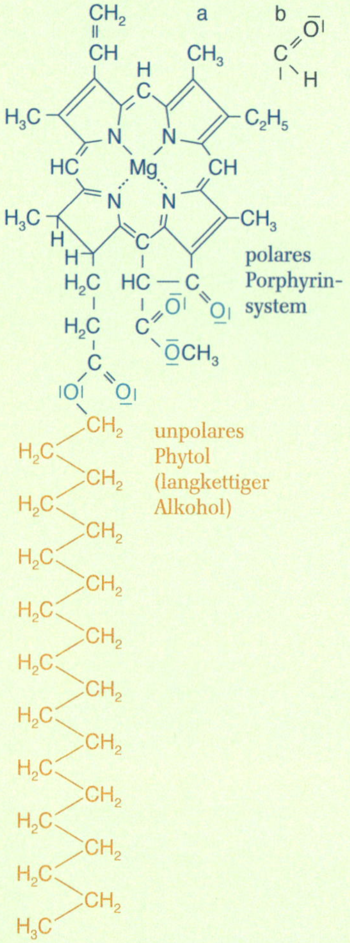

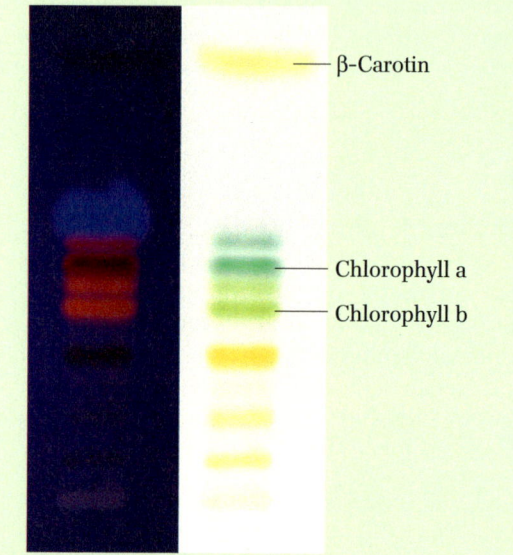

Abb. 4 Strukturformel des Chlorophyll

Abb. 5 Ergebnis der chromatografischen Trennung von Blattfarbstoffen

Praktikum

1. Isolation und Trennung von Blattfarbstoffen

Durchführung: Die mit den Blättern halb gefüllte Reibschale wird mit 2 Spatel Sand und höchstens 10 mL Aceton versetzt. Die Mischung wird so lange mit dem Pistill zerquetscht, bis eine dunkelgrüne Lösung entstanden ist. Die Lösung wird abfiltriert. **Im Abzug** wird die Lösung nach Abbildung 6 mit einer Kapillare (oder Pipette) etwa 1 Zentimeter vom unteren Rand des Trägermaterials entfernt aufgetragen. Nach Verdunsten des Lösungsmittels wird dieser Vorgang mehrmals wiederholt, um eine kräftig gefärbte Startlinie zu erhalten.

Dann wird das Papier bzw. die DC-Folie in den Standzylinder gebracht, der etwa 0,5 cm hoch mit Toluol (**Vorsicht, Dämpfe nicht einatmen**) gefüllt ist. Der Standzylinder ist sofort zu verschließen. Sobald deutlich getrennte Farblinien zu erkennen sind, kann man das Papier bzw. die Folie entnehmen und im Abzug trocknen lassen.

Hinweise zur Auswertung: Welche Farbstoffe sind bei Versuchsende am Chromatogramm zu erkennen? Versuchen Sie eine Zuordnung anhand von Abbildung 5! Erklären Sie, weshalb es zur Trennung der verschiedenen Farbstoffe kommt!

2. Lichtabsorption durch Chlorophyll

Durchführung: Bauen Sie die Versuchsapparatur anhand von Abbildung 7 auf. Das Gitter bzw. das Prisma ist so in den Strahlengang des Projektors zu bringen, dass ein kontinuierliches Spektrum ähnlich wie in Abbildung 1 *(S. 40)* entsteht.

Die Küvette wird zur Hälfte in den gebündelten Strahlengang gebracht, sodass das unbeeinflusste Spektrum und das Absorptionsspektrum gemeinsam betrachtet werden können.

Hinweise zur Auswertung: Was beobachten Sie, wenn Sie direkt von oben oder von der Seite auf die Küvette blicken?

Welcher Unterschied ist zwischen dem Spektrum des Chlorophylls und dem unbeeinflussten Spektrum zu beobachten? Fertigen Sie eine Skizze beider Spektren an. Erklären Sie den Befund anhand der Abbildung 2 *(S. 40)* sowie der begleitenden Texte.

Material:
Blätter einer krautigen Pflanze (z. B. Brennnesselblätter), Chromatografiepapier oder DC-Folie, Reibschale mit Pistill, Bechergläser, Reagenzglas, Filterpapier, Trichter zum Abfiltrieren, Kapillare (oder Pipette), feiner Sand, Aceton (F: leicht entzündlich), Toluol (F: leicht entzündlich, Xn: gesundheitsschädlich)

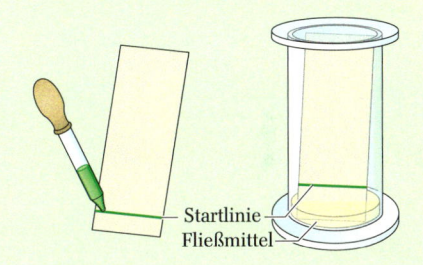

Abb. 6 Durchführung einer chromatographischen Trennung der Blattfarbstoffe

Material:
Diaprojektor mit Küvetteneinsatz, Prisma oder passendes Beugungsgitter (ca. 600 Linien/mm), selbst hergestelltes Dia mit einem ca. 5 mm breiten lichtdurchlässigen Spalt, klare Chlorophyll-Lösung aus Versuch 1.

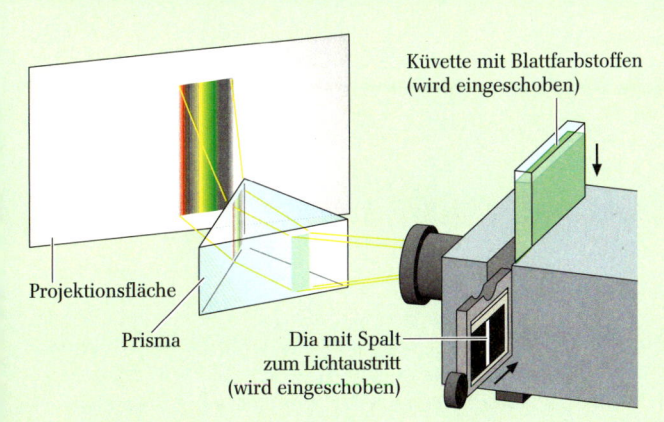

Abb. 7 Versuchsaufbau zur Fluoreszenz und Lichtabsorption durch Blattfarbstoffe

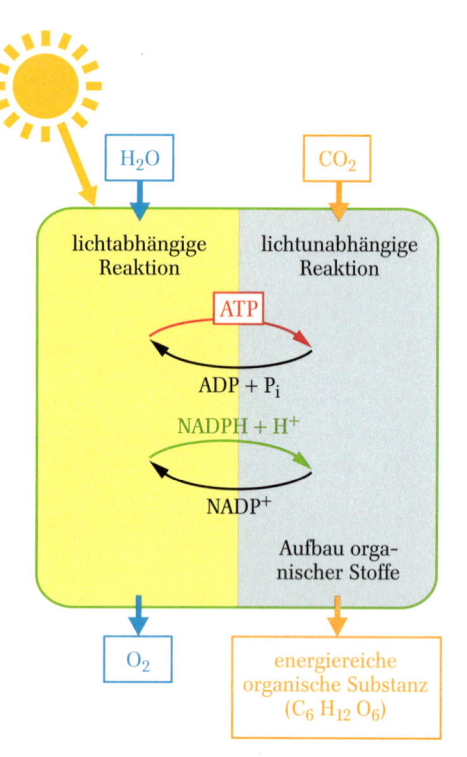

Abb. 1 Schema zur Fotosynthese

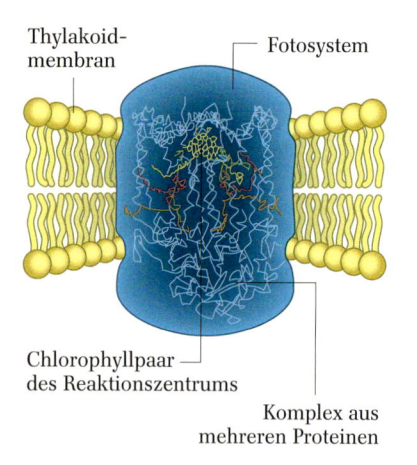

Abb. 2 Rekonstruktion eines Fotosystems eines fotosynthetischen Purpurbakteriums

2.4 Die Reaktionen der Fotosynthese

Die Fotosynthese lässt sich in zwei Reaktionen untergliedern:
Bei der **lichtabhängigen Reaktion (Lichtreaktion)** wird **Wasser** mithilfe von Licht **gespalten (Fotolyse)**, wodurch Sauerstoff entsteht. Lichtenergie wird mithilfe des Energiespeichermoleküls ATP in chemischer Form gespeichert. $NADPH/H^+$ wird gebildet.
Bei der **lichtunabhängigen Reaktion (Dunkelreaktion)** wird **Kohlenstoffdioxid** in einer Reihe enzymatisch katalysierter Reaktionen **zu Glucose reduziert**. Die bei der Lichtreaktion gebildeten ATP- und $NADPH/H^+$-Moleküle werden verbraucht (*Abb. 1*).

2.4.1 Die Lichtreaktion

Die lichtabhängigen Reaktionen finden an der Thylakoidmembran der Chloroplasten statt, die sogenannte **Fotosysteme** (**Chlorophyllsysteme**, *Abb. 2*) enthalten. Sie bestehen jeweils aus einem **Reaktionszentrum**, einem **Antennenkomplex** und verschiedenen Enzymkomplexen. Der Antennenkomplex besteht aus etwa 300 Chlorophyllmolekülen.
Membrangebundene Chlorophyllmoleküle besitzen gegenüber isoliertem Chlorophyll geringfügig abweichende Absorptionsspektren. Nach ihren Absorptionsmaxima im roten Bereich bezeichnet man sie z. B. als P700 und P680. P700 bedeutet, dass das Absorptionsmaximum im roten Bereich bei einer Wellenlänge von 700 nm liegt. Bei Lichteinfall wird die eingefangene Lichtenergie zum Reaktionszentrum geleitet. Man spricht von einer **Lichtsammelfalle**. Die genaue Struktur eines Reaktionszentrums wurde erstmals 1983 aufgeklärt.

Die weiteren Vorgänge an der Membran der Thylakoide sind im folgenden Text und in Abbildung 3, die dabei durchlaufenen Änderungen der Energieniveaus in Abbildung 4 dargestellt.

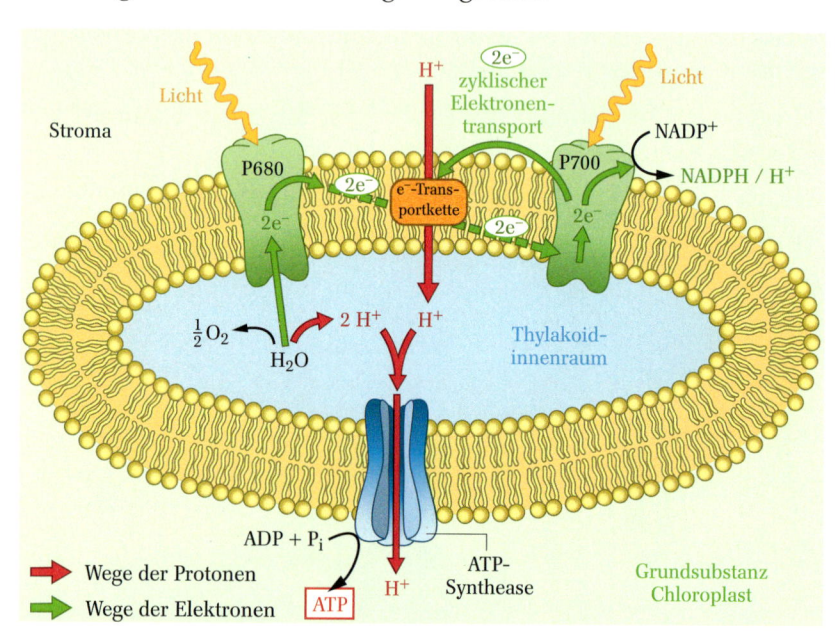

Abb. 3 Schematische Darstellung der Elektronentransportkette der Lichtreaktion, Chemiosmotisches Modell: Durch die Spaltung des Wassermoleküls ist die H^+-Konzentration im Thylakoidinnenraum höher als im Stroma des Chloroplasten.

Fotolyse des Wassers

Durch die Absorption von Licht *(Abb. 4)* werden Elektronen im Fotosystem II (P680) auf ein höheres Energieniveau gebracht. Die Chlorophyll-Moleküle des Reaktionszentrums werden angeregt (P680*, angeregter Zustand der Chlorophyll-Moleküle). Die fehlenden Elektronen im P 680 werden durch die Spaltung des Wasser-Moleküls zurückgewonnen.

$$H_2O \rightarrow 2\,H^+ + 2\,e^- + \tfrac{1}{2}O_2$$

Die energiereichen Elektronen werden entlang der Thylakoidmembran in einer **Elektronentransportkette** durch eine Reihe von Redoxreaktionen auf das Fotosystem I (P 700) übertragen. Dort werden sie ebenfalls durch die Lichtabsorption der Chlorophylle auf ein höheres Energieniveau gebracht (P 700*) und zusammen mit Protonen schließlich auf das Coenzym NADP$^+$ übertragen (**azyklischer Elektronentransport**); NADPH/H$^+$ (reduzierte Form) entsteht.

Fotophosphorylierung

Bei der Wasserspaltung entstehen Sauerstoff und Protonen. Letztere werden im Innenraum der Thylakoide angesammelt. Durch fortlaufende Wiederholung dieses Vorgangs entsteht bezüglich der Protonen ein Konzentrationsunterschied zwischen dem Raum außerhalb der Thylakoide und deren Innenraum. Auch durch die Reaktionen der Elektronentransportkette gelangen Protonen in den Thylakoidinnenraum. Es kommt zur Ausbildung eines **Protonengradienten.** Entlang dieses Gradienten strömen Protonen nach außen ins Stroma. Die dabei frei werdende Energie ermöglicht die Synthese von ATP aus ADP und P$_i$ mit Hilfe des **Enzymkomplexes ATP-Synthetase.** Ein Teil der ursprünglichen Sonnenenergie ist jetzt in Form von ATP gespeichert und kann für die endothermen lichtunabhängigen Reaktionen der Fotosynthese verwendet werden. Diese Übertragung der P$_i$-Gruppe auf ein organisches Molekül wird als Phosphorylierung bezeichnet. Da die Energie für diesen Vorgang letztlich von der Sonne stammt, spricht man bei der Fotosynthese von einer **Fotophosphorylierung.** Bei der Spaltung von 12 H$_2$O-Molekülen (s. Summengleichung der Fotosynthese, *S. 35*) entstehen etwa 18 ATP. Die Menge der ATP-Bildung unterliegt allerdings natürlichen Schwankungen.

Zyklischer Elektronentransport

Dabei werden die energiereichen Elektronen nicht auf NADP$^+$ übertragen, sondern fließen zur Elektronentransportkette zurück. Im Gegensatz zum azyklischen Elektronentransport stehen die Elektronen dem System erneut zur Bildung von ATP und NADPH/H$^+$ zur Verfügung.

Bilanzgleichung der Lichtreaktion:

$$12\,H_2O + 12\,NADP^+ + 18\,ADP + 18\,P_i \rightarrow 6\,O_2 + 12\,NADPH/H^+ + 18\,ATP$$

Bei der Lichtreaktion entstehen Sauerstoff durch die Fotolyse des Wassers, ATP durch die Fotophosphorylierung und NADPH/H$^+$ als Reduktionsäquivalent!

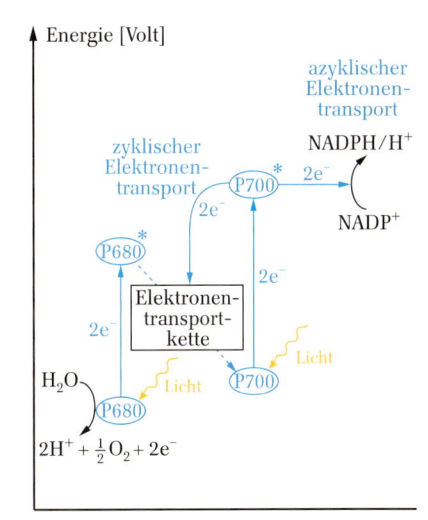

Abb. 4 Energieniveauschema der Elektronentransportkette (Z-Schema) der Lichtreaktion

A9 Erläutern Sie, wie die Umsteuerung zwischen zyklischer und nichtzyklischer Fotophosphorylierung erfolgen könnte. Diskutieren Sie dazu eine Hypothese unter Verwendung Ihrer Kenntnisse über Enzyme.

A 10 Erklären Sie, weshalb Glycerinaldehyd zu den Kohlenhydraten gerechnet wird. Begründen Sie dies anhand der Strukturformel von Glycerinaldehyd!

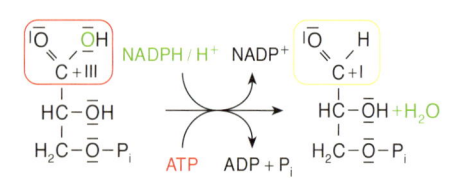

3-Phosphoglycerinsäure   Glycerinaldehyd-3-phosphat

Abb. 6 Strukturformelgleichung für die Reduktion von 3-Phosphoglycerinsäure zu Glycerinaldehyd-3-Phosphat

A 11 In einem Versuch werden isolierte Chloroplasten zuerst für eine bestimmte Zeit belichtet, anschließend der Dunkelheit ausgesetzt. Die Konzentrationen von $NADP^+$ können jeweils photometrisch bestimmt werden. Stellen Sie die Änderung der $NADP^+$-Konzentrationen bei Belichtung und anschließender Dunkelheit grafisch dar und wählen Sie bei der Beschriftung der Achsen relative Einheiten. Erläutern Sie außerdem die Bedeutung von $NADP^+$ für den Ablauf der beiden Reaktionen der Fotosynthese.

A 12 Regenwälder stehen meist auf mineralstoffarmen Böden. Trotzdem produzieren sie enorme Mengen an Biomasse. Erklären Sie diese Diskrepanz.

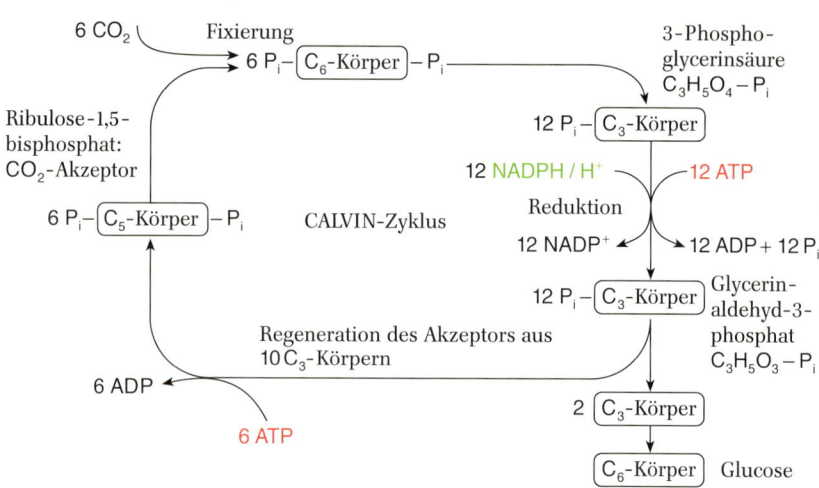

Abb. 5 Der Calvin-Zyklus im Schema

2.4.2 Die Dunkelreaktion (Calvin-Zyklus)

Die lichtunabhängigen Reaktionen werden heute zu Ehren ihres Erforschers MELVIN CALVIN als CALVIN-Zyklus bezeichnet. Der Weg vom Kohlenstoffdioxid zu den Reaktionsprodukten lässt sich mithilfe des radioaktiven Kohlenstoffisotops ^{14}C verfolgen (^{14}C-**Tracermethode**, *S. 47*). Diese Experimente wurden 1945 von Calvin und seinen Mitarbeitern an einzelligen Grünalgen durchgeführt. Die dadurch gewonnenen Erkenntnisse haben sich auch für höhere Pflanzen als gültig erwiesen. Durch raffinierte Trenn- und Nachweistechniken stellte man fest, dass die CO_2-Fixierung ein sehr schneller Prozess ist. Heute weiß man, dass Kohlenstoffdioxid zuerst an eine C_5-Verbindung mit der Bezeichnung **Ribulose-1,5-bisphosphat** gebunden wird *(Abb. 5)*. Es bildet sich eine C_6-Verbindung, die sofort wieder in zwei C_3-Körper, nämlich zwei Moleküle **3-Phosphoglycerinsäure (PGS)**, zerfällt. Reduktion führt zu **Glycerinaldehyd-3-phosphat (GAP)**. Dazu werden 2 ATP als Energielieferant und 2 NADPH/H^+ pro Molekül gebundenes CO_2 als Elektronenlieferant benötigt *(Abb. 6)*.

Zur Bildung von Glucose (C_6-Körper) müssen 6 Moleküle CO_2 fixiert werden.

Aus 6 CO_2 werden 12 C_3-Körper; 2 C_3-Körper (GAP) führen zur Bildung von Glucose.

Die verbleibenden zehn Moleküle dienen der Regeneration von 6 C_5-Körpern (Akzeptormolekül Ribulose-1,5-bisphosphat), wofür weitere 6 ATP-Moleküle zur Phosphorylierung verbraucht werden. Folglich muss die Zelle für die Bildung von einem Molekül Glucose 18 Moleküle ATP und 12 Moleküle NADPH + H^+ aufwenden.

Bilanzgleichung der Dunkelreaktion:

$$6\ CO_2 + 12\ NADPH/H^+ + 18\ ATP \rightarrow C_6H_{12}O_6 + 6\ H_2O + 18\ ADP + 18\ P_i + 12\ NADP^+$$

Die Dunkelreaktion gliedert sich in drei Prozesse:

Fixierung von CO_2 durch das Akzeptormolekül, Reduktion der C_3-Körper zu Glucose und Regeneration des Akzeptormoleküls im Calvin-Zyklus!

Exkurs

Versuchsanordnung zum kurzzeitigen Einbau von ^{14}C bei einzelligen Algen

Unter Verwendung von ^{14}C konnte man Natriumhydrogencarbonat ($NaH^{14}CO_3$) herstellen, aus dem Algen $^{14}CO_2$ gewinnen. Kurzzeitig wirkte das gelöste Hydrogencarbonat auf die durch die Apparatur strömenden Algen ein, die in einem abschließenden Schritt in kochendem Alkohol abgetötet wurden *(Abb. 7)*.

Folglich konnte das radioaktive $^{14}CO_2$ nur in der kurzen Zeitspanne zwischen Injektion und Fixierung im Alkohol in organische Substanzen umgesetzt werden. Die Injektionsnadel wurde an verschiedenen Stellen des Kunststoffschlauchs eingestochen. Je näher die Einstichstelle an der Auslauföffnung war, desto kürzer musste die Einwirkzeit sein. Bei immer kürzeren Zeiten sollte schließlich die Substanz radioaktiv markiert sein, die **unmittelbar nach der Aufnahme des $^{14}CO_2$** durch die Algen entsteht.

Das Kochen im Alkohol zerstörte die Zellen und brachte die Inhaltsstoffe in Lösung. Sie mussten getrennt und identifiziert werden. Das Gemisch aus zahlreichen Verbindungen, die zudem nur in geringsten Mengen vorliegen, lässt sich am besten **chromatografisch trennen**. Neben dem zu untersuchenden Stoffgemisch wurden die vermuteten Reinstoffe aufgetragen um durch den Vergleich des Laufverhaltens eine **Identifizierung** zu ermöglichen. Bei der Erforschung der lichtunabhängigen Reaktionen sind allerdings so viele Substanzen beteiligt, dass eine zweifache chromatografische Trennung erforderlich wurde. Zudem waren die Ergebnisse nicht direkt beobachtbar, da alle **beteiligten Substanzen**, wie z. B. verschiedene Zucker, **farblos** sind. Ihre Lage auf dem Trägermaterial musste daher durch ein weiteres Verfahren sichtbar gemacht werden, die **Autoradiografie.** Auf das fertige Chromatogramm wurde im Dunkeln ein Film gelegt. Nach der Entwicklung waren die Stellen geschwärzt, die über radioaktiv strahlenden Substanzen lagen. Abbildung 8 zeigt das Ergebnis zweier derartiger Experimente.

Nach zwei Minuten Einwirkzeit im oben beschriebenen Experiment *(Abb. 7)* war das ^{14}C bereits in mehr als 20 Verbindungen, wie Kohlenhydraten, Vorstufen zu Fetten und Proteinen, zu finden. Bei **wenigen Sekunden Einwirkzeit** fand sich dagegen nur eine Verbindung, nämlich **3-Phosphoglycerat**. Es handelt sich um das Salz der 3-Phosphoglycerinsäure (Glycerinsäure-3-phosphat).

3-Phosphoglycerinsäure ist also eine der ersten Verbindungen, die bei der Kohlenstoffdioxidfixierung gebildet wird.

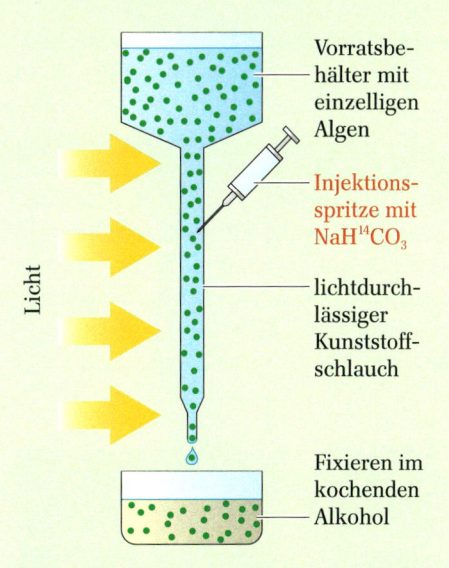

Vorratsbehälter mit einzelligen Algen

Injektionsspritze mit $NaH^{14}CO_3$

lichtdurchlässiger Kunststoffschlauch

Licht

Fixieren im kochenden Alkohol

Abb. 7 Versuchsanordnung zum kurzzeitigen Einbau von ^{14}C

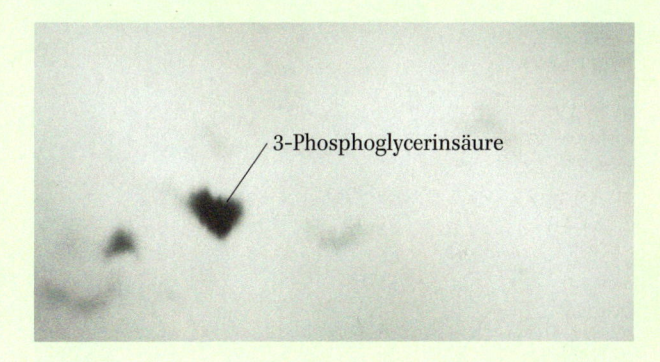

3-Phosphoglycerinsäure

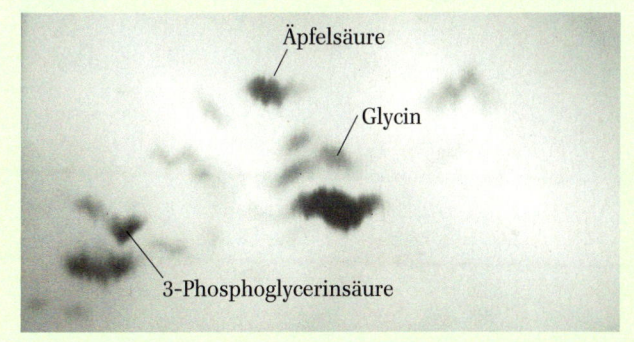

Äpfelsäure

Glycin

3-Phosphoglycerinsäure

Abb. 8 Radioaktiv markierte Bestandteile von Algenchloroplasten nach Zugabe von ^{14}C nach 5 Sekunden (oben) und 2 Minuten (unten) (Autoradiogramm)

Exkurs

Chemosynthese: Energiebindung durch Spezialisten
Neben der Fotosynthese spielt die Chemosynthese bei vielen **Bakterien** eine wichtige Rolle *(Abb. 9)*. Vertreter dieser Form der Autotrophie (Chemolithoautotrophie) findet man in der **Tiefsee**, in sauerstoffarmen, nicht mehr vom Licht erreichten Schichten unserer Gewässer, im Umfeld von vulkanischen Quellen und Schloten und als **Stickstoff umwandelnde Bodenbakterien**. Chemosynthetisch aktive Organismen gewinnen ihre Energie nicht durch das Sonnenlicht, sondern aus **exothermen chemischen Reaktionen**. Bei der Chemosynthese sind die lichtabhängigen Reaktionen der Fotosynthese durch spezielle Reaktionsfolgen ersetzt, die mithilfe von exergonischen (Energie freisetzenden) chemischen Umsetzungen ATP und Wasserstoff übertragende Coenzyme wie NADPH + H$^+$ liefern. Die CO_2-Fixierung (CALVIN-Zyklus) verläuft ähnlich zur Fotosynthese. Abbildung 9 zeigt die wichtigsten Varianten der Chemosynthese.

Ausgehend von chemosynthetischen Organismen haben sich in der Tiefsee völlig eigenständige Ökosysteme mit nur dort vorkommenden Konsumenten und Destruenten entwickelt *(Abb. 10)*.

Abb. 10 Lebensgemeinschaft an einer Hydrothermalen Tiefseespalte. Zu sehen sind Röhrenwürmer, eine Krabbe sowie der Kopf einer Aalmutter.

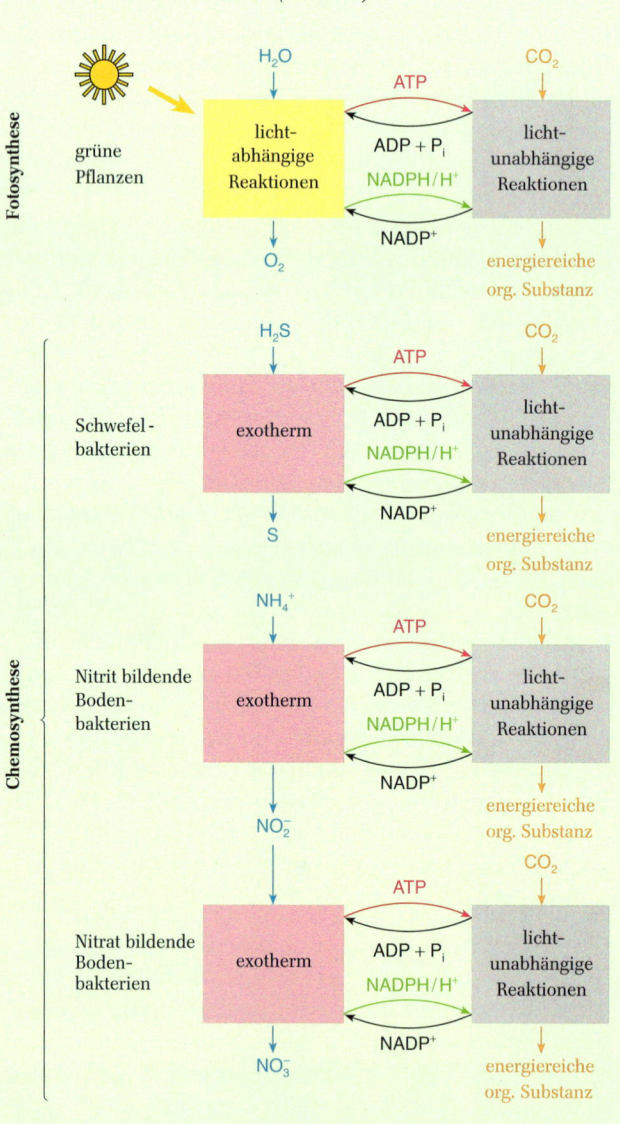

Abb. 9 Vergleich der Reaktionswege bei Foto- und Chemosynthese

Praktikum

1. Nachweis der Stärkebildung

Durchführung: Einzelne Geranienblätter werden ganz in Aluminium-folie eingeschlagen und lichtgeschützt 2 Tage an der sonst gut belich-teten Pflanze belassen. Die Aufarbeitung geschieht für ein belichtetes und ein unbelichtetes Blatt getrennt nach Abbildung 11.
Zuerst werden die Blätter 5 Minuten in kochendem Wasser behandelt. Nach Löschen aller offenen Flammen überträgt man die Blätter in ein breites Becherglas, das ca. 1 cm hoch im Wasserbad erwärmtes Methanol enthält. Sie bleiben bis zur vollständigen Entfärbung in der Methanollö-sung. Die jetzt blassgelben Blätter werden kurz abgespült und in Glas-schalen mit LUGOL'scher Lösung übergossen. Nach erneutem Abspülen werden die ehemals belichteten und unbelichteten Blätter verglichen.

Hinweise zur Auswertung: Überlegen Sie, weshalb der Stärkenachweis nicht am unbehandelten Blatt erfolgen kann und welche Wirkung das Erhitzen der Blätter im siedenden Wasser und in Methanol hat.

Material:
Bunsenbrenner, Geranienblätter, Dreifuß, 2 Bechergläser, stumpfe Pinzette zum Festhalten der Blät-ter, Methanol (F: leicht entzünd-lich; T: giftig), in Kaliumiodid-Lösung gelöstes Iod (LUGOL'sche Lösung) (Xn: gesundheitsschäd-lich), 2 Petrischalen, Alufolie

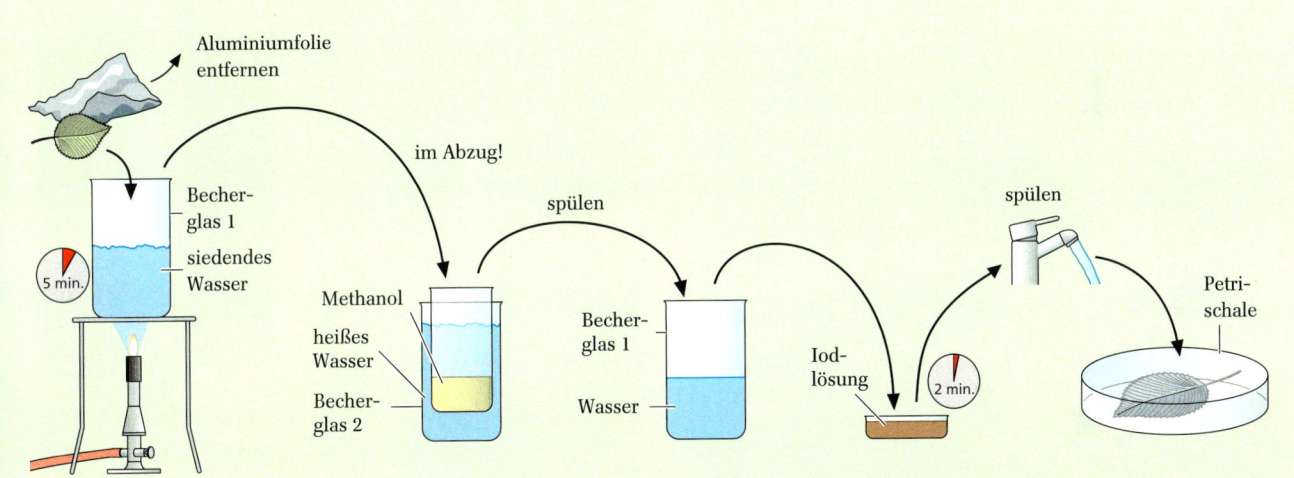

Abb. 11 Nachweis von Stärke in Blättern

2. Nachweis der Sauerstoffbildung bei der Fotosynthese mithilfe von Indigokarmin

Reduziertes Indigokarmin ist ein empfindlicher Nachweis für Sauerstoff.

Durchführung: Das Becherglas wird etwa daumenbreit mit Indigokar-minlösung gefüllt. Durch Zugabe geringster Mengen an Natriumdi-thionit (*Abb. 12*; Trinkhalm schräg abschneiden, als Minispatel benut-zen) wird die blaue Indigokarminlösung zum leicht gelben Indigoweiß reduziert. Es darf kein Überschuss an Natriumdithionit vorliegen. Da-her nur kleinste Mengen zugeben, umschütteln und nur solange noch keine stabile Gelbfärbung vorliegt weiteres Dithionit zugeben! Jetzt wer-den ein zerrupftes Salatblatt und eine Spatelspitze Kaliumhydrogencarbo-nat zugegeben. Bessere Ergebnisse erhält man, wenn zudem die Lösung mit einer luftundurchlässigen Schicht aus Paraffin abgedeckt wird. Das Becherglas wird auf dem Tageslichtprojektor intensiv belichtet und auf Farbänderungen kontrolliert. Ein zweiter Versuch wird zur Kontrolle an-gesetzt. Das Becherglas wird zum Vergleich völlig im Dunkeln gehalten.

Material:
Salatblätter, Becherglas bzw. Pet-rischalen zur Projektion mit dem Tageslichtprojektor, Trinkhalme mit engem Durchmesser, Indi-gokarminlösung (1 Spatelspitze Indigokarmin gelöst in einem Liter heißem Wasser, abkühlen lassen!), Natriumdithionit (C: ätzend, Xn: gesundheitsschädlich), Kaliumhy-drogencarbonat, eventuell Paraffin (flüssig)

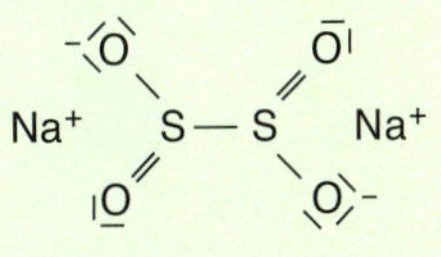

Abb. 12 Strukturformel Natriumdithionit

?

Hinweise zur Auswertung: Erklären Sie die Verfärbung! Welche Bedeutung hat das Kaliumhydrogencarbonat? Wie verteilt sich der Farbumschlag? Formulieren Sie die Summengleichung der Fotosynthese und eine Wortgleichung für den Indigokarminnachweis!

3. Löslichkeit von Kohlenhydraten

Durchführung: Testen Sie die Löslichkeit von Glucose, Saccharose, Stärke und Zellulose in Wasser und Speiseöl. Tragen Sie die Ergebnisse in einer übersichtlichen Tabelle ein!

Hinweise zur Auswertung: Was können Sie aus den Versuchsergebnissen bezüglich des molekularen Baus der einzelnen Kohlenhydrate folgern?

4. Nachweise verschiedener Kohlenhydrate

FEHLING'sche Probe

Durchführung: FEHLING I und FEHLING II werden im Verhältnis 1:1 vermischt, sodass eine tiefblaue Lösung entsteht *(Abb. 13)*. Diese Lösung wird auf 4 Reagenzgläser verteilt. In jeweils ein Reagenzglas wird ein Kohlenhydrat gegeben und im heißen, nicht kochenden Wasserbad erwärmt.

Hinweise zur Auswertung: Bei welchen Kohlenhydraten bildet sich ein roter Niederschlag *(Abb. 13)*?

Glucotest

Durchführung: Ein Teststreifen wird für wenige Sekunden in jede der Lösungen gehalten.

Auswertung: Bei welchem Zucker tritt eine Verfärbung auf? Worin liegt der enorme Vorteil dieses Nachweisverfahrens?

Nachweise für Polysaccharide

Durchführung: In zwei Reagenzgläsern wird etwas Stärke mit Wasser umgeschüttelt und es werden einige Tropfen LUGOL'sche Lösung bzw. Chlorzinkiod-Lösung zugegeben. Auf das Papiertaschentuch wird an einer Stelle LUGOL'sche Lösung und an einer anderen Stelle Chlorzinkiod-Lösung getropft.

Hinweise zur Auswertung:
Geben Sie an, welche der Lösungen als Stärke- und welche als Zellulosenachweis geeignet ist. Zeigen Sie, wodurch sich Stärke von Zellulose unterscheidet.

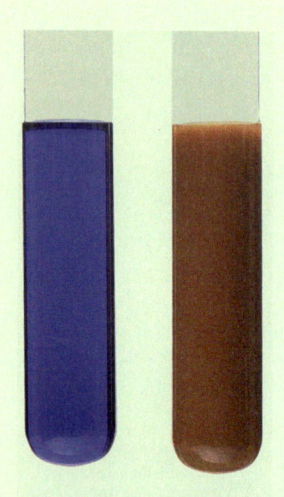

Abb. 13 Blau: vor der Reaktion; rot: nach positiver Fehling-Reaktion

---

Material:
8 Reagenzgläser, Reagenzglasgestell, Glucose (Traubenzucker), Saccharose (Rübenzucker), Stärke, Zellulose (Stück eines Papiertaschentuchs), Wasser, Speiseöl

Material:
5 Reagenzgläser, Reagenzglasgestell, großes Becherglas für Wasserbad, Vierfuß, Bunsenbrenner, Glucose, Fructose, Saccharose, Maltose, FEHLING I und FEHLING II

Material:
4 Reagenzgläser, Reagenzglasgestell, Lösungen von Glucose, Fructose, Saccharose, Maltose, Glucoseteststreifen (aus der Apotheke)

Material:
2 Reagenzgläser, Reagenzglasgestell, Stärke (Mehl), Zellulose (Stück eines Papiertaschentuchs), in Kaliumiodid-Lösung gelöstes Iod (LUGOL'sche Lösung), Chlorzinkiod-Lösung (C: ätzend)

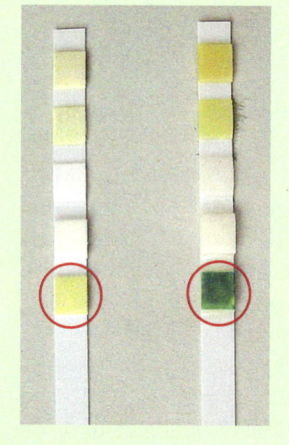

Abb. 14 Glucose-Teststreifen; Farbanzeige im linken Kreis zeigt niedrige, die im rechten hohe Glucose-Konzentration

2.5 Bedeutung der Fotosynthese-Produkte für die Pflanze

Die Produkte der Fotosynthese werden in der Pflanze nicht nur gespeichert, sondern unterliegen auch zahlreichen Stoffwechselreaktionen.

2.5.1 Bau- und Betriebsstoffwechsel der Zelle

Ein Teil der bei der Fotosynthese entstehenden Glucose wird in den Zellen **zur Energiegewinnung** durch Zellatmung wieder **abgebaut (Katabolismus, Betriebsstoffwechsel)**. Die dabei frei werdende **Energie** kann zum **Aufbau** körpereigener Moleküle (**Anabolismus, Baustoffwechsel**) verwendet werden, die zum Wachstum einer Pflanze nötig sind, z. B. Cellulose (*Abb. 1*) als Bestandteil der pflanzlichen Zellwände. Weitere makromolekulare Bausteine der Stoffklasse der Kohlenhydrate sind z. B. Pektine (in der pflanzlichen Zellwand) und Hemicellulosen (unter anderem in Holz).

Der enzymatische Abbau (Katabolismus) energiereicher, komplexer Moleküle (z. B. Fette und Proteine) liefert Energie für verschiedene Stoffwechselreaktionen. Zu Zwischenprodukten umgesetzt, können sie in die Reaktionen des dissimilativen Abbaus eingeschleust werden. Fettsäuren werden in der sogenannten β-Oxidation in den Mitochondrien in einer Reihe von aufeinander folgenden Enzymreaktionen bis zur aktivierten Essigsäure (C_2-Körper, *S. 58*) abgebaut, die im Zitronensäurezyklus weiter umgewandelt wird. Der Abbau von 1 mol einer langkettigen Fettsäure durch Zellatmung lässt – je nach Anzahl der C-Atome – mindestens doppelt so viel ATP entstehen wie der Abbau von 1 mol Glucose. Umgekehrt können bei Bedarf aus aktivierter Essigsäure auch Fettsäuren und Aminosäuren aufgebaut werden (Anabolismus). Der jeweilige Stoffwechselweg hängt von der vorhandenen ATP-Menge ab und unterliegt einem Regulationssystem.

2.5.2 Transport und Speicherung von Kohlenhydraten in Pflanzen

In den Siebröhren der Leitgefäße der Pflanzen werden Kohlenhydrate hauptsächlich in Form von **Saccharose** transportiert. Der Transport vollzieht sich meist von den Blättern zu den Wurzeln und Blüten bzw. Früchten. Am Zielort wird die Saccharose durch Enzyme wieder in Glucose und Fructose gespalten. Je nach Bedarf erfolgt dann ein Umbau zu Speicherkohlenhydraten oder Baustoffen oder die Nutzung zur Zellatmung. Das wichtigste pflanzliche Speichermolekül für Kohlenhydrate ist Stärke (Amylose und Amylopektin). Diese wird in bestimmten Zellorganellen, den Amyloplasten, gespeichert (*Abb. 2*).

In Blüten findet man Kohlenhydrate im Nektar; in den meisten Früchten sind vor allem Saccharose oder Glucose und Fructose in freier Form vorhanden, aber auch Stärke kann enthalten sein, so z. B. in Bananen. In Samen wird vor allem Stärke gespeichert.

Ein wichtiges **Speicherorgan** stellt die Wurzel dar. In Form von Wurzelknollen und Rüben (fleischig verdickte Hauptwurzel, *Abb. 3*) sind überwiegend Stärke und Saccharose eingelagert. Auch Sprossknollen (*Abb. 4*) sind zu Speicherorganen umgewandelte Pflanzenteile.

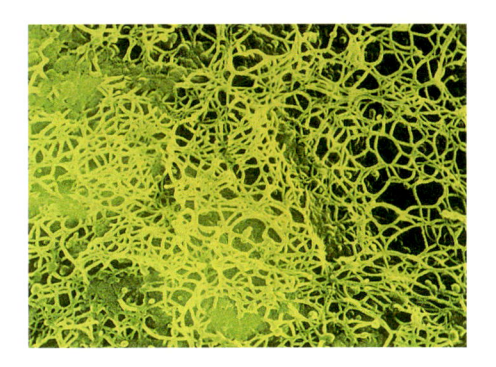

Abb. 1 Cellulose unter dem Elektronenmikroskop

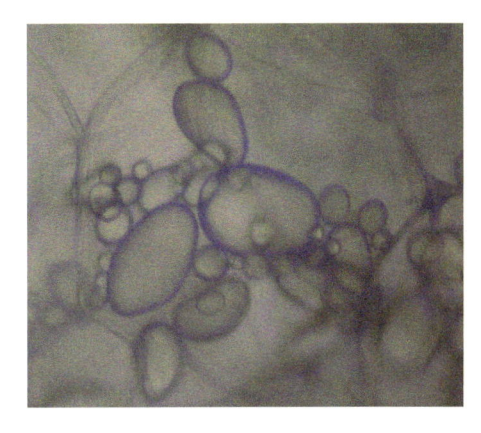

Abb. 2 Amyloplasten in Kartoffelzellen (mikroskp. Aufnahme)

Abb. 3 Beispiele für Wurzelknollen: Karotten Zuckerrüben

Abb. 4 Beispiele für Sprossknollen: Kohlrabi, Rote Rüben, Kartoffeln

Exkurs

Kohlenhydrate

allg. Formel für Kohlenhydrate: $C_m(H_2O)_m$

Die Bezeichnung Kohlenhydrate leitet sich aus der **Summenformel** vieler derartiger Verbindungen her, in der Wasserstoff und Sauerstoff wie im Wasser im **Atomzahlenverhältnis von 2:1** vorliegen. Kohlenhydrate sind aber **kein hydratisierter Kohlenstoff**. Ihre Eigenschaften und ihr Reaktionsverhalten sind darauf zurückzuführen, dass sie zahlreiche alkoholische **OH-Gruppen** enthalten, die für den süßen Geschmack und die Wasserlöslichkeit verantwortlich sind. Sie besitzen außerdem eine **Carbonylgruppe**, die an Redoxreaktionen beteiligt ist.

Kohlenhydrate kann man aufgrund ihres Aufbaus in Monosaccharide, Oligosaccharide und Polysaccharide einteilen (→ *Chemie 11. Klasse*). Die wichtigsten Vertreter sind in Tabelle 1 zusammengefasst.

Monosaccharide

Viele Monosaccharide sind für den **Energiestoffwechsel** wichtige Verbindungen und gleichzeitig **Grundbausteine** der anderen Kohlenhydrate. Sie werden anhand der Anzahl der Kohlenstoffatome unterschieden. Die Wechselwirkung der Carbonylgruppe mit einer der OH-Gruppen führt dazu, dass Monosaccharide in wässriger Lösung, wie in der Zelle der Fall, überwiegend als **ringförmige Moleküle** vorliegen. Glucose bildet gewellte Sechserringe, Fructose meist Fünferringe.

Strukturformeln der Disaccharide

Saccharose

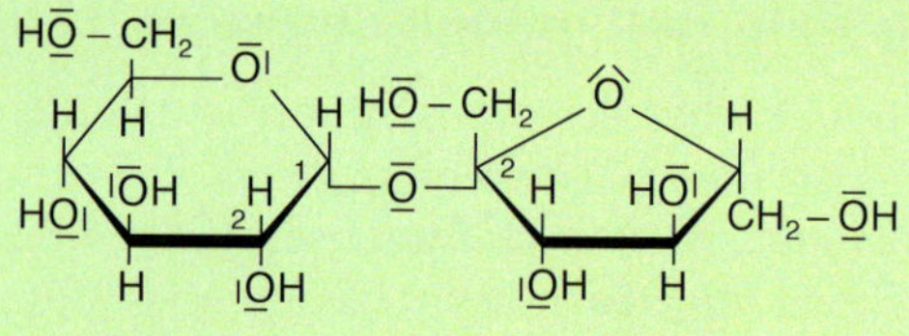

α-D-Glucose   β-D-Fructose

Lactose (Milchzucker)

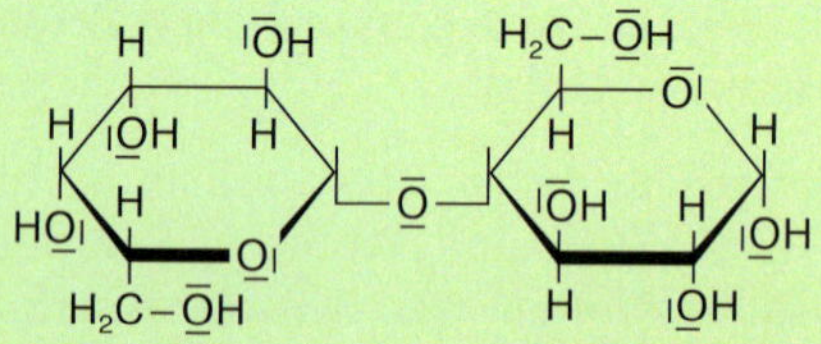

β-D-Galactose   α-D-Glucose

Maltose (Malzzucker)

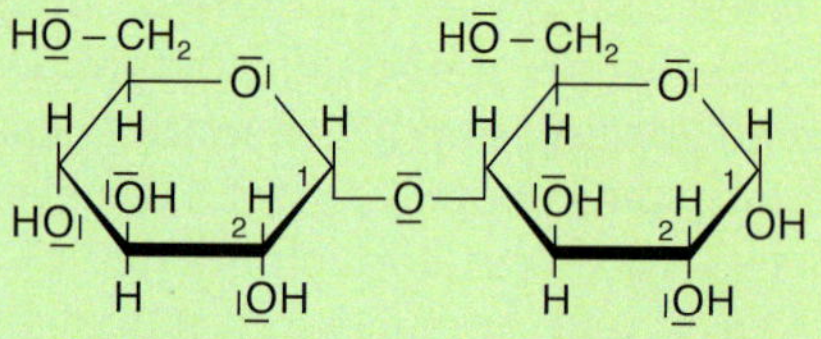

α-D-Glucose   α-D-Glucose

Typ	Name	C-Zahl	wichtigste Struktur	Bedeutung und Verwendung
Monosaccharide	Glycerinaldehyd	C_3-Körper	Kette	Fotosynthese, Glykolyse
	Ribose	C_5-Körper	5-Ring	Bestandteil der RNA
	Desoxyribose	C_5-Körper	5-Ring	Bestandteil der DNA
	Glucose (Traubenzucker)	C_6-Körper	6-Ring	Nahrung, Endprodukt der Kohlenhydratverdauung
	Fructose (Fruchtzucker)	C_6-Körper	5-Ring	Nahrung, Glykolyse
Disaccharide	Maltose (Malzzucker)	C_{12}-Körper	2 6-Ringe	Malz, Baustein für Stärke
	Cellobiose	C_{12}-Körper	2 6-Ringe	Baustein für Cellulose
	Lactose (Milchzucker)	C_{12}-Körper	2 6-Ringe	Bestandteil der Milch
	Saccharose (Rohrzucker, Rübenzucker)	C_{12}-Körper	1 6-Ring + 1 5-Ring	Haushaltszucker

Tab. 1 Übersicht zu den Kohlehydraten

Oligosaccharide

Werden wenige Monosaccharidbausteine verknüpft, so entstehen Oligosaccaride. Am bekanntesten sind die **Disaccharide**, zu denen der gewöhnliche Haushaltszucker (Saccharose, Rübenzucker), der Milchzucker (Lactose) und der Malzzucker (Maltose) zählen.

Polysaccharide

Während sich Mono- und Disaccharide gut in Wasser lösen, sind viele der aus zahlreichen Monosacchariden aufgebauten Polysaccharide (Vielfachzucker, *Tab. 2*) **kaum wasserlöslich**. Sie eignen sich daher gut als **Speicherstoffe** und als **Gerüstmaterial**. Die bekanntesten Polysaccharide sind die pflanzliche Stärke (Hauptbestandteil des Mehls) und die von den meisten Tieren nicht verdaubare Zellulose, die der Zellwand der Pflanzen die Festigkeit gibt *(Abb. 5)*. In der Leber und in den Muskeln vieler Tiere spielt darüber hinaus Glykogen eine entscheidende Rolle. Es dient als Kurzzeitspeicher für Glucose und stellt damit die gleichmäßige Zuckerversorgung des Blutes und jeder einzelnen Zelle sicher.

Alle drei Polysaccharide sind **aus Glucose zusammengesetzt**. Die unterschiedlichen Stoffeigenschaften, die sie auf der einen Seite als Energiespeicherstoffe (Stärke und Glykogen) und andererseits als schwer zerstörbare Gerüstsubstanzen (Zellulose, *Abb. 5*) auszeichnen, sind durch die verschiedene räumliche Anordnung der Glucosemoleküle bedingt. In den pflanzlichen Speichergeweben kommen zwei Arten von Stärke vor, die Amylose und das Amylopektin.

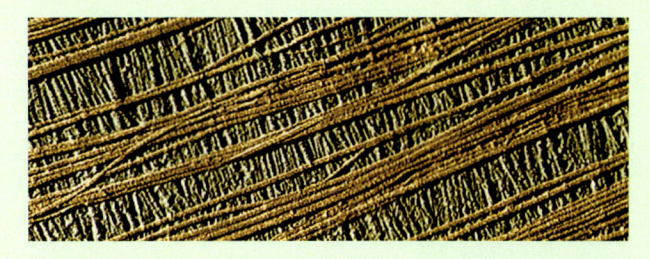

Abb. 5 Zellulosebündel in der Zellwand einer Alge

A13 Kohlenhydrate werden in der Zelle verbrannt. Welche Abgase sind bei dieser Verbrennung ohne Flamme zu erwarten? Formulieren Sie mittels Summenformeln die chemische Gleichung für die Verbrennung von Saccharose!

Polysaccharid	Amylose	Amylopektin	Glykogen	Zellulose
Aufgabe	pflanzlicher Reservestoff	pflanzlicher Reservestoff	tierischer Reservestoff	Baumaterial der Zellwand höherer Pflanzen
durchschnittliche Anzahl der Glucosebausteine	200	700	100 000	6 000
Raumstruktur	spiralförmig	verzweigte Helices	stark und mehrfach verzweigte Helices	kettenförmig
Stabilisierung der Raumstruktur	intramolekulare H-Brückenbindung	intramolekulare H-Brückenbindung	intramolekulare H-Brückenbindung	intermolekulare H-Brückenbindung zwischen den Ketten
Eigenschaften	körnig, schlecht in Wasser löslich	im Wasser zu Kleister quellend	kolloidal	faserartig, wasserunlöslich
Vorkommen	Amyloplasten	Amyloplasten	Leber und Muskeln von Tieren	pflanzliche Zellwände, Holz

Tab. 2 Vergleich der Kenndaten wichtiger Polysaccharide

Plus 2.6 Bedeutung organischer Kohlenstoff-Verbindungen als Energieträger in der Technik

Die von Pflanzen durch die Fotosynthese aufgebauten organischen Verbindungen werden auch zur Energiegewinnung in der Technik genutzt. Man unterscheidet hierbei fossile und erneuerbare Energieträger.

2.6.1 Fossile Energieträger

Abb. 1 Ölplattform in der Nordsee

Die bisher wichtigsten organischen Kohlenstoff-Verbindungen, die zur Energiegewinnung genutzt werden, sind Erdöl und Erdgas. **Erdöl** entstand innerhalb von Jahrmillionen aus abgestorbener mariner Biomasse, die auf den Grund der Meere sank und dort anaerob von Mikroorganismen abgebaut und in Sedimentgestein eingeschlossen wurde (Faulschlamm der Meere). Es enthält Alkane, Alkene, Aromaten, Cycloalkane und ist fast immer mit **Erdgas** (Methan, Ethan, Schwefelwasserstoff, Wasserstoff, Ammoniak etc.) vergesellschaftet. Nach der Förderung *(Abb. 1)*, Raffinerie (Trennung der Bestandteile durch fraktionierte Destillation) und verschiedenen Aufreinigungs- und Veredelungsprozessen (Entfernung von Schwefel- und Stickstoffverbindungen) dient es vor allem als **Benzin und Heizöl.**

Abb. 2 Brennende Steinkohle

Als Ausgangsstoff zur Produktion von Energieträgern dient auch **Steinkohle** *(Abb. 2)*, die durch anaeroben Abbau toten Pflanzenmaterials entstand. Sie ist ein Gemisch aus verschiedenen, komplexen aromatischen Verbindungen und enthält Kohlenstoffverbindungen mit hohem Anteil an Schwefel- und Stickstoffatomen. Unter dem Einfluss von entsprechenden Druck- und Temperaturänderungen entwickelten sich Stein- und Braunkohlelagerstätten. Im Kokerei-Prozess werden die verschiedenen Bestandteile in die Fraktionen Koks, Steinkohleteer und Gas aufgetrennt. Der Steinkohleteer dient als Ausgangsstoff für die Produktion von **Heizöl.** Aus Koks kann **synthetisches Benzin** hergestellt werden. Kohle besitzt einen relativ hohen Heizwert und dient vor allem zur Erzeugung von **elektrischem Strom.** Da die Verbrennung giftige Gase (Schwefeloxide, Stickstoffoxide) freisetzt, müssen die Verbrennungsprodukte durch spezielle Verfahren gereinigt werden, z. B. in Rauchgasentschwefelungs- und Wirbelschichtfeuerungsanlagen.

Die Verbrennung von gereinigten organischen Verbindungen liefert die ungiftigen Produkte Kohlenstoffdioxid und Wasser. Die Moleküle beider Stoffe gehören zu den Spurengasen. Die weltweite Emission des Treibhausgases Kohlenstoffdioxid trägt zur globalen Klimaerwärmung bei.

2.6.2 Erneuerbare Energieträger

Die Weltvorräte an fossilen Energieträgern sind begrenzt. Deshalb werden zunehmend nachwachsende Rohstoffe zur Produktion von Energieträgern verwendet.

Biodiesel
Biodiesel enthält **Rapsölmethylester** (RME, *Abb. 3*). Der Ölgehalt im Samen von Raps (*Brassica napus, Abb. 4*) beträgt bis zu 45 %. Die Fettmoleküle werden bei der Herstellung von RME zunächst durch Hyd-

rolyse (Wasseranlagerung) in die Bestandteile Glycerin und Fettsäuren gespalten *(S. 19)*. Dann erfolgt die Veresterung *(S. 19)* der freien Fettsäuren mit Methanol gemäß dem Gleichgewicht:

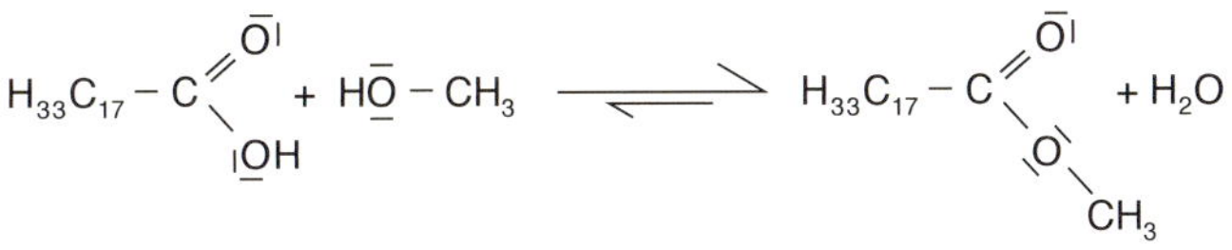

$$H_{33}C_{17}-C\underset{\overline{|}OH}{\overset{\overline{O}|}{=}} + H\overline{O}-CH_3 \rightleftharpoons H_{33}C_{17}-C\underset{\overset{|}{O}}{\overset{\overline{O}|}{=}} + H_2O$$
$$\underset{CH_3}{}$$

Abb. 3 Strukturformel Rapsölmethylester:
Fettsäure, z. B. Ölsäure + Methanol → Ölsäuremethylester + Wasser

Der entstehende Kraftstoff ist für **selbstzündende Motoren (Diesel)** geeignet und unterscheidet sich chemisch erheblich von den ursprünglich im Rapsöl vorkommenden Fettmolekülen. Da Fette keine Schwefel- und Stickstoffatome enthalten, entstehen bei der Verbrennung nur Kohlenstoffdioxid und Wasser. Der Ausstoß von Kohlenstoffdioxid als Treibhausgas kann damit gerechtfertigt werden, dass die Rapspflanze vorher Kohlenstoffdioxid aus der Atmosphäre für die Fotosynthese gebunden hat, sodass letztendlich kein zusätzliches Gas durch die Verbrennung freigesetzt wurde.

Die Produktion benötigt große Anbauflächen in Form von Monokulturen *(Abb. 5)*, was die Rodung von Waldgebieten und anderen Biotopen zur Folge hat. Die dafür nötigen Düngemittel und eingesetzte Pflanzenschutzmittel führen außerdem zu einem Ausstoß von Distickstoffoxid (Lachgas), das zu den Spurengasen gehört und den Treibhauseffekt verstärkt. Der vermehrte Einsatz von Dünger belastet außerdem die Gewässer. Durch den hohen Mineralstoffeintrag in die Seen können sich Algen explosionsartig vermehren (Eutrophierung/Überdüngung). Das Absterben dieser intensiven Algenblüten führt dazu, dass die Gewässer an Sauerstoff verarmen, da dieser durch den Abbau der großen Mengen toter Biomasse verbraucht wird. Die meisten Lebewesen eines Gewässers können in sauerstofffreiem Wasser nicht mehr existieren („Todeszonen").

Bioethanol

Ein weiterer einsetzbarer Energieträger ist Bioethanol. Er wird durch **alkoholische Gärung** mit Hilfe von Hefepilzen *(S. 61)* gewonnen. Ausgangsstoffe sind Zuckerrüben *(Abb. 3, S. 51)*, Weizen, Hafer, Gerste, manchmal auch Holz und Stroh (Zellulose-Ethanol). Durch Enzyme werden makromolekulare Kohlenhydrate zu Glucose und Fructose abgebaut, die dann durch die Hefe-Pilze vergoren werden. Bioethanol kann zur **Stromerzeugung** genutzt werden und ist ein **klopffester Treibstoff** für Otto-Motoren, Brennstoffzellen und Turbinen. Allerdings ist diese Art Brennstoff nicht für jedes Fahrzeug geeignet und benötigt speziell angepasste Motoren. Häufig werden Mischungen aus Ethanol und Methanol oder aus Ethanol und Benzin verwendet.

Bioethanol kann auch zur **Gewinnung von Wasserstoff** eingesetzt werden, der katalytisch abgespalten wird und z. B. in **Brennstoffzellen** zur Strom- und Wärmegewinnung genutzt werden kann.

Aus der Verwendung von Bioethanol ergeben sich dieselben Vor- und Nachteile wie beim Biodiesel. Sowohl bei der Bioethanol-Produktion als auch bei der Biodiesel-Herstellung werden pflanzliche Erntepro-

Abb. 4 Rapssamen

Abb. 5 Blühendes Rapsfeld

Abb. 6 Zuckerrohrplantage in Brasilien zur Bioethanol-Produktion

dukte zur Synthese von Treibstoff verwendet, die bisher als Nahrungsmittel dienten *(Abb. 6, S. 55)*. Da man im Verhältnis zum Pflanzenmaterial nur eine relativ geringe Ausbeute (ca. 25 % bei Bioethanol) an Treibstoff erhält, stellt sich die Frage, ob diese Nutzung ethisch vertretbar ist. Die Ausbeute an Nahrungsmitteln, die man aus den Rohstoffen erhält, ist meist weitaus größer.

Biogas

Mithilfe von methanbildenden Mikroorganismen wird **Biomethan (Biogas)** erzeugt. Ausgangsstoffe sind z. B. Mais, Getreide, Gras, Silage etc. Methan entsteht auch in der biologischen Reinigungsstufe der Kläranlage beim Abbau organischer Substanz in den Faultürmen *(Abb. 7)* und kann zur **Stromerzeugung und zum Heizen** verwendet werden.

In **Biogasanlagen** werden die stark wasserhaltigen Substrate für die methanproduzierenden Bakterien bei geeigneten Temperaturen in großen Behältern gelagert. Zunächst erfolgt eine **Hydrolyse** der Makromoleküle in ihre Monomere. Nährstoffe werden in ihre Bestandteile zerlegt, langkettige Fettsäuren in kurzkettige übergeführt und schließlich zu Essigsäure umgesetzt (**Acetogenese**). Bei der sogenannten **Methanogenese** entsteht aus Essigsäure Kohlenstoffdioxid und Methan; Methan wird aber auch aus Kohlenstoffdioxid und Wasserstoff gebildet. Da Biogas auch andere Gase außer Methan enthält, wie z. B. Schwefelwasserstoff, Ammoniak und Kohlenstoffdioxid, finden im Anschluss Reinigungsprozesse zur Entschwefelung und Entstickung statt. Kohlenstoffdioxid kann durch Adsorptionsprozesse, z. B. an Aktivkohle, entfernt werden (Gaswäsche). ▪

Abb. 7 Faultürme des Klärwerks Gut Grosslappen (München)

A 14 Fassen Sie in Form einer Tabelle die Vor- und Nachteile der erneuerbaren Energieträger zusammen, die sich bei der Produktion ergeben.

Zusammenfassung

Mithilfe des Sonnenlichts wird in Pflanzen durch die Fotosynthese aus **Wasser und Kohlenstoffdioxid energiereiche organische Substanz aufgebaut und Sauerstoff freigesetzt.** Der gesamte Sauerstoff der Atmosphäre wurde durch die Fotosynthese gebildet. Die wichtigsten Faktoren, die die Fotosyntheserate bestimmen, sind **Temperatur, Lichtintensität** und **spektrale Zusammensetzung** sowie **Kohlenstoffdioxidkonzentration.** Der im **Minimum** liegende Faktor wirkt unter natürlichen Bedingungen **begrenzend.**

Die Absorptionsmaxima der Fotosynthesepigmente liegen im blauen und roten Spektralbereich des Lichts.

Die Fotosynthese gliedert sich in lichtabhängige und lichtunabhängige Reaktionen: In der **Lichtreaktion** wird an den Thylakoidmembranen der Chloroplasten **ATP** und **NADPH/H⁺** gebildet. Die dazu nötigen Elektronen werden dem Wasser unter Sauerstoffbildung entzogen (Fotolyse des Wassers). Der im Reaktionsverlauf entstehende **Protonengradient** an der Thylakoidmembran wird zur **ATP-Synthese (Fotophosphorylierung)** genutzt.

Die **Dunkelreaktion** (CALVIN-Zyklus) findet im Stroma statt und lässt sich in die **Fixierung** von Kohlenstoffdioxid, die **Reduktion** zur Stufe der Kohlenhydrate und in die **Regenerationsphase** für den CO_2-Akzeptor des CALVIN-Zyklus unterteilen. Ausgehend vom Glycerinaldehyd-3-phosphat werden **Kohlenhydrate, Fette und Vorstufen für Aminosäuren** gebildet.

Die Summengleichung der Fotosynthese lautet:

$$6\ CO_2 + 12\ H_2O \rightarrow C_6H_{12}O_6 + 6\ O_2 + 6\ H_2O$$

Die entstehende Glucose wird zum Teil in den Zellen zur Energiegewinnung wieder abgebaut (**Katabolismus**). Unter Energieverbrauch werden körpereigene Moleküle, u. a. für das Wachstum der Pflanze, aufgebaut (**Anabolismus**).

Die Kohlenhydrate Stärke und Saccharose kommen als Reservestoffe in **Speicherorganen** der Pflanze vor, z. B. in Wurzel- und Sprossknollen. Glucose und Fructose sind v. a. in Blüten und Früchten zu finden. Transportiert werden Kohlenhydrate in den Leitgefäßen der Pflanze, hauptsächlich in Form von Saccharose.

3 Energiefreisetzung durch Stoffabbau

Jeder Stoffwechselvorgang im menschlichen Körper erfordert Energie. Beim **dissimilativen Abbau** organischer Substanz werden energiereiche Stoffe von heterotrophen Organismen unter **Bildung von ATP**, dem Energiespeichermolekül, abgebaut. In der Natur finden sich zwei Wege um mit Hilfe der Kohlenhydrate ATP zu erzeugen: Der **anaerobe Abbau**, der ohne Beteiligung von Sauerstoff abläuft, und der **aerobe Abbauweg**, der Sauerstoff benötigt. Beim anaeroben Weg spricht man auch von **Gärung.** Beiden Abbauwegen gemeinsam ist, dass sie mit der **Glykolyse** beginnen. Abbildung 1 zeigt eine Übersicht der Reaktionsabläufe, die im Folgenden genauer besprochen werden.

3.1 Aerober Glucose-Abbau durch Zellatmung (biologische Oxidation)

Unter Zellatmung versteht man den vollständigen aeroben Abbau organischer Substanz durch biologische Oxidation.

Summengleichung:
$$C_6H_{12}O_6 + 6\ O_2 \rightarrow 6\ CO_2 + 6\ H_2O$$

3.1.1 Die Glykolyse

Die Glykolyse läuft im Cytoplasma jeder Zelle ab. Der Ausgangsstoff Glucose wird dabei zur Brenztraubensäure (BTS, Pyruvat) abgebaut. Es werden 2 NADH/H$^+$ und 2 ATP gewonnen.

Bilanzgleichung:
$$C_6H_{12}O_6 + 2\ NAD^+ + 2\ ADP + 2\ P_i \rightarrow 2\ C_3H_4O_3 + 2\ NADH/H^+ + 2\ ATP$$
$$\text{(BTS)}$$

Exkurs

Glucose ($C_6H_{12}O_6$) liegt als ringförmiges Molekül vor, dessen Struktur in Abbildung 2 nur angedeutet ist (Strukturformel *S. 52*). Für das Verständnis der Abbaureaktionen spielt die Kohlenstoffzahl der beteiligten Verbindungen eine wichtige Rolle. Glucose und die weiteren Verbindungen sind daher in den Abbildungen vereinfacht als C-Körper dargestellt. Durch Anlagerung von anorganischem Phosphat (P_i) wird das Molekül aktiviert und in den Abbauweg eingeschleust, in dem jeder Reaktionsschritt durch ein Enzym katalysiert wird. Über mehrere Zwischenschritte bildet sich **Glycerinaldehyd-3-phosphat (GAP)**, eine kettenförmige C$_3$-Verbindung. Der Abbau verlief bis hierher endotherm unter Verbrauch von 2 Molekülen ATP für jedes eingesetzte Glucosemolekül. Die während der anschließenden enzymgesteuerten Oxidationsvorgänge freigesetzten Elektronen werden vom Reduktionsäquivalent NAD$^+$ zwischengespeichert. In einer weiteren Oxidation kommt es zur Bildung von **Brenztraubensäure**, dem Endprodukt der Glykolyse. Nach Durchlaufen der Glykolyse liegt trotz des anfänglichen ATP-Einsatzes ein **Überschuss von zwei ATP-Molekülen** bezogen auf ein abgebautes Glucosemolekül vor.

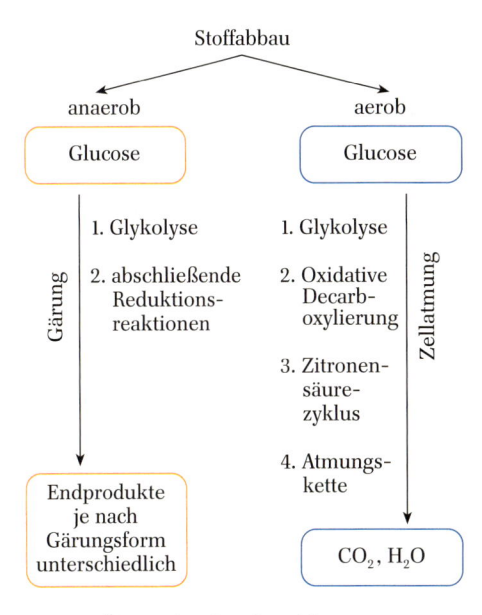

Abb. 1 Übersicht über die Abbauwege

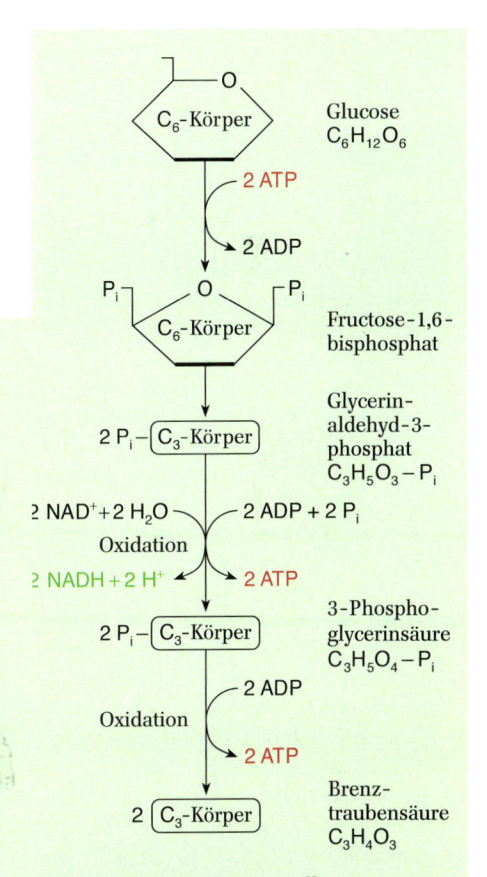

Abb. 2 Schematische Darstellung der Reaktionen der Glykolyse

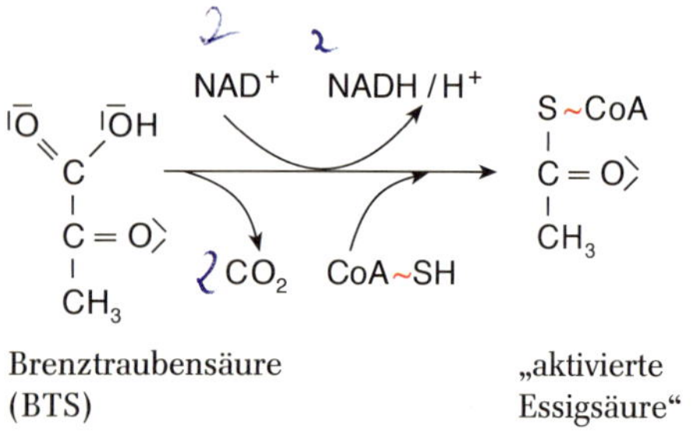

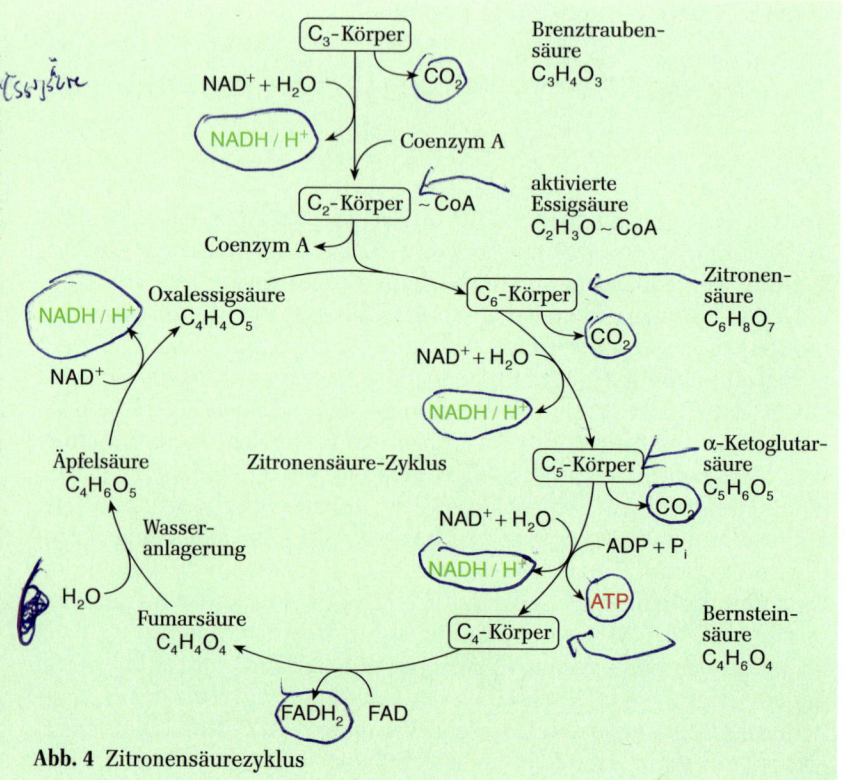

Brenztraubensäure
(BTS)

„aktivierte
Essigsäure"

Abb. 3 Oxidative Decarboxylierung

3.1.2 Die oxidative Decarboxylierung

In der Matrix der Mitochondrien wird unter Bildung von 1 NADH/H$^+$ pro Molekül BTS und enzymatischer Abspaltung von CO_2 (Enzym: Decarboxylase) Ethanal gebildet *(Abb. 3)*. Anschließend bindet das Coenzym A an diesen C_2-Körper, wodurch „aktivierte Essigsäure" (Acetyl-CoA) entsteht. Diese wird in den anschließenden Zitronensäurezyklus eingeschleust. Das Nebenprodukt CO_2 gelangt über das Blut zur Lunge und wird dort ausgeatmet.

3.1.3 Zitronensäurezyklus

Der Zitronensäurezyklus *(Abb. 4)* ist nach einer wichtigen Verbindung der Reaktionsfolge benannt und findet ebenfalls in den Mitochondrien statt. Er wird auch als Citratzyklus, Tricarbonsäurezyklus oder nach seinem Entdecker *Hans Krebs* als KREBS-Zyklus bezeichnet. Der C_2-Körper der **aktivierten Essigsäure** (Acetyl-CoA) wird im Laufe der Reaktionen **zu Kohlenstoffdioxid** abgebaut. Die Zelle gewinnt **ATP und Wasserstoff übertragende Reduktionsäquivalente**, die der Atmungskette zugeführt werden.

Aus einem Molekül Glucose werden daher unter Einbeziehung der Glykolyse zehn Moleküle NADH/H$^+$ und zwei Moleküle $FADH_2$ gebildet und der abschließenden Reaktionsfolge, der Atmungskette, zugeführt.

Bilanzgleichung der oxidativen Decarboxylierung und des Zitronensäurezyklus:

$$2\ C_3H_4O_3 + 8\ NAD^+ + 2\ FAD + 2\ ADP + 2\ P_i + 6\ H_2O \rightarrow 6\ CO_2 + 8\ NADH/H^+ + 2\ FADH_2 + 2\ ATP$$

Exkurs

Der Reaktionskreislauf *(Abb. 4)* startet, indem das hochreaktive Acetyl-CoA an die Oxalessigsäure bindet; unter Freisetzung von Coenzym A entsteht **Zitronensäure** (Tricarbonsäure). Unter Abspaltung von CO_2 entsteht in anschließenden Oxi-dationreaktionen über α-Ketoglutarsäure die Bernsteinsäure. Freigesetzte Elektronen werden im Wasserstoff übetragen-den Coenzym NADH/H$^+$ zwischengespeichert; außerdem entsteht ein Molekül ATP. In drei weiteren Reaktionsschritten wird das ursprüngliche Akzeptormolekül Oxalessigsäure **regeneriert**, das nun wieder für die Bindung von Acetyl-CoA zur Verfügung steht. Neben NADH/H$^+$ kommt hier auch das Wasserstoff übertragende Coenzym **FADH$_2$** (reduziertes Flavinadenindinukleotid) zum Einsatz, das allerdings in der anschließenden Atmungskette eine geringere ATP-Ausbeute erbringt.

Abb. 4 Zitronensäurezyklus

3.1.4 Atmungskette (Endoxidation)

Während der Atmungskette an der inneren Membran der Mitochondrien kommt es zur Oxidation der in den voraus gegangenen Reaktionen entstandenen Reduktionsäquivalente. Dabei werden pro $NADH/H^+$ 3 ATP und pro $FADH_2$ 2 ATP gewonnen. In einer Reihe von Redoxreaktionen werden die Elektronen und die Protonen letztendlich auf Sauerstoff übertragen, wodurch Wasser entsteht *(Abb. 5)*.

Bilanzgleichung, bezogen auf ein Molekül Glucose:

$$10 \; NADH/H^+ + 2 \; FADH_2 + 34 \; ADP + 34 \; P_i + 6 \; O_2 \; \rightarrow \; 12 \; H_2O + 10 \; NAD^+ + 2 \; FAD + 34 \; ATP$$

Exkurs

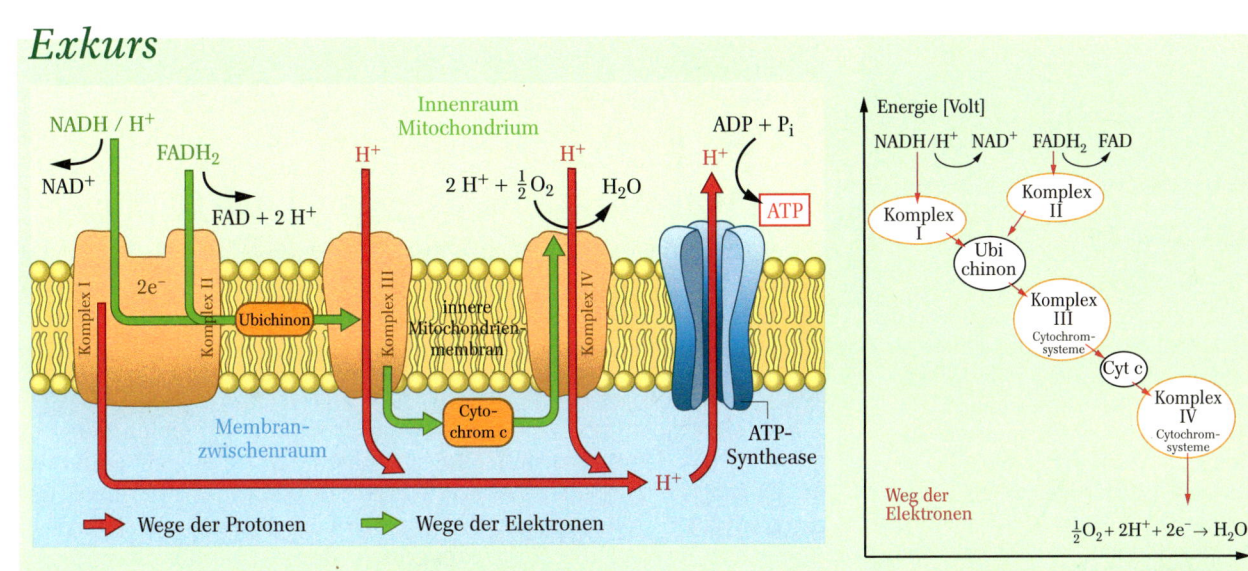

Abb. 5 Chemiosmotisches Modell zum Ablauf der Atmungskette

Abb. 6 Energieniveauschema des Elektronentransports bei der Atmungskette

$NADH/H^+$ enthält energiereiche Elektronen aus den vorangegangenen Oxidationsvorgängen. Sie können auf den ersten Enzymkomplex der Atmungskette übertragen werden *(Abb. 5 und 6)*. Mit einem Teil der so erhaltenen Energie pumpt Komplex I Protonen aus dem Innenraum des Mitochondriums in den Raum zwischen den Membranen. $FADH_2$ überträgt seine gespeicherten Elektronen auf den Enzymkomplex II.

Die Reaktionskomplexe I und II geben die Elektronen an ein benachbartes Redoxsystem (Ubichinon) weiter. Ubichinon ist als Transportmolekül zwischen den Enzymkomplexen in der Membran frei beweglich und überträgt die erhaltenen Elektronen auf den Reaktionskomplex III, der die erhaltene Energie ebenfalls zur Protonenanreicherung im Membran-zwischenraum nutzt. Nachdem die Cytochromsysteme die im Komplex III eingegangenen Elektronen zum Reaktionskomplex IV transportiert haben, erfolgt ihre Übertragung auf Sauerstoff, der von der Lunge über das Blut und durch das Zellplasma zu den Mitochondrien transportiert wird. Die Anreicherung der Protonen im Membranzwischenraum (**Protonengradient**) ist die Triebkraft für die nun folgende **ATP-Synthese**. Über die ATP-Synthetase, einen membrangebundenen Enzymkomplex, fließen die Protonen zum Innenraum zurück. Der Prozess entspricht weitgehend der ATP-Produktion an den Thylakoidmembranen der Fotosynthese.

(Betrachtet man die Gesamtvorgänge der Endoxidation, so reagieren Wasserstoffatome mit Sauerstoff zu Wasser.)

A1 Erklären Sie, ob $FADH_2$ energiereicher als $NADH/H^+$ ist und begründen Sie Ihre Antwort.

A2 Auch fotoautotrophe grüne Pflanzen besitzen Mitochondrien. Begründen Sie warum!

A3 Beim Fettabbau entsteht u. a. Glycerin.

$$H_2C - \overline{O}H$$
$$|$$
$$HC - \overline{O}H$$
$$|$$
$$H_2C - \overline{O}H$$

Glycerin

Geben Sie an, an welcher Stelle Glycerin in die Dissimilation eingeschleust wird.

Abb. 1 Ballensilage

A4 Fettsäuren werden schrittweise zu aktivierter Essigsäure abgebaut und auf diesem Wege in den Energiestoffwechsel eingeschleust. Berechnen Sie die theoretische Ausbeute an ATP für ein Molekül Ölsäure. (Zur Aktivierung des Ölsäuremoleküls wird 1 Molekül ATP benötigt; bei der Bildung von aktivierter Essigsäure aus Ölsäure werden pro Molekül aktivierter Essigsäure 1 Molekül $FADH_2$ und 1 Molekül NADH + H^+ zusätzlich gebildet!)

A5 An isolierten Mitochondrien lassen sich die Zusammenhänge bei den einzelnen Reaktionen des dissimilativen Abbaus von Glucose untersuchen. Unter geeigneten Bedingungen findet die Atmungskette statt und der Gehalt an NADH/H^+ und ATP kann nach der Reaktion photometrisch bestimmt werden. Stellen Sie die relative Änderung der NADH/H^+-Konzentration während des Reaktionsverlaufes grafisch dar! Zeichnen Sie ebenfalls die relative Änderung der ATP-Konzentration in Ihr Diagramm! Begründen Sie jeweils die Konzentrationsänderungen!

3.1.5 Energiebilanz des aeroben Glucose-Abbaus

Die Verbrennung von 1 mol Glucose liefert 2882 kJ. Pro Mol Glucose werden insgesamt 38 ATP gebildet: 2 ATP in der Glykolyse, 2 ATP im Zitronensäurezyklus und 34 ATP in der Atmungskette. Die bei der biologischen Oxidation durch ATP gewonnene Energie entspricht 1102 kJ/mol. Die restliche Energie geht als Wärme verloren.

Wirkungsgrad: 1102 kJ/2880 kJ = 0,38

Die Energieausbeute beträgt 38 %.

Bruttogleichung des aeroben Glucose-Abbaus:

$$C_6H_{12}O_6 + 6\,O_2 + 6\,H_2O + 38\,ADP + 38\,P_i \rightarrow 6\,CO_2 + 12\,H_2O + 38\,ATP$$

An dieser Stelle ist anzumerken, dass die Bildung von 38 mol ATP in Abhängigkeit von den Reaktionsbedingungen schwanken kann.

3.2 Anaerober Glucose-Abbau durch Gärungen

Unter Gärung versteht man den anaeroben Abbau von Glucose unter Gewinn von 2 ATP und 2 NADH/H^+. Bei Gärungen finden die Glykolyse und eine abschließende Reduktionsreaktion statt, deren biologischer Sinn darin besteht NAD^+ für eine erneute Glykolyse zurück zu gewinnen.

Neben der Nahrungs- und Genussmittelproduktion spielen Gärprozesse in der **Landwirtschaft** eine wichtige Rolle. Pflanzen enthalten für Nutztiere schwer verdaubare Stoffe, z. B. Zellulose. Bei der **Silierung** wird ein Teil dieser nicht zugänglichen Stoffe aufgeschlossen. Außerdem werden die Nährstoffverluste durch Lagerung verringert. In den Foliensilos *(Abb. 1)*, die zunehmend auf den Wiesen zu beobachten sind, wird der Gärprozess mit Hilfe von Bakterien, besonders Milchsäurebakterien, durchgeführt.

3.2.1 Die Milchsäuregärung

Diese von vielen Bakterien durchgeführte Gärung ist für das Sauerwerden der Milch verantwortlich. Weit wichtiger ist die Anwendung für die Lebensmittelherstellung, z. B. bei der Joghurtproduktion und Sauerkrautherstellung.

Milchsäurebakterien reduzieren Brenztraubensäure enzymatisch zu Milchsäure. Die Gleichung für diesen Vorgang lautet:

$$\underset{\text{Brenztraubensäure}}{C_3H_4O_3} + NADH/H^+ \xrightarrow{\text{Milchsäure-bakterien}} \underset{\text{Milchsäure}}{C_3H_6O_3} + NAD^+$$

Auch in den **Muskeln** von Mensch und Tier wird bei plötzlicher großer Anstrengung **Milchsäure** gebildet. Der Körper kann so über die Glykolyse schnell ATP gewinnen. Die Milchsäure führt zum Absinken des pH-Werts in der Zelle und kann eine Übersäuerung der betroffenen Muskulatur verursachen.

3.2.2 Die alkoholische Gärung

Hefepilze (*Saccharomyces cerevisiae, Abb. 2*) nutzen bei Sauerstoffmangel diesen anaeroben Abbauweg, der zur Bier- und Weinherstellung genutzt wird. Mit Hilfe des Enzyms Decarboxylase kommt es zur Abspaltung von CO_2 vom C_3-Körper BTS. Der entstehende C_2-Körper wird unter Verbrauch von 1 NADH/H$^+$ pro Molekül BTS zu Ethanol reduziert. Als Nebenprodukt zum Alkohol entsteht also CO_2.

$$C_3H_4O_3 + NADH/H^+ \xrightarrow{\text{Hefe}} CO_2 + C_2H_5OH + NAD^+$$

BTS $\qquad\qquad\qquad\qquad\qquad$ Ethanol

3.3 Stoff- und Energiebilanz des aeroben und des anaeroben Glucose-Abbaus

Aerobe und anaerobe Energiegewinnung *(Abb. 1)* gehen vom **gleichen Ausgangsstoff**, nämlich **Glucose** aus. Beide Reaktionswege durchlaufen die **Glykolyse**. Der Stoffabbau kann hier allerdings noch nicht zu Ende sein, da das Coenzym **NAD$^+$** **regeneriert** werden muss. Bei **Gärungen** findet dies in den **abschließenden Reaktionen** statt, die sich je nach Gärungsform unterscheiden. Beim **aeroben Abbau** bilden sich zahlreiche weitere Wasserstoff übertragende Moleküle, die mit dem NAD$^+$ der Glykolyse in der Atmungskette zur abschließenden ATP-Produktion genutzt werden. Beim aeroben Abbau werden 38 ATP (Wirkungsgrad: 38 %) gewonnen, beim anaeroben nur 2 ATP. Der aerobe Abbauweg ist daher mit der um den Faktor 19 höheren ATP-Bildung wesentlich effizienter.

Bruttogleichung des **aeroben** Glucose-Abbaus:

$$C_6H_{12}O_6 + 6\,O_2 + 6\,H_2O + 38\,ADP + 38\,P_i \rightarrow 6\,CO_2 + 12\,H_2O + 38\,ATP$$

Bruttogleichungen des **anaeroben** Glucose-Abbaus:

Milchsäure-Gärung

$$C_6H_{12}O_6 + 2\,ADP + 2\,P_i \rightarrow 2\,C_3H_6O_3 + 2\,ATP$$

Alkoholische Gärung

$$C_6H_{12}O_6 + 2\,ADP + 2\,P_i \rightarrow 2\,C_2H_5OH + 2\,CO_2 + 2\,ATP$$

Abb. 1 Übersichtsschema zum aeroben und anaeroben Abbau für ein Glucosemolekül

A6 Nach übermäßiger sportlicher Anstrengung stellt man eine Abnahme des pH-Wertes im Blut fest. Erklären Sie, wie diese Abnahme vermieden werden kann.

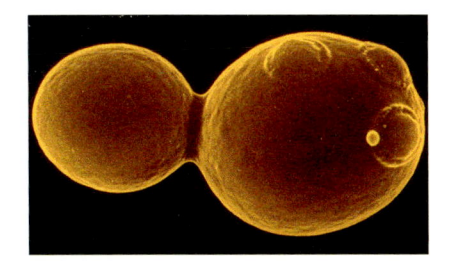

Abb. 2 Sprossende Hefe-Zellen

Exkurs

Milchsäure wird im Muskel gebildet, wenn bei Anstrengung zu wenig Sauerstoff zur Verfügung steht. Lange Zeit wurde die Milchsäure als einzige Ursache des Muskelkaters gesehen. Heute geht man davon aus, dass zusätzlich feinste Muskelfaserrisse durch die Überanstrengung entstehen, die zu entzündlichen Reaktionen und Schwellung führen. Der Muskel wird innerhalb weniger Tage regeneriert.

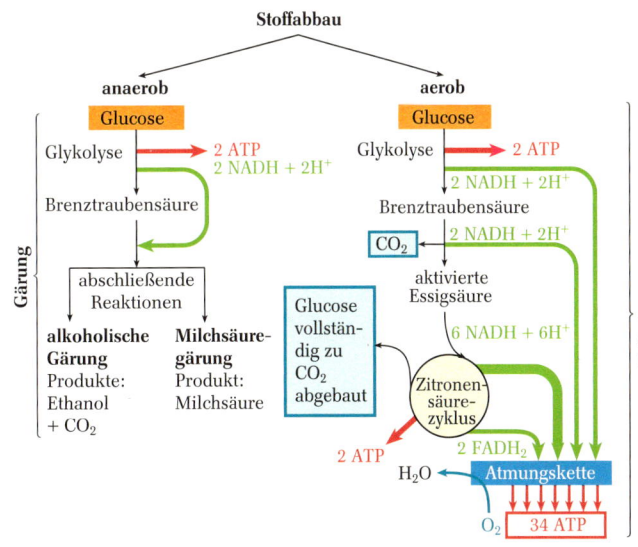

Exkurs

Wirkung des Alkohols auf den Menschen

Alkohol beeinflusst vorwiegend das Nervensystem und dort die Zentren für **Bewusstsein und Gefühle**. Viele Menschen behaupten zudem, dass Alkohol leistungssteigernd wirkt. Dies trifft nicht zu. Es lässt sich vielmehr zeigen, dass nicht die Leistung gesteigert wird, sondern die **Fähigkeit zur Selbstkritik abnimmt**. Subjektiv wird dies allerdings als Leistungssteigerung erlebt.

Alkoholkonsum löst primär ein **Erregungsstadium** aus. Dieses äußert sich aber nicht im gesteigerten Antrieb, vielmehr kommt es durch **Wegfall von Hemmungen** zustande. Dies macht Alkohol in Verbindung mit der **Herabsetzung der feinmuskulären Koordination** und der **verlangsamten Reaktionsgeschwindigkeit** im Straßenverkehr so gefährlich. Früher glaubte man, dass Alkoholkonsum in kleinen Mengen ausschließlich diese „anregende" Wirkung zeigt. Mittlerweile weiß man, dass dies nicht zutrifft. Stets tritt, selbst bei kleinen Mengen, nach der Erregungsphase die **lähmende Wirkung** des Alkohols auf. Mit zunehmender Alkoholmenge wird jetzt die Selbstkritik mehr und mehr vermindert. Der Angetrunkene sieht bereits das als erfüllt an, was er von sich erwartet.

Alkohol wirkt auch auf die Gefühle. Die Mechanismen, die in uns **schnelle Stimmungsschwankungen** unterdrücken, werden außer Kraft gesetzt. Der Betrunkene ist bald euphorisch, kurze Zeit später zu Tode betrübt. Beim „Genuss" noch größerer Mengen an Alkohol kommt es zu **Bewusstseinstrübung, narkotischem Schlaf** oder sogar **Tod** durch Lähmung des Atemzentrums.

Regelmäßiger größerer Alkoholkonsum entwickelt sich zur **Alkoholsucht** *(Abb. 2)*. Sie ist eine ernst zu nehmende Krankheit. Der Alkoholsüchtige ist in einem Teufelskreis gefangen, den SAINT-EXUPÉRY in seinem kleinen Prinzen treffend so formulierte: „Warum trinkst Du?" – „Weil ich mich schäme." – „Warum schämst du dich?" – „Weil ich trinke."

Alkohol löst keine Probleme. Er scheint aber zu trösten. So wird er immer wichtiger. Dauerhafte körperliche **Schäden an Gehirn, Magen, Leber** *(Abb. 3)* **und Herz** stellen sich ein, **der Kranke wird wirr**. Er fühlt sich von Stimmen verfolgt. Eingebildete kleine Tiere, nicht nur die sprichwörtlichen weißen Mäuse, kreuzen seinen Weg und erschrecken ihn. Diese Halluzinationen bezeichnet man als **Delirium tremens**. Die Alkoholkrankheit hat das Endstadium erreicht, das oft zum **Tod** führt.

Abb. 2 Mögliche Folgen des Alkoholmissbrauchs

Abb. 3 Leber mit entzündlichen und zirrhotischen Prozessen

Praktikum

Alkoholische Gärung

1. Vorversuch: Nachweis von Kohlenstoffdioxid

Durchführung: Zum Schutz der Augen Schutzbrille aufsetzen! In das Reagenzglas werden 1–2 mL Calciumhydroxidlösung gegeben und mit dem Strohhalm die Ausatemluft vorsichtig durchgeblasen (Kalkwasser darf nicht aus dem Reagenzglas spritzen!).

Hinweise zur Auswertung: Notieren Sie die Beobachtung! Formulieren Sie die chemische Gleichung!

> **Material:**
> Reagenzgläser, Strohhalme, Schutzbrillen, Calciumhydroxidlösung (C: ätzend)

2. Alkoholische Gärung

Durchführung: Der Versuch wird nach Abbildung 4 durchgeführt. In den Erlenmeyerkolben wird konzentrierte Glucoselösung und ein halbes Päckchen Trockenhefe gegeben. Die Versuchsanordnung wird zusammengesetzt und in den auf ca. 30 °C vorgewärmten Wärmeschrank gebracht.

Hinweise zur Auswertung: Kontrollieren Sie die Versuchsanordnung nach ca. einer halben Stunde! Welche Beobachtung ist zu machen?

Kontrollieren Sie nochmals am nächsten Tag (Geruch und Aussehen des Erlenmeyerkolbens)! Formulieren Sie die Summengleichung der alkoholischen Gärung ausgehend von Glucose!

> **Material:**
> Trockenhefe, Erlenmeyerkolben (250 mL), Gummistopfen mit Bohrung, Glasrohre, Waschflasche, Wärmeschrank, Glucoselösung $w = 5\,\%$, Calciumhydroxidlösung (C: ätzend)

Zuckerwasser mit Hefe

Kalkwasser

Abb. 4 Versuchsanordnung zu alkoholischen Gärung

3. Destillation

Die Abtrennung von Alkohol durch Destillation nützt die Tatsache aus, dass Alkohol im Gegensatz zu Wasser bereits bei 60 °C siedet.

Durchführung: Läuft der Gärungsvorgang aus Versuch 2 längere Zeit, so kann der Alkohol nach Abbildung 5 abdestilliert werden.

Die Heizhaube wird zuerst auf volle Leistung gestellt. Sobald sich erste Flüssigkeitstropfen am Thermometer bilden, wird die Heizung reduziert und das Kühlwasser angestellt. Um eine optimale Kühlung zu erreichen muss das Kühlwasser, wie in Abbildung 5 dargestellt, im Gegenfluss zu den heißen Dämpfen strömen. Mithilfe des Thermometers und der Heizungssteuerung wird die Destillationstemperatur knapp über 60 °C gehalten.

Hinweise zur Auswertung: Der Alkohol aus der Vorlage wird auf Brennbarkeit geprüft. Alkohol brennt nur in über 50-prozentigen Lösungen.

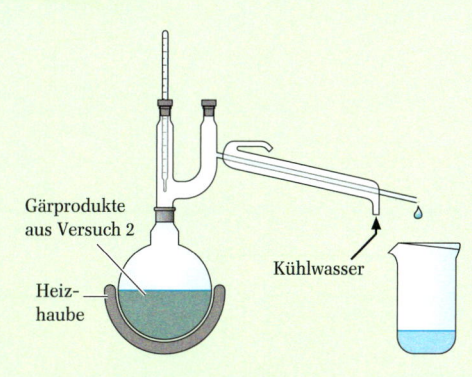

Gärprodukte aus Versuch 2

Kühlwasser

Heizhaube

Abb. 5 Destillation des Alkohols

Zusammenfassung

Heterotrophe Lebewesen benötigen energiereiche organische Stoffe, bei deren **Stoffabbau (Dissimilation)** als **Zwischenenergieträger ATP** produziert und bei endothermen Vorgängen eingesetzt wird. Viele Organismen betreiben **anaeroben Stoffabbau,** gewinnen ihre Energie also aus **Gärungsvorgängen.** Mit **2 Molekülen ATP** pro eingesetztem Glucosemolekül ist die **ATP-Ausbeute** hier sehr gering und es verbleibt ein noch recht energiereiches Endprodukt. Man unterscheidet die alkoholische Gärung durch Hefepilze und die Milchsäuregärung, die im Körper von Mensch und Tier stattfindet.

Höhere Lebewesen führen einen **vollständigen aeroben Abbau** der Glucose durch, die **Zellatmung.** Dies erfordert die Aufnahme von **Sauerstoff.** Die Ausbeute von **38 ATP-Molekülen** für ein abgebautes Glucosemolekül ist relativ hoch. Manche Organismen (z.B. **Hefen**) sind in der Lage, je nach Umweltbedingungen **beide Wege** zu nutzen.

Sowohl dem anaeroben wie auch dem aeroben Stoffabbau ist die Glycolyse gemeinsam, in deren Verlauf aus der **Glucose** in den Kohlenhydraten der Nahrung **Brenztraubensäure** (BTS, Pyruvat) gebildet wird. Gleichzeitig entstehen NADH/H$^+$ und ATP. Der aerobe Abbauweg setzt sich nach der Glykolyse über die **oxidative Decarboxylierung**, den **Zitronensäurezyklus** und die **Atmungskette** fort. Die Bildung von aktivierter Essigsäure und die Reaktionen des Zitronensäurezyklus bewirken den **vollständigen Abbau von BTS zu Kohlenstoffdioxid** unter Gewinn von den Wasserstoff übertragenden Coenzymen NADH/H$^+$ und FADH$_2$. Ausgehend von diesen Coenzymen werden in der **Atmungskette** unter **Sauerstoffverbrauch** in einer Reihe von Redoxreaktionen **ATP-Moleküle** gewonnen und Wasser gebildet.

Summengleichung des aeroben Stoffabbaus durch Zellatmung:

$$C_6H_{12}O_6 + 6\,O_2 \rightarrow 6\,CO_2 + 6\,H_2O$$

Der biologische Sinn der weiteren Reduktionsreaktionen nach der Glykolyse liegt beim anaeroben Abbau in der Rückgewinnung von NAD$^+$ für eine erneute Glykolyse.

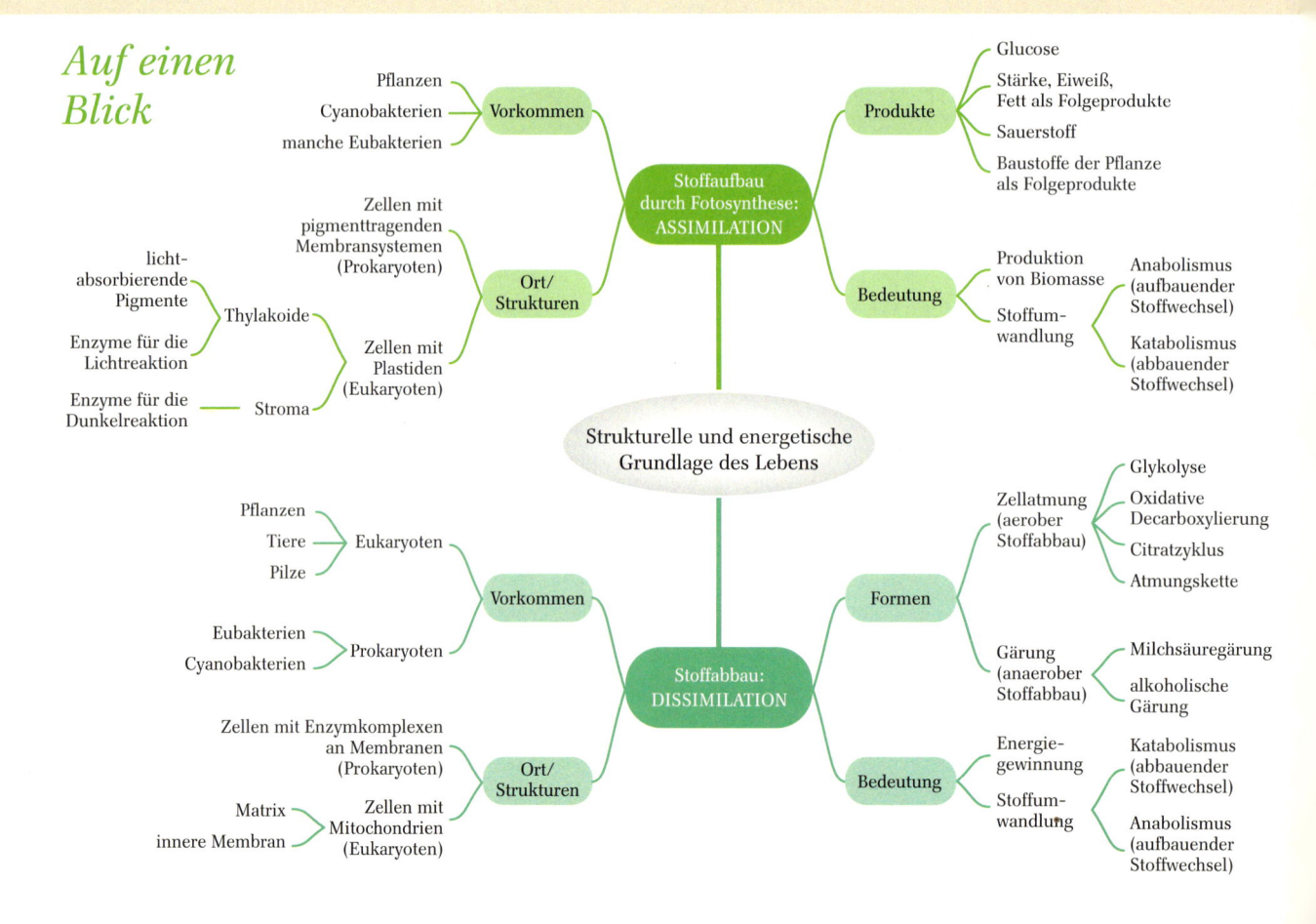

Auf einen Blick

Stoffaufbau durch Fotosynthese: ASSIMILATION

- Vorkommen
  - Pflanzen
  - Cyanobakterien
  - manche Eubakterien
- Ort/Strukturen
  - Zellen mit pigmenttragenden Membransystemen (Prokaryoten)
  - Zellen mit Plastiden (Eukaryoten)
    - Thylakoide
      - lichtabsorbierende Pigmente
      - Enzyme für die Lichtreaktion
    - Stroma
      - Enzyme für die Dunkelreaktion
- Produkte
  - Glucose
  - Stärke, Eiweiß, Fett als Folgeprodukte
  - Sauerstoff
  - Baustoffe der Pflanze als Folgeprodukte
- Bedeutung
  - Produktion von Biomasse → Anabolismus (aufbauender Stoffwechsel)
  - Stoffumwandlung → Katabolismus (abbauender Stoffwechsel)

Strukturelle und energetische Grundlage des Lebens

Stoffabbau: DISSIMILATION

- Vorkommen
  - Eukaryoten
    - Pflanzen
    - Tiere
    - Pilze
  - Prokaryoten
    - Eubakterien
    - Cyanobakterien
- Ort/Strukturen
  - Zellen mit Enzymkomplexen an Membranen (Prokaryoten)
  - Zellen mit Mitochondrien (Eukaryoten)
    - Matrix
    - innere Membran
- Formen
  - Zellatmung (aerober Stoffabbau)
    - Glykolyse
    - Oxidative Decarboxylierung
    - Citratzyklus
    - Atmungskette
  - Gärung (anaerober Stoffabbau)
    - Milchsäuregärung
    - alkoholische Gärung
- Bedeutung
  - Energiegewinnung → Katabolismus (abbauender Stoffwechsel)
  - Stoffumwandlung → Anabolismus (aufbauender Stoffwechsel)

Genetik und Gentechnik

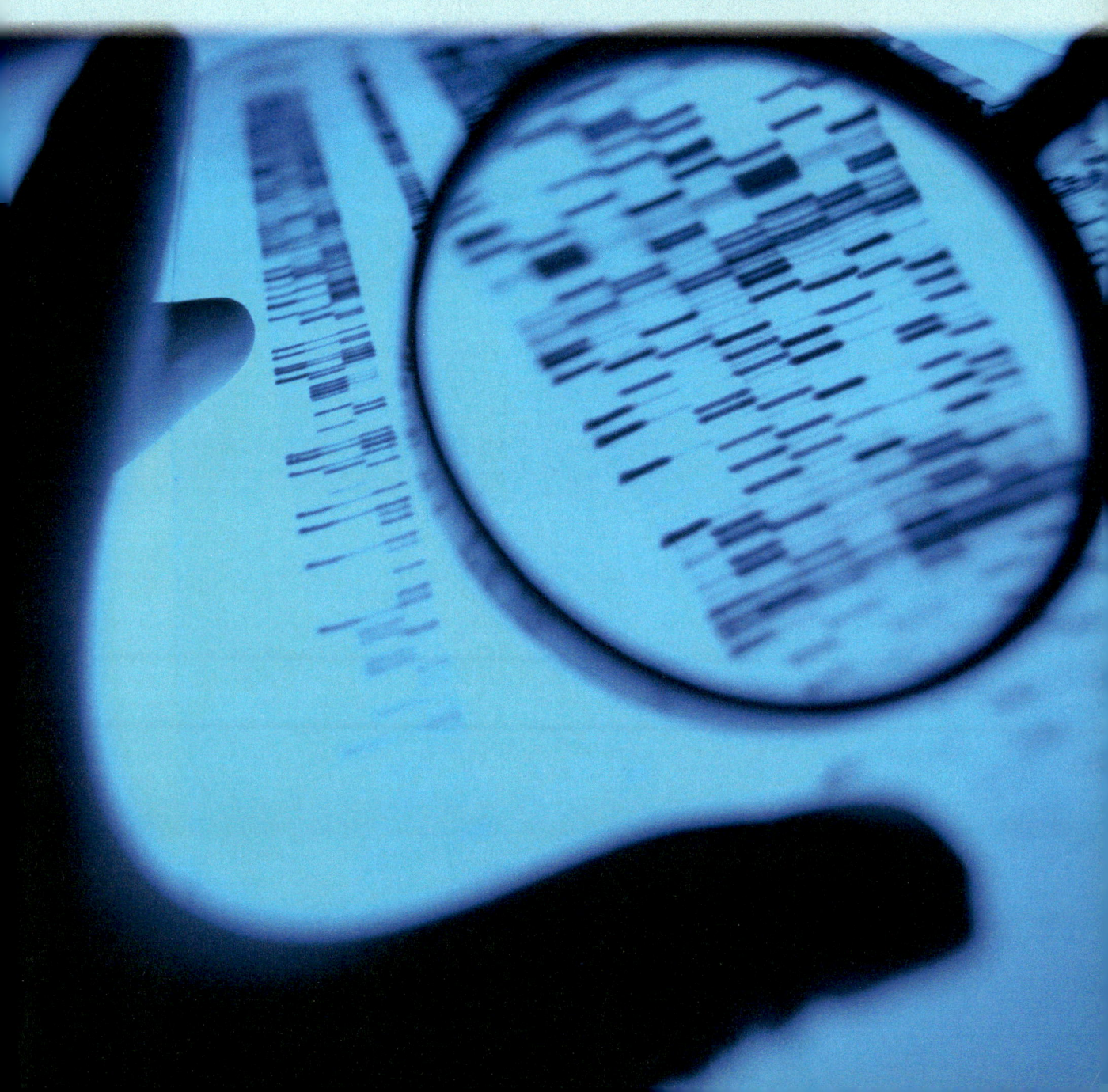

1 Grundlagen der Molekulargenetik

1.1 Nukleinsäuren als Speicher der genetischen Information

Jede einzelne Körperzelle enthält in ihrem Zellkern das gesamte Erbgut. Es ist codiert in Riesenmolekülen, der sogenannten DNA (**d**esoxyribo**n**ucleic **a**cid), aus denen die Chromosomen aufgebaut sind. Die erstmalige chemische Beschreibung des Erbmoleküls reicht gerade einmal 50 Jahre zurück.

1.1.1 Auf der Suche nach der Erbsubstanz

Die Entschlüsselung des Erbguts begann bereits im Jahre 1869, als der schweizerische Biochemiker FRIEDRICH MIESCHER in einem Tübinger Forschungslabor Eiterzellen untersuchte *(Abb. 1)*. In diesen Zellen entdeckte er hochviskose Stoffe, die in Alkalien löslich, in Säuren aber unlöslich waren. MIESCHER schloss daraus, dass es sich um kompliziert gebaute Säuren handelte und nannte sie **Nukleine**. Er stellte fest, dass sie neben Kohlenstoff, Wasserstoff und Sauerstoff auch die Elemente Stickstoff und Phosphor enthalten. MIESCHERS Arbeit „Über die chemische Zusammensetzung der Eiterzellen" markiert die Entdeckung der DNA. Etwa um 1900 identifizierte der Heidelberger ALBRECHT KOSSEL die vier heterozyklischen Basen der Nukleinsäuren und einen Zucker als Nukleinbestandteil. 1909 beschrieb PHEOBUS A. LEVENE vom Rockefeller Institute in New York die chemische Verknüpfung des **Zuckermoleküls** mit **Phosphorsäure** und einer **Base**. Er prägte für diesen Baustein des Erbgutes den Begriff **Nukleotid**. Es folgten verschiedene Strukturvorschläge zur DNA, die aber allesamt wieder verworfen wurden. Die DNA geriet in Vergessenheit, bis 1944 ebenfalls am Rockefeller Institute OSWALD T. AVERY den Beweis erbrachte, dass die DNA **Träger und Speicher der Erbinformation** ist.

Abb. 1 Die ehemalige Küche des Tübinger Schlosses, eines der ersten Biochemie-Labore der Welt in dem F. Miescher 1868–1870 forschte.

A1 Erläutern Sie, welche Beobachtungen und welche Schlüsse Miescher zu der Erkenntnis führten, dass es sich bei den Nukleinen um Säuren handelt.

Exkurs

Die Experimente von Griffith und Avery
Lange Zeit glaubten die Wissenschaftler, dass Eiweißkörper (Proteine) und nicht Nukleinsäuren die Erbinformationen tragen. Die experimentelle Erforschung der Erbsubstanz gelang dem kanadischen Bakteriologen OSWALD AVERY durch Experimente mit Pneumokokken (grampositive Bakterien, *Abb. 2*), die bei Mäusen tödliche Lungenentzündung hervorrufen. Um ihre Zellwand bilden sie eine Schleimkapsel aus Kohlenhydraten. Die Kapsel bildenden Kolonien erscheinen glatt (smooth, daher S-Stamm). Eine andere Pneumokokkenvariante ist nicht krankheitsauslösend und bildet auch keine Kapsel; auf den Nährböden erscheint sie rau (rough, daher R-Stamm). So lassen sich krankheitsauslösende und harmlose Stämme gut unterscheiden. Mit diesen Bakterienstämmen experimentierte bereits FREDERICK GRIFFITH; seine Versuche von 1928 wurden von AVERY aufgegriffen und verfeinert.

Werden Pneumokokken des S-Stammes durch Hitzebehandlung abgetötet, verlieren sie ihre krankheitsauslösende Wirkung. Von den abgetöteten S-Bakterien wird nun ein zellfreier Extrakt hergestellt und dieser den harmlosen Bakterien des R-Stammes zugefügt *(Abb. 3)*. Nach dieser Behandlung zeigen einige der ursprünglich kapsellosen Bakterien die Fähigkeit zur Kapselbildung und lösen bei Mäusen Lungenentzündung aus. Bakterien des R-Stammes wurden in den S-Stamm **umgewandelt** (transformiert) und die neu erworbene Eigenschaft **weitervererbt**.

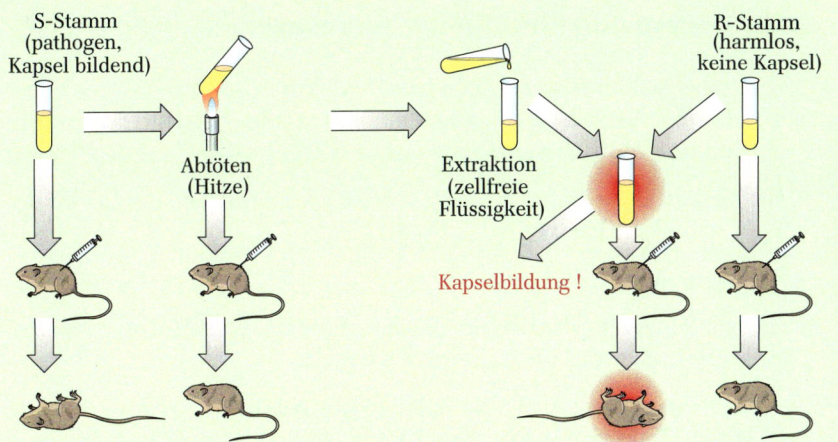

Abb. 3 Versuche von Griffith zur Transformation

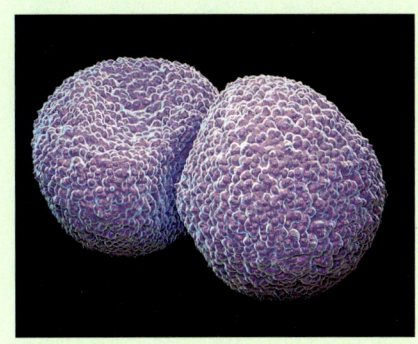

Abb. 2 *Streptococcus pneumoniae*

In der Wissenschaft wurden zu jener Zeit drei Substanzen diskutiert, die für die Umwandlung der Bakterienstämme verantwortlich sein könnten: DNA, RNA oder Proteine. Um herauszufinden, welcher Stoff des zellfreien Extrakts die Fähigkeiten des S-Stammes überträgt, setzten AVERY und seine Mitarbeiter Enzyme zu, welche jeweils eine der drei möglichen Überträgersubstanzen zersetzen *(Abb. 4)*. Sie erkannten, dass eine Umwandlung nur dann stattfindet, wenn der zellfreie Extrakt noch DNA enthält, wenn also zuvor selektiv Proteine oder RNA zerstört wurden. Damit war der Beweis erbracht, dass die DNA Trägersubstanz der Erbinformation ist. Die in den Experimenten gezeigte Übertragung genetischer Information durch reine DNA aus einem Zellstamm in einen anderen wird **Transformation** genannt.

A2 Begründen Sie, welches Ergebnis zu erwarten ist, wenn aus pathogenen, Kapsel bildenden Bakterien ein zellfreier Extrakt angefertigt und dieser direkt in Mäuse injiziert wird.

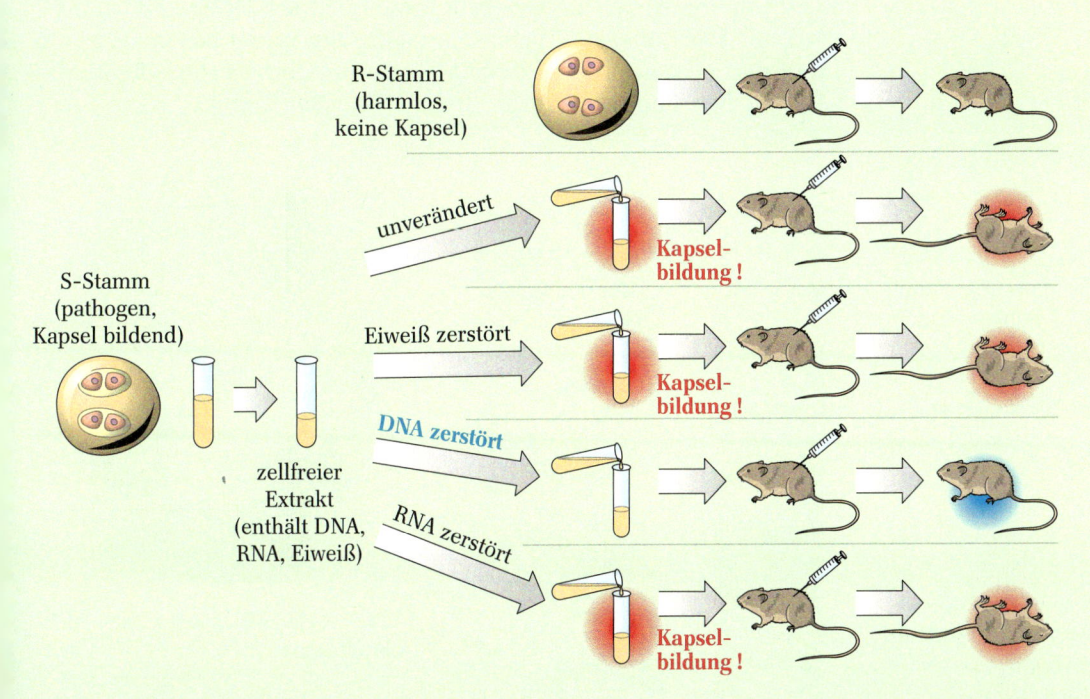

Abb. 4 Transformationsversuch von Avery (1944)

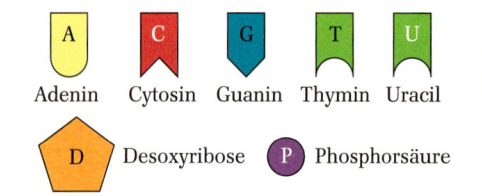

Adenin Cytosin Guanin Thymin Uracil

D Desoxyribose P Phosphorsäure

Abb. 5 Bestandteile der Nukleinsäuren

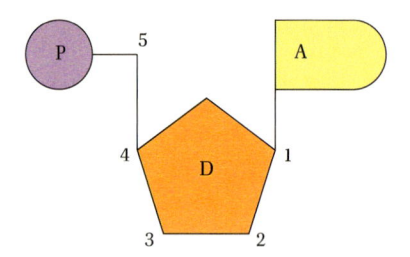

Abb. 6 Aufbau eines Nukleotids; die Zahlen kennzeichnen die fünf Kohlenstoffatome

Exkurs

Die Röntgenstrukturanalyse dient zur Aufklärung der Raumstruktur von Kristallen. An deren Gitterebenen wird ein Teil des auftreffenden Röntgenlichts reflektiert. Die dabei durch Interferenz entstehenden charakteristischen Beugungsmuster ermöglichen Rückschlüsse auf die räumliche Struktur eines Kristalls.

A3 Eine von Chargaff aufgestellte Regel lautet: „Die Basenzusammensetzung in verschiedenen Geweben einer Art ist identisch." Interpretieren Sie diesen Befund.

1.1.2 Aufbau und Struktur der Nukleinsäuren

Werden die Nukleinsäuren DNA bzw. RNA vorsichtig mit Säure erhitzt (Praktikum Versuch 2, *S. 71*), so entsteht eine klare Lösung. Im Hydrolysat sind drei Stoffklassen nachweisbar *(Abb. 5)*:

- die **Zucker** Desoxyribose (bei der DNA) oder Ribose (bei der RNA); beide Moleküle bestehen aus C_5-Ringen;

- **Phosphorsäure** H_3PO_4;

- vier verschiedene **organische Basen:** Adenin, Cytosin, Guanin, dazu in der DNA Thymin und in der RNA Uracil.

Der Grundbaustein der Nukleinsäure, das **Nukleotid** *(Abb. 6)*, besteht aus einem Zuckermolekül, verbunden mit jeweils einem Molekül Phosphorsäure und einer organischen Base. Im Jahre 1947 gelang es erstmals das von LEVENE beschriebene Nukleotid im Labor zu synthetisieren.

DNA (Desoxyribonukleinsäure)

Das DNA-Molekül besteht aus einer sehr großen Anzahl von untereinander verknüpften Nukleotiden und daher aufeinander folgenden organischen Basen. Die Reihenfolge der vier Basen ist kennzeichnend, sie bestimmt die **Primärstruktur** der DNA.

Bei der Analyse von DNA-Präparaten verschiedener Herkunft fand der Biochemiker ERWIN CHARGAFF heraus, dass die Anzahl der Adeninmoleküle grundsätzlich gleich der Anzahl der Thyminmoleküle und die der Cytosinmoleküle gleich der der Guaninmoleküle war. MAURICE WILKINS und seine Mitarbeiterin ROSALIND FRANKLIN führten in England umfangreiche Röntgenstrukturanalysen der DNA durch *(Abb. 7)*. Auf der Basis dieser Ergebnisse gelang dem Amerikaner JAMES D. WATSON und dem Briten FRANCIS H. C. CRICK im Jahre 1953 die Aufklärung der räumlichen Struktur der DNA *(Abb. 8 und 9)*.

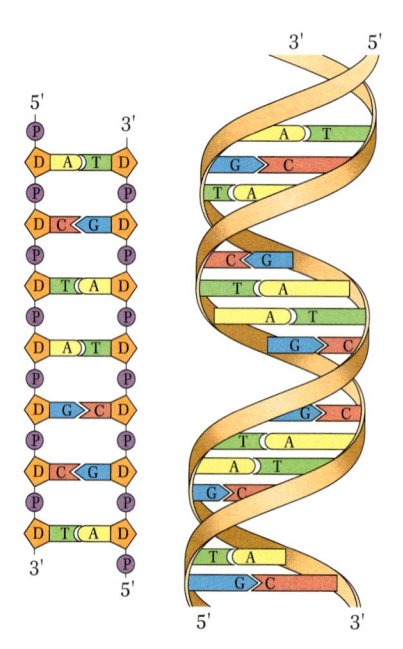

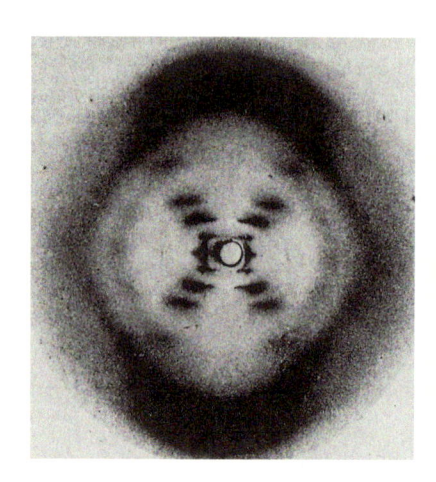

Abb. 7 Röntgenbeugungsmuster von kristallisierter DNA

Abb. 8 Modellvorstellung des DNA-Moleküls; links: Strickleiterstruktur mit komplementärer Basenpaarung, rechts: Doppelhelix nach Watson und Crick

WATSON-CRICK-Modell. Die DNA besteht aus zwei gewundenen Nukleotidsträngen. Außen liegen abwechselnd Zuckermoleküle (Desoxyribose) und Phosphatgruppen, die über chemische Bindungen (Atombindungen) fest miteinander verknüpft sind. Sie bilden wie die Holme einer Leiter die beiden Längsachsen des Riesenmoleküls. Analog den Sprossen einer Leiter zeigen die vier verschiedenen organischen Basen nach innen, wobei immer Adenin und Thymin bzw. Cytosin und Guanin einander gegenüberliegen *(Abb. 8)*. Diese **komplementäre** Basenpaarung und der Zusammenhalt der beiden Stränge beruht auf Wasserstoffbrückenbindungen.

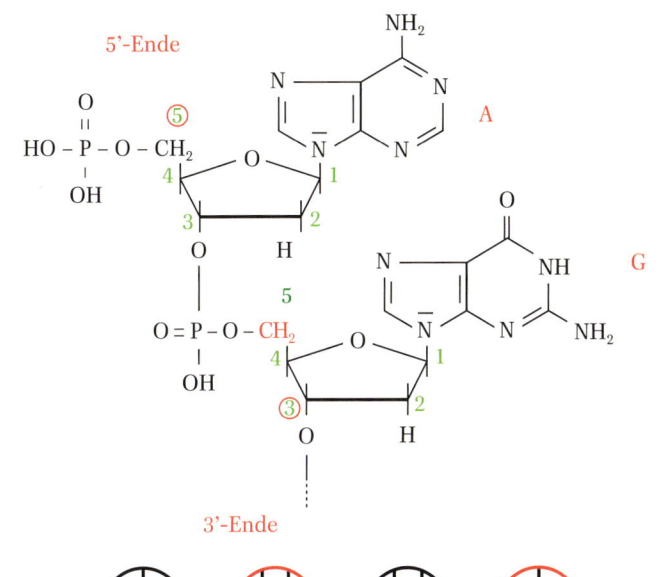

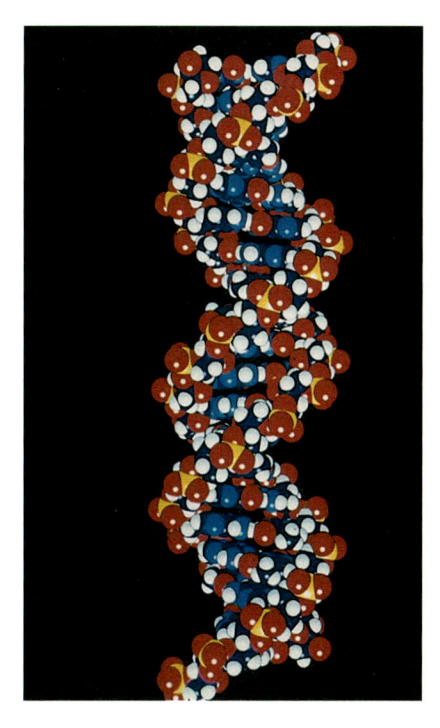

Abb. 9 Kalottenmodell der DNA-Doppelhelix

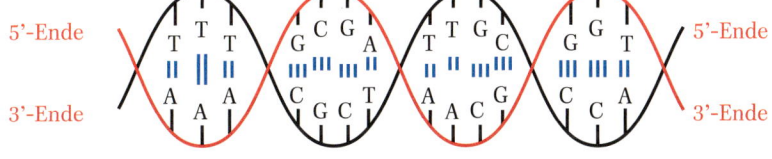

Abb. 10 Komplementär verlaufende DNA-Stränge und Bindung der 5'-Phosphat- und 3'-OH-Gruppe

Die **genetische Information** wird durch die Abfolge der vier DNA-Basen codiert; das Erbgut besteht demnach sozusagen aus vier Buchstaben: A (Adenin), C (Cytosin), G (Guanin), T (Thymin). Ein **Gen** ist ein bestimmter Abschnitt auf der DNA (molekularbiologische Definition). Kleinere bis mittlere Gene umfassen etwa 1000 Basenpaare, allerdings variiert diese Zahl stark. Gene können im Erbmaterial in mehreren voneinander getrennten Abschnitten auftreten. Diese **Gensegmentierung** entdeckten PHILIP SHARP und RICHARD ROBERTS unabhängig voneinander im Jahre 1977 und erhielten dafür den Nobelpreis für Medizin. Bakterienzellen enthalten etwa 4 bis 5 Millionen Basenpaare, eine menschliche Zelle wahrscheinlich mehr als 6 Milliarden – das entspricht bei einem Basenabstand von 0,34 nm einer DNA-Gesamtlänge von etwa 2 m. Da der Zellkern allerdings nur einige μm groß ist, muss die DNA vieltausendfach verknäuelt vorliegen *(vgl. S. 17)*. Die komplementäre Basenpaarung der DNA erfordert, dass die beiden Stränge **antiparallel** verlaufen, was bedeutet, dass der eine Strang von 5' nach 3' und der andere von 3' nach 5' gerichtet ist *(Abb. 10)*.

Da die DNA-Basen auf den beiden Polynukleotidsträngen einander komplementär sind, können Veränderungen oder Verluste auf nur einem Strang korrigiert werden, indem der Komplementärstrang als Vorlage dient. Ausschneiden des beschädigten DNA-Abschnitts, Neusynthese und Einpflanzung besorgen mehrere Enzyme, die zusammen ein **Reparatursystem** bilden (*S. 95*).

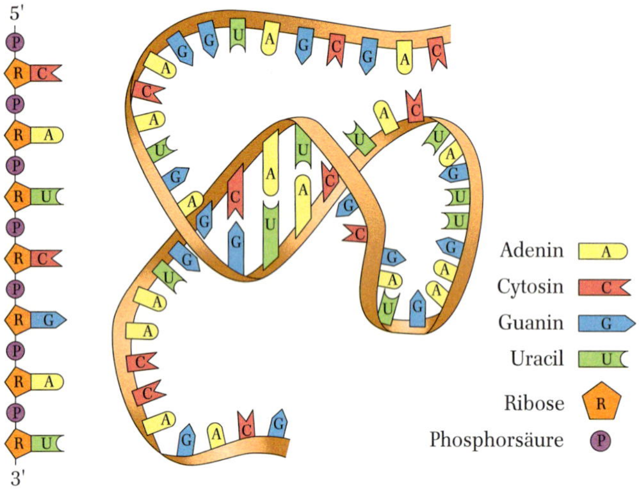

RNA (Ribonukleinsäure)

Die **RNA** besteht ebenso wie die DNA aus einer großen Anzahl von untereinander verknüpften Nukleotiden. Die Molekülachse bilden wiederum Zuckermoleküle, die über Phosphatgruppen miteinander verbunden sind. An jede Zuckereinheit ist eine der vier verschiedenen Basen gebunden; auch hier dient die spezifische Basensequenz als Informationsquelle. Im Unterschied zur DNA ist der Zucker in der RNA allerdings nicht Desoxyribose, sondern die Ribose, was der RNA (**ribo**nucleic **a**cid) ihren Namen gab. Zusätzlich ist die Base T (Thymin) ersetzt durch U (Uracil, *Abb. 11*). Abhängig von ihrer Aufgabe gibt es mehrere strukturelle Varianten der RNA; sie werden als r-RNA, m-RNA und t-RNA bezeichnet *(Tab. 1)*. RNA liegt in der Regel einzelsträngig vor. Indem zwischen ihren Nukleotidsträngen wie bei Proteinen Wasserstoffbrücken ausgebildet werden, kommt es zu intramolekularer Faltung der RNA-Moleküle. Es können so verschiedene räumliche Strukturen entstehen, in denen die RNA vorliegt.

Abb. 11 Bausteine der RNA

Adenin	A
Cytosin	C
Guanin	G
Uracil	U
Ribose	R
Phosphorsäure	P

DNA (Desoxyribonukleinsäure)	RNA (Ribonukleinsäure)
Doppelhelix	mehrere RNA-Typen mit unterschiedlichen Sekundärstrukturen (räumlichen Strukturen)
Desoxyribose als Zucker	Ribose als Zucker
Basen sind A, C, G, T	Basen sind A, C, G, U (Uracil statt Thymin)
Aufgabe: genetischer Informationsspeicher	Baustoff der Ribosomen (**r**ibosomale RNA), Botenstoff zwischen DNA und Ribosomen (**m**essenger-RNA), Überträger von Aminosäuren zu den Ribosomen (**t**ransfer-RNA), genetischer Informationsspeicher

Tab. 1 Gegenüberstellung von DNA und RNA

Praktikum

Versuche mit DNA und RNA

1. Löslichkeit von Nukleinsäuren, Verhalten gegenüber Säuren und Laugen

Durchführung: Je eine Spatelspitze DNA und RNA werden in einem Reagenzglas mit Wasser versetzt und nach Umschütteln die Wasserlöslichkeit geprüft. Anschließend wird zunächst etwas verdünnte Natronlauge hinzugefügt und danach mit verdünnter Salzsäure angesäuert. Formulieren Sie Ihre Beobachtungen.

Hinweise zur Auswertung: Worauf beruhen die Veränderungen in der Löslichkeit der Nukleinsäuren?

Material:
DNA, RNA (aus dem Chemikalienhandel); verdünnte Salzsäure (Xi: reizend), verdünnte Natronlauge (C: ätzend)

2. Erhitzen der Nukleinsäuren mit Schwefelsäure

Durchführung: Ein Spatel DNA (bzw. RNA) wird mit etwas Wasser aufgeschlämmt und dann mit 10 mL Schwefelsäure versetzt. Das Reaktionsgemisch stellt man 10 – 15 Minuten in ein siedendes Wasserbad.

Hinweise zur Auswertung: Wie ändert sich die Löslichkeit? Wie ist das zu erklären?

Material:
DNA, RNA; verdünnte Schwefelsäure $c = 0,5$ mol/L (Xi: reizend)

3. Phosphatnachweis im Nukleinsäurehydrolysat

Durchführung: 10 mL des Hydrolysats aus Versuch 2 werden entnommen und mit 5 mL konzentrierter Salpetersäure versetzt. Nach dem Hinzufügen von einigen Tropfen konzentrierte Ammoniummolybdatlösung wird das Gemisch erhitzt.

Hinweise zur Auswertung: Ein gelber Niederschlag (Ammoniummolybdatophosphat) zeigt Phosphationen an. Als Blindprobe führt man das Experiment mit stark verdünnter Natriumphosphatlösung durch.

Material:
Hydrolysat aus Versuch 2; konzentrierte Salpetersäure (O: brandfördernd; C: ätzend), Ammoniummolybdat (Xi: reizend)

4. Zuckernachweis im Hydrolysat

Durchführung: 5 mL FEHLING'sche Lösung 1 (= Kupfersulfatlösung) wird mit der gleichen Menge FEHLING'sche Lösung 2 versetzt. Die entstandene tiefblaue Lösung wird mit 2 mL des Hydrolysats aus Versuch 2 versetzt und erhitzt (Vorsicht: Siedeverzug beachten!).

Auswertung: Ein ziegelroter Feststoff zeigt reduzierend wirkende Zucker an. Als Blindprobe führt man das Experiment mit Glucoselösung durch.

Material:
Hydrolysat aus dem Versuch 2; Fehling-Reagenz 1 und 2

5. Unterschiede von Desoxyribose und Ribose mit dem DISCHE-Reagenz (Lehrerversuch)

Durchführung: Je 2 mL des Hydrolysats (DNA und RNA) werden mit der doppelten Menge DISCHE-Reagenz versetzt und im siedenden Wasserbad erhitzt.

Hinweise zur Auswertung: Beim Vorhandensein von Desoxyribose (nicht Ribose) entsteht ein blauer Farbstoff. Zum Vergleich führt man das Experiment mit den Zuckern Glucose und Fructose durch.

Material:
Dische-Reagenz [Herstellung: 0,5 g Diphenylamin (T: giftig, N: umweltgefährlich) werden in 1 mL konzentrierter Salpetersäure (O: brandfördernd; C: ätzend) gelöst und auf 50 mL mit Eisessig (C: ätzend) aufgefüllt]; DNA- und RNA-Hydrolysat (aus Versuch 2), Glucose, Fructose

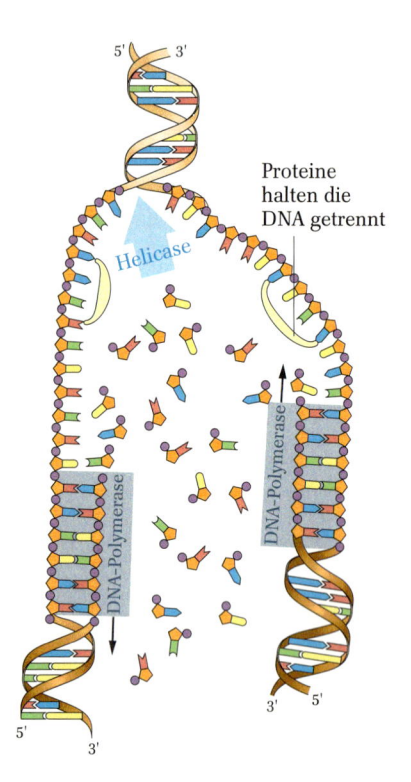

Abb. 12 Replikation der DNA nach dem semikonservativen Mechanismus

Exkurs

Rohmaterial bei der Replikation sind ständig in der Zelle vorrätige Nukleotidbausteine, die insgesamt **drei** Phosphorsäurereste tragen. Die Nukleotide werden enzymatisch durch **DNA-Polymerasen** angelagert. Diese wirken immer nur in eine Richtung, nämlich von 3' (OH-Ende) nach 5' (Phosphatende) des Mutter-DNA-Stranges. Die angelagerten Nukleotide werden durch **Ligasen** seitlich (Zucker-Phosphorsäure) miteinander verknüpft. Die Energie für diese Verknüpfung wird durch die Abspaltung der beiden überzähligen Phosphatreste zur Verfügung gestellt (vergleiche die energiereichen Bindungen im ATP-Molekül).
Die DNA-Polymerase benötigt für den Beginn ihrer Arbeit Startermoleküle; dies sind kleine Nukleotidstücke, die man als **Primer** bezeichnet.

1.1.3 Verdoppelung der DNA

Bei der mitotischen Zellteilung (*S. 102 f.*) werden die beiden identischen Chromatiden getrennt und auf die Tochterzellen verteilt. Vor dem Eintritt in eine erneute Mitose muss die zweite Chromatide als **identische Kopie** ohne Veränderung der Basenfolge nachgebildet werden. Dieser in der Interphase ablaufende Vorgang wird **Replikation** oder auch **identische Reduplikation** genannt und umfasst folgende Hauptschritte:

Zunächst wird die Helix durch ein Enzym (**Helicase**) entdrillt. Es erfolgt eine Lösung der Wasserstoffbrückenbindungen und eine reißverschlussartige Öffnung der DNA-Doppelhelix *(Abb. 12)*. Dies ist recht einfach möglich, da Wasserstoffbrücken im Vergleich zu Atombindungen schwach sind; das Molekül besitzt damit gewissermaßen eine Sollbruchstelle. Um zu verhindern, dass sich die Basen erneut paaren, werden vorübergehend Eiweißmoleküle direkt hinter den Trennungsstellen der nun offenen Doppelhelix eingebaut. Es folgt die enzymatische Anlagerung der komplementären Nukleotide (Adenin-Thymin, Cytosin-Guanin), die durch ein zweites Enzym unter Energieverbrauch miteinander verknüpft werden. Durch diese **komplementäre Basenpaarung** wird sichergestellt, dass die neu gebildete DNA ein genaues Abbild der Ausgangs-DNA darstellt. Es entstehen zwei identische Doppelstränge, die den ursprünglichen Chromatiden entsprechen. Damit ist eine identische Verdopplung der genetischen Information erfolgt. Auf dem einen Teilstrang folgt die DNA-Polymerase kontinuierlich der Helicase (rechter Matrizenstrang in *Abb. 12*); die Synthese erfolgt in Richtung 3' → 5'. Auf dem anderen Teilstrang erfolgt die Synthese entgegengesetzt (diskontinuierlich) der Helicase. Darum müssen ständig kurze DNA-Stücke neu synthetisiert und anschließend mithilfe des Enzyms Ligase *(vgl. S. 96)* miteinander verknüpft werden.

Die beiden Tochter-DNA-Moleküle bestehen jeweils zur Hälfte aus der alten und der neu synthetisierten DNA. Da die Hälfte erhalten bleibt, spricht man von dem **semikonservativen Replikationsmechanismus** *(Abb. 12 und 13)*.

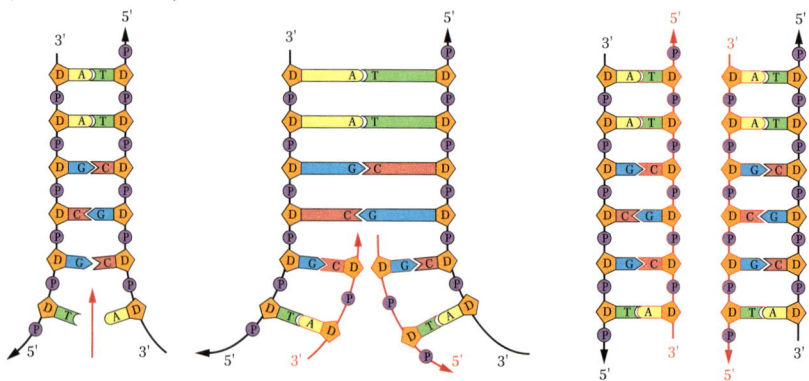

Abb. 13 Hauptschritte der identischen Replikation (vereinfacht)

Am besten untersucht ist die Replikation des im menschlichen Darm vorkommenden Bakteriums *Escherichia coli*. Man geht davon aus, dass Bakterien während dieses Vorgangs etwa 1000 Nukleotide pro Sekunde anlagern können. Eukaryotische Lebewesen replizieren ihre DNA in ähnlicher Weise, mit 40 bis 60 Nukleotide pro Sekunde jedoch erheblich langsamer.

Erforschung des semikonservativen Replikationsmechanismus.

Den US-amerikanischen Mikrobiologen MATTHEW S. MESELSON und FRANKLIN W. STAHL gelang der experimentelle Nachweis für den semikonservativen Mechanismus. Hierfür musste zunächst eine Methode gefunden werden alte und neue DNA-Teile zu unterscheiden. MESELSON und STAHL nutzen die Dichtegradientenmethode, basierend auf den zwei Stickstoffisotopen ^{14}N und ^{15}N. Enthält DNA statt des normalen Stickstoffisotops das Isotop ^{15}N, so ist sie insgesamt etwas schwerer, was sich experimentell zeigen lässt.

Die Trennung verschieden schwerer DNA erfolgt in einer Ultrazentrifuge bei sehr hoher Geschwindigkeit (ca. 55 Stunden bei 100 000 facher Erdbeschleunigung) in konzentrierter Cäsiumchloridlösung. Unter diesen Bedingungen kommt es im Zentrifugenglas zu einer Auftrennung des eingebrachten Makromolekülgemisches nach unterschiedlicher Dichte *(Abb. 14)*, einem sogenannten Dichtegradient. Durch UV-Bestrahlung kann vorher entsprechend markierte DNA sichtbar gemacht werden. Ein Gemisch aus ^{14}N-DNA und ^{15}N-DNA ergibt z. B. nach der Zentrifugation zwei Absorptionsbanden im ultravioletten Licht.

MESELSON und STAHL ließen *Escherichia coli* über mehrere Generationen hinweg in einem Nährmedium wachsen, das Ammoniumchlorid mit dem schweren ^{15}N-Isotop enthielt. Der markierte Stickstoff wurde von den Bakterien in ihre DNA eingebaut. Diese über längere Zeit im ^{15}N-Medium gewachsenen Zellen wurden dann in normales ^{14}N-Medium überführt. Nach jedem Generationszyklus (etwa 20 min bei 37 °C) entnahmen MESELSON und STAHL Proben und untersuchten daraus isolierte DNA *(Abb. 15)* mit folgenden Ergebnissen: Unmittelbar nach dem Einbringen der Bakterien aus ^{15}N- in ^{14}N-Medium ergab sich eine (schwerere) DNA-Bande auf der virtuellen Höhe 15. Die Bande nach der 1. Replikation fand sich zwischen den Höhen 14 und 15. Die nach der 2. Replikation entstehenden Banden lagen bei 14 und zwischen 14 und 15; nach der 3. Replikation ergab sich eine kräftige Bande bei 14 und eine schwache Bande zwischen 14 und 15.

$A4$ DNA kommt in der Hauptsache in Chromosomen vor. Gibt es auch extrachromosomale Strukturen, die DNA enthalten? Erläutern Sie Ihre Antwort.

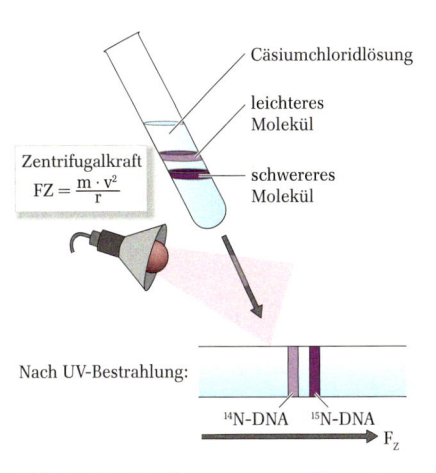

Cäsiumchloridlösung

leichteres Molekül

schwereres Molekül

Zentrifugalkraft

$$FZ = \frac{m \cdot v^2}{r}$$

Nach UV-Bestrahlung:

^{14}N-DNA ^{15}N-DNA

F_Z

Abb. 14 Vorüberlegungen zum Experiment von Meselson und Stahl

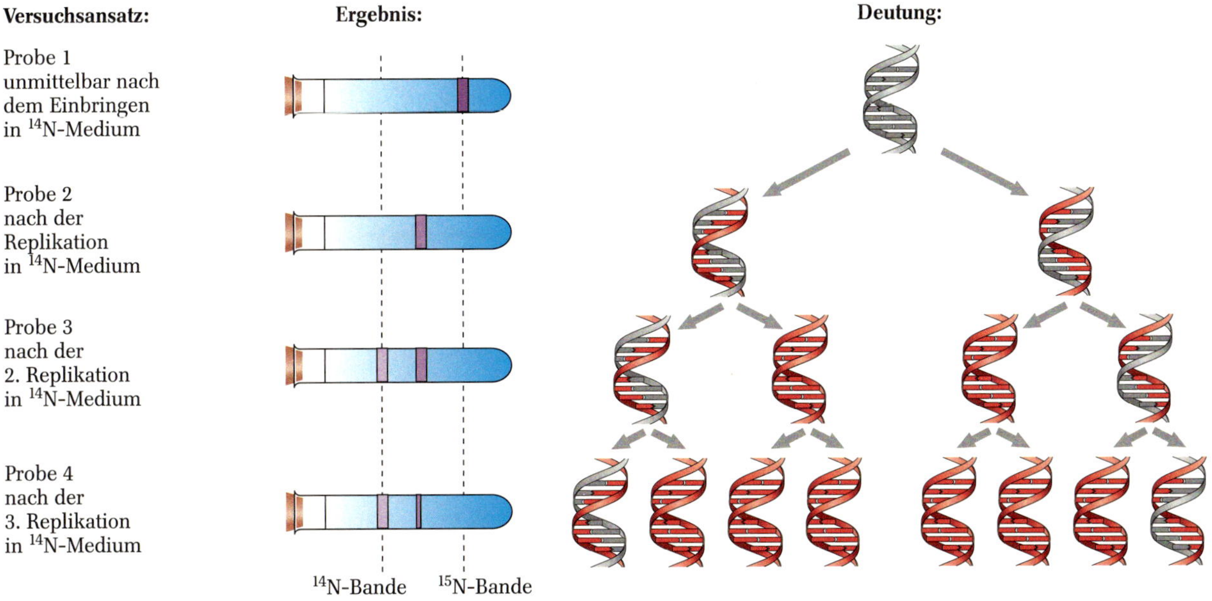

Versuchsansatz:	Ergebnis:	Deutung:

Probe 1
unmittelbar nach
dem Einbringen
in ^{14}N-Medium

Probe 2
nach der
Replikation
in ^{14}N-Medium

Probe 3
nach der
2. Replikation
in ^{14}N-Medium

Probe 4
nach der
3. Replikation
in ^{14}N-Medium

^{14}N-Bande ^{15}N-Bande

Abb. 15 Ergebnis und Deutung des Meselson-Stahl-Experiments (rot = neue DNA)

Damit war der semikonservative Mechanismus bewiesen: Nach dem Umsetzen der Zellen kann **neusynthetisierte DNA** nur ^{14}N enthalten, da kein ^{15}N mehr zur Verfügung steht. Nach der ersten Replikation ist die DNA der Bakterien einheitlich schwer, ihre Dichte liegt zwischen der 14- und 15-Bande; sie enthält je zur Hälfte alte und neue DNA (^{14}N/^{15}N-DNA). Nach der zweiten Replikation enthalten die Bakterien je zu 50 % ^{14}N-DNA und ^{14}N/^{15}N-DNA, nach der dritten Replikation ist die ^{14}N/^{15}N-DNA nur noch zu 25 % enthalten.

A5 Zu welchem Ergebnis hätte das Experiment von Meselson und Stahl führen müssen, wäre in der Natur der konservative Mechanismus zur Replikation verwirklicht?

Die Veröffentlichung des MESELSON-STAHL-Experiments erfolgte im Jahre 1957. Ein Jahr später wies HERBERT TAYLOR durch radioaktive Markierungsversuche den semikonservativen Mechanismus auch bei Eukaryoten nach *(S. 103)*.

Exkurs

Bakterien und Viren als genetische Forschungsobjekte

Über den Aufbau der Bakterienzelle und die Unterschiede zwischen eukaryotischen und prokaryotischen Zellen informiert das Kapitel Zytologie.

Die meisten Bakterienzellen besitzen Zellwände aus **Murein** und nicht aus Zellulose. Handelt es sich um eine dicke Mureinschicht, so lassen sich die Zellen mit einem bestimmten Farbstoffgemisch anfärben (GRAM-**Färbung**); man nennt sie dann **grampositiv**. Diese typische Färbung zeigen **gramnegative** Bakterien nicht; sie besitzen eine dünnere Mureinhaut, die von einer äußeren Membran umgeben ist *(Abb. 16)*.

Bau der Zelle von *Escherichia coli*

E. coli, benannt nach dem österreichischen Arzt THEODOR ESCHERICH (1857–1911), kommt als symbiontisches Darmbakterium im Menschen vor. Außerhalb des Darmraumes können verschiedene Stämme Entzündungen und Eiterungen auslösen. Einige Stämme von Colibakterien findet man auch im Boden und im Wasser, manche verursachen Durchfallerkrankungen. Die quantitative Bestimmung der Colibakterien wird als Maß für Verunreinigung mit Fäkalien genutzt.

Die Zelle von *Escherichia coli* gilt als die am besten (molekularbiologisch) untersuchte Prokaryotenzelle und wird als Standardobjekt in der Gentechnik verwendet. Vorteile der Arbeit mit diesen Stämmen sind ihre hohe Nachkommenschaft und ihre kurze Generationenfolge. *E. coli* lässt sich bei geringem Platzbedarf leicht kultivieren; über Nacht bilden sich aus einzelnen Zellen sichtbare Kolonien, die aus erbgleichen Zellen bestehen.

Eine Zelle ist 2 μm lang, 1 μm breit und besitzt zahlreiche, über den gesamten Zellkörper verteilte Geißeln *(Abb. 16)*. Auffällig im elektronenmikroskopischen Bild sind die etwa 32 000 Ribosomen *(Abb. 16 rechts)*, die etwas kleiner sind als die Ribosomen der Eukaryoten. Im mittleren Zellbereich liegt das ringförmige Bakterien-

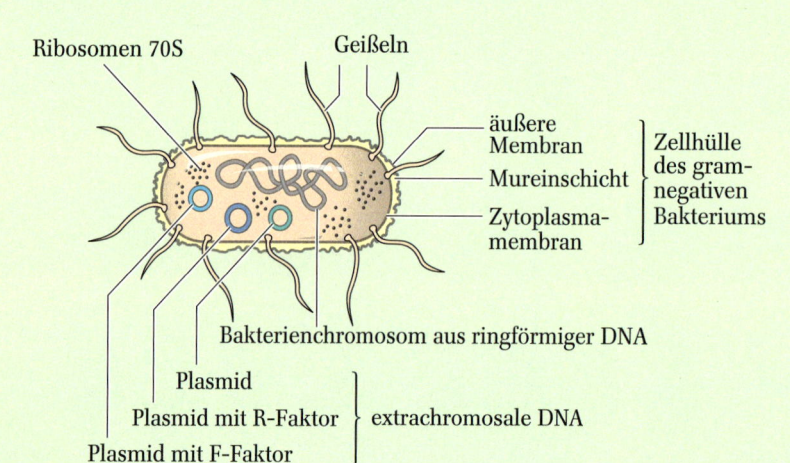

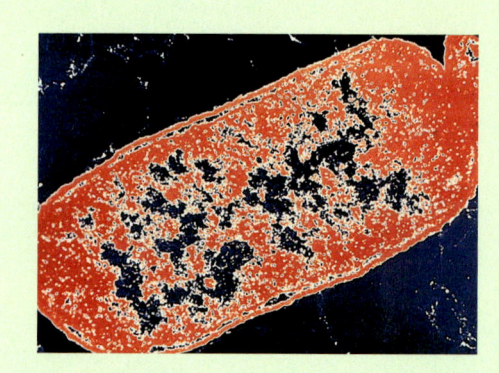

Ribosomen 70S Geißeln
äußere Membran
Mureinschicht
Zytoplasmamembran
Zellhülle des gramnegativen Bakteriums
Bakterienchromosom aus ringförmiger DNA
Plasmid
Plasmid mit R-Faktor
Plasmid mit F-Faktor
extrachromosale DNA

Abb. 16: *Escherichia coli* schematisch (links) und im elektronenmikroskopischen Bild (rechts)

chromosom mit etwa 4 000 Genen und einer Länge von etwa 1,5 mm. Bakterielle DNA findet sich auch in **Plasmiden**, kleinen ringförmige Organellen, die aus einem nur wenige Gene enthaltenden DNA-Doppelstrang bestehen *(Abb. 17)*. Plasmide replizieren sich unabhängig vom Bakterienchromosom. Enthalten Plasmide Gene für die Fortpflanzung, nennt man sie **F-Faktoren**; Plasmide mit Genen für die Resistenz gegen Antibiotika nennt man **R-Faktoren**.

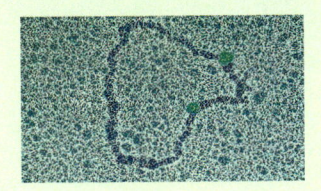

Abb. 17 Elektronenmikroskopische Aufnahme eines Plasmids

Viren in der Genetik

Gegen ein Virus sind Antibiotika wirkungslos, da Viren die bakterientypischen Zellstrukturen und damit eigene Stoffwechselvorgänge fehlen. Viren bestehen eigentlich nur aus Erbgut (DNA oder RNA), das in eine Eiweißhülle verpackt ist *(Abb. 18)*. Hinzu kommen manchmal noch Enzyme, die mithelfen, das Erbgut „zum Leben" zu erwecken. Viren befallen Menschen, Tiere, Pflanzen und Bakterien *(Tab. 3)*. Sie sind winzig kleine Parasiten *(Tab. 2)*, die nur innerhalb einer speziellen Zelle lebensfähig sind, außerhalb ihrer Wirtszelle zeigen sie keinerlei Lebensäußerungen.

Größe	
rotes Blutkörperchen	7 μm
E. coli	2 μm
Kokkus	0,1 μm
Polio-Virus	0,025 μm

Tab. 2 Größenvergleich

Wirt	Krankheit
Mensch	Kinderlähmung (Polio), Mumps, Röteln, Grippe, Pocken, Gelbfieber, Masern, Meningitis, **AIDS**
Tiere	Tollwut, Maul- und Klauenseuche
Pflanzen	Tabakmosaikkrankheit, Blattrollkrankheit

Tab. 3 Von Viren verursachte Krankheiten

Bakteriophagen sind Viren, die sich nur in Bakterien vermehren können. Die verschiedenen Arten werden zu mehreren Familien zusammengefasst. Wie alle Viren besitzen auch Phagen keinen eigenen Stoffwechsel.

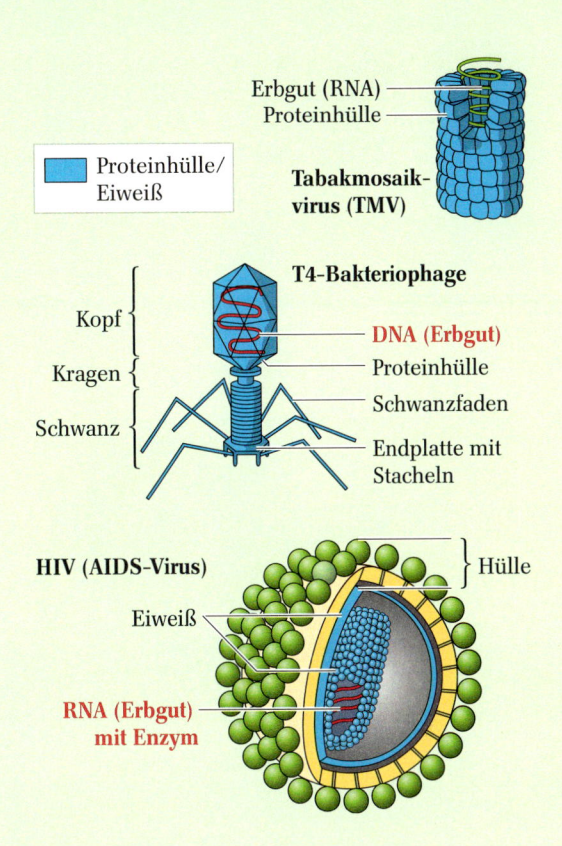

Abb. 18 Typischer Aufbau bekannter Viren

Lebenszyklus virulenter Phagen

Die bekanntesten Vertreter dieser Gruppe sind sogenannte T2- und T4-Phagen *(Abb. 19, S. 76)*. Begegnet einem solchen Phagen zufällig eine Wirtszelle, heftet er sich mit seiner Endplatte an deren Zellwand an. Der DNA-Faden des Phagen wird in die Zelle injiziert, die nun die Kontrolle über ihren Stoffwechsel verliert. Die Phagen-DNA übernimmt die Steuerung, sodass in der Wirtszelle eine Phagen-Massenproduktion stattfindet. Das Rohmaterial, Proteine und DNA, liefert die Bakterienzelle. Nach dem Zusammenbau der Phagen löst ein Enzym (Lysozym) die bakterielle Zellwand auf (**lytischer Zyklus**), was zur Freisetzung von etwa 100 Phagen führt, die nun ihrerseits andere Wirtszellen befallen können *(Abb. 20, S. 76)*.

Lebenszyklus temperenter Phagen

Im Gegensatz zu den virulenten Phagen, die sofort mit ihrem zerstörerischen Werk innerhalb der Zelle beginnen, führen diese Viren erst nach einer langen Inkubationszeit zur Auflösung der Bakterienzelle. Nach der Injektion wird ihr DNA-Faden in die Wirts-DNA eingebaut und bei der bakteriellen Zellteilung mit vermehrt. Die integrierte Viren-DNA, man bezeichnet sie jetzt als **Prophage**, ist zu einem festen Bestandteil der Wirtszelle geworden.

Spontan oder durch Außeneinflüsse (UV, Hitze, Chemikalien) veranlasst, kann die Viren-DNA aktiv werden, was das Ende des passiven **lysogenen Zyklus** und den Übergang in den lytischen Zyklus zur Folge hat, an dessen Ende die Lyse der Wirtszellwand steht *(Abb. 20)*.

Auch das AIDS-Virus (HIV) verhält sich lysogen. Es kopiert sein Erbgut, das als RNA vorliegt, in DNA (**reverse Transkription**) und baut diese als **Provirus** in die menschliche Wirtszelle ein.

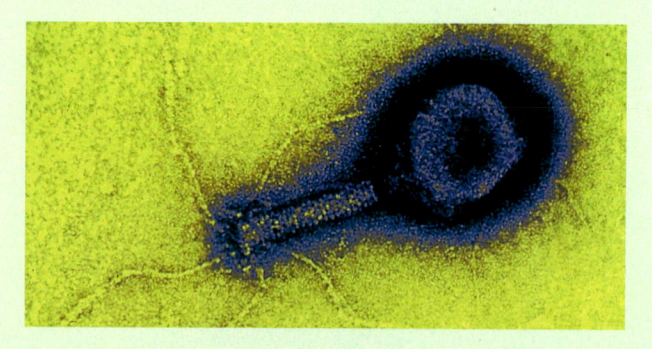

Abb. 19 T4-Phage unter dem Elektronenmiksroskop

A6 Der amerikanische Molekularbiologe A. Hershey wies 1952 zusammen mit M. Chase den Träger der Erbinformation nach und bestätigte damit die Ergebnisse der Bakterienversuche von O. Avery aus dem Jahr 1944. Für seine Arbeiten zur Phagengenetik und Phagenvermehrung erhielt Hershey 1969 zusammen mit M. Delbrück und S. Luria den Nobelpreis für Medizin. Hershey und Chase führten das nachfolgend beschriebene Experiment durch: Sie markierten Bakteriophagen für Versuchsansatz 1 mit radioaktivem Schwefel (^{35}S) und für Versuchsansatz 2 mit radioaktivem Phosphor (^{32}P). Die markierten Phagen wurden jeweils mit Bakterienkulturen vermischt. Diese wurden dann nach 10 Minuten so behandelt, dass sich die Phagenhüllen von den Bakterien ablösten. Die Ansätze wurden anschließend jeweils zentrifugiert, wodurch die Phagenhüllen von den Bakterien abgetrennt werden konnten. In Versuchsansatz 1 konnte die Radioaktivität im Überstand nachgewiesen werden, in Versuchsansatz 2 nur in den Bakterienzellen des Bodensatzes. In beiden Versuchsansätzen entwickelten sich neue infektionsfähige Bakteriophagen. Erläutern Sie das beschriebene Experiment unter Bezug auf die Aussagen Averys. (Abituraufgabe Bayern 2007)

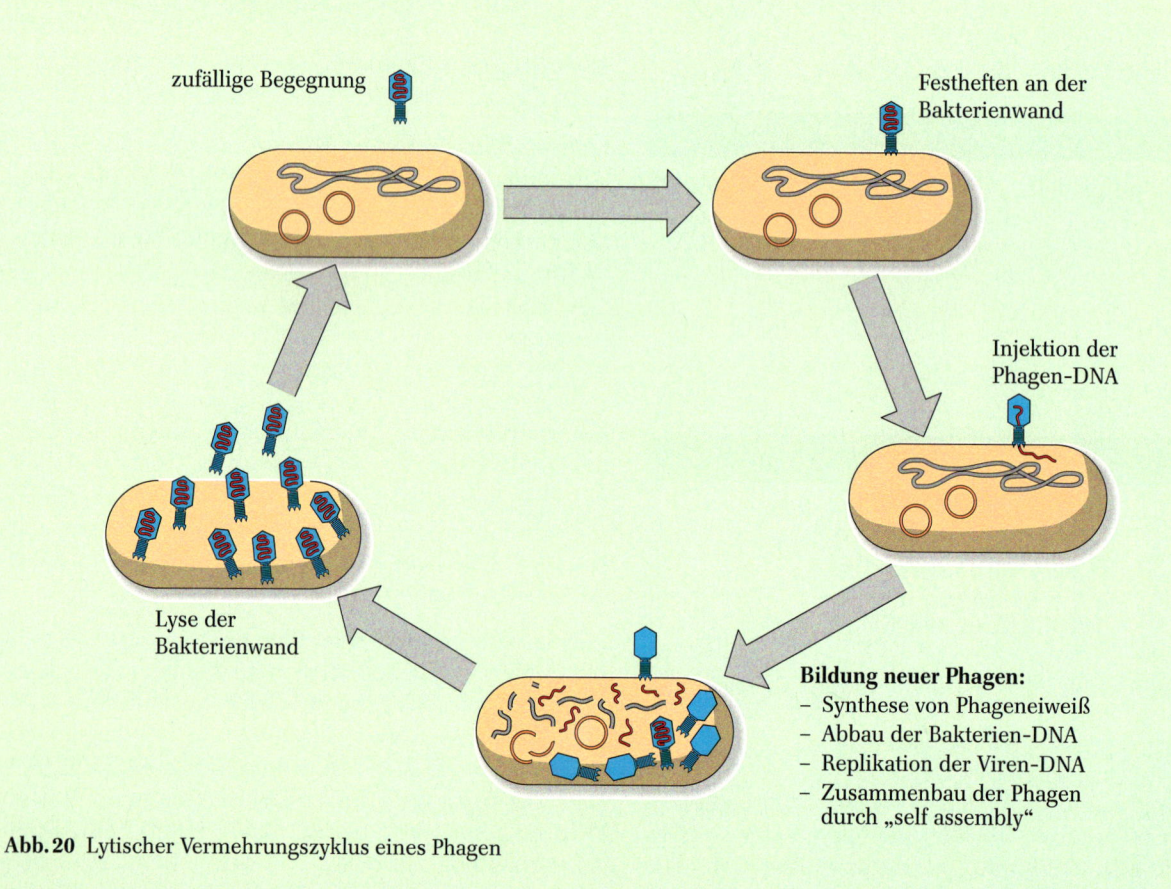

zufällige Begegnung

Festheften an der Bakterienwand

Injektion der Phagen-DNA

Bildung neuer Phagen:
– Synthese von Phageneiweiß
– Abbau der Bakterien-DNA
– Replikation der Viren-DNA
– Zusammenbau der Phagen durch „self assembly"

Lyse der Bakterienwand

Abb. 20 Lytischer Vermehrungszyklus eines Phagen

Praktikum

Versuche mit Bakterien

1. Gewinnung und Isolierung des Heubazillus (Bacillus subtilis)

Durchführung: Zur Isolierung des Heubazillus schneidet man mit einem dicken Korkbohrer aus einer rohen Kartoffel einen etwa 10 cm langen Zylinder und halbiert ihn mit einem schrägen Schnitt. Nun bereitet man mit wenig Wasser eine Aufschlämmung aus Gartenerde und abgeschnittenem Gras und beimpft damit die schrägen Schnittflächen der Kartoffelzylinder. Jeder Ansatz wird in ein Reagenzglas gebracht, mit Wattestopfen verschlossen *(Abb. 21)* und nun für 10 Minuten im Trockenschrank einer Temperatur von 100 °C ausgesetzt. Hierdurch werden die vegetativen Zellen von Bakterien und Pilzen abgetötet, während hitzeresistente Sporen überleben, was eine erste Selektion für *Bacillus subtilis* bewirkt. Bei Bebrütung der Ansätze bei 30 °C im Brutschrank werden auf den Kartoffelschnittstellen nach 4–7 Tagen schleimige Bakterienkolonien sichtbar.

Für den Nähragar werden die oben genannten Chemikalien abgewogen und in 100 mL Wasser gelöst. Man stellt einen pH-Wert von 7–7,4 ein und sterilisiert die Lösung im Autoklaven. Anschließend werden Nähragarplatten gegossen. Das stark kochsalzhaltige Nährmedium bewirkt eine weitere Selektion für *Bacillus subtilis*, da die meisten anderen zusammen mit dem Heubazillus vorkommenden Bakterien darauf nicht wachsen können. Die schleimigen Kolonien werden nun auf die Nähragarplatten überimpft: Nach 4–7 Tagen werden die Bakterienkulturen gut sichtbar.

2. Gram-Färbung

Versuchsdurchführung:

1. Übernachtkulturen der Bakterien werden angesetzt. Hierfür überimpft man die Bakterien mit einer sterilen, d. h. in der Flamme kurz geglühten, Impföse auf eine neue Nähragarplatte. In den Übernachtkulturen befinden sich die Bakterien im logarithmischen Wachstum.
2. Die Bakterien werden auf einem Objektträger ausgestrichen und zur Hitzefixierung 2- bis 3-mal kurz durch die Brennerflamme gezogen.
3. Die Ausstriche werden nun für 2–4 Minuten in ein kleines Wännchen mit Carbolgentianaviolett gelegt, anschließend entnommen und sofort mit LUGOL'scher Lösung abgespült.
4. Es wird erneut LUGOL'sche Lösung aufgetropft, die 2 Minuten einwirken muss.
5. Die Lösung wird abgegossen und die Ansätze einige Sekunden lang mit Alkohol gespült, bis keine Farbwölkchen mehr entstehen. Anschließend werden die Präparate unter fließendem Wasser abspült.
6. Durch Einlegen in verdünnter Fuchsinlösung werden gramnegative Bakterien gegengefärbt; nach 10 s wird mit Wasser abgespült und anschließend der Ansatz getrocknet.

Hinweise zur Auswertung: Betrachten Sie die Bakterien unter dem Mikroskop mit stärkster Vergrößerung (100×-Objektiv): Grampositive Bakterien erscheinen dunkelblau, gramnegative hellrot.

Material:
Korkbohrer, Kartoffel, Nähragar (s. u.), Petrischalen (steril), Autoklav, Brutschrank

Bestandteile Nähragar:
0,2 g Stärke, 0,03 g Pepton, 7,0 g NaCl, 1,2 g Agar, 100 mL H_2O

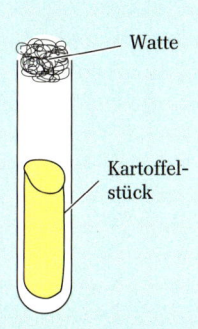
— Watte

— Kartoffelstück

Abb. 21 Gewinnung von *Bacillus subtilis*

Material:
Bakterienkulturen von *Bacillus subtilis* (oder *Micrococcus luteus*), *Escherichia coli* mit Nährmedien, Petrischalen (steril), Autoklav, Brutschrank; Gentianaviolett (Xn: gesundheitsschädlich; N: umweltgefährlich), Ethanol 96 % (F: leicht entzündlich), Phenollösung 2,5 % (T: giftig; C: ätzend), Fuchsinlösung (T: giftig), Lugol'sche Lösung (Xn: gesundheitsschädlich; N: umweltgefährlich)

Nähragar für *Micrococcus luteus* und *E. coli* (*B. subtilis* s. o.): Standard-Nähragar für Bakterien (Chemikalienhandel oder selbst bereitet aus 0,3 g Fleischextrakt, 0,2 g Hefeextrakt, 0,5 g Pepton, 0,5 g Kochsalz und 1,5 g Agar auf 100 mL Wasser)

Färbelösungen: 10 g Gentianaviolett werden in 100 mL Ethanol gelöst, nach mehreren Tagen wird filtriert. 5 mL des Filtrats werden mit der Phenollösung auf 100 mL aufgefüllt, man erhält eine Färbelösung von Carbolgentianaviolett. Zur Herstellung der Fuchsinlösung verdünnt man 1 mL gesättigter Fuchsinlösung mit Wasser auf 200 mL.

Exkurs

Material:
1 Erlenmeyerkolben 600 mL und 3 Erlenmeyerkolben 250 mL, Alufolie, Autoklav, Drigalski-Spatel (*Abb. 23*), Petrischalen, 2 Sterilpipetten 10 mL, 10 Sterilpipetten 5 mL, ca. 10 Sterilpipetten 1 mL, Spektralfotometer, Küvetten, Stoppuhr; Nährmedium aus 2,5 g Pepton, 1,5 g Fleischextrakt, 7,5 g Kochsalz (NaCl) und 500 mL Wasser

A7 Ein Bakterium teilt sich zum Zeitpunkt t_0 und wächst zu einer Kolonie heran. Berechnen Sie, wie viele Bakterien nach einem Tag unter optimalen Bedingungen und einer Generationsfolge von 30 Minuten theoretisch zu erwarten sind und vergleichen Sie diese Zahl mit der Weltbevölkerung. Stellen Sie die ersten fünf Stunden grafisch dar.

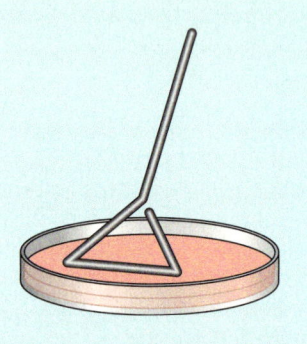

Abb. 22 Form eines DRIGASLKI-Spatels

Material:
Bakterienkulturen (Übernachtkulturen) von Bacillus subtilis (Testindividuum), sterile Petrischalen, Impfbesteck, Brenner, Locher, Filtrierpapier, Pasteurpipetten (steril), Autoklav; Kartoffelstärke, Pepton (aus Fleisch), Agar, Antibiotika, Ausstrichspatel

3. Bestimmung bakterieller Wachstumskurven

Für dieses Experiment gut geeignet ist der nicht-pathogene Bakterienstamm *Vibrio natriegens* (DSM-Nr. 759), da er eine sehr kurze Generationszeit von nur 12 – 15 Minuten bei Raumtemperatur aufweist.

Versuchsdurchführung: Für das Gießen der Platten entnimmt man 300 mL Nährlösung und setzt 4,5 g Agar zu. Die restlichen 200 mL Flüssigkeit werden auf 2 Erlenmeyerkolben (250 mL) verteilt und die Kolben mit Alufolie verschlossen. Alle Ansätze und ein Erlenmeyerkolben mit 100 mL 1,5-prozentiger Kochsalzlösung werden nun 20 Minuten bei 120 °C sterilisiert.

1. 100 mL Nährlösung werden mit dem DSM-Stamm angeimpft und 1 – 2 Tage bei 25 °C bebrütet; mehrmals ist umzuschütteln.

2. Mit einer Sterilpipette werden 10 mL aus dieser Kultur entnommen, in 100 mL Nährlösung pipettiert und der Ansatz anschließend geschüttelt oder gerührt (Magnetrührer). Gleichzeitig wird die Stoppuhr in Betrieb gesetzt. Zum Zeitpunkt t = 0 (nach dem ersten Durchmischen) und alle weiteren 15 Minuten werden aus der Wachstumskultur 5 mL mit der Sterilpipette abgezogen. Aus diesem Volumen pipettiert man zur Bestimmung der Lebendzellzahl bei jeder 2. Probenentnahme 1 mL in ein steriles Reagenzglas, den Rest in die Küvette des Fotometers zur Bestimmung der optischen Dichte.

3. Zur Bestimmung der Lebendzellzahl wird eine Verdünnungsreihe hergestellt: $1 : 10 : 100 : 1000 : 10^4 : 10^5 : 10^6$ (jeweils 1 mL Flüssigkeit mit 9 mL steriler 1,5-prozentiger Kochsalzlösung verdünnen). Nach einer Inkubationszeit von 20 Minuten werden aus den Ansätzen 10^{-5} und 10^{-6} je 0,1 mL entnommen, auf eine Nähragarplatte pipettiert und mit einem sterilen DRIGALSKI-Spatel (*Abb. 22*) gut verteilt. Nach der Beschriftung (Zeit und Verdünnung) werden die Platten bei 25 °C bebrütet. Nach 2 – 3 Tagen zählt man die Kolonien, multipliziert sie mit dem Verdünnungsfaktor und erhält so die Zahl der lebenden Zellen in dem entnommenen Volumen von 0,1 mL.

4. Antibiotika-Test (Lehrerversuch)

Durchführung: Es werden Nähragarplatten für *Bacillus subtilis* bereitet, indem man 0,2 g Stärke, 0,03 g Pepton, 1,2 g Agar in 100 mL Wasser löst, den pH-Wert auf 7,0 – 7,3 einstellt und die Lösung im Autoklaven sterilisiert. Nachdem die Agarplatten gegossen sind, lässt man sie abkühlen. Mit einer Pasteurpipette wird ein Tropfen von einer *B. subtilis*-Abschwemmung aufgebracht und mit dem Ausstrichspatel gleichmäßig verteilt. Mit einem Locher stanzt man einige Filtrierpapierblättchen aus, die mit Testsubstanz (antibiotikahaltige Medikamente oder stark verdünnte Antibiotika) getränkt und an mehreren Stellen aufgelegt werden. Alternative Methode: Man stanzt mit einem sterilen Korkbohrer Löcher in die Agarschicht und bringt die Testsubstanz direkt dort hinein. Das Bebrüten erfolgt bei 30 °C im Dunkeln.

Auswertung und Deutung des Lehrerversuchs: Bereits nach wenigen Tagen bilden sich zahlreiche kleine Kolonien von *Bacillus subtilis* mit mehr oder weniger großen **Hemmhöfen** in der Umgebung der Testsubstanzen (*Abb. 23*). Das Prinzip dieses Hemmhoftests ist sehr einfach: Durch Diffusion verteilen sich die Testsubstanzen in der Umgebung des Testblättchens, wobei ein Konzentrationsabfall entsteht. Das Testbakterium bildet auf der Agarplatte kleine Kolonien, die dort nicht auftreten, wo die antibiotischen Substanzen in ausreichenden Konzentrationen vorliegen. So entstehen um die einzelnen Testblättchen Hemmhöfe, deren Größe von der Konzentration und der Wirksamkeit der Substanz abhängt. Durch Standardisierungen der Ansätze sind auch quantitative Aussagen möglich.

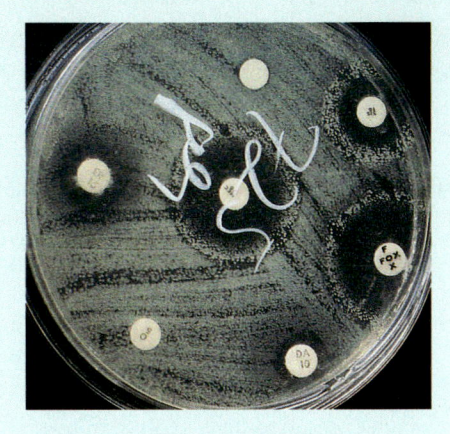

Abb. 23 Antibiotika-Empfindlichkeitstest; die Größe des Hemmhofs ist proportional zur Wirksamkeit des Antibiotikums

A8 Fügt man das Antibiotikum Chloramphenicol einer Bakterienkultur zu, wird deren Proteinbiosynthese gehemmt. Eukaryotische Zellen dagegen werden in einem ähnlichen Versuch nicht beeinträchtigt. Erklären Sie diesen Befund.

1.2 Molekulare Wirkungsweise der Gene

Die Umsetzung der Erbinformation in Merkmale erfolgt über Enzyme, die ganz oder überwiegend aus Eiweiß bestehen. Ein Gen enthält die Information für ein Enzym bzw. für eine Polypeptidkette. Bedeutung und Bauprinzip der Proteine sind im Kapitel 1.3 Bedeutung und Regulation enzymatischer Prozesse *(S. 23 ff.)* beschrieben.

1.2.1 Realisierung der genetischen Information bei Prokaryoten (Proteinbiosynthese)

Mithilfe von radioaktiv markierten Aminosäuren fand man heraus, dass Proteine innerhalb der Zelle in den Ribosomen *(S. 80 f.)* im Zytoplasma synthetisiert werden. Es bedarf damit einer Überträgereinheit, die die Informationen von den Chromatiden im Zellkern zu den Ribosomen führt. Entdeckt wurde die zugehörige Substanz 1958 als hochmolekulare Verbindung. Es ist eine Ribonukleinsäure, die direkt am Erbmolekül (DNA oder RNA) synthetisiert wird und dann den Zellkern als Bote (engl. messenger) in Richtung Ribosomen verlässt. Nach ihrer Funktion heißt sie **messenger-RNA**, kurz **m-RNA**.

Der genetische Code auf dem Erbmolekül
Proteine besitzen eine exakte Aminosäuresequenz; der Austausch eines einzigen Bausteins kann die Funktionstüchtigkeit des Proteinmoleküls beeinträchtigen oder zerstören. Um während der **Proteinbiosynthese** korrekt eingesetzt zu werden, braucht darum jede Aminosäure auf dem Erbmolekül mindestens ein bestimmtes Schlüsselwort, einen **Code**. Das genetische Alphabet, aus dem dieser Code zusammengesetzt wird, besteht nur aus vier Buchstaben, entsprechend den vier Basen A, C, G und T. Zwischen den einzelnen Wörtern gibt es keinen Leerraum. Eine sinnvolle Möglichkeit, Buchstabenfolgen ohne Leerräume einzelnen Wörtern zuzuordnen, besteht darin, zu vereinbaren, dass alle Wörter die gleiche Länge haben *(Abb. 1, S. 80)*.

DIESERSATZBESTEHTAUSUNTERSCHIEDLICHLANGENWÖRTERNEINESINNENT
NAHMEWIRDSCHWIERIGWENNKEINELEERZEICHENUNDSATZZEICHENEINGEF
ÜGTWERDEN. (Dieser Satz besteht aus unterschiedlich langen Wörtern. Eine Sinnentnahme wird schwierig, wenn keine Leerzeichen und Satzzeichen eingefügt werden.)

Abb. 1 Sinnentnahme aus einem Satz ohne Leerräume

ICH SAH EIN RAD. (Die Unterstreichung ist nicht nötig und dient hier zur schnelleren Orientierung.)

Aus der Mathematik wissen wir, dass es bei vier verschiedenen Buchstaben 4n Kombinationsmöglichkeiten gibt:

- $-4^1 = 4$ (4 mögliche Codes bei einer Buchstabenlänge von 1)
- $-4^2 = 16$ (16 mögliche Codes bei einer Buchstabenlänge von 2)
- $-4^3 = 64$ (64 mögliche Codes bei einer Buchstabenlänge von 3)

Da 20 (kanonische) Aminosäuren und obendrein noch ein Anfangs- und Ende-Signal der Polypeptidkette codiert werden müssen, muss die Mindestlänge für ein Wort drei Buchstaben betragen. Der **Code für eine Aminosäure** ist daher eine Sequenz aus drei Basen, ein sogenanntes **Basentriplett** *(Abb. 2)*. Für einige Aminosäuren sind mehrere gleichwertige Codes vorhanden. Ferner gibt es Codes für Kettenstart und für Kettenende. Der **genetische Code** ist **universell**, also in allen Lebewesen gleich.

Abb. 2 Codierung einiger Aminosäuren

DNA-Code	Aminosäure
CGA	Alanin
CCA	Glycin
CCG	Glycin
AAA	Phenylalanin
GGT	Prolin
GTA	Histidin
TAC	Start
ATC	Stopp

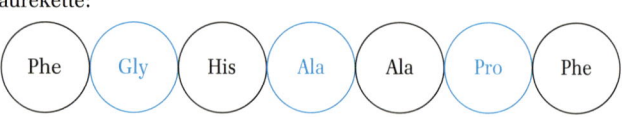

DNA:

T A C A A A C C G G T A C G A C C A G G T A A A

Start
Aminosäurekette:

Phe — Gly — His — Ala — Ala — Pro — Phe

Transkription

Im ersten Schritt der Proteinbiosynthese wird die genetische Information vom Erbmolekül auf die m-RNA überschrieben; man nennt diesen Vorgang **Transkription** (lat. transcribere – schriftlich übertragen, umschreiben). Die Übertragung der Erbinformation auf die m-RNA ist bei Prokaryoten besonders einfach und geschieht auf direktem Weg. Bei Eukaryoten ist ein Reifungsprozess zwischengeschaltet *(vgl. S. 87)*.

Untersuchungen über die Basenabfolge in der m-RNA haben ergeben, dass sie eine exakt komplementäre Kopie eines DNA-Stranges darstellt *(Abb. 3)*. Allerdings lagert sich an das Adenin der DNA immer ein RNA-Molekül mit der Base Uracil an.

Offensichtlich funktioniert die Synthese der m-RNA ähnlich wie die Replikation der DNA nach der Zellteilung:

- Das Enzym **RNA-Polymerase** heftet sich an die DNA an. Ein sogenanntes Promotor-Gen bildet die Erkennungsregion für das Enzym.
- Die Wasserstoffbrückenbindungen brechen auf und die Doppelhelix der DNA wird geöffnet.
- Ein DNA-Strang dient als Matrize (**codogener Strang**) für die Synthese der m-RNA durch die RNA-Polymerase: Es entsteht der RNA-Codestrang durch komplementäre Basenpaarung (A–U/T–A/C–G/G–C).
- Die m-RNA verlässt die DNA und dient ihrerseits als Matrize für die Proteinbildung an den Ribosomen.

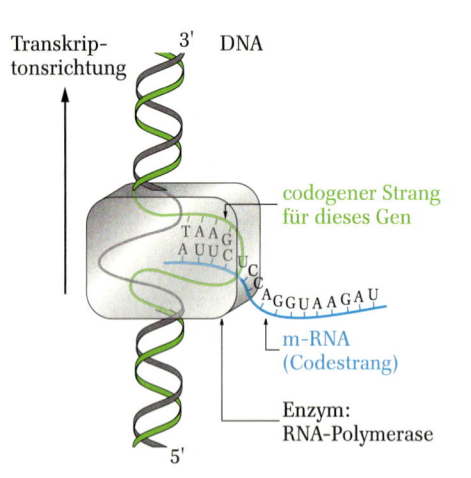

Transkriptionsrichtung

3' DNA

codogener Strang für dieses Gen

m-RNA (Codestrang)

Enzym: RNA-Polymerase

5'

Abb. 3 Schema der Transkription

A 9 Erläutern Sie die genetische Ursache für die Sichelzellenanämie *(S. 131)*.

Für ein Gen dient nur ein Strang als codogener Strang; von Gen zu Gen kann dieser jedoch wechseln. Die m-RNA-Kette ist zu diesem codogenen Strang komplementär.

Das bedeutet, dass die DNA von 3' nach 5' abgelesen wird und die m-RNA vom 5'- zum 3'-Ende hin wächst *(Abb. 4)*. Auch die ribosomale RNA wird in vergleichbarer Weise durch Transkription gebildet.

Translation

Die **Translation** ist der zweite Schritt der Proteinbiosynthese. Bei Prokaryoten beginnt sie noch während der Bildung des langen m-RNA Stranges; eine räumliche Trennung von Transkription und Translation wie bei den Eukaryoten, deren m-RNA zunächst den Zellkern verlassen und ins Zytoplasma transportiert werden muss, gibt es bei diesen kernlosen Lebewesen nicht.

Die in der m-RNA gespeicherte Erbinformation wird in die Aminosäuresequenz übersetzt. Die verschlüsselte Information kann aus der **Code-Sonne** entnommen werden *(Abb. 5)*.

Ein Code-Triplett der m-RNA wird auch **Codon** genannt. An einem Start-Codon *(Tab. 1)* beginnt die Synthese der Polypeptidkette: Die RNA-Tripletts werden nach und nach abgelesen und die Aminosäuren entsprechend aneinander gereiht. Den Kettenabbruch markiert ein Stopp-Codon *(Tab. 1)*.

Die Synthese der Eiweißmoleküle geschieht sehr rasch. Bereits nach 30 Sekunden ist ein Protein in einer *E. coli*-Zelle nachweisbar. Dabei entsteht nicht nur ein einziges Molekül, sondern gleich eine ganze Anzahl. Ein Grund für die hohe Produktivität ist, dass sich an ein m-RNA-Molekül gleich mehrere (3–100) Ribosomen anlagern und an jedem einzelnen eine Polypeptidkette synthetisiert wird *(Abb. 6)*. Eine Gruppe aus mehreren an der m-RNA anhaftenden Ribosomen wird **Polysom** genannt.

Die Aminosäuren liegen als Rohmaterial für die Proteine frei im Zytoplasma vor. Es bedarf also eines Vehikels, das die Moleküle abholt und zu den Syntheseorten trägt. Diese Aufgabe übernehmen in der Zelle ebenfalls RNA-Moleküle, die sogenannte **transfer-RNA (t-RNA)**.

° = doppelt auftretende Arminosäuren

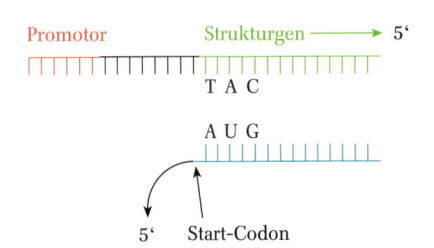

Abb. 4 Vertiefende Betrachtung zur Transkription

m-RNA	Aminosäure
UUU	Phenylalanin
AAA	Lysin
ACC, ACG	Threonin
CGG, CGA, CGC	Arginin
CAU	Histidin
AUG, GUG	Start
UAA, UAG, UGA	Stopp

Tab 1 Codierbeispiele

A10 Insulin ist ein Protein aus 51 Aminosäuren in zwei Peptidketten, die über zwei Atombindungen miteinander verbunden sind. An einer Stelle ist die Sequenz …-Cys-Gly-Glu-Arg-Gly-… enthalten. Zeigen Sie die Codierung dieser Sequenz auf der DNA und erläutern Sie von welcher der oben genannten Aminosäuren Atombindungen zur anderen Kette ausgehen können.

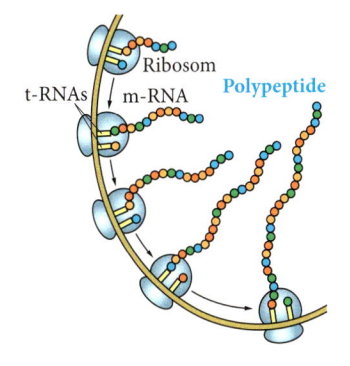

Abb. 6 Polysom: Polypeptidbildung an mehreren Ribosomen

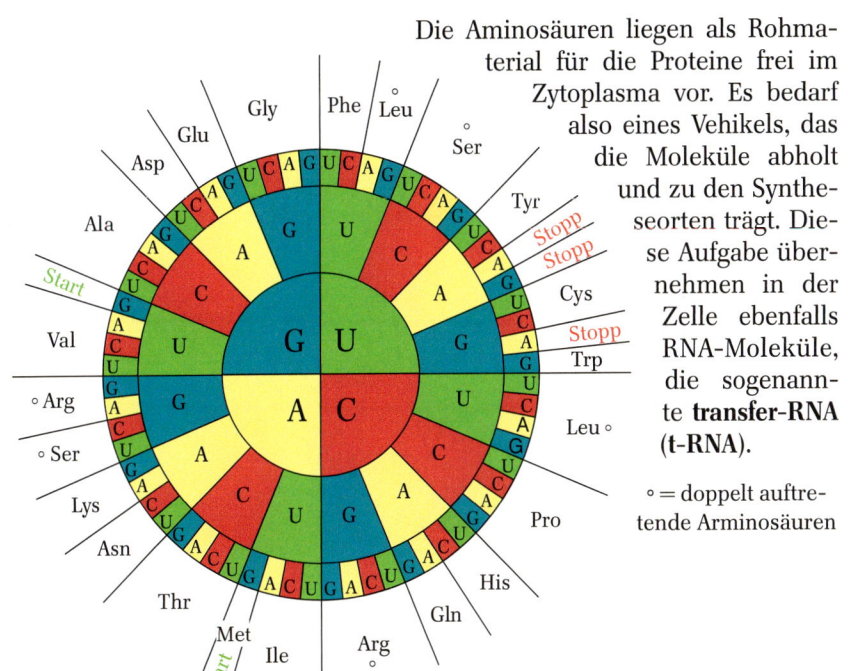

Abb. 5 Code-Sonne mit Codons auf der m-RNA; Leserichtung von innen nach außen

A 11 Goldstein und Plaut (1955) fütterten Amöben mit Wimpertierchen, die zuvor mit radioaktivem Phosphor markiert worden waren. Sie beobachteten zunächst, dass nach einigen Tagen die Amöbenzellkerne radioaktiv wurden. Nun wurden aus unbehandelten Amöben die Zellkerne entfernt und durch die radioaktiv markierten ersetzt. Goldstein und Plaut beobachteten, dass nach etwa 12 Stunden auch das Zytoplasma der Empfänger-Amöben radioaktiv wird. Behandelt man die Versuchstiere schließlich mit RNAse, einem Enzym, das selektiv RNA zersetzt, so verschwindet die Radioaktivität sowohl im Zellkern wie auch im Cytoplasma. Erklären Sie, warum sich Radiophosphor für dieses Experiment besonders gut eignet und interpretieren Sie die drei dargestellten Beobachtungen.

Translationsverlauf *(Abb. 7)*

- Bei der Belegung der m-RNA mit Ribosomen lagern sich die beiden Untereinheiten eines Ribosoms am Start-Codon der m-RNA zu einem funktionstüchtigen Ribosom zusammen.

- Es erfolgt die Anlagerung der mit Aminosäuren beladenen t-RNA-Moleküle. Die Bindung erfolgt durch komplementäre Basenpaarung zwischen dem m-RNA-Triplett (**Codon**) mit dem t-RNA-Basentriplett (**Anticodon**). Nicht passende t-RNA-Moleküle werden nicht fest gebunden und verlassen mit ihrer Aminosäure den Synthesebereich wieder.

- Die Aminosäuren werden zu einer Polypeptidkette verknüpft. Die Bildung der Sekundär- und Tertiärstruktur erfolgt selbstständig („self assembly").

- Der Kettenabbruch wird ausgelöst, wenn das Ribosom an ein Stopp-Codon gelangt. Die Ribosomen zerfallen wieder in ihre zwei Untereinheiten und lösen sich von der m-RNA.

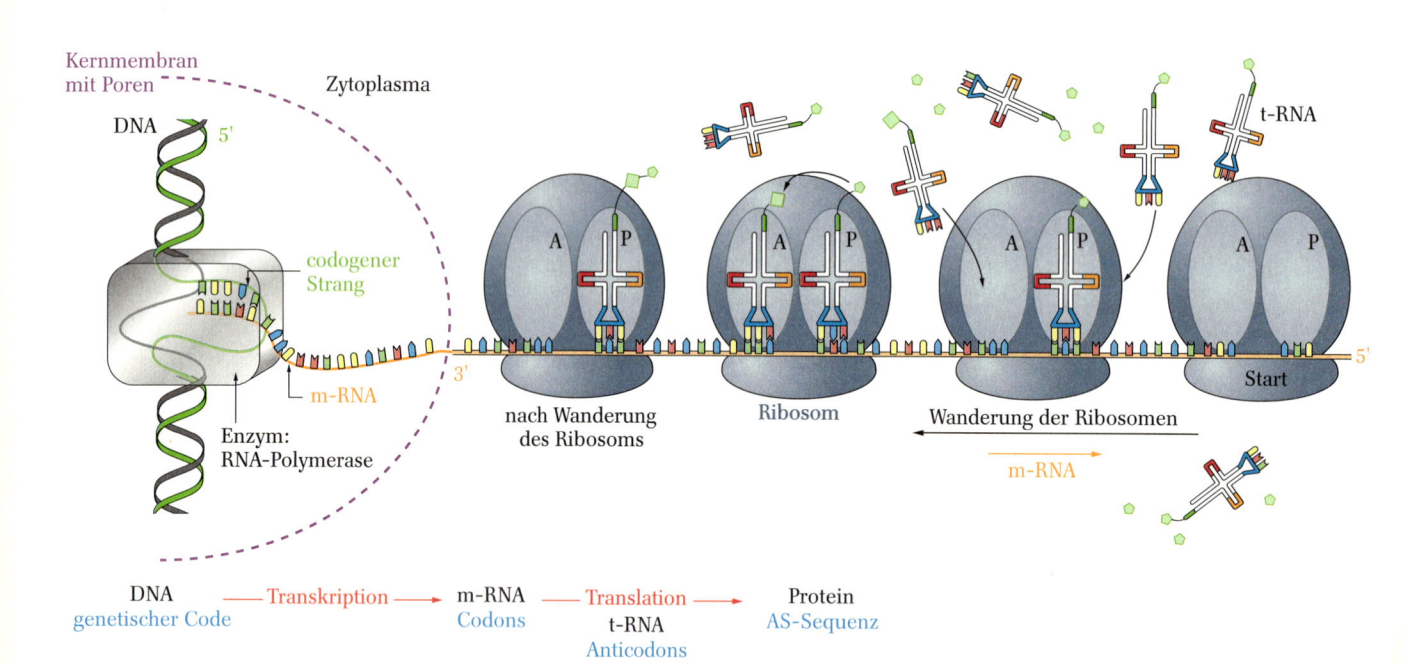

Abb. 7 Schema der Proteinbiosynthese (stark vereinfacht)

Exkurs

Der Bau der transfer-RNA

Moleküle der t-RNA bestehen aus etwa 70 bis 80 Nukleotiden, die eine Art „Kleeblattstruktur" bilden *(Abb. 8 und 9)*. Die räumliche Stabilisierung erfolgt, ähnlich wie bei der DNA, durch intramolekulare Wasserstoffbrückenbindungen in den vier Armen zwischen gegenüberliegenden Basen (A und U, C und G).

Auf der einen Seite des „Kleeblatts" liegt eine Anlagerungsstelle für die Bindung der t-RNA an das Ribosom. Die „Kleeblattspitze" bildet die Bindungsstelle für eine ganz bestimmte Aminosäure, für die es jeweils eine spezifische t-RNA gibt und deren Anlagerung enzymkatalysiert ist. Der „Kleeblattstiel" bildet die Erkennungsregion für die Anlagerung an die m-RNA. Das Andocken der t-RNA an die m-RNA geschieht wieder nach dem Prinzip der komplementären Basenpaarung. Die Erkennungsregion enthält daher ein Basentriplett, welches dem entsprechenden m-RNA-Triplett komplementär ist; es wird **Anticodon** genannt.

Die Ribosomen besitzen nebeneinander zwei Bindungsstellen für die beladenen t-RNA-Moleküle, sie heißen P- und A-Stelle *(Abb. 10)*. Zunächst erfolgt die Bindung der t-RNA an die m-RNA und gleichzeitig an die P-Stelle des Ribosoms; sie findet sich an der kleineren der beiden Ribosomenuntereinheiten. Nun lagert sich an die andere Bindungsstelle des Ribosoms, an die A-Stelle, eine weitere, mit einer Aminosäure beladene t-RNA an und verbindet sich gleichzeitig wieder mit der m-RNA durch komplementäre Basenpaarung. Jetzt werden die beiden Aminosäuren **unter ATP-Verbrauch** miteinander zu einem Peptid verknüpft. Das Ribosom wandert um ein m-RNA-Triplett

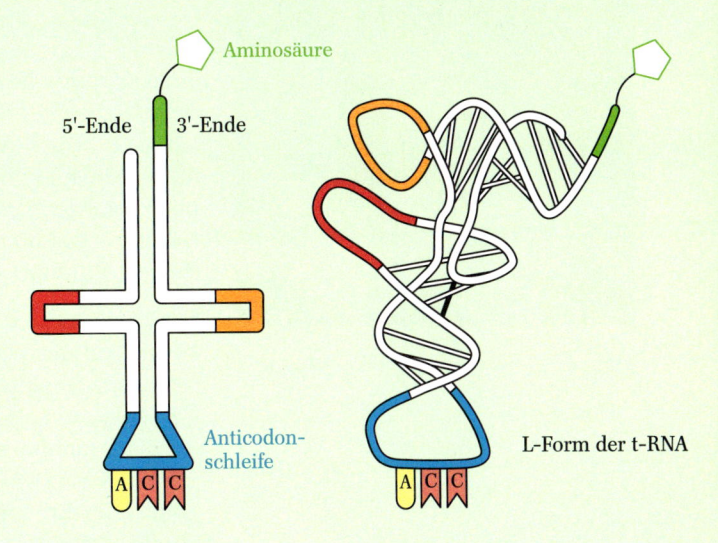

Abb. 8 t-RNA im schematischen Aufbau

Abb. 9 Raumstruktur der t-RNA

weiter, die t-RNA der P-Stelle löst sich ab, die zweite anhaftende t-RNA wandert dadurch von der A- zur P-Stelle, die A-Stelle wird wieder frei und kann erneut ein t-RNA-Molekül binden.

A12 Das Antibiotikum Puromycin besitzt an einer Seite eine ähnliche Struktur wie die mit einer Aminosäure beladene t-RNA. Erläutern Sie die Wirkung des Puromycin als Antibiotikum.

A13 Vom Roten Brotschimmel wurde lange angenommen, dass er die Aminosäure Tryptophan selbst herstellen kann. Schlagen Sie ein Experiment zur Bestätigung dieser Annahme und zur Klärung über den Syntheseweg der Aminosäure vor.

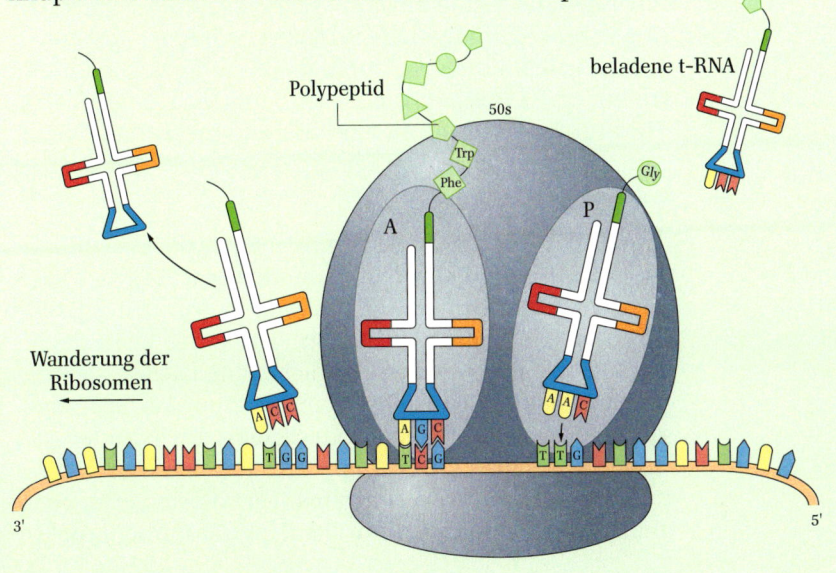

Abb. 10 Ribosomale Bindungsstellen

Abb. 11 Brutblatt einer Zimmerpflanze

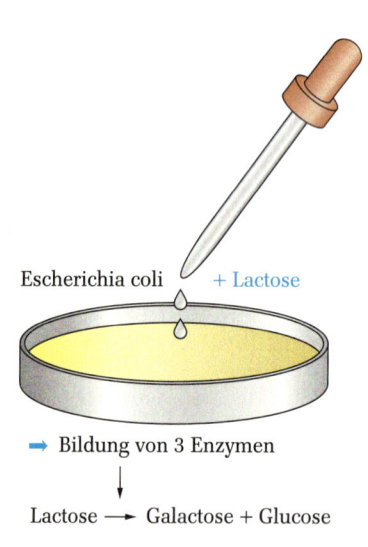

Escherichia coli   + Lactose

➡ Bildung von 3 Enzymen

Lactose ⟶ Galactose + Glucose

Abb. 12 Lactosespaltung durch E. coli

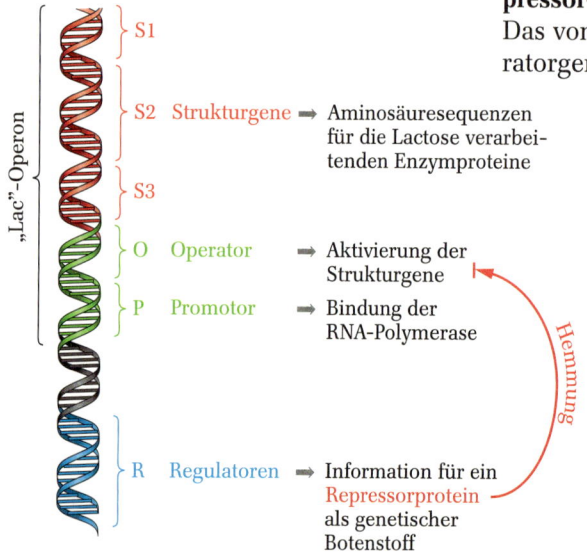

Abb. 13 Aufbau des Lac-Systems

1.2.2 Regulation der Transkription bei Prokaryoten – Jacob-Monod-Modell

Jede Körperzelle eines vielzelligen Individuums enthält dessen gesamtes Erbgut. So können aus einzelnen Zellen ganze Pflanzen entstehen *(Abb. 11)*. Von diesem kompletten Genotyp ist jedoch nur ein kleiner Teil aktiv. Selbst bei Bakterien ist nur ein Teil der Gene im aktiven Zustand; man schätzt, dass von rund 4000 Genen des Bakteriums *Escherichia coli* nur etwa 600 aktiv sind. Es bedarf also eines Regulationssystems für die Aktivität eines jeden Gens.

Enzyminduktion

Lässt man das Darmbakterium *Escherichia coli* in einem Nährmedium wachsen, dem das Disaccharid Lactose zugesetzt wurde, bildet sich ein Enzymsystem aus drei Enzymen, das die Aufnahme der Lactose durch die Zellwand ermöglicht und sie in Galactose und Glucose zerlegt *(Abb. 12)*. Man spricht von **Enzyminduktion** durch das vorliegende Substrat. Hierfür entwickelten die beiden französischen Forscher JACOB und MONOD 1961 ein Modell, das inzwischen durch vielfältige Untersuchungen bestätigt wurde.

Verantwortlich für die Bildung des Enzymsystems zur Lactoseaufnahme und -spaltung ist eine Region auf der Bakterien-DNA, die als **Lac-System** bezeichnet wird. Dieses System enthält drei Genregionen *(Abb. 13)*:

- **Strukturgene** enthalten den genetischen Code für die Enzymeiweiße.

- **Operatorgene** kontrollieren die Tätigkeit der Strukturgene. Dem Operator benachbart ist ein **Promotor**. Das Promotor-Gen bildet die Erkennungsregion (P-Region) für das Enzym RNA-Polymerase *(vgl. S. 80)*, welches den genetischen Code der Strukturgene in m-RNA transkribiert. Nur bei aktivem Operator bindet die RNA-Polymerase am Promotor. Strukturgene und Operatorgene zusammen heißen **Operon**.

- **Regulatorgene** beinhalten die genetische Information für ein **Repressor**-Protein und können an völlig anderer Stelle der DNA liegen. Das vom Regulatorgen erzeugte Repressorprotein kann an das Operatorgen binden und dieses inaktivieren. Repressorproteine besitzen eine zweite Bindungsstelle für einen **Induktor**-Molekül, in diesem Fall die Lactose. Durch die Bindung des Induktors erfolgt am Repressorprotein eine Veränderung der Raumstruktur, was dazu führt, dass es nicht mehr vom Operatorgen gebunden werden kann; der Operator wird frei und kann aktiv werden.

Für das Beispiel des Lac-Operons verläuft die Enzyminduktion folgendermaßen: Die Bakterien wachsen zunächst im normalen Nährmedium; das Repressorprotein sitzt am Operator, der damit nicht aktiv ist. Es werden keine Strukturgene abgelesen und daher auch keine Lactose spaltenden Enzyme gebildet. Wird dem Medium Lactose zugesetzt, wirkt dieses Substrat gleichzeitig als Induktor und bindet sich mit hoher Affinität an das Repressorprotein außerhalb des aktiven Zentrums (vgl. allosterische Hemmung, *S. 26*). Dadurch wird das Repressorprotein inaktiv

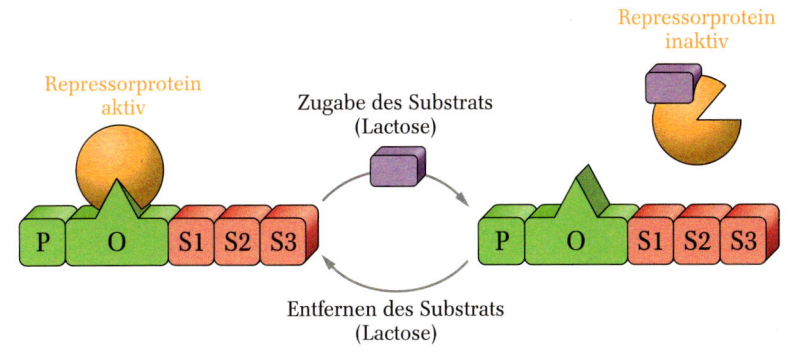

Abb. 14 Repressor als allosterisches Protein: Bindung des Substrats verändert aktives Zentrum

und löst sich vom Operatorgen ab *(Abb. 14)*; der frei gewordene Operator wird aktiv. Am Promotor binden nun die RNA-Polymerasemoleküle an die DNA und beginnen mit der Umsetzung der Strukturgene in m-RNA. Lactose spaltende Enzyme werden an den Ribosomen hergestellt und die Lactose schließlich als Nahrungsstoff genutzt.

Ist die Lactose und damit der Induktor abgebaut, wird das Repressorprotein wieder frei, bindet erneut an das Operatorgen und inaktiviert dieses. Die Transkription der Strukturgene wird eingestellt.

Die Zusammenhänge der Genregulation nach dem JACOB-MONOD-Modell sind in Abbildung 15 schematisch dargestellt. Diese Art der Enzyminduktion ist typisch für abbauende Prozesse im Stoffwechsel der Bakterien. Das abzubauende Substrat induziert somit selbst die Enzyme, die zu seinem Abbau notwendig sind.

Enzymrepression
Auch für den **Aufbau von Molekülen** im Bakterienstoffwechsel ist das JACOB-MONOD-Modell der Genregulation anwendbar.

Bakterien benötigen für ihren Eiweißstoffwechsel die Aminosäure Tryptophan. Wachsen sie in einem tryptophanfreien Medium, so erzeugen sie diese Aminosäure selbst. Umgekehrt stellen sie die Synthese ein, wenn ihnen Tryptophan zur Verfügung steht *(Abb. 16, S. 86)*.

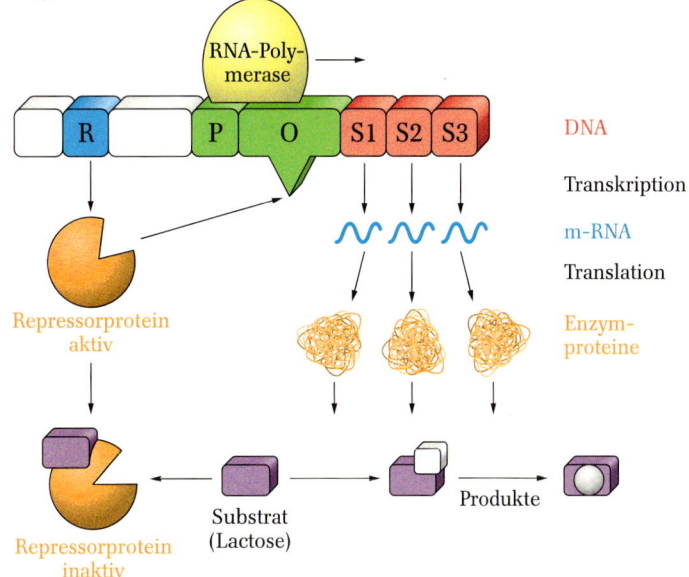

Abb. 15 Überblick – Genregulation durch Substratinduktion

Bei der Synthese ist Tryptophan nicht Substrat, sondern **Produkt** der enzymatischen Reaktion. Es setzt die Enzymbildung auch nicht in Gang, sondern hemmt sie. Man spricht von der **Enzymrepression** durch das Endprodukt.

Grundsätzlich hat man sich den Aufbau der für die Enzymrepression zuständigen Genregionen genauso vorzustellen wie bei der Enzyminduktion des Lac-Systems *(Abb. 17, S. 86)*. Der Unterschied besteht darin, dass das vom Regulatorgen erzeugte Repressorprotein zunächst inaktiv ist. Erst wenn es mit dem Endprodukt reagiert, macht es eine

A14 Stellen Sie die zu erwartenden Konsequenzen einer Inaktivierung des dem Lac-Operon benachbarten Regulatorgenes dar.

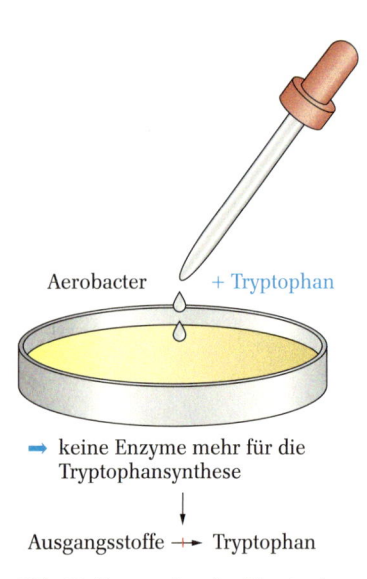

→ keine Enzyme mehr für die Tryptophansynthese

Ausgangsstoffe →→ Tryptophan

Abb. 16 Repression der Tryptophanbildung

Änderung der Tertiärstruktur durch, wodurch das Repressormolekül bzw. der Repressor-Produkt-Komplex aktiv wird und sich an das Operatorgen binden kann.

Demnach läuft die Enzymrepression folgendermaßen ab:

Die Bakterien wachsen zunächst im Nährmedium, das kein Tryptophan enthält. Das Repressorprotein ist inaktiv, das Operatorgen somit nicht blockiert; RNA-Polymerase bindet am Promotor an die DNA und transkribiert die Strukturgene: Das Produkt Tryptophan wird gebildet und seine Konzentration steigt. Nun reagiert das Produkt mit dem inaktiven Repressor und aktiviert ihn; dieser bindet sich an das Operatorgen, was zu dessen Blockierung führt. Die Strukturgene werden nicht mehr abgelesen und somit auch keine Enzyme zur Bildung des Produkts mehr erzeugt *(Abb. 17* und *18)*.

Das JACOB-MONOD'sche Operon-Modell ist nur auf Prokaryoten anwendbar. Für Eukaryoten wird ein ähnliches Modell diskutiert, doch existieren bei diesen noch andere Wege der Genregulation.

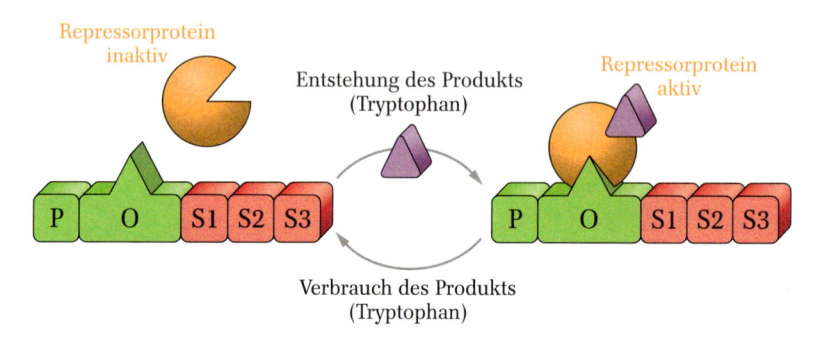

Abb. 17 Repressor als allosterisches Protein: Bindung des Produkts verändert aktives Zentrum

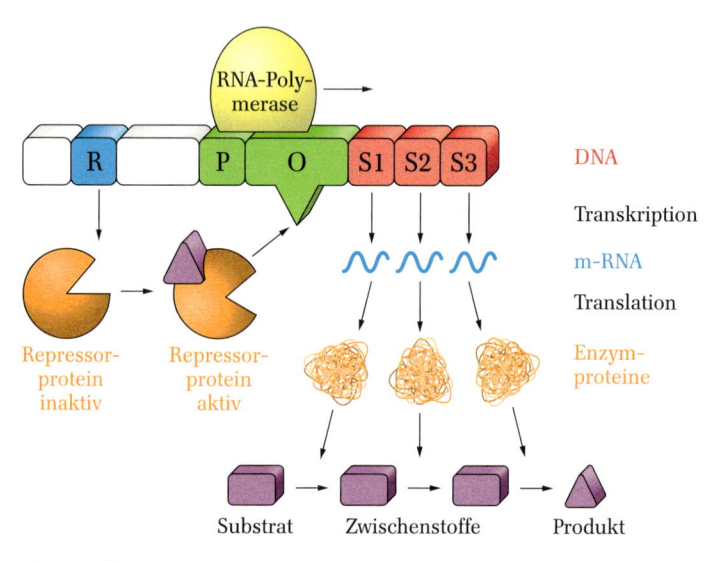

Abb. 18 Überblick – Genregulation durch Endproduktrepression

1.2.3 Besonderheiten bei Eukaryoten

Während bei den Prokaryoten alle Tripletts eines Gens in ununterbrochener Reihenfolge auf der DNA vorliegen, sind bei den Eukaryoten zwischen die wirksamen DNA-Abschnitte (**Exons**) immer wieder Basenfolgen eingeschoben, die keine Informationen über Proteinsegmente beinhalten und als sogenannte **Introns** bezeichnet werden. Ein typisches **Eukaryotengen** besteht also aus einer Folge von Exons, auf denen die wirksamen Gene liegen, und den unwirksamen Introns *(Abb. 19)*. Früher wurden Gene mit dieser Exon-Intron-Gliederung „**Mosaikgene**" genannt.

Bei den Eukaryoten findet die Transkription komplett im Zellkern statt. Die Proteinsynthese (Translation) kann erst beginnen, wenn die m-RNA den Kern komplett verlassen hat und im Zytoplasma vorliegt. Der Transkriptionsmechanismus selbst läuft nach demselben Verfahren wie bei den Prokaryoten ab, wobei allerdings sowohl Exons wie auch Introns in die Sequenz der sogenannten prä-m-RNA überschrieben werden. Durch mehrere Prozessierungs-Schritte *(Abb. 20)* reift dieses Vorläufermolekül zur eigentlichen m-RNA, die den Zellkern verlässt.

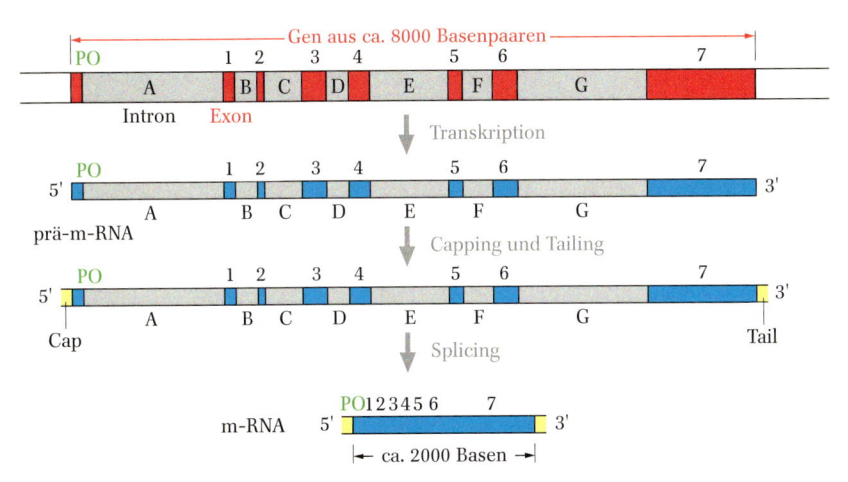

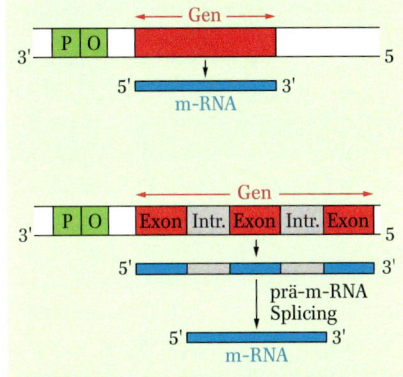

Abb. 20 Bildung der m-RNA bei Eukaryoten. Introns (hellgraue Abschnitte A, ... G) werden durch Spleißen entfernt, Exons (grüne/blaue Abschnitte PO, 1, 2 ... 6) verbleiben zwischen den Schutzgruppen „Cap" und „Tail" (gelb) an den Enden der RNA.

- An die beiden Enden der RNA werden kleine niedermolekulare Gruppen (Schutzgruppen) angehängt („capping" und „tailing").

- Die Introns werden herausgeschnitten und die Exonbereiche zusammengeführt. Dieser Verknüpfungsvorgang wird **Splicing** oder **Spleißen** genannt.

- Die so gereifte m-RNA verlässt den Zellkern und wird im Zytoplasma zur Proteinsynthese mit Ribosomen belegt.

Das Herausschneiden der Introns geschieht über eine Schleifenbildung: An vorbestimmten Stellen heften sich Schneideenzyme an, die die Introns zu einer Schleife zusammenlegen und schließlich herausschneiden *(Abb. 21)*.

Exkurs

Die Struktur der eukaryotischen Gene wurde sehr viel später analysiert als die der Prokaryoten. So gelang erst im Jahr 1966 den beiden Forschern H. Wallace und M. Birnstiel die schwierige Isolierung der DNA eines Krallenfrosches, die molekulare Struktur wurde fast zehn Jahre später aufgeklärt. Erst mit der Entwicklung der sogenannte Polymerase-Ketten-Reaktion in den 1980er Jahren *(S. 153)*, die die gezielte Vervielfältigung von bestimmten DNA-Abschnitten ermöglichte, wurde schließlich die DNA-Analytik wesentlich vereinfacht.

Abb. 19 Genexpression bei Prokaryoten (oben) und Eukaryoten (unten)

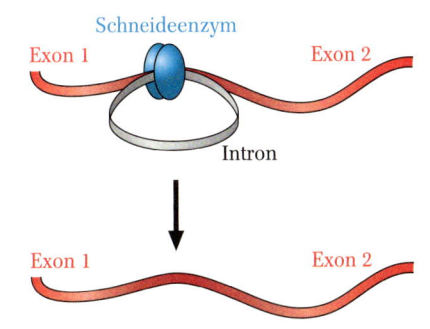

Abb. 21 Spleißen, Splicing (splice; engl. – verbinden, kleben) durch Schleifenbildung: Ausschneiden der Introns und Verkleben der Exon-Enden

Zusammenfassung

Die DNA (**Desoxyribonukleinsäure**) ist die universelle Trägerin der Erbinformation. Sie besteht aus Desoxyribose (C_5-Zucker), Phosphat und vier organischen Basen (**Adenin**, **Cytosin**, **Guanin**, **Thymin**) mit komplementärer Basenpaarung (A–T, C–G). Die räumliche Struktur ist eine Doppelhelix. Die Grundbausteine der DNA, die **Nukleotide**, sind aus jeweils einem Molekül Desoxyribose aufgebaut, an das eine organische Base und ein Phosphatrest gebunden sind. Isolierte DNA kann genetische Information durch die **Transformation** in Zellen übertragen, ein Vorgang, der durch das Experiment von Avery gezeigt werden konnte. Die **Replikation** (identische Reduplikation) der DNA erfolgt nach dem **semikonservativen Mechanismus**. Hauptschritte hierbei sind das Öffnen des Doppelstranges, die Anlagerung neuer Nukleotide nach dem Prinzip der komplementären Basenpaarung und das seitliche Verknüpfen von Zucker und Phosphat.

Bakterien besitzen eine prokaryotische Zelle miteinem Ringchromosom. Extrachromosomale, ringförmige DNA bildet die **Plasmide**. Sie können bei **Konjugation** einen Genaustausch (Rekombination) bewirken. Resistenzgene gegen Antibiotika können durch diese Konjugation auf andere Bakterien(stämme) übertragen werden. Auch Phagen können Erbinformation auf andere Bakterienstämme übertragen, indem sie bakterielle DNA in ihr eigenes Bakterienerbgut einbauen und bei Infektion weitergeben.

Die Umsetzung der genetischen Information von der DNA über die **messenger-RNA** in die Proteinsequenz, die sogenannte **Genexpression**, ist bei Prokaryoten und Eukaryoten grundsätzlich gleich. Die Information für den Aufbau der Proteine ist in der Aminosäuresequenz durch Basentripletts auf der DNA codiert. Die m-RNA an sich wird durch die **Transkription** gebildet. Da Eukaryotengene neben den Exons auch unwirksame DNA-Abschnitte, die sogenannten Introns, enthalten, entsteht bei deren Transkription eine unfertige prä-m-RNA, die durch Splicing in die eigentliche m-RNA umgewandelt wird. Zur Bildung der Proteine in der **Proteinbiosynthese** lagern sich Ribosomen an die m-RNA an. Zu diesen Polysomen transportieren **transfer-RNA**-Moleküle Aminosäuren, die dort gemäß der Information auf der m-RNA zu Polypeptidketten verknüpft werden.

Ein komplexer Mechanismus regelt die bakterielle Genaktivität: Strukturgene und Operatorgene bilden zusammen ein **Operon**; ein benachbartes Regulatorgen kodiert ein allosterisches Repressorprotein, das im aktiven Zustand den Operator blockiert. Nur wenn der Operator frei ist, werden die Strukturgene abgelesen. Beim Vorgang der **Enzyminduktion** reagiert das Substrat mit dem Repressor und inaktiviert ihn; der Operator wird frei. Bei der **Enzymrepression** reagiert das Produkt mit dem Repressor und aktiviert ihn; der Operator wird blockiert.

Exkurs

1.3 Immunbiologie

Hauptaufgabe der biologischen Abwehr ist das Erkennen und Vernichten von Krankheitserregern. Zu ihnen gehören neben Bakterien und Viren auch Pilze, Urtierchen und andere einzellige bzw. mehrzellige Parasiten. Entscheidend für die Abwehr ist die Fähigkeit körperfremdes Material von körpereigenem zu unterscheiden. Nicht nur pathogene fremde Organismen, sondern auch Staubteilchen, Reste von Medikamenten sowie verändertes körpereigenes Material (gealterte oder abgestorbene Zellen, Krebszellen) werden erkannt und eliminiert.

Mit dem **äußeren Infektionsschutz** wird die Anzahl der Erreger, die in den Körper eindringen, bereits wirksam verringert. Hierzu gehören der Säure-

schutzmantel der Haut (pH $\approx$ 5,5), der Säuregehalt der Scheide (pH $\approx$ 4 – 4,5), zahlreiche Sekrete, welche Bakterien einschließen, sowie das Enzym Lysozym der Nase und Tränenflüssigkeit, das die Zelloberfläche von Bakterien auflösen kann. Dennoch in den Körper eingedrungene Krankheitserreger werden von den verschiedenen Zellen des Abwehr- und Immunsystems (Leukozyten, bestehend aus Fresszellen und Lymphozyten) angegriffen ($\rightarrow$ *Biologie Klasse 9*).

1.3.1 Antigene und Antikörper

Antigene

Der Begriff bezeichnet alle Strukturen, die eine Antwort des Immunsystems auslösen können. Die „**An-**

tikörper **gen**erierenden chemischen Strukturen" sind chemisch nicht einheitlich und wirken in gelöster Form oder als Bestandteile komplexer Strukturen (z. B. als Teil der Oberfläche von Bakterien oder Viren).

Wichtigste Voraussetzung für das Auslösen einer Immunantwort ist das Erkennen des Antigens als „fremd" oder „nicht-selbst". Im Experiment kann man zum Beispiel einer Maus Blut entnehmen und daraus das Eiweiß Albumin abtrennen. Spritzt man dieses derselben Maus zurück, unterbleibt eine Immunreaktion; wird das Mäusealbumin dagegen einem Tier von einer anderen Art injeziert, so folgt eine starke Immunantwort *(Abb. 1)*.

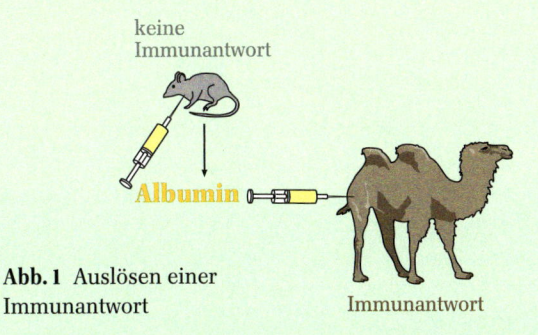

Abb. 1 Auslösen einer Immunantwort

Im Jahre 1900 veröffentlichte der deutsche Arzt PAUL EHRLICH eine Theorie zur spezifischen Abwehr, die in ihren Grundzügen bis heute Bestand hat. Danach gibt es auf der Oberfläche der spezialisierten T-Lymphozyten sogenannte Rezeptoren, die sich an die Antigene der eingedrungenen Krankheitserreger anheften können *(Abb. 2)*. Passt ein Rezeptor exakt an das Antigen, scheidet die Zelle genau diesen passenden Rezeptor in großer Menge in die Körperflüssigkeit aus. Die zahlreichen Rezeptoren binden nun unabhängig von der Produktionszelle eingedrungene Antigene und machen damit die Erreger unschädlich.

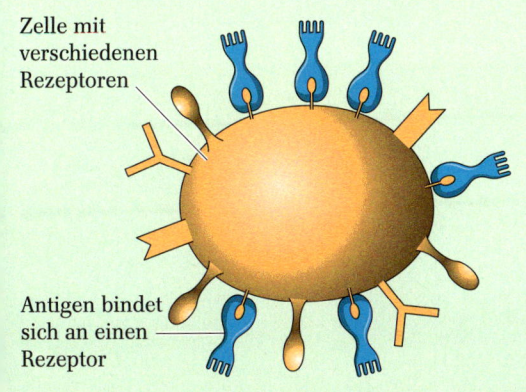

Zelle mit verschiedenen Rezeptoren

Antigen bindet sich an einen Rezeptor

Abb. 2 Paul Ehrlichs Vorstellung von der Immunabwehr

A 15 Aminosäuren sind sehr schwache, Proteine dagegen starke Antigene. Begründen Sie dieses Aussage.

Antikörper (Immunglobuline)

Ihre Struktur wurde 1969 von EDELMAN und PORTER aufgeklärt. Es handelt sich um Proteine (Bluteiweiße), die mit einem bestimmten Antigen reagieren können.

Beim Menschen unterscheidet man fünf **Antikörperklassen**, die häufigste nennt man IgG (Immunglobuline G oder γ-Globuline). Ein Antikörper der Klasse IgG ist ein y-förmiges Molekül mit einer Molekülmasse von etwa 150 000 u *(Abb. 3)*. Alle Immunglobuline G sind aus vier Polypeptidketten zusammengesetzt (Quartärstruktur aus vier Untereinheiten), wovon sich jeweils zwei entsprechen. Über Disulfidbrücken erfolgt die räumliche Stabilisierung. Zwei Polypeptidketten sind länger und damit schwerer, sie besitzen einen charakteristischen Knick *(Abb. 4, S. 90)*; an dieser Stelle bleibt das Molekül beweglich („Gelenk"). Eine solche **Schwerkette** besteht aus etwa 450 Aminosäuren. Die beiden leichteren Ketten enthalten je nur etwa 250 Aminosäuren; sie sind jeweils über eine Disulfidbrücke mit der Schwerkette verbunden.

Die in Abbildung 4 grau markierten Teile (der „Stiel" des Ypsilons und die erste Hälfte der „Gabel") weisen eine konstante Aminosäuresequenz auf, die rot markierten Bereiche (die äußeren Abschnitte der „Gabel") sind je nach Antikörper variabel. In diesen signifikanten Abschnitten sind die Aminosäureketten so gefaltet, dass sie Bindungsstellen für ein ganz bestimmtes Antigen bilden und darum für die Spezifität der Antikörper verantwortlich sind. In Abbildung 5 ist die **Antigenbindungsstelle** schematisch dargestellt.

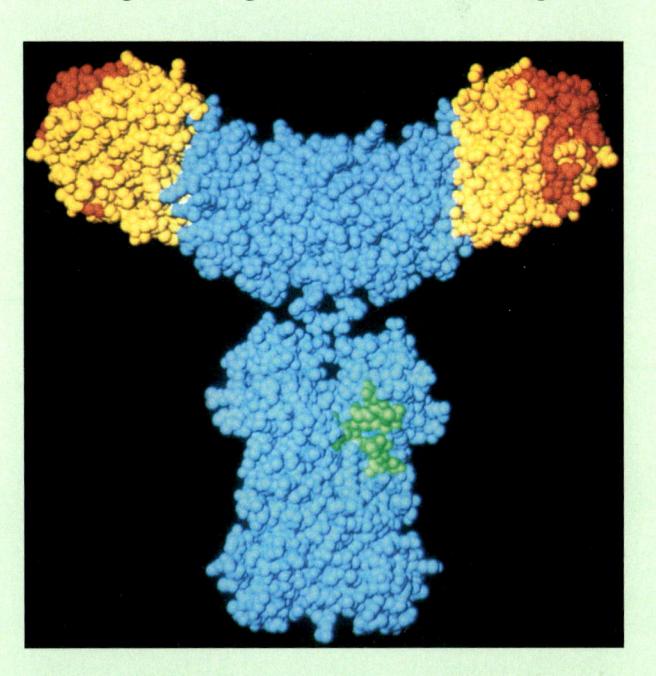

Abb. 3 Computergraphik der Struktur eines Antikörpers

Man beachte, dass zwei identische Bindungsstellen vorhanden sind.

Immunglobuline G sind für Neugeborene von großer Bedeutung: Während der Schwangerschaft können sie die Plazenta durchdringen und so vom mütterlichen in den Kreislauf des ungeborenen Kindes gelangen. Sie bewirken so den Immunschutz des Neugeborenen in den ersten Lebenswochen.

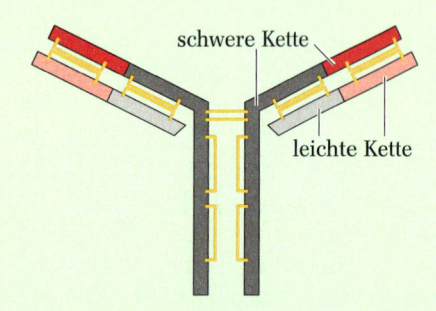

Abb. 4 Struktur eines Antikörpers. Schwerketten dunkel, Leichtketten hell, variable Bereiche rot markiert; die gelben Striche symbolisieren Disulfidbrücken

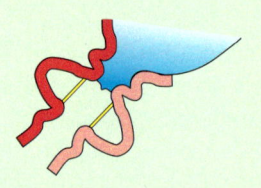

Abb. 5 Antigenbindungsstelle (rot – Polypeptidketten, gelb – S-S-Brücken, blau – Antigen)

Antigen-Antikörper-Reaktion

Jeder Antikörper kann durch seine beiden identischen Bindungsstellen mit zwei Antigenen reagieren. Sind die Antigene an der Oberfläche von Zellen angeordnet, kommt es zu einer Verklumpung **Agglutination** *(vgl. S. 133, Abb. 1)* der Zellen, die mit dem bloßen Auge **sichtbar** wird.

Auf der Agglutination beruhen auch die Bestimmung der Blutgruppen sowie Komplikationen bei einer falschen Blutübertragung. Auch verklumpte Krankheitserreger sind auf diese Weise nachweisbar. Zusätzlich besitzen viele Antikörper neben den beiden Antigenbindungsstellen eine weitere Bindungsstelle speziell für Fresszellen, die aber erst nach Bindung des Antigens aktiviert wird, sodass Fresszellen andocken können. Erreger wie Bakterien und Viren, aber auch gelöste Antigene (z. B. Bakterientoxine), die mit Antikörpern besetzt sind, werden dadurch von den Fresszellen besonders schnell eliminiert. Man bezeichnet diesen Vorgang als „Schmackhaftmachung" oder **Opsonierung**.

1.3.2 Ablauf einer Immunantwort

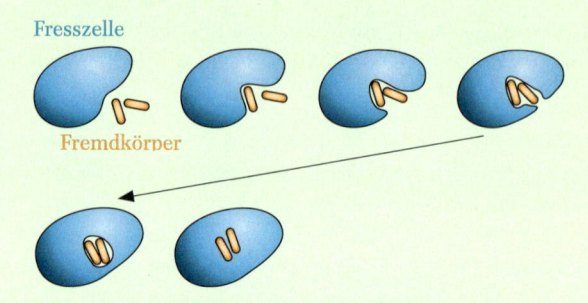

Abb. 6 Schema der Phagozytose

Über **unspezifische Abwehrmöglichkeiten** verfügen sowohl Wirbeltiere als auch Wirbellose, z. B. über die **Phagozytose** der **Fresszellen** *(Abb. 6 und 7)*. Die unspezifische Abwehr wird **Resistenz** genannt.

Wirbeltiere weisen dagegen zusätzlich noch die bereits beschriebene **erregerspezifische Immunabwehr** auf: **B-Zellen** sind in der Lage **Antikörper** zu bilden, die nach dem **Schlüssel-Schloss-Prinzip** exakt zu einem ganz bestimmten Erreger-Antigen passen (**B-Zellantwort**). Man kann sich vorstellen, dass für diese erregerspezifischen Antikörper zunächst eine genaue „chemische Analyse" der Antigenstruktur notwendig ist, die einige Zeit benötigt, in der die Erreger sich im Körper vermehren können – wir werden krank. Ist die Analyse aber beendet, kann der Kampf gegen die Krankheit beginnen: Zunächst werden Antikörper auf der Oberfläche der B-Zellen präsentiert, wobei sie nun Rezeptorfunktion haben *(Abb. 8)*. Gelangen sie in Kontakt mit einem passenden Antigen, teilt sich der Lymphozyt und bildet so Produktionszellen (**Plasmazellen**) für passende Antikörper mit einer Produktivität von ca. 3 000 Antikörper pro Sekunde. Diese B-Zellenantwort kann allerdings nur dann stattfinden, wenn die B-Lymphozyten zuvor durch Makrophagen und T-Helferzellen stimuliert wurden (→ *Biologie 9. Klasse*)

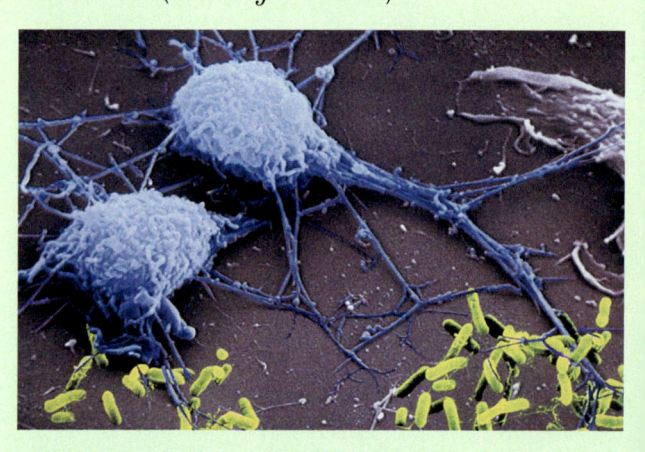

Abb. 7 Weißes Blutkörperchen (Leukozyt) frisst Bakterien

Bei der Teilung der Lymphozyten entstehen neben Plasmazellen auch **Gedächtniszellen**, die über Jahre hinweg oder sogar das ganze Leben hindurch im Organismus verbleiben. Dringt ein Fremdkörper mit der „erinnerten" Antigenstruktur erneut in den Organismus ein, wandeln sich Gedächtniszellen sofort in Plasmazellen um und produzieren noch vor dem Ausbruch der Krankheit entsprechende Antikörper: Wir sind gegen diesen Erregertyp immun.

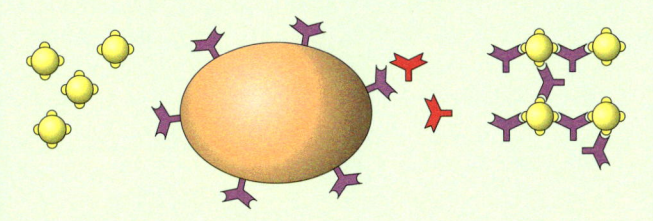

Abb. 8: Erreger mit Antigen (links, gelb), B-Zelle mit Antikörpern als Rezeptor (Mitte), Antigen-Antikörper-Reaktion (rechts, passende Antikörper violett)

Dieses Immungedächtnis ist der Grund dafür, dass man viele Infektionskrankheiten nur ein einziges Mal bekommt; außerdem ist es die Grundlage der **aktiven Schutzimpfungen**, bei denen man z. B. dem Organismus abgeschwächte Erreger zuführt. Bei der **passiven Immunisierung** spritzt man Antikörper, die zuvor aus immunisierten Versuchstieren gewonnen wurden.

A16 Erkären Sie den Unterschied zwischen aktiver und passiver Immunisierung.

A17 Zur Prophylaxe gegen das Auftreten einer Rhesusunverträglichkeit nach der Geburt eines rhesuspositiven Kindes werden der rhesuspositiven Mutter (*S. 136*) Antikörper der Sorte Anti-D gespritzt. Erläutern Sie diese Maßnahme aus immunbiologischer Sicht.

1.3.4 AIDS

Mit der Entdeckung des Penicillins und der Entwicklung einer Vielzahl wirksamer Impfstoffe glaubte man die größten Geißeln der Menschheit, die Infektionskrankheiten, besiegt zu haben. Krankheiten, die im Mittelalter epidemisch auftraten und die Tausenden bis Millionen von Menschen das Leben kosteten, gelten heute als besiegt oder ausgerottet.

Die Immunschwächekrankheit AIDS und ihre rasante und weltweite Ausbreitung seit den 1980er Jahren stellt die Wissenschaft vor eine neue Herausforderung. Da der Erreger, das HIV, seine Oberfläche

(*Abb. 9*) und damit seine Antigenstruktur häufig ändert, ist es bisher nicht gelungen einen wirksamen Impfschutz zu entwickeln. Das Virus greift das Steuerzentrum unseres Abwehrsystems direkt an und trifft es an einer hochempfindlichen Stelle: HI-Viren lagern sich an Zellen mit dem T_4-Antigen an. Damit sind insbesondere die T_4-Helferzellen betroffen, von deren Aktivierung die B-Zell-Reaktion und die Antwort der T-Zellen abhängen. Ohne die Helferzellen bricht das gesamte Immunsystem zusammen. Der Körper ist nicht mehr in der Lage, selbst gegen sonst leicht bekämpfbare Erreger wirksam vorzugehen. So treten **opportunistische Infektionen** auf, wie seltene Formen der Lungenentzündung, Pilzerkrankungen,

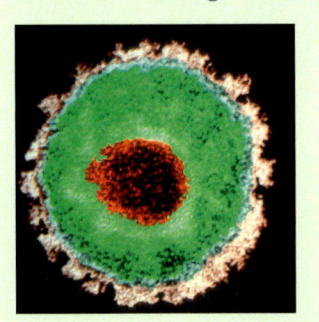

seltene Krebsarten u. a. Nicht das HI-Virus führt zum Tode, sondern eine Folgeinfektion, der der Körper im Endstadium nichts mehr entgegenzusetzen hat.

Abb. 9 Elektronenmikroskopische Aufnahme von HIV

Beim AIDS-Test wird nicht nach den Erregern selbst, sondern nach den Antikörpern gegen die HI-Viren gesucht, welche beim Erstkontakt mit dem Erreger gebildet werden. Bei diesem Antikörper-Suchtest enthalten die Vertiefungen der Mikrotiterplatte fixierte (aus den Viren gewonnene) Antigene, die mit den gesuchten Antikörpern reagieren. Die Testlösung wird, meist automatisch, aufpipettiert. Enthält das Blut HIV-Antikörper, so bleiben diese durch Antigen-Antikörperreaktion haften. Der Überschuss wird ausgewaschen. Anschließend pipettiert man ein Enzym hinzu, welches sich an die festgehaltenen Antikörper bindet und ein zugefügtes Farbreagenz zu einem Farbstoff umwandelt.

Die Antikörper-Bildung dauert einige Wochen, sodass diese erst etwa drei Monate nach einer möglichen AIDS-Infektion mit Sicherheit nachgewiesen werden können. Werden solche Antikörper gefunden, nennt man den Test „positiv" und die Person „HIV-positiv".

AIDS verläuft in vier Phasen:

1. Nach der Infektion kommt es als Antwort auf die Zerstörung zahlreicher Helferzellen zu grippeartigen Symptomen (**akute Phase**), verbunden mit einem Anschwellen der Lymphknoten. In den ersten 3 – 12 Wochen reagiert das Immunsystem mit der Bildung von Antikörpern (vgl. AIDS-Test). Die HI-

Viren verschwinden vollständig in den T_4-Helferzellen, wobei das Virenerbgut komplett in die DNA der Helferzellen integriert wird (Retroviren, *vgl. S. 153*). Der Lebenszyklus entspricht dem der temperenten Phagen *(vgl. S.75)*. So klingen die Symptome der akuten Erkrankung rasch wieder vollständig ab, wodurch dem Betroffenen die Infektion oft gar nicht bewusst wird.

Es folgt nun eine **Latenzphase**, in der die HIV-Infektion „klinisch stumm" bleibt, der HIV-Positive also äußerlich nichts bemerkt, aber trotzdem mit seinen Körperflüssigkeiten HI-Viren ausscheidet und so von ihm eine hohe Ansteckungsgefahr ausgeht. Diese Latenzphase kann nach wenigen Jahren zu Ende sein, aber auch 15 Jahre und mehr andauern.

2. Es werden Schwellungen der Lymphdrüsen beobachtet, die mehrere Wochen andauern können, man spricht vom sog. **Lymphadenopathie-Syndrom (LAS)**.

3. Die HI-Viren werden erneut aktiv (virulent) und zerstören T_4-Helferzellen. Meist treten Fieber, Nachtschweiß und Durchfälle auf. Diese Phase wird als **AIDS Related Complex (ARC)** bezeichnet.

4. Die fortlaufende Zerstörung der T_4-Helferzellen führt zu dem **Vollbild** von AIDS mit den genanten opportunistischen Infektionen und schließlich dem vollständigen Zusammenbruch des Immunsystems, dem der Körper schließlich nichts mehr entgegenzusetzen hat.

1.4 Ursachen und Folgen von Genmutationen

Trifft energiereiche Strahlung auf das Erbmolekül, so kann es an einer Bindung aufbrechen oder es können Basen verändert werden bzw. verloren gehen.

Sind Körperzellen betroffen, spricht man von **somatischer Mutation**. Diese wirkt sich auf einzelne Zellen oder Zellgruppen aus. Von einem gesunden Organismus werden diese Veränderungen meist erkannt und beseitigt. Manchmal jedoch entartet eine Zelle und „vergisst ihr Verhaltensprogramm". Teilt sie sich dann ständig weiter, ist das der Anfang einer Krebserkrankung *(S.96)*. Solche Mutationen bleiben auf den Einzelorganismus beschränkt und werden nicht auf die Nachkommen weitergegeben. Dies ist jedoch der Fall bei **Keimbahnmutationen**, die zu einer genetischen Veränderung der Geschlechtszellen führen.

Im Gegensatz zu Mensch und Tier entstehen bei Pflanzen die Fortpflanzungszellen aus vegetativen Zellen; es gibt keine Keimbahn. Damit können auch somatische Mutationen über die Samen an die Folgegenerationen weitergegeben werden.

1.4.1 Genmutationen (Punktmutationen)

Genmutationen sind molekulare Veränderungen der DNA, die nur ein Gen betreffen. Wird nur eine einzige Base verändert, spricht man auch von einer **Punktmutation** *(Abb. 1)*. Veränderungen der Basensequenz erfolgen durch **Basenaustausch, Basenverlust** oder **Baseneinschub** *(Abb.2)*.

Mutationen sind ungerichtete Zufallsereignisse und in aller Regel schädlich. Dass sie dennoch einen wesentlichen Motor für die Höherentwicklung der Lebewesen darstellten, erscheint zunächst verwunderlich. Man stelle sich vor, ein kompliziertes technisches Gerät durch ungezielte Eingriffe mit einem Schraubendreher verbessern zu wollen! Mutationen aber verändern Gene und erhöhen, wie auch die Rekombinationen (Verteilung und Neuanordnung), die genetische Vielfalt in einer Bevölkerung. Nur in ganz seltenen Fällen kann ein mutiertes

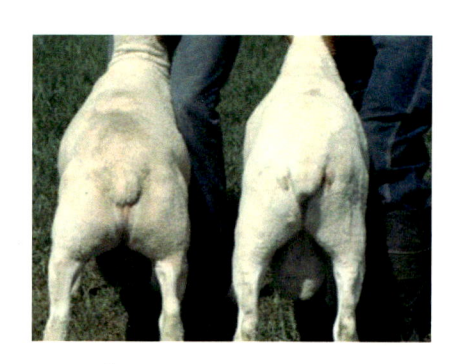

Abb. 1 Übersteigerter Muskelaufbau bei einem Schaf als Folge einer Punktmutation (links) im Vergleich mit normal entwickelter Muskulatur (rechts)

Gen für ein Individuum von Vorteil sein und vielleicht dessen Fort-
pflanzungswahrscheinlichkeit erhöhen. Führt zum Beispiel eine Mutation bei einem Hirsch zu einer Vergrößerung des Geweihes, wird er
eher eine Geschlechtspartnerin finden. In seltenen Fällen können auch
Rückmutationen vorkommen, die das veränderte Gen wieder in seine
ursprüngliche Form überführen.

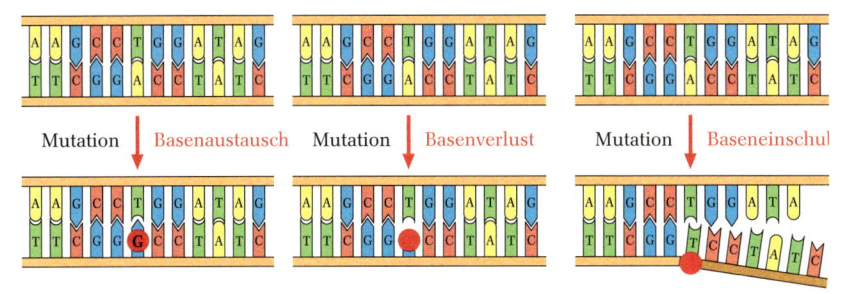

Abb. 2 Punktmutation durch Basenaustausch, -verlust und -einschub

Mutationen können ohne Einflüsse von außen spontan auftreten. Die
Häufigkeit dieser **Spontanmutationen** nennt man (natürliche) **Mutationsrate**. Man geht davon aus, dass bei höheren Organismen, zum Beispiel bei Säugetieren, auf eine Million Gene zwischen 5 und 50 Mutationen pro Generation auftreten (Mutationsrate $5 \cdot 10^{-6}$ bis $5 \cdot 10^{-5}$ pro
Generation). Dieser relativ niedrige Wert ist eine Folge der Effektivität
von Reparatursystemen. Die Mutationsrate wird durch bestimmte Außenfaktoren, die **Mutagene**, erheblich erhöht *(Tab. 1)*.

mutagene Strahlung	Radioaktivität: α-, β-, γ-Strahlung Röntgenstrahlung, UV-Strahlung
mutagene Substanzen (Auswahl)	Arzneimittel, z. B. Narkotika, Chemotherapeutika
	Genussmittel, z. B. Nikotin, Koffein
	Rauschmittel, z. B. LSD
	Pflanzenschutzmittel wie chlorierte Kohlenwasserstoffe
	Zusätze in Kosmetika wie Alkohole, Hormone, früher Formaldehyd
	aromatische Kohlenwasserstoffe, z. B. Benzol, aromatische Amine (in Azofarbstoffen)
	Nitrit und Nitrosamine, z. B. in Pökelsatz; als Umwandlungsprodukte von Düngemitteln

Tab. 1 Mutagene

Mutagene können zu chemischen Veränderungen an den vier organischen Basen der DNA führen. Durch Einwirkung von Nitrit entsteht
beispielsweise aus Cytosin die Base Uracil (Nitritmutante), wodurch
sich das Ausgangsbasenpaar G----C in das Basenpaar G----U umwandelt. Uracil kann zwar in die DNA eingebaut werden, jedoch paart sich
Uracil nicht mit Guanin, sondern mit Adenin *(Abb. 3, S. 94)*. So entsteht
schließlich aus dem ursprünglichen Basenpaar G----C das Basenpaar
A----T. DNA-Replikationsfehler führen also zu Änderungen in der Basensequenz.

A18 Erklären Sie die Tatsache, dass Keimzellen anfälliger gegen-über mutagenen Einflüssen als Körperzellen sind.

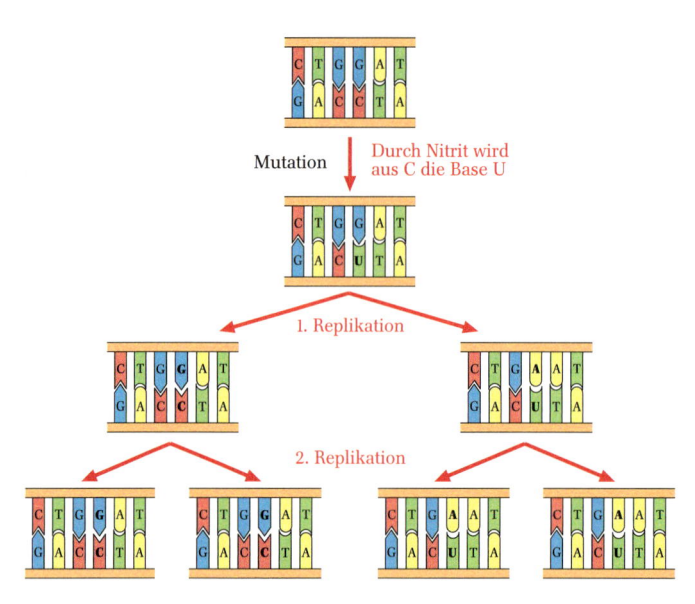

Abb. 3 Punktmutation als Folge von Nitriteinwirkung: Austausch des Basenpaars G-C durch A-T

Folgen der Punktmutation

Basenaustausch

Da einige Aminosäuren von mehreren Basentripletts codiert werden, kann es sein, dass der Austausch einer Base zu keiner Veränderung der resultierenden Aminosäurensequenz führt *(Tab. 2)*; durch Basenaustausch kann es aber auch zum Einbau einer anderen Aminosäure (**sinnverändernde Mutation**) kommen. So ist bei an Sichelzellenanämie erkrankten Menschen Glutaminsäure gegen Valin ausgetauscht. Bei der Neurofibromatose führt der Basenaustausch dazu, dass statt einer Aminosäure ein Stoppcodon erkannt wird und damit die gesamte Aminosäurekette an dieser Stelle abbricht (**sinnentstellende Mutation**). Ob eine Mutation sofort oder erst bei nachfolgenden Generationen zum Tragen kommt, hängt davon ab, ob sich das mutierte Gen dominant oder rezessiv verhält.

Exkurs

Mutationen, die nicht zu Veränderungen des codierten Polypeptids führen, werden auch als „stumme Mutationen" bezeichnet.

Tab. 2 Folgen eines Basenaustauschs

DNA (codogener Strang)	m-RNA	Aminosäure	Wirkung
CAA → CAG	GUU → GUC	Valin → Valin	keine Änderung
CAA → AAA	GUU → UUU	Valin → Phenylalanin	Enzym verändert
ACC → ACT	UGG → UGA	Tryptophan → Stopp	E. stark verändert

Basenverlust

Die einzelnen „Wörter" folgen im genetischen Code ohne Zwischenräume, die Einzelcodes sind nur durch ihre festgelegte Länge von exakt drei Buchstaben auseinander zu halten.

Besonders durch den Verlust eines einzelnen Buchstabens (im genetischen Alphabet einer einzigen Base), tritt häufig eine völlige Sinnveränderung ein, die umso schwerer wiegt, je weiter vorne im „Satz" (im Gen) die Punktmutation erfolgt *(Tab. 3 und 4)*.

Veränderung	Beispiel	Folge
Ausfall eines Tripletts	ICH/SAH/RAD	Die Information ist noch erkennbar.
	ICH/SAH/EIN	Die wesentliche Information fehlt.
Ausfall einer Base	ICH/SAH/EIN/RA	Die wesentliche Information fehlt.
	ICS/AHE/INR/AD	Völlige Sinnentstellung erfolgt.

Tab. 3 Veränderungen am Code-Beispielsatz „ICH SAH EIN RAD"

DNA	CCA CCA CGA CAA AAA TGA Gly --- Gly --- Ala --- Val --- Phe --- Thr ---
Mutation 1	✳CAC CAC GAC AAA AAT GA Val --- Val --- Leu --- Phe --- Leu ---
Mutation 2	CCA CCA CGA CAA AA✳ TGA Gly --- Gly --- Ala --- Val --- Leu ---

Tab 4 Veränderung der Aminosäuresequenz durch Basenverlust

1.4.2 Bedeutung von Reparaturenzymen

Meistens bleiben Punktmutationen ohne dauerhafte Folgen, da **DNA-Reparaturmechanismen** Veränderungen erkennen und beseitigen. Wenn die fehlerhafte Base keine Wasserstoffbindungen zum Komplementärstrang ausbilden kann, wird dies bei der nächsten identischen Reduplikation der DNA (Mitose) erkannt. Die Replikation bleibt an dieser Position stehen und spezielle Enzyme ersetzen die mutierte Stelle. Da das Erbmolekül eine Doppelhelix darstellt, können auch etwas längere defekte Abschnitte von **Reparaturenzymen** herausgeschnitten und anschließend unter der Wirkung des intakten Komplementärstranges als Matrize neu synthetisiert werden. Der Verlust eines DNA-Stückchens kann auf diese Weise ausgeglichen werden.

Für die DNA-Reparatur werden (1) durch sogenannte **Exonukleasen** die defekten Enden aus dem Teilstrang der Doppelhelix herausgeschnitten und (2) die Lücke mithilfe des Enzyms **DNA-Polymerase** ergänzt

Exkurs

Durch UV-Licht ausgelöste Mutationen können enzymatisch direkt repariert werden. Die Mutation tritt durch die Dimerbildung zweier benachbarter Basen auf; das Ablesen der DNA wird an dieser Stelle unmöglich. Das Enzym **Photolyase** (bei Prokaryoten und vielen Eukaryoten; nicht bei Säugetieren) ist in der Lage, diese dimeren Ringe zu spalten und die ursprüngliche Basenfolge wieder herzustellen. Photolyase ihrerseits wird interessanterweise durch UV-Licht aktiviert und findet, in Phospholipid-Liposomen eingeschlossen, in Sonnenschutz- und Hautpflegemitteln Anwendung: Hautzellen sollen so widerstandsfähiger gegen UV-induzierte DNA-Schäden werden.

Eine Reihe von Umweltgiften schädigen die DNA, indem sie Alkylgruppen auf deren Basen übertragen. Als Folge dieser Alkylierung können Brücken zwischen zwei DNA-Strängen entstehen, was zum Absterben der Zelle führt (Zytotoxizität alkylierender Substanzen, die in der Krebsbehandlung als sogenannte Zytostatika eingesetzt werden). Das Reparaturenzym **Methylguanin-Methyltransferase (MGMT)** kann solche Alkylgruppen direkt von der Base Guanin wieder entfernen und damit die Mutation rückgängig machen.

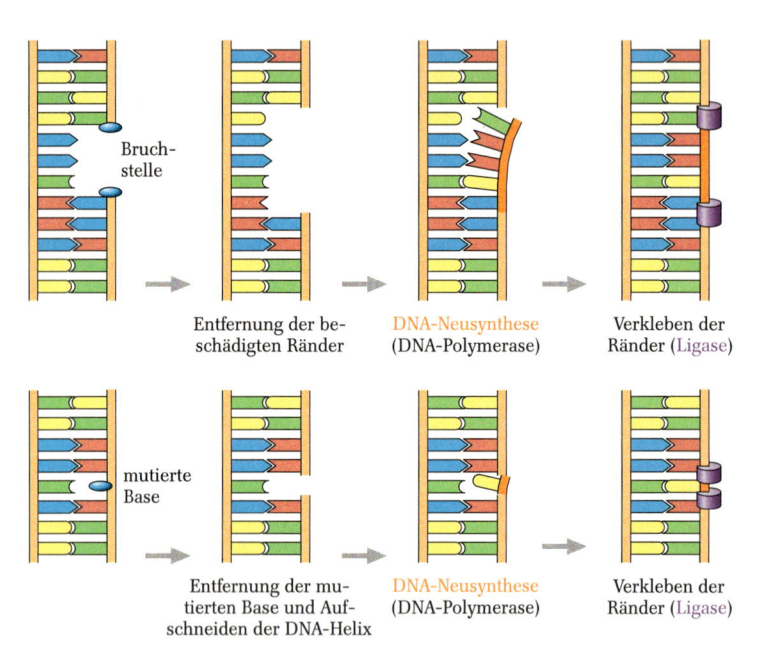

Abb. 4 Schematische Darstellung der enzymatischen DNA-Reparatur

(Prinzip der identischen Reduplikation). Schließlich werden (3) die beiden Enden durch **Ligasen** „verklebt" *(Abb. 4)*. Darüber hinaus sind Reparaturenzyme bekannt, die bestimmte Mutationen direkt rückgängig machen können.

Exkurs

Die zunehmende UV-Belastung ist nicht nur ein Problem für die Menschen. Pflanzen haben keine Möglichkeit, sich gegen die Folgen des Ozonrückgangs zu schützen; es wird neben den Schäden an wild wachsenden Pflanzen auch befürchtet, dass Rückgänge der Ernteerträge in bestimmten Teilen der Welt zu Hungersnöten führen können.

Auch die mikroskopischen Algen der Ozeane, das Phytoplankton, das sich hauptsächlich in den lichtdurchfluteten oberen Wasserschichten aufhält, ist gefährdet. Da es eine entscheidende Rolle im Kohlenstoffkreislauf *(S. 34)* der Meere und damit des Planeten spielt, könnten die Folgen eines Absterbens dieser Algen von großer Bedeutung für die Entwicklung des Treibhauseffekts sein.

Plus 1.4.3 Krebs – eine Folge entarteter Gene?

Mit „Krebs" wird eine Reihe von Krankheiten bezeichnet, die mit einer Wucherung von Gewebe einhergehen. Bei Krebs handelt es sich um Tumore, die in der Regel immer weiter wachsen und ohne Behandlung zum Tode führen. Krebs ist keine einheitliche Erkrankung, viele hundert Untergruppen lassen sich unterscheiden. Auslösend ist auch kein Einzelfaktor, vielmehr kommen in den meisten Fällen äußere Faktoren und endogene Ursachen zusammen.

Zu den wichtigsten karzinogenen (Krebs erregenden) Faktoren zählen **Strahlen**. Röntgen- und γ-Strahlen lösen insbesondere Myelome (Krebs blutbildender Gewebe) aus, UV-Strahlen sind eine Hauptursache für die Entstehung von Hautkrebs. So sind in Australien durch die erhöhte UV-Strahlung infolge des größer werdenden Ozonloches die Hautkrebserkrankungen in den vergangenen Jahrzehnten um mehr als 30 % angestiegen. Inzwischen sind jedoch auch Hunderte von **chemischen Stoffen** bekannt, die im Verdacht stehen oder von denen nachgewiesen ist, dass sie **Krebs fördernde** oder **Krebs auslösende** Wirkung besitzen *(Tab. 5)*. Krebs ist keine Erbkrankheit im herkömmlichen Sinne. Dennoch scheint eine besondere Anfälligkeit für Krebs auch im Erbgut verankert zu sein.

Die erste Phase

Man geht davon aus, dass **somatische Punktmutationen** eine Hauptursache der Karzinogenese (Krebsentstehung) darstellen. Offenbar genügt die Veränderung eines einzigen Basenpaares um ein normales menschliches Gen in ein **Onkogen** zu verwandeln, das die Umwandlung einer normalen Zelle in eine Krebszelle auslösen kann. Krebsgene hat man in menschlichen und tierischen Zellen gefunden, aber auch in bestimmten Viren. Wahrscheinlich kann nicht jedes Gen in ein Krebsgen verwandelt werden, sondern nur ganz bestimmte. Diese schlummernden und an sich harmlosen Gene nennt man **Proto-Onkogene.**

Strahlung	radioaktive Strahlung, Röntgenstrahlung, kurzwellige UV-Strahlung
chemische Substanzen	Vinylchlorid (Ausgangsstoff für PVC-Herstellung), PER (Wirksubstanz in chemischen Reinigungen), polychlorierte Biphenyle (PCB), Chloroform und andere chlorierte Kohlenwasserstoffe
	Benzol, Buttergelb, kondensierte Aromaten (Benzpyren, z. B. im Autoabgas und Zigarettenrauch), Azoverbindungen und andere aromatische Kohlenwasserstoffe
	Nitrosamine (entstehen im Organismus bei Aufnahme von Nitrit)
	Verbindungen von Arsen, Cadmium, Blei (Schwermetalle)
	Schimmelpilzgifte (z. B. Aflatoxin), manche Alkaloide und weitere Pflanzeninhaltsstoffe
Viren	RNA-Tumorviren, z. B. Rous-Sarkomvirus des Huhns
	DNA-Tumorviren, z. B. Polyoma-Virus bei Mäusen und SV40-Virus bei Affen; Epstein-Barr-Virus beim Menschen als Auslöser des Burkitt-Tumors (Afrika)

Tab. 5 Karzinogene Faktoren

Neben diesen Krebsgenen wurden auch Erbanlagen gefunden, die genau das Gegenteil bewirken: Sie verhindern das übermäßige Zellenwachstum. Zellteilungen in ausdifferenzierten Geweben sind offenbar von einem Außenreiz, einem Wachstumsfaktor abhängig. Entsteht in den **Unterdrücker-Genen** (Anti-Onkogene oder Suppressorgene) ein Defekt, so kann Zellwachstum ohne äußeren Reiz initialisiert werden.

Eine Krebsinitialisierung kann auch ausgelöst werden, wenn ein Gen in eine neue genetische Umgebung gerät. Durch eine solche **Translokation** können die ursprünglich für das Gen verantwortlichen Kontrollregionen abgekoppelt werden, die Regulation der Genaktivität entfällt oder ist gestört, das Gen gerät außer Kontrolle und wird ständig transkribiert.

Die zweite Phase

Es gilt als sicher, dass das Vorhandensein eines Krebsgens allein nicht für die Bildung eines bösartigen Tumors verantwortlich ist. Hinzukommen müssen sogenannte **Promotoren**: Stoffe, die die Umwandlung der vorgeschädigten Zelle in eine Krebszelle bewirken. Sehr stark wirkende Promotoren wurden zum Beispiel im Zigarettenrauch gefunden, aber auch in manchen Konservierungsstoffen, Lösungsmitteln und anderen Umweltgiften *(Tab. 5)*. Für eine vollständige Umwandlung einer Zelle zur Krebszelle müssen wohl mehrere Krebsgene und mehrere Promotoren zusammenwirken. Die Promotionsphase kann viele Jahre andauern. In dieser Zeit verliert die Zelle schließlich ihre Identität, sie wird wieder embryonal und „vergisst", wozu sie einmal bestimmt war; man spricht von einem **Determinationsverlust.**

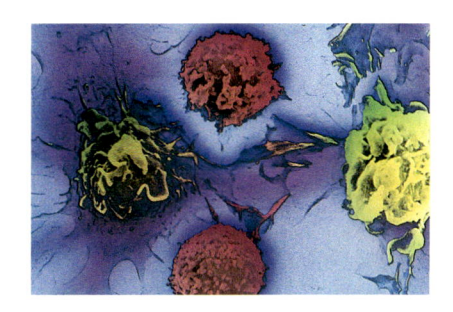

Abb. 5 Krebszellen unter dem Elektronenmikroskop

Krebszellen runden sich ab *(Abb. 5)* und teilen sich ohne Außenreize immer weiter. Es entsteht ein Gewebe aus undifferenzierten Zellen, ein

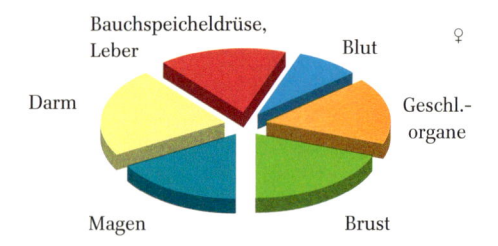

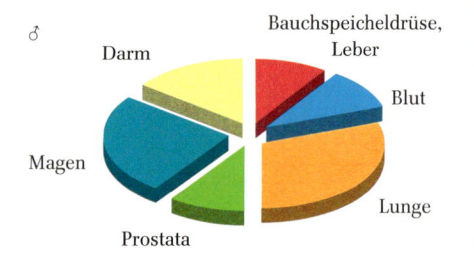

Tumor. Ist dieser gutartig, bleibt sein Wachstum begrenzt; seine Zellen teilen sich nur so lange, bis sie Kontakt mit einem anderen Gewebe bekommen. Erst wenn ein **Verlust der Kontakthemmung** eintritt, entsteht eine bösartige Geschwulst (ein maligner Tumor), die ungehemmt wächst und in Nachbargewebe eindringt. Im Labor wachsen gesunde menschliche Zellen auf einem Nährmedium in einer einzelligen Schicht. Tumorzellen wachsen im Gegensatz dazu auch übereinander, sodass geschwulstartige Zellhaufen entstehen. Lösen sich im Körper bösartige Tumorzellen von der Geschwulst ab und werden sie an andere Stellen im Körper verfrachtet, entstehen Tochtergeschwülste (Metastasen).

Abb. 6 Die am stärksten von Krebserkrankungen betroffenen Organe bei Männern und Frauen (jeweils über 30 Jahre)

Zusammenfassung

*An der biologischen Abwehr wirken Fresszellen und erregerspezifische, von Lymphozyten gebildete Antikörper als eigentliche Immunabwehr mit. **Fresszellen** sind hauptsächlich in der unspezifischen Abwehr tätig, **Lymphozyten** sind für die erregerspezifische Immunreaktion verantwortlich. Die wichtigste Voraussetzung für die Immunantwort eines Körpers ist das Erkennen eingedrungener unterschiedlichster Stoffe, fremder **Antigene**. Dieser Begriff beschreibt einen Funktionszustand, nämlich „**Anti**körper **gen**erierend". Reagiert das Immunsystem mit einer überschießenden Antwort, können Antigene Allergien auslösen, und werden in solchen Fällen **Allergene** genannt.*

*__Antikörper__ bestehen aus einem Y-förmigen Molekül, das zwei Antigenbindungsstellen besitzt. Sie sind aus vier Polypeptidketten aufgebaut, von denen jeweils zwei identisch sind. Die **Schwerketten** besitzen ein Gelenk; die **Leichtketten** sind im Bereich der „Gabel" des Ypsilons über Disulfidbrücken an die Schwerketten gebunden. Jede Polypeptidkette besitzt einen bei allen Antikörpern der Gruppe identischen sowie einen variablen Teil, der für die Erregerspezifität verantwortlich ist. Für die konstanten Bereiche der Antikörper gibt es im Erbgut jeweils ein Gen; daneben liegen Genbereiche, aus deren Kombination sich die variablen Teile der Polypeptidketten ergeben. Die **Vielfalt** der Antikörper entsteht aus der Kombination dieser verschiedenen Gensegmente.*

*Durch die Antigen-Antikörper-Reaktion werden Verklumpungen (__Agglutination__) ausgelöst und die entstehenden Agglutinate von Fresszellen eliminiert. Für die Produktion von Antikörpern sind B-Lymphozyten verantwortlich; sie differenzieren sich zu **Plasmazellen**, die erregerspezifische Antikörper produzieren. Die Sensibilisierung der B-Zellen erfolgt durch Makrophagen und T-Helferzellen. T_4-Helferzellen sind bevorzugtes Ziel des AIDS-Erregers HIV, der in Zellen eindringt, die den T_4-Rezeptor auf ihrer Oberfläche tragen und somit die Steuerzentrale der Immunabwehr außer Kraft setzt.*

Spontane oder durch äußere Einflüsse wie zum Beispiel Strahlung oder Umweltgifte ausgelöste Veränderungen des Erbguts werden **Mutationen** genannt. In den allermeisten Fällen wirkt sich die Veränderung negativ aus. Man unterscheidet somatische Mutationen von Keimbahnmutationen. Betrifft die Veränderung das DNA-Molekül, so liegt eine Gen- oder Punktmutation vor. Der häufigste Fall sind Basenaustausch, Basenverlust oder Baseneinschub. **Reparaturenzyme** sind in der Lage, Mutationen rückgängig zu machen oder defekte DNA-Abschnitte zu reparieren. Der Doppelhelix-Charakter der DNA ist dabei von entscheidender Bedeutung, da der unbeschädigte Strang als Matrize verwendet werden kann.

2 Zytogenetik

Aus dem Rindenstück eines kalifornischen Mammutbaumes lässt sich eine komplette neue Pflanze entwickeln *(Abb. 1)*. Dies ist möglich, da jede Zelle das gesamte Erbgut enthält.

2.1 Zellzyklus und Mitose

„Von bestimmten, ganz begrenzten Fällen abgesehen, vermehren sich die pflanzlichen Zellkerne auf dem Weg der sogenannten mitotischen oder indirekten Teilung. Der Teilungsvorgang […] spielt sich in ziemlich komplizierter Weise ab, die aber notwendig erscheint, um die Substanz, des Mutterkerns völlig gleichmäßig auf die beiden Tochterkerne zu verteilen."

So beschrieb E. STRASSBURGER den Prozess der pflanzlichen Kernteilung in der 4. Auflage seines 1875 erschienenen Werks „Zellbildung und Zellteilung". Die Bedeutung des Zellkerns in der Vererbung zeigt auch folgendes Experiment:

Aus Eizellen weiblicher afrikanischer Krallenfrösche wurde der Zellkern entfernt (bzw. durch UV-Strahlung zerstört) und durch Körperzellen aus Darmepithel von Kaulquappen derselben Tierart ersetzt. In einer Reihe von Fällen entwickelten sich daraus ganze, untereinander völlig gleiche Frösche, alle mit dem Erbgut des Spendertieres *(Abb. 2)*. Diese Klonierung (das Erzeugen einer Gruppe erbgleicher Individuen) brachte den Beweis, dass auch bei höheren Tieren der Zellkern als Träger der Erbanlagen von wesentlicher Bedeutung für die Vererbung ist.

2.1.1 Chromosomen – Träger der Erbinformation im Zellkern

Abb. 1 Ein Mammutbaum wächst aus einem Rindenstück

Abb. 2 Geklonte und damit erbgleiche Krallenfrösche

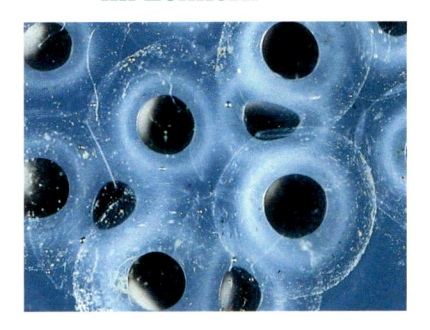

Abb. 3 Im Froschlaich gut sichtbar: ganze Zygoten in Gallerthülle

Bei allen Eukaryoten – die im Folgenden näher besprochen werden – liegt fast die gesamte genetische Information im Zellkern vor. Nur wenige Gene sind in den Mitochondrien oder – bei Pflanzen – in den Plastiden lokalisiert.

Das erste Stadium des neuen Lebewesens ist die befruchtete Eizelle, die **Zygote** *(Abb. 3)*, die bereits die gesamte Erbinformation enthält.

Der **Zellkern** ist im Mikroskop als linsenförmiges, in der Aufsicht kreisrundes Organell zu erkennen, das von einer Doppelmembran umgeben ist. Im Inneren zeichnen sich ein bis mehrere stark lichtbrechende und damit dunkel erscheinende **Kernkörperchen** oder **Nucleoli** (Einzahl: Nucleolus) ab *(Abb. 4, S. 100)*. Die gut anfärbbaren Chromosomen, auch Kernschleifen genannt, sind nur während der Zellteilung sichtbar *(Abb. 6, S. 100)*. Während der Interphase zwischen den Zellteilungen liegen die Chromosomen im Zellkern **entspiralisiert** als **Chromatingerüst** vor. Nur in diesem entspiralisierten Zustand können die Erbanlagen abgelesen werden.

Exkurs

Auch der Interphasekern enthält Bereiche, die in gefärbten Präparaten dunkel erscheinen. Diese nennt man **Heterochromatin**. Es sind Chromosomenteile, die nach der Zellteilung nicht vollständig entspiralisiert wurden und genetisch inaktiv sind. Nur der helle Bereich des Chromatingerüsts, das **Euchromatin**, enthält die gerade aktiven Erbanlagen.

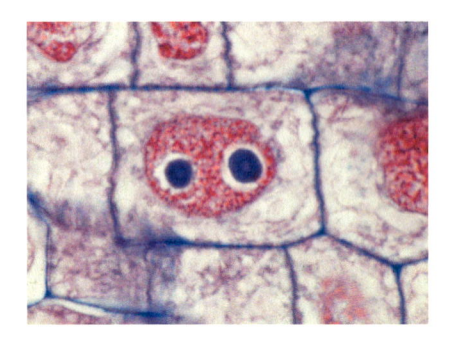

Abb. 4 Interphasekern aus der Wurzelspitze einer Hyazinthe

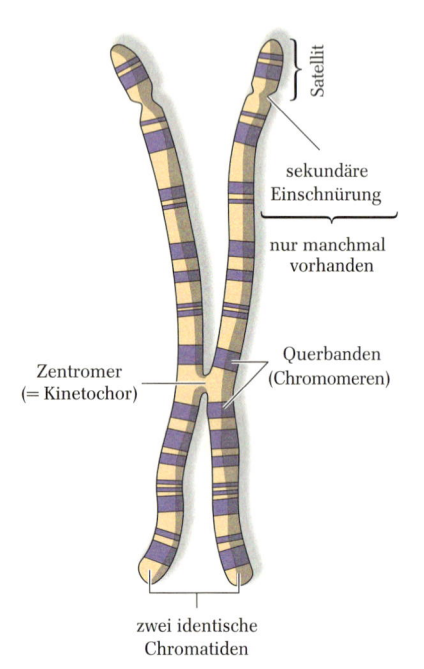

Satellit

sekundäre Einschnürung

nur manchmal vorhanden

Querbanden (Chromomeren)

Zentromer (= Kinetochor)

zwei identische Chromatiden

Abb. 5 Feinbau des Chromosoms (Metaphase der Zellteilung)

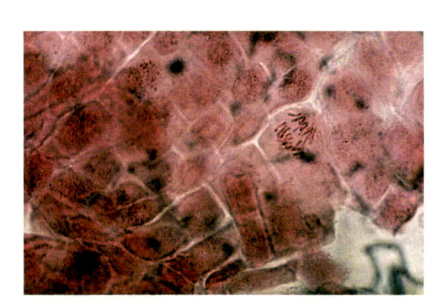

Abb. 6 Angefärbte Zellen der Zwiebelwurzel während der Zellteilung mit gut sichtbaren Chromosomen (Lichtmikroskop)

Feinbau der Chromosomen

Betrachtet man ein Chromosom zu Beginn einer Zellteilung, so erkennt man zwei Hälften, die als **Chromatiden** bezeichnet werden (Einzahl: das Chromatid / die Chromatide, *Abb. 5*) und in ihrem Aufbau **identisch** sind. Sie liegen oft eng aneinander und sind an einer Stelle, dem **Zentromer**, miteinander verbunden. Die Lage des Zentromers sowie die charakteristischen **Bandenmuster**, die nach Anfärbung bei jedem Chromosom unterschiedlich sind, sind wichtig für seine Identifizierung.

Die **Ultrastruktur** der Chromosomen ist selbst im Elektronenmikroskop nicht erkennbar. Physikalische und biochemische Untersuchungen führten aber zu der Vorstellung, dass jedes Chromatid genau ein Molekül Desoxyribonukleinsäure **DNA** enthält.

Exkurs

Manche Chromosomen enthalten neben der Einschnürung am Zentromer noch eine weitere, sekundäre Einschnürung, welche ein kurzes Chromatidenstück abtrennt. Dieser Abschnitt wird als Satellit (oder auch SAT-Chromosom) bezeichnet *(Abb. 5)*; hier wird am Ende der Zellteilung der Nucleolus erneut gebildet; Diese Region heißt daher auch Nucleolusorganisator. Beim Menschen enthalten zehn der 46 Chromosomen solche zusätzlichen Einschnürungen.

Bakterien enthalten in ihrem Kernbereich ein einziges, ringförmig geschlossenes DNA-Molekül *(S. 75)*. Die DNA-Doppelhelix der Eukaryoten ist an basische Proteine (**Histone**) gebunden und wird so räumlich stabilisiert. DNA und Histone bilden die **Chromatinfasern**, aus denen das Chromatingerüst des Interphasekerns und, vielfach verschlungen und verknäuelt, das Chromatid der im Mikroskop sichtbaren Chromosomen besteht *(Abb. 7)*.

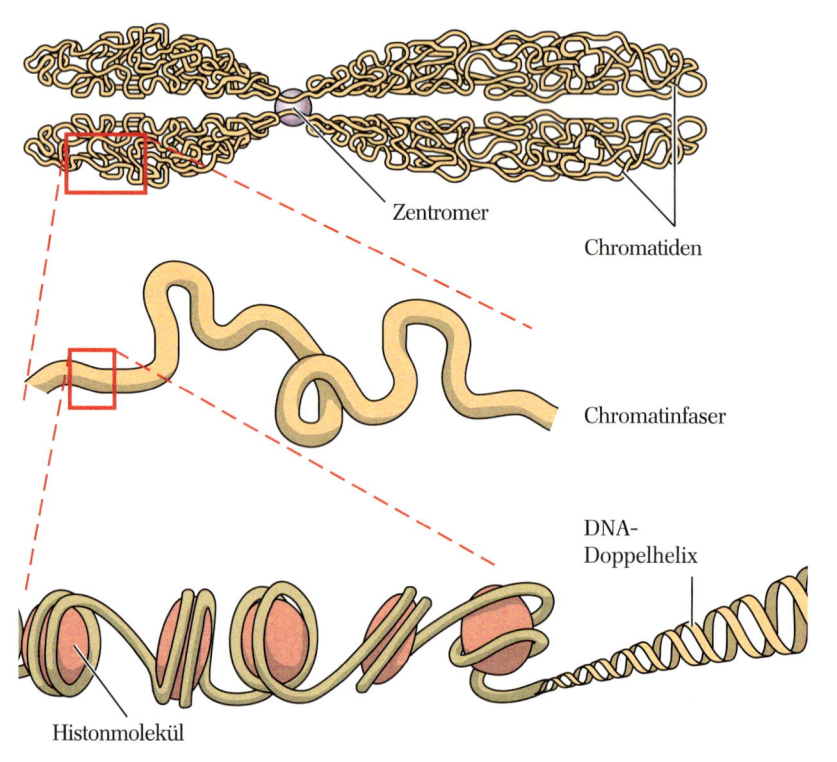

Zentromer

Chromatiden

Chromatinfaser

DNA-Doppelhelix

Histonmolekül

Abb. 7 Feinstruktur eines Chromosoms

Exkurs

Karyogramm des Menschen

Umfangreiche Untersuchungen von Chromosomenbeständen haben ergeben, dass jede Körperzelle eines Lebewesens gleich viele Chromosomen enthält. Auch alle Individuen einer Art besitzen den gleichen Chromosomenbestand. Zur genaueren Untersuchung des Chromosomenbestandes sortiert man die einzelnen Chromosomen nach ihrer Größe und ihrer Struktur, also nach der Lage des Zentromers, dem charakteristischen Bandenmuster (Anfärbbarkeit) und dem Vorhandensein sekundärer Einschnürungen. Eine solche Darstellung bezeichnet man als **Karyogramm**.

Obwohl sehr nah verwandte Arten oft gleiche oder fast gleiche Chromosomenzahlen besitzen, können daraus keine Hinweise auf die Verwandtschaft oder die stammesgeschichtliche Entwicklungshöhe abgeleitet werden. So haben zum Beispiel Gorilla, Schimpanse, Kartoffel und Rotbuche jeweils 48 Chromosomen, Winter- und Sommerlinde 164.

Kennzeichen des Karyogramms

In den Körperzellen besitzen die meisten Organismen einen doppelten (**diploiden**) Chromosomensatz (Kürzel: 2n), d.h. von jeder Chromosomenart ist immer ein Paar vorhanden das untereinander strukturell gleich (**homolog**) ist. Diese homologen Chromosomen der Körperzellen heißen **Autosomen**.

Champignon	2n =	8 (4 Paare)
Karpfen	2n = 104	(52 Paare)
Mensch	2n =	46 (23 Paare)

Die verschiedenen Chromosomenpaare unterscheiden sich durch ihre Größe, die Lage des Zentromers und ihr Bandenmuster. Bei den meisten Pflanzen- und Tierarten sowie beim Menschen gibt es neben diesen gleich strukturierten Autosomen auch einige, die strukturell unterschiedlich sind. Sie dienen als Geschlechtschromosomen und heißen **Gonosomen** (Abb. 8). Der diploide Chromosomensatz enthält in der Regel ein solches Gonosomenpaar. In den **Geschlechtszellen**, den **Gameten** ist nur der einfache (**haploide**) Chromosomensatz (Kürzel: 1n) vorhanden (S. 104 ff.).

2n = 44 Autosomen

2 Gonosomen $\left\{ \begin{array}{l} \text{Frau: XX} \\ \text{Mann: XY (nicht} \\ \qquad \text{homolog)} \end{array} \right.$

2n = 46 Chromosomen

Abb. 8 Chromosomenbestand des Menschen

Die 22 autosomalen Chromosomenpaare werden im Karyogramm der Größe nach geordnet, wobei die größeren Chromosomen in der Regel genreicher sind. Für das Chromosom 1 werden 263 Millionen Basenpaare angegeben, das kleinste Chromosom 22 enthält jedoch mit ca. 60 Mio Basenpaaren mehr Gene als das etwas größere Chromosom Nr. 21 (ca. 50 Mio Basenpaare), auch ist Chromosom 19 genärmer als Chromoson 20.

Zur **Darstellung der Chromosomen** im Karyogramm benötigt man **teilungsaktive Zellen**. Beim Menschen eignen sich wegen der leichten Gewinnbarkeit am besten Blutzellen und speziell die zu den weißen Blutkörperchen gehörenden **Lymphozyten**. Um die Chromosomen sichtbar zu machen wird die Zellteilung genau dann gestoppt, wenn die Chromatinfasern maximal verkürzt vorliegen. Dies ist der Fall in der mittleren Mitosephase, der Metaphase (S. 102). **Colchicin**, das Gift der Herbstzeitlosen (Colchicum autumnale), verhindert das Auseinanderdriften der Chromosomenhälften, sodass die Zelle in der Metaphase stecken bleibt; Colchicin ist daher ein sogenanntes **Metaphasegift**. Es kommt zu einer Anreicherung vieler Metaphasestadien im Präparat. Die Chromosomen können jetzt fotografiert und sortiert werden (Abb. 9).

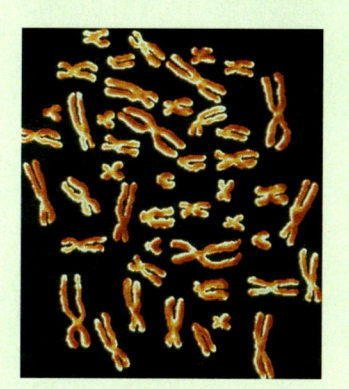

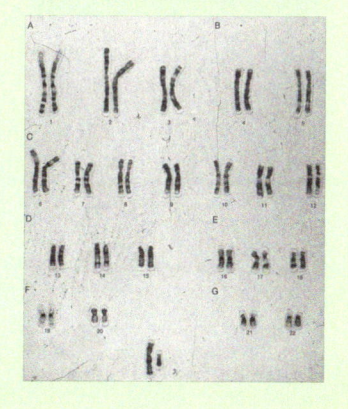

Abb. 9 Karyogramm eines gesunden Mannes; ungeordnet (oben) und sortiert (unten)

A1 Fassen Sie die Stadien im Lebeszyklus einer Zelle zusammen, in denen Ein- beziehungsweise Zwei-Chromatid-Chromosomen vorliegen.

A2 Stellen Sie den Bau eines Ein- und eines Zwei-Chromatid-Chromosoms gegenüber!

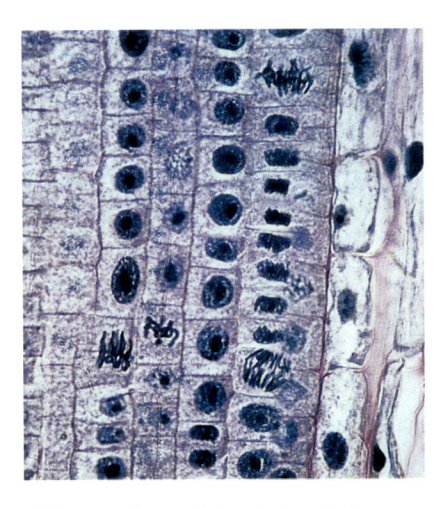

Abb. 10 Teilungsaktives Wurzelspitzen-
gewebe einer Küchenzwiebel

Abb. 11 Blattläuse

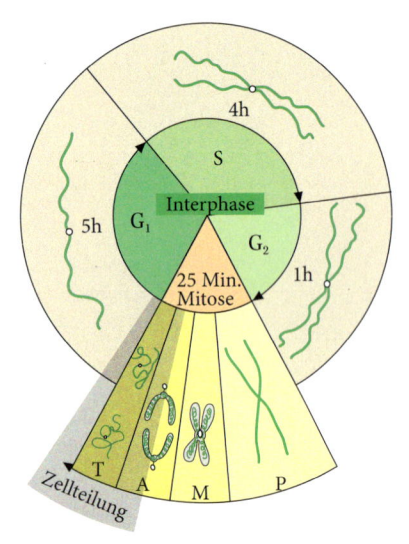

Abb. 12 Schematische Darstellung des
Zellzyklus

2.1.2 Der Ablauf der Mitose im Zellzyklus

Das Erbgut aller Körperzellen ist identisch. Um dies zu erreichen bedarf es einer besonderen Zellteilung, die sicherstellt, dass der Gen-
bestand sich nicht ändert. Vor der Teilung der ganzen Zelle erfolgt
zunächst eine Kernteilung. Man spricht daher von einer indirekten
Zellteilung (**mitotische Zellteilung**). Die indirekte Teilung des Kerns
heißt **Mitose**. Wenn diese vollständig abgelaufen ist, erfolgt die Teilung
des Zytoplasmas und damit der gesamten Zelle: **mitotische Zellteilung
= Mitose + Plasmateilung**.

Zellteilungen finden vor allem in wachsenden Geweben statt. Bei Pflanzen gibt es solche besonders in der Sprossspitze und in der Wurzelspitze *(Abb. 10)*. Die Bedeutung der Mitose liegt in der schnellen Zellvermehrung unter quantitativer Weitergabe des unveränderten Erbguts.
So kann ein vielzelliger Organismus schnell durch Zellteilungen wachsen. Es gibt sogar Lebewesen, die sich über Mitosen ungeschlechtlich
fortpflanzen. Ein bekanntes Beispiel aus dem Tierreich sind die Blattläuse, die sich auf ungeschlechtliche Weise rasch vermehren können
(Abb. 11). Die Dauer einer Mitose kann sehr unterschiedlich sein. Bei
der Taufliege Drosophila ist die Mitose nach drei Minuten beendet, in
Milzzellen der Maus dauert eine Zellteilung mehr als eine Stunde.
Der Ablauf der Mitose wird in vier Phasen unterteilt *(Abb. 13)*.

In der **Prophase** kondensiert das Chromatin wobei einzelne, noch dünne, fadenförmige Strukturen erkennbar werden, die sich allmählich
entwirren und stark zu **Chromosomen** verkürzen. Durch diese Transportform des Chromatins wird sichergestellt, dass die Chromatinfäden
bei der späteren Verteilung auf die beiden Tochterzellen nicht zer-
brechen. Die Chromosomen bestehen zu Beginn der Mitose aus zwei
strukturell identischen **Chromatiden**. Gleichzeitig beginnt sich außerhalb des Zellkerns der **Spindelapparat** auszubilden. In tierischen Zellen teilt sich das Zentriolenpaar und bildet zwei Polkörperchen sowie
erste Spindelfasern, die aus Proteinfäden, den **Mikrotubuli** bestehen.
In den meisten Pflanzenzellen sind allerdings keine Zentriolen vorhanden. Dort erkennt man Polkappen als Ausgangsorte für den sich bildenden Spindelapparat. Das Ende der Prophase ist durch die Auflösung der
Kernmembran und Kernkörperchen (Nucleoli) gekennzeichnet.

In der **Metaphase** verkürzen sich die Chromosomen weiter und erreichen ihren höchsten Spiralisierungsgrad. Gleichzeitig wandern sie zur
Mitte der Zelle, um sich in der **Äquatorialebene** anzuordnen. Dabei liegen die Zentromere in der Mitte und die beiden strukturell identischen
Chromatiden einander jeweils gegenüber, in Richtung der späteren
Teilung. Der Spindelapparat ist nun vollständig ausgebildet. Neben
Pol-Pol-Fasern gibt es Spindelfäden, die von den Polen zu den Zentro-
meren der Chromosomen führen. Am Ende der Metaphase erfolgt eine
synchrone Teilung aller Zentromere.

In der **Anaphase** weichen die Chromosomenhälften auseinander, wobei die Pol-Zentromer-Fasern wie Zugseile wirken. Mit dem Zentromer voran wandern die Chromatiden zu den Polen der Zelle. Am Ende
der Anaphase beginnt bereits der Abbau der Teilungsspindel.

Der letzte Mitoseabschnitt heißt **Telophase**. Sie entspricht in vieler
Hinsicht der Umkehrung der Prophase. Die Chromosomen, jetzt Ein-

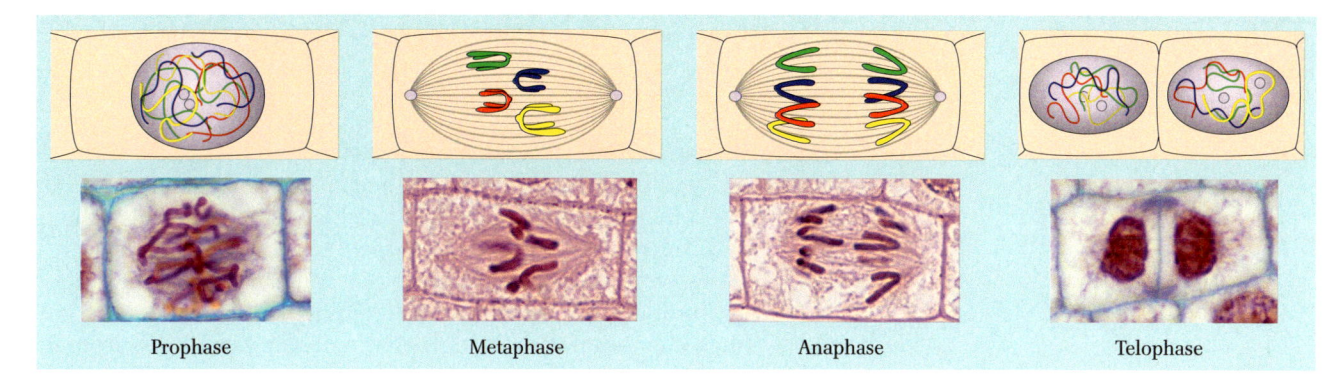

| Prophase | Metaphase | Anaphase | Telophase |

Abb. 13 Schematische Darstellung der Mitose für ein Lebewesen mit vier Chromosomen

Chromatid-Chromosomen, entspiralisieren sich und bilden allmählich das Chromatingerüst zurück. Es entstehen neue Kernmembranen und Nucleoli. Parallel dazu erfolgt die **Plasmateilung** durch Synthese einer trennenden Zytoplasmamembran im Bereich der Äquatorialebene. Auf diese Weise sind zwei Tochterzellen mit der gleichen Anzahl von Chromosomen entstanden, wobei jedoch jedes Chromosom nur aus einer einzigen Chromatide besteht. Bei Pflanzenzellen wird zusätzlich zur Plasmamembran eine trennende Zellwand zwischen den Tochterzellen eingezogen. Nach Beendigung der mitotischen Zellteilung kehrt der Zellkern wieder in seinen Arbeitszustand zurück. In ausdifferenzierten Geweben können Monate und Jahre vergehen, bis die Zelle sich erneut zu teilen beginnt. Die Zeit, bis wieder eine Mitose auftritt, wird als **Interphase** bezeichnet und in drei Abschnitte unterteilt: In der G_1-Phase (engl. **g**ap – Lücke) wächst die gesamte Zelle auf ihr normales Größenmaß heran; Proteine und Zellorganellen werden synthetisiert. In einem weiteren Abschnitt, der S- oder **S**ynthesephase, werden aus den Ein-Chromatid-Chromosomen wieder Zwei-Chromatid-Chromosomen gebildet, indem jeweils die fehlende Chromatide **identisch redupliziert** wird *(S. 72)*. Die abschließende G2-Phase umfasst die letzten Stunden vor der erneuten Mitose. Den Lebensabschnitt einer Zelle aus Mitose und Interphase nennt man **Zellzyklus** *(Abb. 12)*.

Exkurs

Den **Mechanismus der Chromosomenverdopplung** erforschte der amerikanische Genetiker TAYLOR 1958 mithilfe der **Autoradiografie anhand von** Wurzelspitzenzellen. Während ihres Wachstums in einer Nährlösung mit radioaktivem Thymidin bauen die Zellen diesen Stoff in ihre Chromosomen ein. Nach einiger Zeit sind alle Chromosomen radioaktiv. Nun wird die radioaktive Nährlösung ausgewaschen und durch normales Medium ersetzt. Nach den folgenden Mitosen werden die Chromosomen autoradiografisch untersucht: Nach der 1. Mitose ist jeweils eine Chromatide aller Chromosomen radioaktiv; nach der 2. Mitose ist die Hälfte der Chromosomen halb markiert, die andere Hälfte nicht radioaktiv *(Abb. 14)*. Bei der Verdopplung wird also jeweils die fehlende Chromatide neu gebildet, die vorhandene Chromatide dient als Matrize.

Ausgangsgeneration:
Chromosomen alle markiert

1. Mitose: halb markierte Chromosomen

2. Mitose: halb markierte und nicht markierte Chromosomen im Verhältnis 1:1

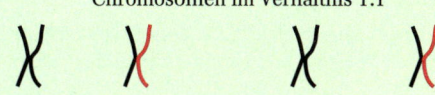

Abb. 14 Ergebnisse zum Versuch von Taylor

2.2 Meiose und Bildung der Geschlechtszellen

Höher entwickelte Pflanzen und Tiere pflanzen sich über Keimzellen fort. Bei der Befruchtung verschmelzen männliche und weibliche Keimzellen miteinander und es entsteht als erstes Stadium des neuen Lebewesens die **Zygote** mit doppeltem Chromosomensatz. Um die Konstanz der Chromosomenzahl auch nach der geschlechtlichen Fortpflanzung zu erhalten, muss der Chromosomensatz bei der Bildung der Geschlechtszellen vom doppelten auf den einfachen Satz reduziert werden. Das geschieht durch die **meiotische Zellteilung**. Ohne eine Reduktion des Chromosomenbestandes würde sich die Anzahl der Chromosomen bei jeder Befruchtung, also von Generation zu Generation, verdoppeln.

Nach der Befruchtung entstehen in vielen mitotischen Zellteilungen die Zellen, die den Körper des Lebewesens aufbauen. Alle Körperzellen gehen mit dem Tod des Individuums zugrunde. Jedoch werden bereits in einer sehr frühen Phase der Embryonalentwicklung bestimmte Zellen separiert, wandern als Urgeschlechtszellen in die sich bildenden Sexualorgane ein und werden in direkter Linie wieder zu Keimzellen. **Keimbahnzellen** tragen damit das Leben in die folgende Generation weiter und sind damit potenziell unsterblich. Die von Generation zu Generation nicht abreißende Kette von sich immer wieder erneuernden Zellen nennt man **Keimbahn**.

Der **Ablauf** der Meiose lässt zwei hintereinander geschaltete Zellteilungen erkennen, die man als **Reifeteilungen** bezeichnet *(Abb. 2)*.

- Bei der 1. Reifeteilung (**Reduktionsteilung**) erfolgt eine **Trennung der Homologenpaare** und Verteilung auf zwei Tochterzellen, womit der Chromosomensatz auf die Hälfte reduziert wird (2n → 1n).

- Die 2. Reifeteilung (**Äquationsteilung**) entspricht einer Mitose und lässt aus Zwei-Chromatid-Chromosomen Ein-Chromatid-Chromosomen unter Erhaltung der Chromosomenzahl entstehen.

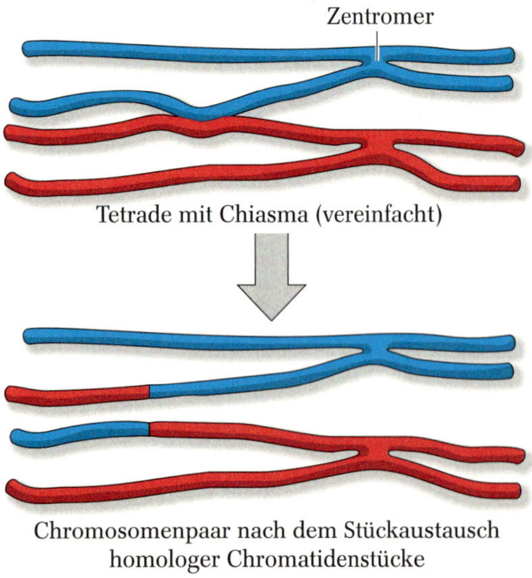

1. Reifeteilung:

Prophase I
Sie dauert erheblich länger als die der Mitose. Zunächst verkürzen sich auch hier die Chromosomen und homologe Paare lagern sich aneinander. Der dadurch entstehende Komplex aus vier Chromatiden wird **Tetrade** genannt. In diesem Zustand kann ein **Umbau der Chromosomen** erfolgen: Während der Homologenpaarung und Tetradenbildung entstehen nicht selten Kontaktstellen von Chromatiden homologer Chromosomen, sogenannte **Chiasmata** (Einzahl: **Chiasma**). In diesem Zustand können Brüche und Fusionen auftreten, die zu einem Austausch von homologen Chromatidenabschnitten führen. Diesen Segmentaustausch homologer Chromatidenstücke nennt man **Crossing over** *(Abb. 1)*. Nach erfolgtem Crossing over weichen die Chromosomen langsam auseinander und hängen für eine Weile nur noch an den Chiasmata zusammen. Nun werden diese Überkreuzungsstellen auch im Lichtmikroskop sichtbar. Gegen Ende der Prophase I teilt sich das Zentriol (sofern vorhanden, siehe Mitose) und der Spindelapparat

A3 Vergleichen Sie die geschlechtliche Fortpflanzung von Tieren und Pflanzen und stellen Sie dar, welche Blütenteile Spermien, Eizelle und Embryo bei Tieren entsprechen. Erläutern Sie, welche Bedeutung der Begriff Samen bei Tieren und Pflanzen hat.

A4 Definieren Sie den Begriff „Maultier". Eignen sich Maultiere zur Zucht?

Tetrade mit Chiasma (vereinfacht)

Chromosomenpaar nach dem Stückaustausch homologer Chromatidenstücke

Abb. 1 Chiasma und Crossing over homologer Chromatidenstücke

bildet sich aus; Kernkörperchen und Kernmembran lösen sich auf.

Metaphase I

Die Chromosomenpaare ordnen sich als Tetraden in der Äquatorialebene an. Der Spindelapparat ist voll ausgebildet. Wie bei der Mitose gibt es Pol-Pol- und Pol-Zentromer-Fasern.

Anaphase I

Es werden nun die homologen Chromosomen zu den Polen der Zelle gezogen. Im Unterschied zur Mitose wandern ganze Chromosomen, also Zwei-Chromatid-Chromosomen, und nicht Chromatiden. Damit kommt es zur Reduktion des Chromosomensatzes von 2n auf 1n in den Tochterzellen. Es erfolgt dadurch eine zufällige Auswahl, welches der Homologen zur einen oder zur anderen Seite hingezogen wird.

Telophase I

Vorübergehend wird wieder eine Kernmembran gebildet; die Zellen teilen sich unter Trennung des Zytoplasmas.

Ergebnis: Es sind zwei Tochterzellen mit halbem Chromosomensatz entstanden. Die Chromosomen sind noch Zwei-Chromatid-Chromosomen. Nach einer kurzen Pause (Interkinese, keine Interphase, also auch keine identische Reduplikation) erfolgt die 2. Reifeteilung.

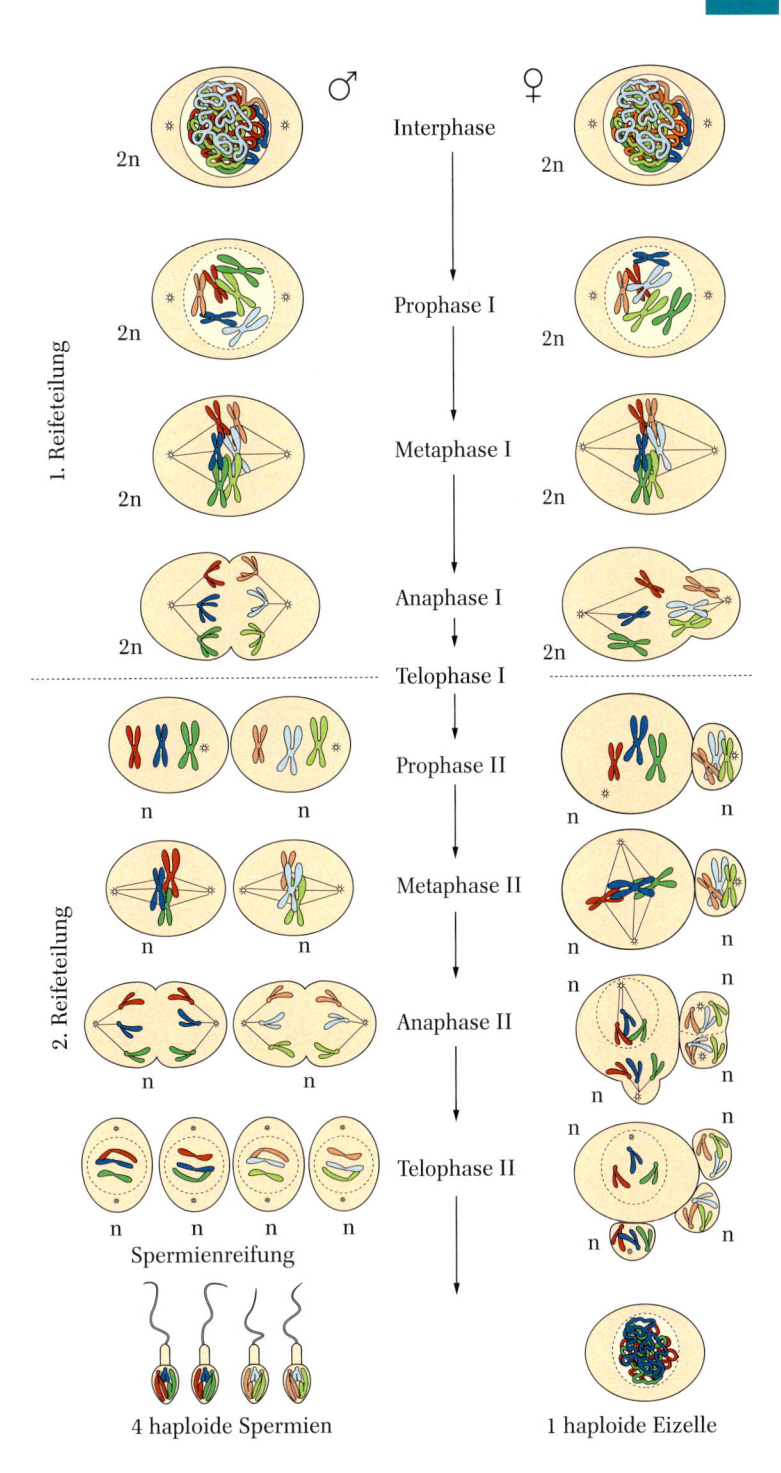

Abb. 2 Schema der Meiose bei Spermien- und Eizellenbildung. Dargestellt sind sechs Chromosomen im diploiden Satz.

A5 Kann man bei Blütenpflanzen durch künstliche Selbstbestäubung erbgleiche Nachkommen erhalten? Begründen Sie Ihre Meinung.

A6 Erläutern Sie den Unterschied zwischen Interkinese und Interphase.

2. Reifeteilung:

Die vier Phasen entsprechen denen der Mitose: Prophase II, Metaphase II, Anaphase II, Telophase II *(S. 102 f.)*. Die Teilungsspindel ist im rechten Winkel zu der der 1. Reifeteilung gerichtet.

Ergebnis und Bedeutung der Meiose:

- Bei der Meiose entstehen vier Keimzellen mit Ein-Chromatid-Chromosomen und auf die Hälfte reduziertem Chromosomensatz, also zum Beispiel beim Menschen mit 23 Ein-Chromatid-Chromosomen.

Während der 1. Reifeteilung erfolgt eine **zufällige Verteilung der homologen Chromosomen**. Aus der Stochastik wissen wir, dass bei n Chromosomenpaaren 2^n Verteilungsmöglichkeiten bestehen, also beim Menschen $2^{23} = 8388608$ Kombinationen. Da von jedem Homologenpaar je ein Chromosom vom Vater und eines von der Mutter stammt, ist deren Erbgut nicht identisch. Somit führt die Zufallsverteilung zu einer Durchmischung des Erbgutes mit vielen Neukombinationen.

- Eine noch weiterführende Durchmischung und Neukombination des Erbgutes wird durch den möglichen **Umbau der Chromosomen** durch Chiasmata und Crossing over während der Prophase I erreicht.

Die Zufallsverteilung der homologen Chromosomen und der Chromosomenumbau durch Crossing over führen zu einer Durchmischung und Neukombination des Erbgutes und erhöhen damit die genetische Variabilität.

Die Meiose verläuft grundsätzlich beim männlichen und weiblichen Geschlecht gleich. Unterschiede bestehen in der Anzahl und in der Reifung der Geschlechtszellen. Bei Männern entstehen vier haploide Spermien, im weiblichen Organismus eine haploide Eizelle und drei kleine Richtungskörperchen, die später zugrunde gehen *(Abb. 2, S. 105)*.

A7 Erklären Sie, wodurch die genetische Variabilität erhöht wird.

A8 Nennen Sie die Unterschiede zwischen dem Erbgut der Tochterzellen, die a) aus einer Mitose und b) aus einer meiotischen Zellteilung entstanden sind.

A9 Bei Pflanzen können nahe verwandte Arten miteinander gekreuzt werden (Beispiel: Zwetschge aus Kirschpflaume und Schlehe). Recherchieren Sie, warum die entstehenden Bastarde steril sind.

A10 Stellen Sie eine Tabelle zusammen, aus der die Unterschiede zwischen Mitose und Meiose hervorgehen!

A11 Recherchieren Sie, warum der Vorrat an männlichen Keimzellen im Gegensatz zu Eizellen unbegrenzt ist.

Exkurs

Geschlechtsbestimmung und Geschlechtsdifferenzierung

Genotypische Geschlechtsbestimmung beim Menschen

Die Entscheidung über das Geschlecht eines Kindes fällt bei der Befruchtung, je nachdem, ob ein X-tragendes oder ein Y-tragendes Spermium in die Eizelle eindringt und mit ihr verschmilzt: Durch XX-Koppelung entsteht ein Mädchen, durch XY-Koppelung ein Junge (XY-Mechanismus, *Abb. 3*).

Die Informationen über die Ausprägung der primären und sekundären Geschlechtsmerkmale liegen jedoch nicht auf den Geschlechtschromosomen (Gonosomen), sondern verteilt auf verschiedenen Chromosomen. Die Gonosomen besitzen Schaltergene, die die Entwicklung des Keimes in Richtung auf das männliche oder weibliche Geschlecht beeinflussen.

Auf dem Y-Chromosom sind männliche, auf dem X-Chromosom weibliche Geschlechtsgene vorhanden. Nur wenn das Y-Chromosom fehlt, kommen die weiblichen Geschlechtsfaktoren zur Expression.

Andererseits findet man auf dem X-Chromosom des Menschen eine ganze Reihe von Genen, die nichts mit den Geschlechtsmerkmalen zu tun haben. Bekannte Beispiele sind Gene für das normale Farbensehen und die Bildung wichtiger Blutgerinnungsfaktoren (Bluterkrankheit und Rotgrünblindheit, *S. 130 ff.*).

Da bei der Meiose immer gleich viele X- und Y-Spermien gebildet werden, sollte das **Geschlechtsverhältnis** 1 : 1 betragen. Tatsächlich kommen auf 100 Mädchengeburten 106 geborene Jungen. Offenbar haben die etwas leichteren Y-Spermien einen leichten Geschwindigkeitsvorteil und damit eine etwas höhere Befruchtungswahrscheinlichkeit.

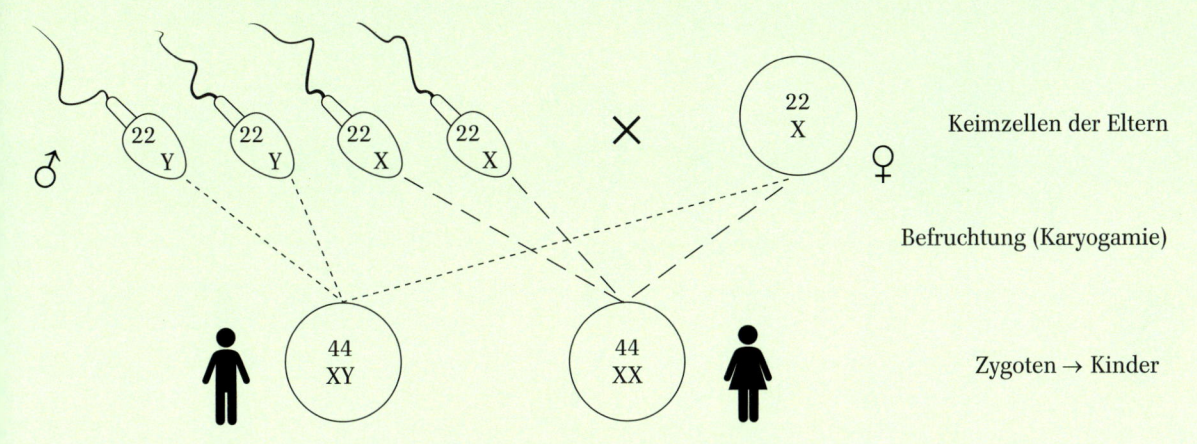

Abb. 3 Genotypische Geschlechtsbestimmung beim Menschen (Zahlen entsprechen der Anzahl der Autosomen)

Zum Zeitpunkt der Empfängnis ist das Befruchtungsverhältnis wahrscheinlich noch stärker in Richtung der XY-Zygoten verschoben. Es werden Zahlen im Bereich von 150 : 100 (männlich : weiblich) diskutiert. Dass sich dieser Unterschied nicht in der Bevölkerungsstruktur niederschlägt, könnte mit einer höheren vorgeburtlichen Sterblichkeit der männlichen Embryonen zu erklären sein. Diesen fehlt ja das zweite X-Chromosom, wodurch Mutationen im X-Chromosom auf jeden Fall zur Ausprägung kommen. Da auch die Sterblichkeit nach der Geburt im männlichen Geschlecht leicht erhöht ist, pendelt sich das spätere Geschlechtsverhältnis 1 : 1 ein.

Geschlechtsdifferenzierung

Was bei Blütenpflanzen der Normalfall ist und auch bei einigen Tierarten vorkommt, gibt es manchmal auch beim Menschen: das Zwittertum. Bei einem solchen **Zwitter** oder **Hermaphroditen** lässt sich das Geschlecht äußerlich nicht eindeutig zuordnen. Es werden sowohl Eierstöcke als auch Hodengewebe ausgebildet. Dabei treten Mischgonaden auf, wobei in einem Organ männliche und weibliche Teile vereint sind, oder es entwickeln sich Doppelgonaden, zum Beispiel rechts Hoden, links Ovar.

Interessanterweise haben alle Zwitter ein **eindeutiges Kerngeschlecht**, also XX oder XY. Da Zwitter also auch ohne das Vorhandensein eines Y-Chromosoms entstehen können, liegen die Gene für die Ausprägung der männlichen Geschlechtsorgane auf anderen Chromosomen. Heute weiß man, dass die Informationen für die sexuellen Merkmale beider Geschlechter auf den Autosomen liegen. Man spricht daher von **bisexueller Potenz**. Welcher Teil der Geschlechtsinformationen tatsächlich realisiert wird, ob also die männlichen oder die weiblichen Merkmale zur Ausprägung gelangen, wird durch die Gonosomen bestimmt.

Verlauf einer ungestörten Geschlechtsentwicklung beim Menschen

Bei einem wenige Wochen alten Embryo ist (phänotypisch) kein Unterschied zwischen Junge und Mädchen feststellbar. Noch hat keine geschlechtliche Differenzierung begonnen. Erst am Ende des dritten Monats **entscheiden die Geschlechtschromosomen** über die Weiterentwicklung der Geschlechtsorgane. Ist ein Y-Chromosom vorhanden, entwickelt sich das Mark der Gonadenanlage zum Hoden *(Abb. 4, S. 108)*. Fehlt dieser Y-Schalter (im Normalfall bei Genotyp XX), entstehen aus dem Rindenbereich der indifferenten Gonadenanlage die Eierstöcke.

Diese produzieren weibliche Geschlechtshormone, **Östrogene**, die ihrerseits die Weiterentwicklung der weiblichen Geschlechtsorgane bewirken. In entsprechender Weise bildet der embryonale Hoden die männlichen Sexualhormone, die **Androgene** (in erster Linie Testosteron), die die Weiterentwicklung der männlichen Geschlechtsorgane auslösen und steuern. Gleichzeitig hemmt ein vom Hoden abgegebener Stoff, ein sogenannter **Ovidukt-Repressor**, die Entwicklung des Eileiters.

Störungen im Verlauf der Geschlechtsdifferenzierung

Ein fehlerhaftes Y-Chromosom kann zu einer unvollständigen Determination der männlichen Entwicklung führen (Zwitter).

Ein Gendefekt auf dem X-Chromosom ist für die sogenannte **testikuläre Feminisierung** von XY-Individuen verantwortlich. Vom Kerngeschlecht her Männer sind diese Patientinnen phänotypisch und in ihrem Gefühlsleben eindeutig Frauen (XY-Frauen)! Man nennt sie **Scheinzwitter** oder **Pseudohermaphroditen**. In der Pubertät entwickeln sie eine normale weibliche Brust und normale weibliche Körperproportio-

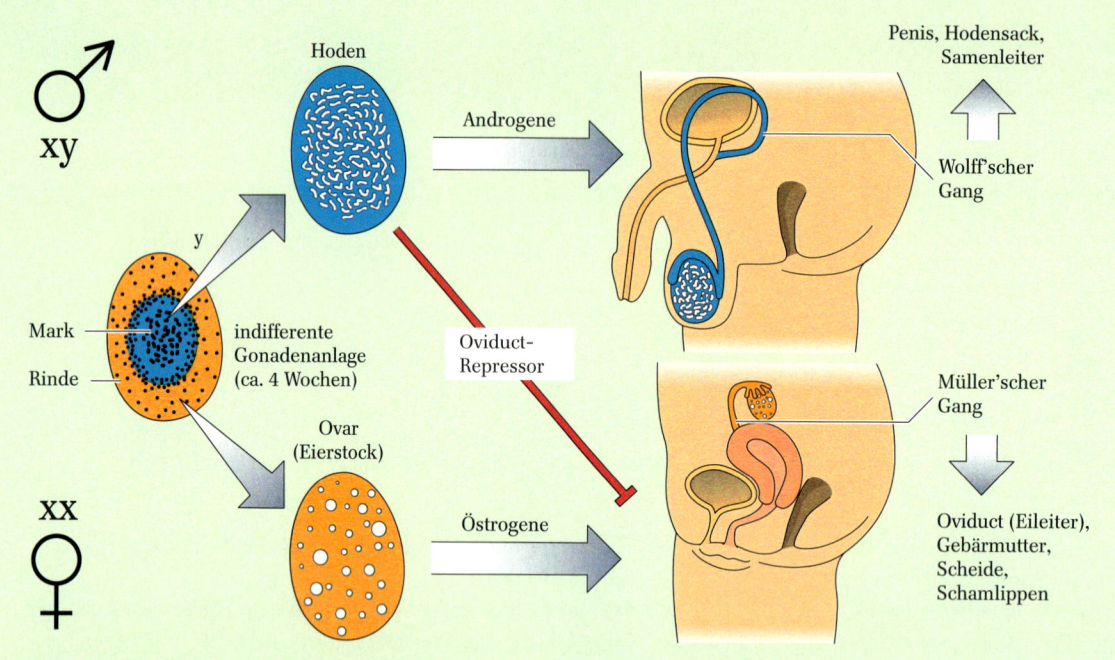

Abb. 4 Geschlechtsentwicklung beim Menschen

nen. Jedoch endet ihre kurze Scheide blind und im Körperinneren liegen weder Eileiter noch Gebärmutter, da ja der Ovidukt-Repressor in ihrer embryonalen Entwicklung wirksam war. Stattdessen werden kleine innere Hoden ausgebildet. Penis und äußere Hoden fehlen vollständig.

Die primäre Wirkung dieses X-chromosomalen Gendefekts ist das Fehlen eines Enzyms zur Bildung von Androgenrezeptoren; Androgene werden zwar gebildet, können jedoch nicht wirksam werden. Damit werden auch die männlichen primären und sekundären Geschlechtsmerkmale nicht ausgebildet. Die immer vorhandenen weiblichen Geschlechtshormone führen zur Ausprägung des femininen Erscheinungsbildes.

Ein **Enzymdefekt der Nebenniere** kann bei XX-Frauen zu einer krankhaft vermehrten Androgenproduktion führen. Diese Frauen haben funktionstüchtige innere weibliche Geschlechtsorgane und können bei einem schwächeren Krankheitsbild fruchtbar sein. Die äußeren Genitalien sind jedoch stark vermännlicht.

Man nennt diese Störung **adrenogenitales Syndrom (AGS)**, die Patientinnen sind **weibliche Scheinzwitter**.

Geschlechtsumwandlungen sind beim Menschen grundsätzlich durch Hormongaben in Zusammenarbeit mit plastischer Chirurgie möglich. Sexualhormone können aber nur die äußeren Geschlechtsmerkmale wie Körperbehaarung, Brustbildung, etc. beeinflussen.

Nicht zu verwechseln sind Behandlungen mit Geschlechtshormonen mit denen von Anabolikagaben. Dies sind Hormone, die den Eiweißstoffwechsel beeinflussen und damit ein Muskelwachstum fördern ohne eine direkte Wirkung auf die Sexualmerkmale zu besitzen.

Bei Zwittern und Scheinzwittern kann es juristische Probleme geben, da in das Familienstammbuch bzw. in die Geburtsurkunde ein Kind nur mit männlichem oder weiblichem Geschlecht eingetragen werden darf. Ausschlaggebend ist das Geschlecht, in dessen sozialer Rolle das Kind später voraussichtlich einmal leben wird. Bei testikulärer Feminisierung wird man also trotz des XY-Kerngeschlechts ein Mädchen eintragen.

2.3 Numerische Chromosomenabweichungen

Während der **Bildung der Keimzellen** können Fehler auftreten, durch die die Anzahl einzelner Chromosomen oder des gesamten Chromosomensatzes verändert wird. Bei Pflanzen sind polyploide (gr. poly – viel; ploid – -fach) Chromosomenbestände recht häufig. Sie erhöhen oftmals die Widerstandsfähigkeit und führen zu vergrößerten Organen, zum Beispiel zu größeren Früchten und damit, bei Kulturpflanzen, zu einer Ertragssteigerung. Tritt beim Menschen jedoch ein vielfacher Chromosomensatz auf, kann der Embryo nicht überleben.

A 12 Erläutern Sie, wie beim Menschen eine triploide Zygote entstehen könnte. Wie hoch sind ihre Entwicklungschancen?

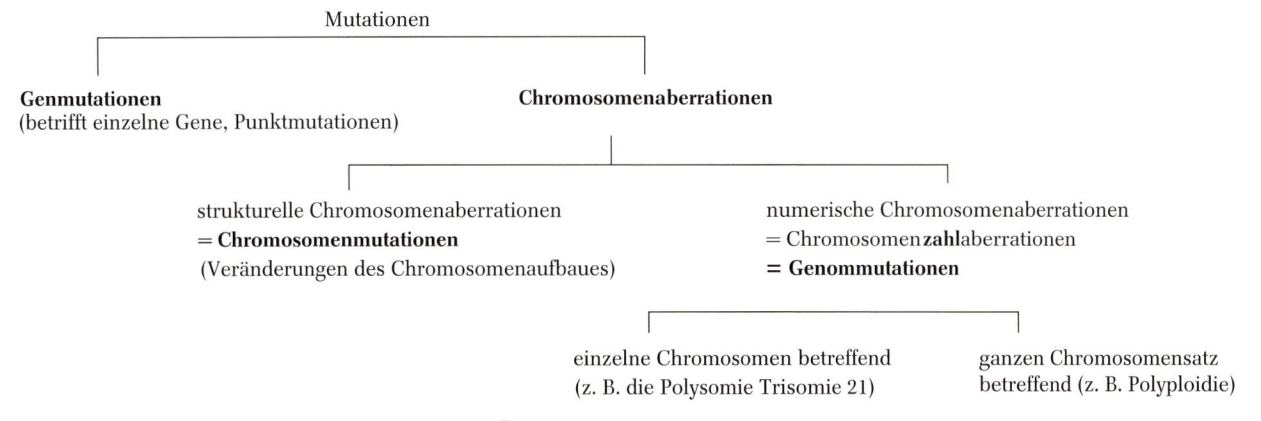

Mutationen

Genmutationen
(betrifft einzelne Gene, Punktmutationen)

Chromosomenaberrationen

strukturelle Chromosomenaberrationen
= **Chromosomenmutationen**
(Veränderungen des Chromosomenaufbaues)

numerische Chromosomenaberrationen
= Chromosomen**zahl**aberrationen
= **Genommutationen**

einzelne Chromosomen betreffend
(z. B. die Polysomie Trisomie 21)

ganzen Chromosomensatz
betreffend (z. B. Polyploidie)

Abb. 1 Die verschiedenen Mutationstypen in der Übersicht

Äußere Einflüsse während der Schwangerschaft und Geburt – Nikotin, Alkohol, Umweltgifte, Strahlung, Infektionskrankheiten, Sauerstoffmangel – können sich auf die Gesundheit des Kindes auswirken. Solche Störungen manifestieren sich allerdings nicht im Erbgut und sind somit auch keine Erbkrankheiten.

Unter **Erbkrankheiten** oder **Erbleiden** versteht man alle an Nachkommen weitervererbbaren körperlichen und geistigen Anomalien aufgrund defekter oder veränderter Gene oder Gengruppen (Chromosomen oder Teile von Chromosomen). Veränderungen des genetischen Materials, die nicht auf Neukombinationen beruhen, nennt man **Mutationen**. Man unterscheidet **Genommutationen**, **Chromosomenmutationen** und **Genmutationen** *(Abb. 1)*.

2.3.1 Autosomale Genommutationen

Trisomie 21 (Down-Syndrom). Statistisch gesehen leidet eines von 700 Neugeborenen an dieser Krankheit, für die es bisher noch keine Heilung gibt.

Menschen, die unter Trisomie 21 leiden *(Abb. 2)*, weisen gegenüber „gesunden" Personen auffällige körperliche Unterschiede auf, z.B. eine rundlichen Kopfform mit flachem Hinterhaupt, tief sitzende und kleine Ohren mit einem Knick und die für die Chromosomenveränderung typischen schräg gestellte Augen mit Augenfalte („Mongolenfalte"). Es können auch verkürzte Füße und kurzfingrige Hände auftreten; 60 % der Betroffenen weisen die Vierfingerfurche auf.

Exkurs

Wegen des Gesichtsausdrucks und der Stellung der Augen prägte der Erstbeschreiber John L. Down im Jahre 1866 den heute nicht mehr gebräuchlichen Begriff „Mongolismus".

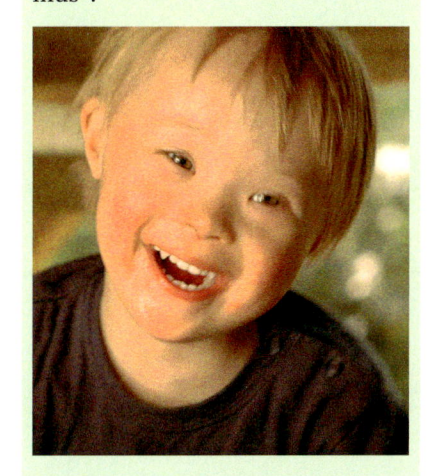

Abb. 2 Kind mit Down-Syndrom

Menschen mit Trisomie 21 leiden häufig unter **erhöhter Infektionsanfälligkeit** und **Fehlbildungen innerer Organe**, zum Beispiel Herzfehler (75 %) und Magen-Darm-Missbildungen, wodurch die Lebenserwartung früher stark herabgesetzt war: 75 % der Patienten starben im Jugendalter und nur 10 % erreichten das 25. Lebensjahr. Durch die verbesserte medizinische Betreuung, vor allem durch Bekämpfung häufig auftretender Infekte mit Antibiotika, haben sich die Lebenschancen deutlich normalisiert.

Trisomie-21-Erkrankte können über normal durchschnittliche Intelligenz verfügen oder aber einen Intelligenzquotienten von 30 bis 50 besitzen (Durchschnitts-IQ ist 100, nur wenige Menschen haben <70); die geistige und emotionale Entwicklung bleibt häufig auf der Stufe des 6- bis 7-jährigen Kindes stehen. Auffällig sind die Defizite in der Sprachentwicklung. Die deutlich verbesserten Möglichkeiten der Frühförderung ermöglichen Kindern mit Trisomie 21 in der heutigen Zeit jedoch ein vergleichsweise „normales" Leben. Mit ausreichend intensiven und gezielten therapeutischen Maßnahmen steigt der Grad der Selbständigkeit, den Menschen mit Trisomie 21 auch im Alter in ihrem alltäglichen Leben erreichen können.

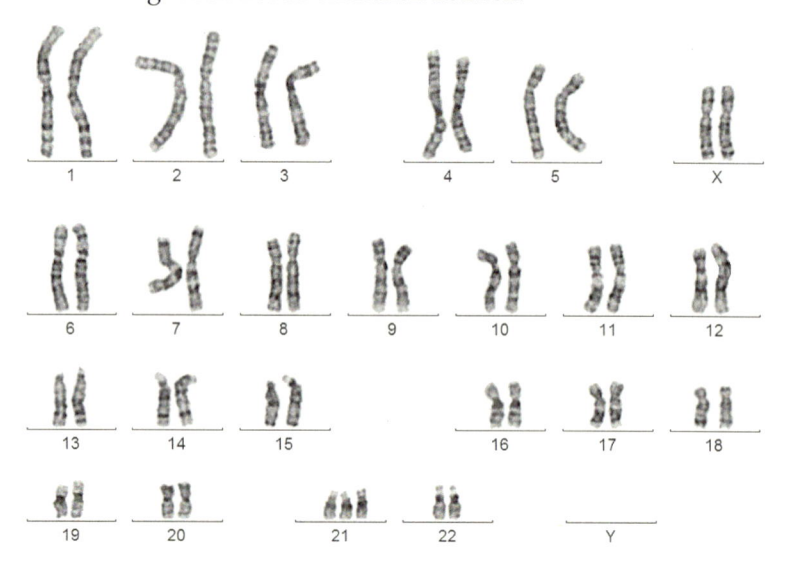

Abb. 3 Karyogramm eines an Trisomie 21 erkrankten Mädchens

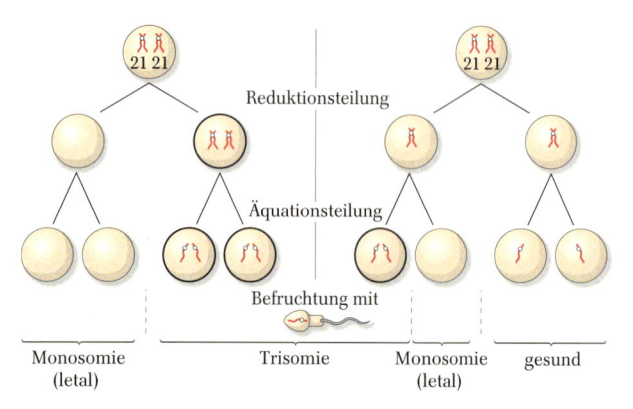

Abb. 4 Nondisjunction in den meiotischen Reifeteilungen für die Chromosomen 21

Im Jahre 1959 wurde beobachtet, dass am Down-Syndrom erkrankte Menschen in allen Zellen ihres Körpers 47 Chromosomen besitzen. Im Karyogramm erkennt man, dass das Chromosom Nr. 21 **drei**mal vorhanden ist: **Trisomie 21** *(Abb. 3)*. Das überzählige Chromosom stammt überwiegend von der Mutter. Ursache für diese Abweichung vom normalen Chromosomenbestand ist eine Fehlverteilung der homologen Chromosomen während der Keimzellenbildung durch Nichttrennung (Nondisjunction) des Chromosomenpaares Nr. 21 in der Reduktions- oder Äquationsteilung der Meiose *(Abb. 4)*. Entweder trennen sich die beiden Homologen während der Reduktionsteilung der Meiose nicht und wandern gemeinsam in eine der beiden Tochterzellen oder es bleiben bei der Äquationsteilung die beiden Chromatiden nach der Teilung des Zentromers zusammen und wandern in eine der Tochterzellen.

Nichttrennung des Chromosomenpaares 21 kann auch bei der Spermienbildung auftreten. Jedoch ist bei der großen Menge von Samenzellen die Befruchtungswahrscheinlichkeit gestörter Spermien nicht groß. Bereits im vergangenen Jahrhundert beobachtete man, dass ältere Frauen besonders häufig am DOWN-Syndrom erkrankte Kinder zur Welt brachten. Statistische Untersuchungen aus unserer Zeit belegen diesen Befund *(Abb. 5)*.

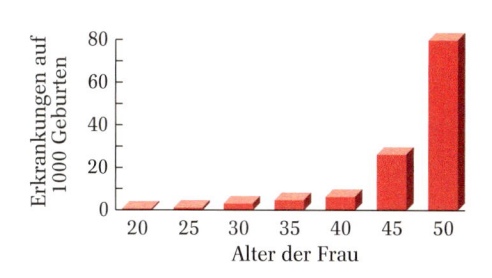

Abb. 5 Trisomie 21-Erkrankungen in Abhängigkeit vom Alter der Mutter

Weitere Trisomien

Grundsätzlich können Fehlverteilungen bei allen Chromosomen auftreten. Neben der Trisomie 21 sind jedoch nur die Trisomien 13 und 18 bekannt. Beide äußern sich in schwersten äußeren und inneren Missbildungen und einer Lebenserwartung von wenigen Monaten. Alle anderen autosomalen Trisomien führen zum frühen Absterben des Embryos. Dass bei Trisomie 21 eine hohe Überlebenswahrscheinlichkeit auftritt, dürfte an der relativen Genarmut des betroffenen Chromosoms liegen.

2.3.2 Gonosomale Genommutationen

Während der Keimzellenbildung kann es auch zu **Fehlbildungen der Geschlechtschromosomen** kommen. Jedoch haben gonosomale numerische Chromosomenaberrationen weitaus geringere phänotypische Auswirkungen als autosomale.

ULLRICH-TURNER-**Syndrom: X0-Frauen** (Häufigkeit: 1 : 3000). Die Patientinnen haben 45 Chromosomen mit dem Chromosomensatz 44 + X. Das zweite Geschlechtschromosom fehlt. Da das Y-Chromosom fehlt, ist das Geschlecht eindeutig weiblich. Das Erscheinungsbild ist durch Kleinwuchs (115 bis 155 cm) gekennzeichnet, manchmal tritt ein flügelartig verbreiterter Hals auf *(Abb. 6)*, weiterhin werden der tief sitzende Haaransatz und verkürzte Mittelhandknochen genannt; häufig kommt es zu inneren Fehlbildungen wie Herz- und Aortenfehler sowie Nierenfunktionsstörungen, die Intelligenz ist jedoch normal. TURNER-Frauen sind häufig unfruchtbar, haben aber normal ausgebildete äußere Geschlechtsorgane.

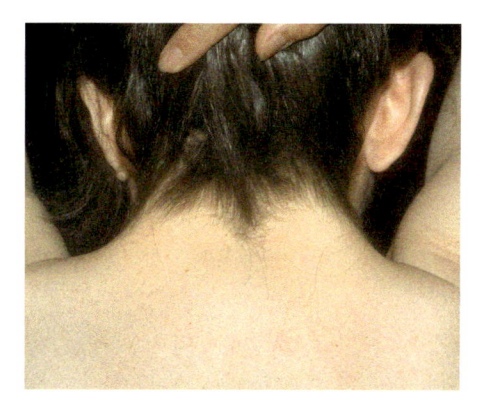

Abb. 6 Patientin mit Ullrich-Turner-Syndrom

Ursache für das Auftreten der X0-Zygoten ist eine Nichttrennung in der Reduktions- oder Äquationsteilung bei Männern oder Frauen. Auch kann ein Chromosomenverlust nach der Meiose auftreten. Es ist keine altersabhängige Häufung bekannt.

KLINEFELTER-**Syndrom: XXY-Männer** (Häufigkeit: 1 : 1000) sind etwas größer als der Durchschnitt, wobei vor allem die Beine überproportional lang sind. In der Pubertät bleibt die Entwicklung der sekundären Geschlechtsmerkmale weitgehend aus, XXY-Männer produzieren zu wenig männliche Geschlechtshormone *(Abb. 7)*, sie besitzen einen verminderten Bartwuchs und nur eine spärliche Körperbehaarung, die Schambehaarung ist eher weiblich. Die Intelligenz ist nur leicht vermindert.

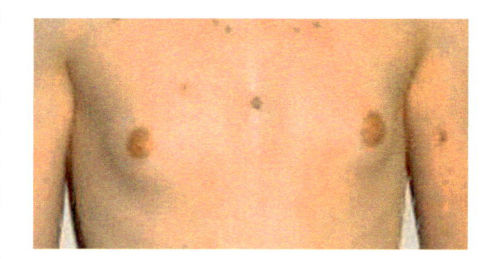

Abb. 7 Junger Mann mit Klinefelter-Syndrom

Ursache ist das Auftreten von XX-Eizellen (ca. $^2/_3$, durch Nondisjunction in der Reduktions- oder Äquationsteilung) oder die Bildung von XY-Spermien (ca. $^1/_3$, Nondisjunction in der Reduktionsteilung der Spermiogenese). Mehrfache Nichttrennung in der Oogenese verursacht Karyotypen XXXY und XXXXY. Mit zunehmender X-Zahl werden die Symptome stärker, die Intelligenz nimmt deutlich ab.

Poly-X-Syndrom: XXX-Frauen (Häufigkeit: 1 : 1000) sind äußerlich unauffällig, sie besitzen eine leicht verminderte Intelligenz, diese sinkt mit zunehmender X-Zahl: XXXX, XXXXX.

Diplo-Y-Syndrom: XYY-Männer (Häufigkeit: 1 : 1000) sind oft überdurchschnittlich groß und neigen manchmal zu Verhaltensauffälligkeiten. Die Intelligenz ist vermindert, die Betroffenen sind fertil und besitzen eine normale Geschlechtshormonproduktion. Häufigste Ursache ist Nondisjunction in der Äquationsteilung der Spermiogenese.

Exkurs

Barr-Körperchen und Kerngeschlecht

MURRAY BARR entdeckte im Jahre 1949 in den Körperzellen weiblicher Katzen ein am Rande des Zellkernes liegendes anfärbbares Körperchen *(Abb. 8)*. Alle weiblichen Säugetiere, so auch alle Frauen, besitzen in den Körperzellkernen ein solches BARR-**Körperchen**. Bei XX-Individuen (XX, XXY) erkennt man ein BARR-Körperchen, XXX-Frauen haben zwei und XXXX-Frauen drei; XY-Individuen, auch XY-Zwittern und XY-Scheinzwittern fehlt dieses.

Eine **Deutung** der Beobachtungen gelang im Jahre 1961 der englischen Genetikerin MARY LYON. Sie formulierte eine Hypothese, die inzwischen bestätigt wurde: BARR-Körperchen sind genetisch weitgehend inaktivierte, nicht entspiralisierte X-Chromosomen (LYON-Hypothese). Bereits in der frühen Embryonalphase wird nach dem Zufallsprinzip eines der beiden X-Chromosom zum BARR-Körperchen, bei Individuen mit mehr als zwei X-Chromosomen werden alle bis auf eines auf diese Weise inaktiviert. So haben Männer wie Frauen annähernd die gleiche Gendosis bezüglich dieses Chromosoms (**Gendosiskompensation**), und es ist erklärbar, dass XXX- und XXY-Individuen gegenüber den autosomalen Polysomien vergleichsweise geringe Störungen aufweisen. Männer, die durch Hormongaben und plastische Chirurgie ein weibliches Aussehen bekommen haben, aber auch Pseudohermaphroditen, die aufgrund ihrer XY-Konstellation eine eher männlich entwickelte Muskulatur aufweisen, können bei sportlichen Wettkämpfen in Frauendisziplinen ihren weiblichen Mitstreiterinnen überlegen sein. Daher wurde vor großen internationalen Sportwettkämpfen das Kerngeschlecht der Sportlerinnen bestimmt. Zur Geschlechtsdiagnose entnimmt man Zellen der Mundschleimhaut oder der Haarwurzeln, färbt sie an und betrachtet sie unter einem Mikroskop (**Sex-Test**). Die ersten Tests führte man bereits vor der Olympiade 1968 in Mexico City durch, zu den Olympischen Spielen 2000 in Sidney wurden die Sextests dann wieder abgeschafft.

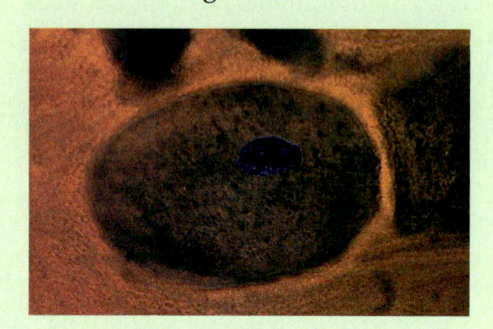

Abb. 8 XX-Zellkern mit Barrkörperchen

A 13 Entwerfen Sie eine Skizze, aus der die Bildung einer Zygote vom Karyotyp 49, XXXY deutlich wird.

Zusammenfassung

Die Erbinformation eines eukaryotischen Lebewesens befindet sich mit ganz wenigen Ausnahmen auf den Chromosomen im Zellkern.

*Alle Individuen einer Art besitzen in allen Körperzellen die gleiche Anzahl an Chromosomen (**artcharakteristische Zahlenkonstanz**), die bis auf sehr wenige Ausnahmen geradzahlig sind. Gleiche oder ähnliche Chromosomenzahlen lassen keinen Schluss auf Verwandtschaft zu; sehr nahe verwandte Arten haben dennoch oft gleiche oder ähnliche Chromosomenbestände. Eine Korrelation zwischen Chromosomenzahl und der Organisationshöhe eines Organismus besteht nicht.*

Ziel der **Mitose** ist die Zellvermehrung ohne Veränderung des Erbgutes. Dies wird durch identische Verdopplung und Gleichverteilung der Chromosomen und damit der genetischen Information erreicht.

Der Vorgang der Mitose wird gegliedert in die Prophase, Metaphase, Anaphase, Telophase. Nach der Telophase geht der Zellkern wieder in sein Arbeitsstadium zurück, die sogenannte Interphase. In ihr wird auch das Erbgut für eine neue Zellteilung identisch redupliziert.

Keimzellen sind haploid (1n) und besitzen im Gegensatz zu den diploiden (2n) Körperzellen nur den halben Chromosomensatz. So wird nach der Befruchtung wieder die Chromosomenzahl der Eltern erreicht (**Chromosomenzahlkonstanz**). Zur Bildung der Keimzellen führt eine besondere Teilung, die **Meiose**, die aus zwei kurz hintereinander geschalteten Reifeteilungen besteht. In der 1. Reifeteilung oder Reduktionsteilung wird der Chromosomensatz auf die Hälfte reduziert. Dabei kommt es zur Tetra-denbildung mit möglichem Genaustausch (Crossing over) und Durchmischung des väterlichen und des mütterlichen Erbguts. Es wandern nicht Chromatiden, sondern ganze Chromosomen. Danach folgt die 2. Reifeteilung oder Äquationsteilung, die wie eine normale Mitose verläuft. Das Ergebnis der Meiose sind vier haploide Keimzellen mit Ein-Chromatid-Chromosomen. Störungen in ihrem Ablauf können zu Abweichungen vom normalen Chromosomensatz führen. Häufig kommt es zu Veränderungen der Anzahl der Chromosomen, sogenannten numerischen Chromosomenaberrationen (Chromosomenzahlaberrationen).

Bei einer meiotischen Vervielfachung des ganzen Chromosomensatzes wird von **Polyploidie** gesprochen. Im Gegensatz zu Pflanzen sind polyploide Säugetiere nicht entwicklungs- und lebensfähig. Unter **Polysomie** wird die Vervielfachung einzelner Chromosomen verstanden. Am bekanntesten ist die **Trisomie 21**. Trisomien größerer und genreicherer Chromosomen führen zu schwersten Störungen (z.B. bei den Chromosomen 13 und 18) bzw. zum Absterben der Frucht bereits während der Embryonalentwicklung. Ursache der Trisomien ist eine Nichttrennung (Nondisjunction) der Chromosomen während der 1. oder 2. Reifeteilung der Meiose.

Im Gegensatz zu **autosomalen Chromosomenzahlaberrationen** wirken sich **gonosomale** sehr viel weniger dramatisch aus. Zum einen besitzt das Y-Chromosom keine lebenswichtigen Gene, und *überzählige X-Chromosomen werden zu Barr-Körperchen inaktiviert.*

3 Klassische Genetik

Schon lange bevor das DNA-Molekül entschlüsselt wurde war bekannt, dass bestimmte Abschnitte auf den Chromosomen für die Ausgestaltung eines Merkmals zuständig sind. Diese einzelne Erbanlage bezeichnet man als ein **Gen**, die Gesamtheit der Erbfaktoren als Erbbild oder **Genotyp**. Nicht alle Gene kommen jedoch zur Ausprägung. Die Gesamtheit aller erkennbaren Merkmale nennt man Erscheinungsbild oder **Phänotyp**.

Exkurs

Genetik historisch

Bereits in der Antike machten sich die Menschen Gedanken über die Weitergabe von Merkmalen der Eltern an die Kinder. So beschrieb der griechische Arzt HIPPOKRATES (460 – 377 v. Chr.), dass bestimmte Krankheiten, wie zum Beispiel die Epilepsie, erblicher Natur sind. ARISTOTELES (384 – 322 v. Chr.) entwickelte eine Vererbungstheorie, nach der die Kinder ihren Eltern in allen angeborenen und in den erworbenen Eigenschaften ähnlich sind. Sein Lehrer PLATON (427 – 347 v. Chr.) gab Empfehlungen für Zeugung und Züchtung. Dennoch war gerade das aristotelische Weltbild, auf das sich auch das Christentum bezieht, das ganze Mittelalter hindurch ein Hemmschuh einer experimentellen Naturwissenschaft. Eine erste auf exakten Experimenten beruhende und wissenschaftlich fundierte Vererbungslehre gelang dem Oberrealschullehrer und Augustinerpater GREGOR MENDEL *(Abb. 5, S. 116).*

MENDEL wurde am 22. Juli 1822 in Heinzendorf (heute: Hyncice, Tschechische Republik) geboren. Nach dem Abitur trat er in das Augustinerkloster zu Brünn ein und wurde 1847 zum Priester geweiht. In Wien absolvierte der Augustinerpater und spätere Abt des Klosters ein Studium der Naturwissenschaften. Nach dessen Abschluss lehrte er an der Oberrealschule in Brünn. Während dieser Zeit führte MENDEL über zehn Jahre lang (1853 – 1865) im Garten des Brünner Klosters seine später berühmt gewordenen Kreuzungsexperimente durch, deren Ergebnisse er 1865 dem „Naturforschenden Verein" vortrug. Ein Jahr später veröffentlichte GREGOR MENDEL seine Forschungsergebnisse unter dem Titel „Versuche über Pflanzenhybriden". Eine Anerkennung seiner zukunftsweisenden Erkenntnisse fand er zu Lebzeiten jedoch nicht. Erst fünfzehn Jahre nach seinem Tod, um 1900, wurden MENDELS Vererbungsgesetze von HUGO DE VRIES, CARL ERICH CORRENS und ERICH V. TSCHERMAK wieder entdeckt. Auf CORRENS geht die Bezeichnung „MENDEL'sche Regeln" zurück. Die Forscher kamen unabhängig voneinander zu den gleichen Ergebnissen wie GREGOR MENDEL. Offensichtlich war erst jetzt die Wissenschaft reif für das Begreifen von MENDELS Methoden und Ergebnissen und MENDEL selbst im Denken seiner Zeit voraus. MENDELS Untersuchungsobjekt war die Gartenerbse aus der Pflanzenfamilie der Schmetterlingsblütler *(Abb. 1)*; später verwendete er auch andere Pflanzen wie die Gartenbohne oder das (wenig geeignete) Habichtskraut.

Diese Auswahl war für MENDEL nicht zufällig. Er selbst begründete sie in seiner veröffentlichten Arbeit: Die Pflanzen sollten konstant differierende Merkmale besitzen, eine Bestäubung mit fremden Pollen sollte leicht zu vermeiden sein, die Nachkommen dürften keine verminderte Fruchtbarkeit erleiden. Die bei der Gartenerbse übliche Selbstbefruchtung und der besondere Blütenbau der Schmetterlingsblütler, bei denen die Stempel und Staubblätter vom Schiffchen umschlossen sind, machten die Durchführung der Kreuzungsexperimente zwar etwas umständlicher, erschwerten aber auch mögliche Störungen durch fremde Pollen *(Abb. 2)*.

Abb. 1 Die Saaterbse (*Pisum sativum*)

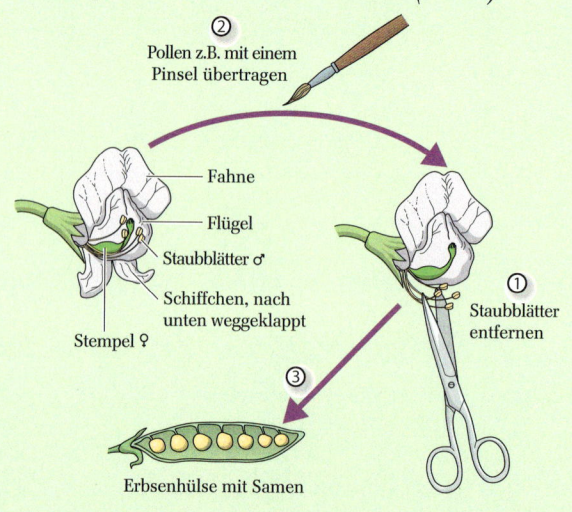

Abb. 2 Kreuzungsexperimente mit Blütenpflanzen (Erbse)

3.1 Der monohybride Erbgang

Für ein Kreuzungsexperiment wurden zunächst die Staubblätter aus allen noch nicht ganz fertig entwickelten Erbsenblüten der Versuchspflanze entfernt. Anschließend wurden auf diese Blüten Pollen von den anderen Erbsenpflanzen übertragen *(Abb. 2)*. Dabei kreuzte MENDEL zunächst ausgewählte **reine Rassen**, die sich auch nur in sehr wenigen bzw. nur **in einem Merkmal unterscheiden** sollten. Das hob den experimentellen Ansatz MENDELS von den Arbeiten seiner Vorgänger ab, die sich in zahllosen Merkmalsbeschreibungen und Kombinationsmöglichkeiten verzettelten. Als Einzelmerkmale eignen sich bei der Gartenerbse *(Abb. 3)* zum Beispiel die Wuchsform (Hochwuchs/Niedrigwuchs), die Samenform (rund/runzelig) oder die Samenfarbe (gelb/grün). Die Auswertung erfolgte **statistisch** unter Verwendung Tausender von Stichproben – ein recht ungewöhnliches Verfahren zu jener Zeit!

3.1.1 Die ersten beiden Mendel'schen Regeln

Es werden **reine Rassen** gekreuzt, deren Individuen sich nur **in einem einzigen Merkmal** unterscheiden. Einen solchen Erbgang mit nur einem alternierenden Merkmalspaar nennt man **monohybrid**. Im historischen Experiment war das einzige alternative Merkmalspaar die **Samenfarbe** der Erbsen. MENDEL kreuzte zunächst gelbsamige Erbsen mit grünsamigen Erbsenpflanzen. Die Ausgangsgeneration nennt man Elterngeneration oder **P-Generation** (Parentalgeneration), die direkten Nachkommen gehören der Tochtergeneration bzw. F_1-**Generation** (1. Filialgeneration) an. MENDEL erhielt als Versuchsergebnis, dass alle Nachkommen in der F_1-Generation untereinander gleich, nämlich gelbsamig, waren *(Abb. 4)*. **Reziproke Kreuzungen**, bei denen die Geschlechter der Eltern vertauscht wurden, führten stets zum gleichen Ergebnis.

Aus den gelben Samen zog MENDEL erneut Erbsenpflanzen und kreuzte nun die Individuen dieser F_1-Generation untereinander. In der nächsten Generation, der F_2-**Generation** (2. Filialgeneration) entstanden nun Pflanzen mit gelben Samen und solche mit grünen Samen, und zwar in einem Zahlenverhältnis von 3:1 (6022:2001, *Abb. 4*). Dabei war es gleichgültig, ob die Pollen von der gelbsamigen oder von der grünsamigen Pflanze stammten, das Ergebnis war stets vom Geschlecht unabhängig. Zur Sicherstellung der gefundenen Ergebnisse führte GREGOR MENDEL weitere Kreuzungen mit anderen Merkmalspaaren durch und erhielt jeweils vergleichbare Zahlenverhältnisse.

Abb. 3 Erbsenhülse mit Samen

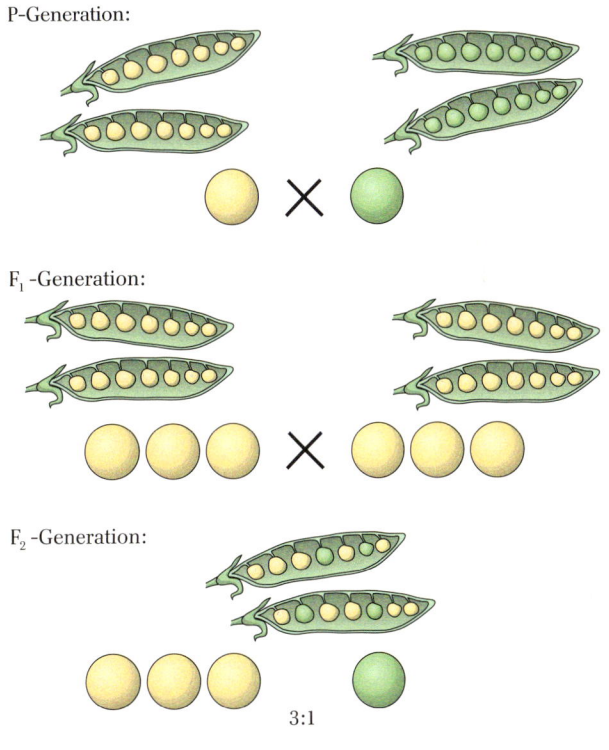

P-Generation:

F_1-Generation:

F_2-Generation:

3:1

Abb. 4 Die Ergebnisse von MENDELS Kreuzungsexperimenten mit Erbsensamen

Abb. 5 Gregor Mendel (1822 – 1884)

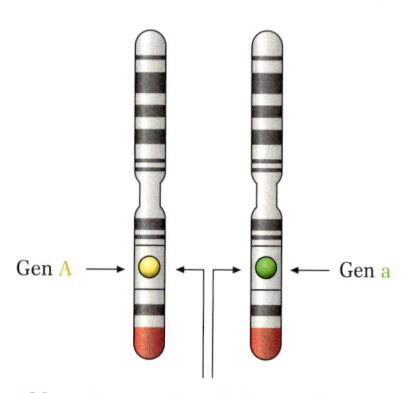

Abb. 6 Genorte der Allele A und a

Die beschriebenen Ergebnisse werden zu den beiden ersten MENDEL-'schen Regeln zusammengefasst:

1. Mendel'sche Regel (Uniformitätsregel):

Kreuzt man zwei reinerbige Rassen einer Art, die sich nur in einem Merkmal unterscheiden, so sind die Nachkommen in der F_1-Generation untereinander alle gleich.

2. Mendel'sche Regel (Spaltungsregel):

Kreuzt man die Bastarde der F_1-Generation untereinander, so spalten sich die Merkmale der P-Generation in der F_2-Generation in einem bestimmten Zahlenverhältnis auf.

3.1.2 Mendels Ergebnisse aus heutiger Sicht

Die Weitergabe der Erbinformation erfolgt über **Keimzellen**, die die Erbfaktoren in Form von **Genen** enthalten. Jedem Merkmal sind zwei Gene zugeordnet, wobei das eine vom Vater und das andere von der Mutter stammt. Üblicherweise werden die verschiedenen Gene mit Buchstaben bezeichnet. Die Sorte eines Gens, also hier der Samenfarbe, nennt man **Allel**. Sind beide Allele gleich, spricht man von **reinerbigen** oder **homozygoten** Individuen im Gegensatz zu **mischerbigen** oder **heterozygoten** Individuen. Diese nennt man **Bastarde** oder **Hybriden**.

Häufig kommt bei einem heterozygoten Lebewesen nur eines der beiden Allele zur Ausprägung. Man sagt, es ist **dominant** über das zurücktretende **rezessive** Gen. Man spricht hier von einem **dominant-rezessiven Erbgang.**

3.1.3 Chromosomentheorie der Vererbung und Erbgangsschema

Die meisten Lebewesen besitzen einen diploiden Chromosomensatz, wobei die Hälfte der Chromosomen aus der Keimzelle des Vaters, die andere Hälfte aus der Keimzelle der Mutter stammt. Einen Zusammenhang zwischen den paarweise auftretenden Chromosomen und den Allelenpaaren haben BOVERI und SUTTON im Jahre 1903 zum ersten Mal erkannt und später als Hypothese formuliert. Weitere Untersuchungen und die moderne Molekularbiologie haben die **Chromosomentheorie der Vererbung** später voll bestätigt:

Die homologen Chromosomen sind die Träger der Erbanlagen, also der Allelenpaare. Jedes der beiden Chromosomen trägt eines der beiden allelen Gene und zwar an identischen Stellen, den sogenannten **Genorten** *(Abb. 6)*.

Mit der Zufallsverteilung der homologen Chromosomen während der Meiose werden auch die Allele auf die Keimzellen zufällig verteilt. Ein zufälliges Zusammentreffen der Keimzellen bei der Befruchtung bedeutet auch eine zufällige Kombination der Allele. Gene und Chromosomen sind also **frei kombinierbar.**

Für den monohybriden Erbgang bedeutet dies, dass reinerbige Individuen (AA oder aa) in Bezug auf diesen Erbgang nur eine Sorte von Keimzellen bilden (mit Gen A oder Gen a). Mischerbige Lebewesen

(Aa) bilden zur Hälfte Keimzellen mit dem Gen A und zur Hälfte mit dem Gen a. Diese Verhältnisse lassen sich gut in einem **Erbgangsschema** verdeutlichen *(Abb. 7)*.

Unter Einbezug der Chromosomentheorie *(Abb. 8)* ergeben sich die von MENDEL empirisch gefundenen Zahlenwerte als Konsequenz der Genverteilung bei der Keimzellenbildung und deren zufälligem Zusammentreffen bei der Befruchtung: Da die Individuen der P-Generation reinrassig (homozygot) sind, kann sich bezüglich des Merkmals jeweils nur eine Art von Keimzellen bilden, nämlich mit Gen A (gelbsamig) bzw. mit Gen a (grünsamig). Verschmelzen diese beiden Keimzellen miteinander, bilden sich Zygoten und damit Lebewesen, die ausschließlich den Genotyp Aa und damit das dominante Merkmal, hier gelbsamig, besitzen (**Uniformitätsregel**). Kreuzt man nun diese F_1-Bastarde untereinander, können jeweils zwei unterschiedliche Keimzellentypen im Verhältnis 1 : 1 entstehen, nämlich solche mit dem Gen A und solche mit dem Gen a. Da die Keimzellen zufällig aufeinandertreffen und somit die Gene frei miteinander kombinierbar sind, ergeben sich vier Möglichkeiten einer Kombination und drei mögliche Genotypen: AA, Aa und aa im Verhältnis von 1:2:1. Da Individuen mit AA und mit Aa beim dominant-rezessiven Erbgang phänotypisch gleich sind, ergeben sich zwei unterschiedliche Phänotypen (hier gelbsamig und grünsamig) im Verhältnis 3:1 (**Spaltungsregel**).

Der **statistische Charakter** der Genkombination kann auch durch das F_2-Kombinationsquadrat zum Ausdruck gebracht werden *(Abb. 9)*.

3.1.4 Rückkreuzung

Um herauszufinden, ob der Träger eines dominanten Merkmals reinerbig oder mischerbig ist, kreuzt man ihn mit dem rezessiven Merkmalsträger, also dem rezessiven Elter (**Testkreuzung** oder **Rückkreuzung**). Die Rückkreuzung spielt eine wichtige Rolle in der experimentellen Genetik. Ist die Tochtergeneration uniform, so ist das Testindividuum homozygot. Sobald auch Individuen mit dem rezessiven Merkmal auftreten, muss das Testindividuum heterozygot sein *(Abb. 10)*.

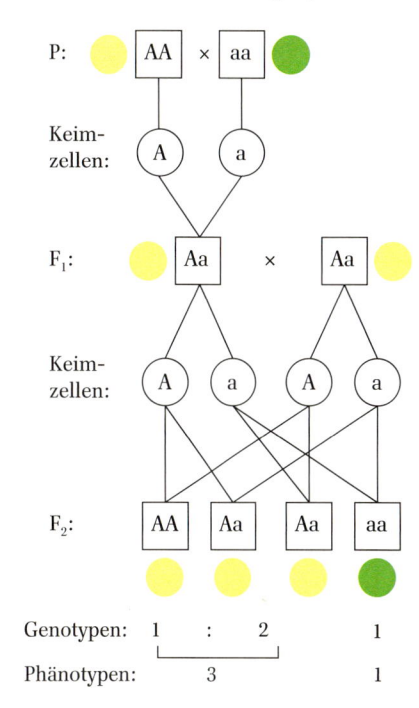

dominant-rezessiver Erbgang:

Abb. 7 Erbgangschema; A = dominantes, a = rezessives Gen

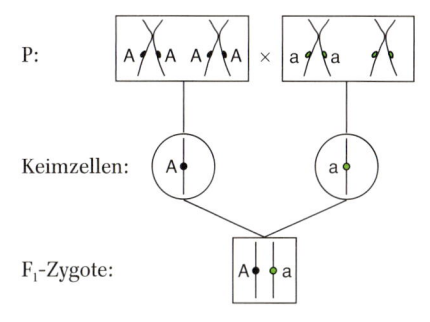

Chromosomentheorie:

Abb. 8 Chromosomentheorie zu *Abb. 7*

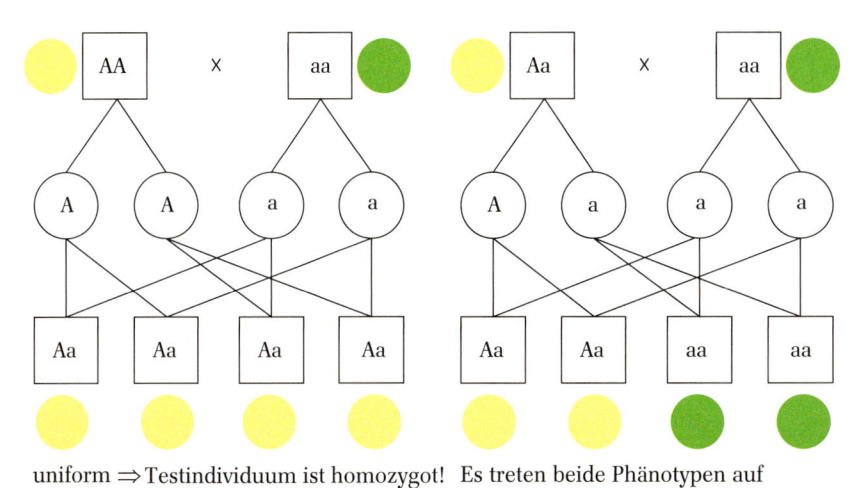

uniform ⇒ Testindividuum ist homozygot!   Es treten beide Phänotypen auf (Verhältnis 1:1)

Abb. 10 Test durch Rückkreuzung   ⇒ Testindividuum ist heterozygot!

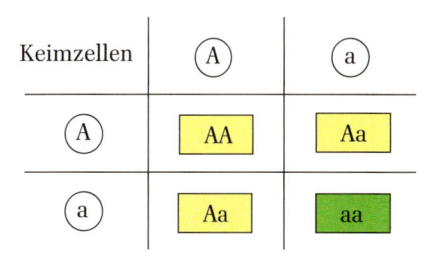

Abb. 9 F_2-Kombinationsquadrat

3.2 Der dihybride Erbgang

GREGOR MENDEL führte auch Experimente durch, bei denen er reine Rassen kreuzte, die sich nicht nur in einem, sondern **in zwei Merkmalen** voneinander **unterschieden**. Ein Beispiel hierfür sind bei MENDELS „Hauspflanze", der Gartenerbse, die Samenfarbe (gelb/grün) in Kombination mit der Samenform (rund/runzelig, *Abb. 1*). Er kreuzte reinrassige Erbsenpflanzen, die runde gelbe Samen ausbilden mit Erbsenpflanzen, die runzelige grüne Samen ausbilden. Die F_1-Generation kreuzte er dann untereinander. Dabei kam er zu folgenden Ergebnissen: In der F_1-Generation sind alle Individuen gleich, sie tragen die beiden dominanten Merkmale, in diesem Beispiel die Samenfarbe gelb und die Samenform rund. In der F_2-Generation entstehen auch **neue Merkmalskombinationen**, hier gelb/runzelig und grün/rund.

Insgesamt entstehen neun verschiedene Genotypen und vier unterschiedliche **Phänotypen im Verhältnis 9:3:3:1** *(Abb. 1)*.

Aus diesen Beobachtungen ergibt sich die **3. MENDEL'sche Regel (Unabhängigkeits- und Neukombinationsregel)**:

Die Erbanlagen verschiedener Merkmalspaare können bei der Keimzellenbildung getrennt und bei der Befruchtung unabhängig voneinander neu kombiniert werden.

Voraussetzung für dieses Ergebnis ist, dass die beiden **Allelenpaare auf verschiedenen Chromosomen** liegen. Bei der Meiose werden die Gene, die auf verschiedenen Chromosomen liegen, voneinander getrennt und **zufällig auf die Keimzellen aufgeteilt** *(Abb. 2)*. Im Gegensatz dazu werden Gene, die auf einem Chromosom liegen, immer gemeinsam weitervererbt (gekoppelte Vererbung, Ausnahme *vgl. S. 121*). Durch das zufällige Zusammentreffen der Keimzellen bei der Befruchtung entstehen in der F_2-Generation insgesamt 16 Kombinationsmöglichkeiten. Dabei können sich neun verschiedene Genotypen und die vier unterschiedlichen Phänotypen bilden.

P — AABB — aabb

Keimzellen — AB — ab

F_1 — AaBb

Keimzellen — AB — Ab — aB — ab

F_2-Kombinationsquadrat:

Keim-zellen	AB	Ab	aB	ab
AB	AABB	AABb	AaBB	AaBb
Ab	AABb	AAbb	AaBb	Aabb
aB	AaBB	AaBb	aaBB	aaBb
ab	AaBb	Aabb	aaBb	aabb

Abb. 1 Dihybrider Erbgang

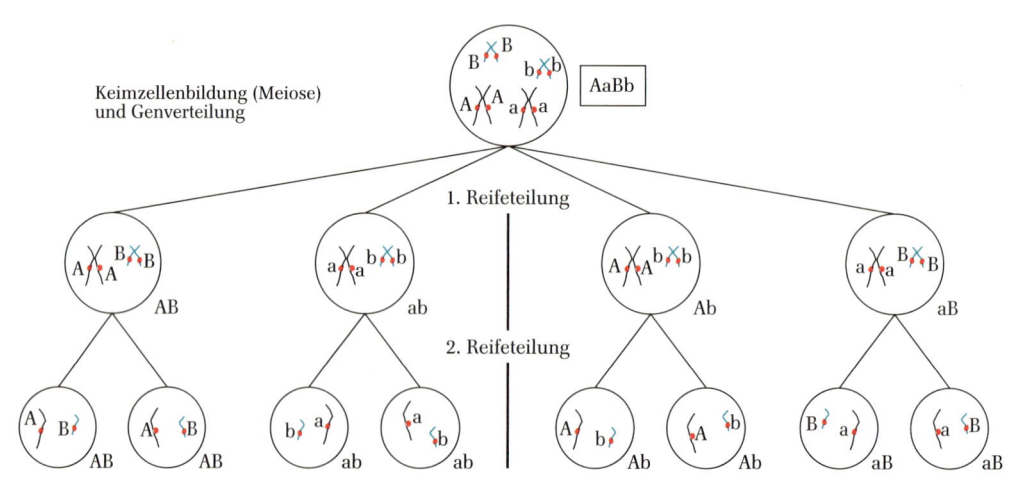

Keimzellenbildung (Meiose) und Genverteilung

AaBb

1. Reifeteilung

AB — ab — Ab — aB

2. Reifeteilung

AB — AB — ab — ab — Ab — Ab — aB — aB

Abb. 2 Keimzellenbildung und Genverteilung von zwei Allelenpaaren in der F_1-Generation: Aus Genotyp AaBb entstehen vier mögliche Keimzellentypen AB, Ab, aB und ab. Die zweite Reifeteilung ändert nichts mehr an der Genverteilung.

3.3 Der statistische Charakter der Vererbungsregeln

Münzenmodellversuch. Die beiden Seiten einer 2-Euro-Münze sollen symbolhaft für die beiden Allele A und a stehen, z.B. „Adler" = A (dominant) und „Zahl" = a. Die Verteilung der Gene erfolgt im Modell jeweils durch das Werfen zweier Münzen.

Die Wahrscheinlichkeit, dass die Seite A oder a fällt, entspricht der Wahrscheinlichkeit, dass eine Keimzelle eines mischerbigen Organismus das Gen A oder a erhält. Diese beträgt 50%.

Wirft man zwei Münzen (Keimzellenbildung!) und kombiniert beide miteinander (Befruchtung!), so erhält man vier Kombinationen mit der Wahrscheinlichkeit von je 25%.

Es werden nun mehrere Versuchsreihen durchgeführt mit unterschiedlicher Stichprobenzahl, z.B. 4 und 40 Würfe der beiden Münzen, und die Ergebnisse AA:Aa:aa miteinander verglichen.

Man erkennt, dass mit zunehmender Zahl der Werte die Annäherung an das theoretische Zahlenverhältnis erfolgt (Gesetz der großen Zahlen). Das bedeutet, dass die Formalgenetik und die MENDEL'schen Regeln rein statistischer Natur sind. Einzelaussagen über die Merkmale eines Nachkommen sind damit nicht möglich.

Ein Modell, welches in modifizierter Form das Ergebnis des Münzenexperimentes bestätigt, ist das GALTON-**Brett** *(Abb. 1)*. Die Zweierentscheidung „A oder a" beziehungsweise „Adler oder Zahl" wird hierbei durch Hindernisse symbolisiert, auf die Kugeln herabfallen. Mit einer Wahrscheinlichkeit von 50% können diese nach der einen oder der anderen Seite fallen. Als Modell für den monohybriden Erbgang erfolgt eine Beschränkung auf zwei Zweierentscheidungen. In die beiden äußeren Behälter fallen die Kugeln nach zwei gleichgerichteten Zweierentscheidungen und damit mit einer Wahrscheinlichkeit von $0,5 \cdot 0,5 = 0,25$ (25%). In den mittleren Behälter führen zwei Wege, nämlich links-rechts und rechts-links, womit die Wahrscheinlichkeit doppelt so groß, also 50% ist.

Im Experiment kann man nun zeigen, dass eine Annäherung an diese Wahrscheinlichkeitswerte umso besser erfolgt, je mehr Kugeln aus dem Trichter herunterfallen. Durchführbar ist dieser Versuch mit realen Kugeln und Hindernissen, jedoch auch durch eine entsprechende Simulation am Computer.

A3 Aus welcher Kreuzung könnte der Maiskolben der Abbildung 14, *S. 159* entstanden sein?

A4 Schwarze gescheckte Hausrinder werden mit braunen einfarbigen Rindern gekreuzt. Die schwarzen und einfarbigen F_1-Nachkommen werden untereinander erneut zur Fortpflanzung gebracht. Entwerfen Sie ein Erbgangsschema für diesen dihybriden Erbgang!

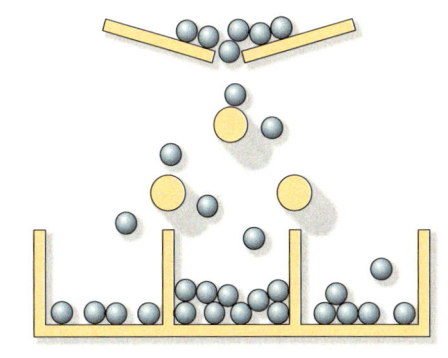

Abb. 1 Galton-Brett

Exkurs

3.4 Drosophila – Versuchstier in der Erbforschung

Während GREGOR MENDEL nur mit Pflanzen arbeitete, wandte sich der amerikanische Zoologe THOMAS H. MORGAN einem Tier zu, das Jahrzehnte zum Hauptforschungsobjekt der experimentellen Genetik werden sollte, der Tau- oder Fruchtfliege *Drosophila melanogaster (Abb. 2)*. Dieses nur wenige Millimeter

Abb. 2 *Drosophila melanogaster* (Wildtyp)

große Tierchen ist für genetische Versuche vorzüglich geeignet. So ist die Kleine Taufliege sehr **leicht im Labor zu halten**. Ein kleines Gläschen, verschlossen mit einem Wattestopfen, zur Aufbewahrung der winzigen Tierchen sowie Zuckersaft, etwas Hefe und Griesbrei als Nahrung genügen.

In der Natur bevorzugen die Taufliegen faulendes Obst und gärende Fruchtsäfte. Von diesen Stoffen werden sie manchmal zu Tausenden angelockt, und die Weibchen legen hier auch ihre Eier ab. Die Larven ernähren sich hauptsächlich von den in diesem Substrat wachsenden Bakterien und Hefen.

Eine **starke Vermehrung** mit 400 Eiern pro Weibchen und eine **kurze Generationsdauer** von nur 10 Tagen machen die Tiere für den Genetiker interessant. Hinzu kommen weitere Vorteile: Kreuzungen lassen sich leicht durchführen, da sich die Tiere in den kleinen Aufbewahrungseinheiten auch paaren. Häufig treten **Mutationen** auf, also vererbbare Abwandlungen im Erbgut, die sich hier auch äußerlich leicht erkennen lassen. Nur acht Chromosomen, also vier Chromosomenpaare besitzt *Drosophila melanogaster (Abb. 3)*, die in den Speicheldrüsen nicht nur während der Kernteilung, sondern auch in der Zeit dazwischen sichtbar sind. Die Bestimmung von Genorten ist damit besonders leicht.

Einige **Mutanten** besitzen veränderte Flügelformen, Körperfärbungen, Augenfarben oder Borstenanordnungen *(Abb. 4)*. Die bekannten Mutationen sind **rezessiv** gegenüber dem sogenannten Wildtyp mit hellbrauner Körperfarbe und roten Augen. In den Abkürzungen wird der Wildtyp in der Regel mit einem + bezeichnet.

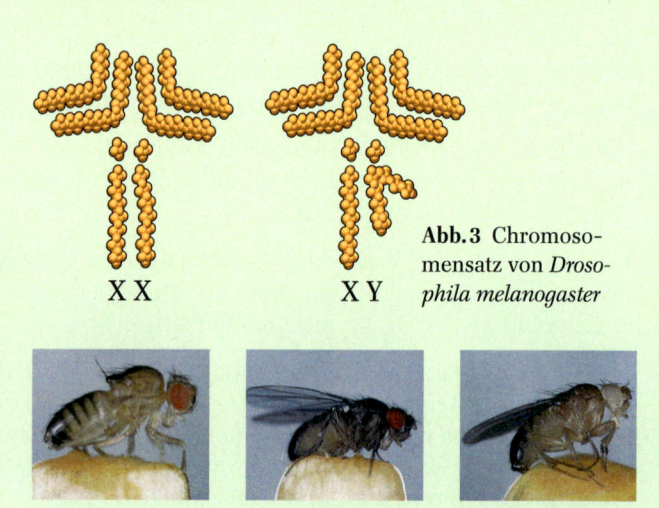

X X   X Y

Abb. 3 Chromosomensatz von *Drosophila melanogaster*

Abb. 4 Drosophila-Mutanten: Stummelflügel (vg – vestigial; links), ebenholzfarben (eb – ebony, Mitte), weiße Augen (w – white; rechts)

A5 Die Taufliege *Drosophila melanogaster* besitzt einen braunen Körper und rote Augen. In einer bestimmten Zuchtlinie treten schwarze Fliegen mit weißen Augen auf. Kreuzt man diese mit reinrassigen Wildtypen, so sind bei den Nachkommen die Veränderungen (Mutationen) scheinbar wieder verschwunden. Ordnen Sie den Genen Buchstaben und den Nachkommen den entsprechenden Genotyp zu.

Nun werden die Nachkommen mit den Mutanten schwarz/weißäugig gekreuzt. Ermitteln Sie durch ein Kombinationsquadrat, welche Individuen in welchem Verhältnis aus dieser Kreuzung hervorgehen werden. Hinweis: Die beiden Allelenpaare liegen auf verschiedenen Chromosomen.

3.5 Komplexere Erbgänge

Nicht immer ist die Beziehung zwischen Erbfaktor und Merkmal so eindeutig wie in MENDELS Beschreibung. So können sich Allele gegenseitig beeinflussen und so eine Veränderung des Phänotyps bewirken. So gibt es Fälle, in denen keines der beiden Allele dominant bzw. eindeutig rezessiv ist. Bei dieser unvollständigen Dominanz mischen sich deren phänotypische Eigenschaften.

3.5.1 Unvollständige Dominanz – intermediärer Erbgang

CARL ERICH CORRENS, einer der Wiederentdecker der MENDEL'schen Vererbungsregeln, experimentierte mit Wunderblumen (*Mirabilis jalapa, Abb. 1*). Dabei kreuzte er rot blühende Pflanzen mit weiß blühenden und beobachtete, dass alle Nachkommen in der F_1-Generation rosa Blüten hatten. Daraus ist zu schließen, dass sich **keines** der beiden Al-

Abb. 1 Wunderblume (*Mirabilis jalapa*)

lele für die Blütenfarbe dominant oder rezessiv verhält und der Phäno-typ sich als Mischform der beiden Gene präsentiert. Einen solchen Erb-gang nennt man **intermediär**. Kreuzt man die rosablütigen F_1-Bastarde untereinander, so entstehen in der F_2-Generation Pflanzen mit weißen, mit rosafarbenen und mit roten Blüten im Verhältnis 1:2:1 *(Abb. 2)*.

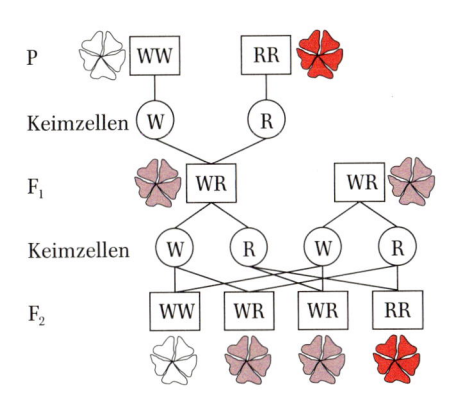

Abb. 2 Intermediärer Erbgang

Im **Erbgangsschema** bringt man die Gleichwertigkeit der beiden Allele dadurch zum Ausdruck, dass man entweder beide mit Groß- oder beide mit Kleinbuchstaben symbolisiert, hier also zum Beispiel für die Blütenfarbe weiß das Allel W und für die Blütenfarbe rot das Gen R. Die rosafarbenen F_1-Bastarde besitzen dann den Genotyp WR (oder RW).

Auch für den intermediären Erbgang gelten die beiden ersten MENDEL'schen Regeln, nur dass in der F_2-Generation das Zahlenver-hältnis der Phänotypen gleich dem der Genotypen ist, nämlich 1:2:1.

3.5.2 Genkoppelung und Genaustausch

THOMAS H. MORGAN experimentierte auch mit Drosophilamutanten, die sich in mehreren Merkmalen vom Wildtyp unterschieden. Ein Bei-spiel hierfür ist die Mutante black/vestigial (b/vg), also schwarz/stum-melflügelig mit dem Genotyp bbvv. Für einen dihybriden Erbgang wird diese rezessive Mutante mit Fliegen des Wildtyps (Genotyp BBVV) ge-kreuzt und dann eine Rückkreuzung durchgeführt.

Unter Anwendung der MENDEL'schen Regeln würde man als Ergeb-nis dieser Rückkreuzung (F$_1$-Bastard) BbVv × bbvv (rezessiver Eltern) vier Phänotypen + (Wildtyp), vg (vestigial), b (black), b/vg im Verhält-nis 1:1:1:1 erwarten. Tatsächlich erhielt MORGAN nur zwei Phänotypen, nämlich + und b/vg im Verhältnis 1:1, es können demnach nur zwei Keimzellsorten bei den F_1-Bastarden gebildet worden sein. Dies ergibt die Schlussfolgerung, dass die beiden Gene für Körperfarbe und Flü-gelform nicht unabhängig, sondern **gekoppelt** weitervererbt werden *(Abb. 3)*. Demnach gilt hier die MENDEL'sche Unabhängigkeits- und Neukombinationsregel nicht *(S. 118)*.

Auf einem Chromosom bilden alle sich darauf befindenden Gene eine **Koppelungsgruppe**. Die Anzahl der Koppelungsgruppen entspricht dem haploiden Chromosomensatz. Bei Drosophila gibt es also vier sol-cher Koppelungsgruppen, beim Menschen sind 23 Koppelungsgruppen vorhanden. Von dieser Regel beobachtete MORGAN jedoch eine gewisse Abweichung, allerdings nur, als er F_1-Bastard-Weibchen mit rezessiven Männchen rückkreuzte. Etwa 82 % der F_2-Individuen verteilten sich auf die beschriebenen Merkmalskombinationen + : b/vg im Verhältnis 1:1. Daneben traten jedoch Mutanten auf, die nur die schwarze Körper-farbe und normale Flügel (black-Mutante) hatten und solche, die bei normaler Körperfarbe Stummelflügel (vestigial-Mutante) besaßen.

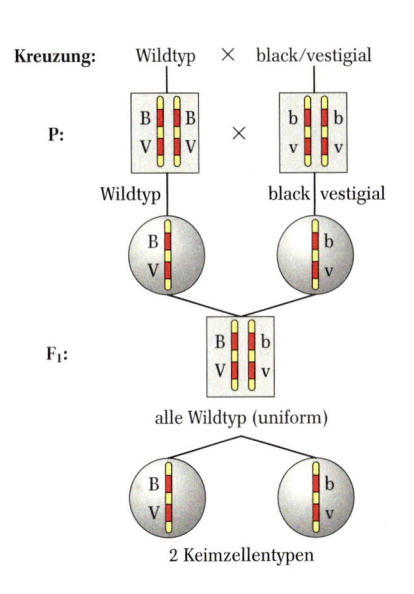

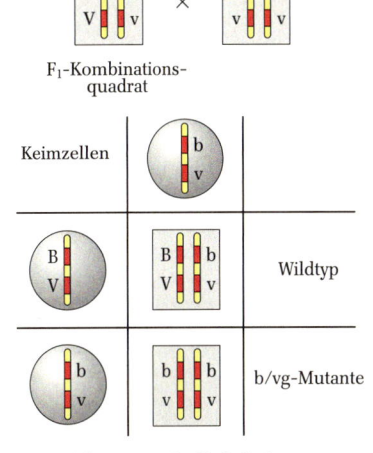

2 Phänotypen im Verhältnis 1 : 1

Abb. 3 Erbgangsschema für einen gekop-pelten Erbgang

Aus dieser Beobachtung musste gefolgert werden, dass bei einem Teil der weiblichen Tiere die gekoppelten Gene getrennt, also entkoppelt wurden. Man spricht hierbei von einem **Koppelungsbruch**. Offenbar ist bei der Eizellenbildung dann ein Genaustausch erfolgt. Unter Einbeziehung der Chromosomentheorie der Vererbung ist ein solcher Genaustausch durch das Phänomen des Crossing over im weiblichen Geschlecht erklärbar, was einen Stückaustausch homologer Chromosomenabschnitte bedeutet *(Abb. 4)*.

MORGAN entwickelte aus diesen Versuchsergebnissen die Hypothese, dass die **Gene** wie Perlen auf einer Kette **linear auf den Chromosomen** angeordnet seien. Diese MORGAN-Hypothese wurde durch die Molekularbiologie voll bestätigt.

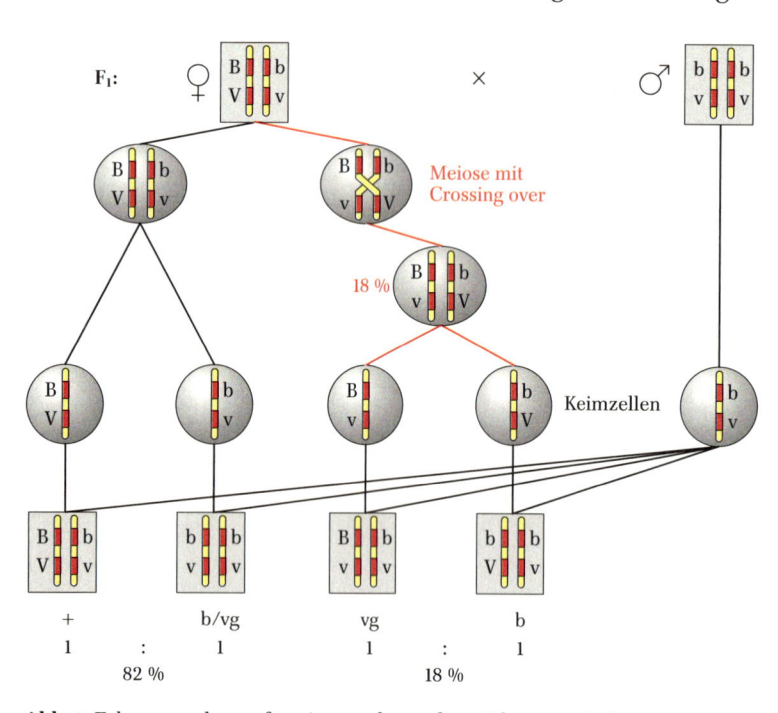

Abb. 4 Erbgangsschema für einen gekoppelten Erbgang mit Kopplungsbruch

Rekombinationsbegriff. Das Ergebnis von MORGANS Versuch zeigt, dass es während der Meiose auf zwei unterschiedlichen Wegen zu einer Neuverteilung der Gene kommen kann, nämlich einmal durch Zufallsverteilung der homologen Chromosomen (unter Erhalt der Koppelungsgruppen) und zum anderen durch Austausch homologer Chromosomenstücke (Crossing over). Diese Umverteilungen von Genen nennt man **Rekombinationen**, die daraus entstehenden Individuen mit den neuen Genkombinationen heißen **Rekombinanten**.

Genkartierung. Aus der Häufigkeit der Rekombinationen (Austauschhäufigkeit) kann man Rückschlüsse auf die relative Lage der Gene auf den Chromosomen ziehen. Die genaue Lage eines Gens auf dem Chromosom nennt man **Genort** oder auch **Genlocus**. Die Reihenfolge der Genorte auf einem Chromosom nennt man „Genkarte".

Exkurs

Genkartierung

Aus der linearen Genanordnung (MORGAN-Hypothese) ergibt sich folgender Zusammenhang: Je weiter auf den Chromosomen die Gene voneinander entfernt liegen, umso größer ist die Wahrscheinlichkeit, dass sie durch ein Crossing over getrennt werden. Liegen zwei Gene A und B sehr nahe beieinander, so werden sie durch ein Crossing over nur dann getrennt, wenn die Überkreuzungsstelle genau zwischen diesen Genen A und B liegt. Befinden sich dagegen die beiden Gene an den entgegengesetzten Enden des Chromosoms, dann werden sie bei jedem Crossing over getrennt. Ein Mitarbeiter und Schüler

MORGANS, ALFRED STURTEVANT, postulierte einen annähernd proportionalen Zusammenhang zwischen der Entfernung zweier Gene und deren Austauschhäufigkeit. Zur Aufstellung von **Genkarten (Koppelungskarten, Chromosomenkarten)** nimmt man die Austauschhäufigkeit in Prozent als Wert für den linearen Abstand der Gene. Ein Rekombinationswert von 1% ergibt damit genau 1 m. u. (map unit = Kartierungseinheit, manchmal auch cM = Centi-Morgan). Betrachten wir das oben genannte Beispiel für den Koppelungsbruch: Die Häufigkeit für den Austausch der Gene für die schwarze Körperfarbe (black) und für die Stummelflügel (vestigial) beträgt 18%. Dies bedeutet nun, dass auf der Genkarte die beiden Gene eben 18 Kartierungseinheiten voneinander entfernt liegen *(Abb. 5)*.

Wenn zum Beispiel aus einer Vielzahl von Kreuzungsexperimenten zusätzlich bekannt ist, dass ein Gen für die Augenform lobe (lappenäugig) 5 Kartierungseinheiten von vestigial entfernt liegt, dann könnte das Gen lobe entweder bei $67-5 = 62$ oder bei $67 + 5 = 72$ m. u. liegen. Um dies entscheiden zu können, muss in weiteren Kreuzungsversuchen zusätzlich die Austauschhäufigkeit der Gene black und lobe ermittelt werden. Ergibt sich diese zu mehr als 18 (oder sogar genau als 23), dann ist eine Zuordnung zu 72 m. u. eindeutig möglich.

Diese von MORGAN und seinen Mitarbeitern entwickelte Methode der Genkartierung nennt man **Dreipunktanalyse**. Mehr als 3000 Gene im Erbgut von Drosophila melanogaster sind mit dieser Methode in zahllosen Kreuzungsexperimenten bestimmt worden.

Sind zwei Genorte sehr weit voneinander entfernt, dann beobachtet man **Abweichungen von der Proportionalität**. Nach der Genkarte des Chromosoms Nr. 2 liegt an der Position 1 (genauer: 1,3) das Gen s für star (sternäugig). Betrachtet man nun die Austauschhäufigkeit der Gene star und lobe, so ist ein Wert von 71% zu erwarten (72 m. u. – 1 m. u. = 71 m. u.). Tatsächlich ergeben sich im Kreuzungsexperiment deutlich geringere Austauschraten. Sie liegen im genannten Beispiel nur bei etwa 60%.

Eine Erklärung dieser Abweichung ergibt sich aus der Beobachtung, dass während der Prophase I der Meiose sich homologe Chromosomenpaare nicht nur an einer, sondern an mehreren Stellen überkreuzen

können. Treten zwei Crossing-over-Ergebnisse zwischen zwei Genen auf, so ist das Ergebnis so, als wäre überhaupt kein Crossing over aufgetreten *(Abb. 6)*. Obwohl zwischen den Genen s und l zwei Crossing-over-Ergebnisse stattgefunden haben, findet **kein** Austausch dieser beiden Gene statt.

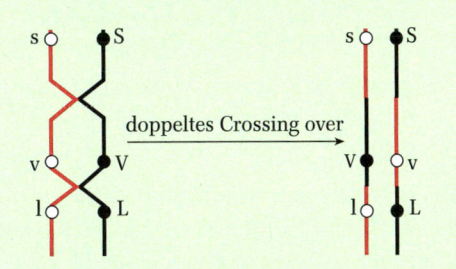

Abb. 6 Abweichung der Genaustauschhäufigkeiten

Dreifaktor-Testkreuzung

Für die beschriebene Methode der Ermittlung von Austauschhäufigkeit zweier Gene benötigt man doppeltheterozygote Testindividuen (also BbVv), die in der Rückkreuzung mit entsprechenden doppelt rezessiven Individuen (hier also mit dem Genotyp bbvv entsprechend der b/vg-Mutante) gekreuzt werden. Um den Genort des dritten Gens relativ zu den beiden anderen herauszufinden (im genannten Beispiel das Gen lobe) müssen dann noch zwei weitere Versuchsreihen durchgeführt werden um die Entfernung des Gens lobe von vestigial und von black zu ermitteln. Die Dreipunktanalyse ist also ein recht aufwendiges Verfahren.

Schneller kann eine Genkartierung erfolgen, wenn man von **dreifach rezessiven Mutanten** ausgeht. Dabei müssen die drei Gene natürlich zu einer Koppelungsgruppe gehören. Man ermittelt aus dem Kreuzungsversuch alle Austauschwerte, wobei die

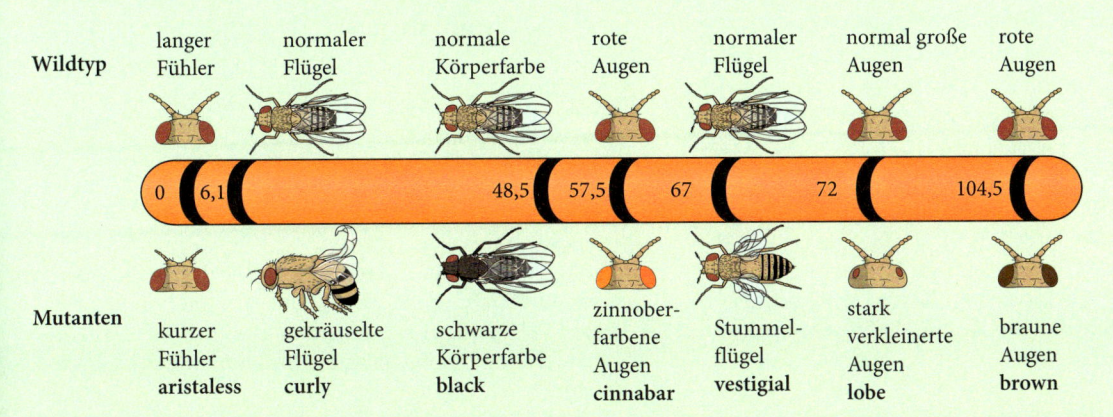

Abb. 5 Teil der Genkarte des Chromosoms II von *Drosophila melanogaster*; Zahlenwerte entsprechen relativen Entfernungen der Genorte vom oberen Chromosomenende

Individuenzahl bei einigen Tausend liegen sollte um einigermaßen gesicherte Ergebnisse zu bekommen. Anschließend berechnet man nacheinander für alle drei möglichen Genpaarungen die Rekombinationswerte.

Genkartierung beim Menschen

Die beschriebene Methode der **Rekombinationsanalyse** zur Kartierung des menschlichen Genoms geschieht durch **Stammbaumuntersuchungen**, wobei insbesondere das Auftreten rezessiver Gene in den Familien betrachtet wird.

Eine neuere Methode ist die zur **Somazellgenetik** gehörende **Hybridtechnik**, wobei in einem Kulturgefäß menschliche Zellen mit den Zellen eines Säugetieres, z. B. einer Maus, verschmolzen werden.

Die vollständige Genomanalyse des Menschen hatten sich zahlreiche Wissenschaftler auf der ganzen Welt im Jahre 1987 als Ziel gesteckt. 1988 gründeten sie die Human Genome Organisation (HUGO). In einem Megaprojekt arbeiteten Forscher in München, Chicago, Tokio und vielen anderen Städten daran, die Positionen und die Zusammensetzung aller menschlichen Gene zu katalogisieren.

Die vollständige Sequenzanalyse des menschlichen Genoms wurde 2006 mit der Entschlüsselung des (größten) Chromosoms Nr. 1 erfolgreich abgeschlossen. Die Kenntnis der Basensequenz und der daraus resultierenden Abfolge der Aminosäuren bedeutet jedoch noch nicht die Kenntnis der Gen-Eigenschaften oder gar über das Entstehen aller phänotypischen Merkmale.

Das Bundesministerium für Bildung und Forschung fördert seit 2001 das Nationale Genomforschungsnetz, das auf dem deutschen Humangenomprojekt aufbaut und zum Ziel hat, die Funktion der menschlichen Gene aufzuklären. Primäres Ziel ist es, Krankheiten besser zu verstehen und daraus neue Behandlungsmethoden zu entwickeln.

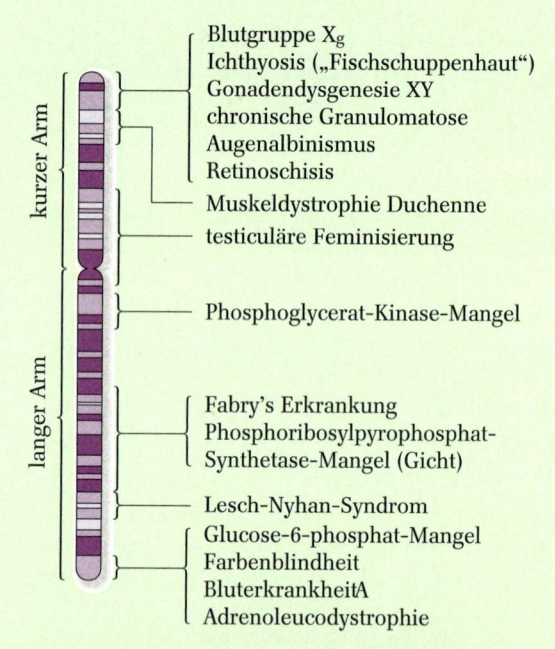

Abb. 7 Genkarte des menschlichen X-Chromosoms

Cutting, Ann Elliot, Titel Science, 16. Februar 2001, Bd. 291, gedruckt mit Genehmigung von AAAS

Abb. 8 Die Entschlüsselung des menschlichen Genoms

A7 Die Lage der Gene A, B und C auf einem Chromosom soll ermittelt werden. Welche Kreuzungen sind durchzuführen? Stellen Sie die Ergebnisse zusammen und entwickeln Sie daraus eine Genkarte!

A8 Die Gene a und b wurden in 3 % der Nachkommenschaft gekoppelt, zwischen den Genen b und c traten 12 % Koppelungsbrüche auf. Entwickeln Sie daraus die möglichen Genanordnungen auf dem Chromosom!

Zusammenfassung

Im einfachsten Fall sind für jedes Merkmal im Erbgut eines Lebewesens zwei Gene vorhanden. Diese liegen an identischen Stellen auf den homologen Chromosomen (**Chromosomentheorie**). Die spezifische Ausführung eines Gens wird **Allel** genannt. Die Lage des Gens auf dem Chromosom bezeichnet man als **Genort** (Genlocus). Werden zwei Rassen gekreuzt, die sich nur in einem Merkmal unterscheiden, wird von einem **monohybriden Erbgang** gesprochen; sind zwei unterschiedliche Merkmalspaare vorhanden, so liegt ein **dihybrider** Erbgang vor. In der Mitose und beim Zusammentreffen der Keimzellen erfolgt die Weitergabe der Gene **zufällig** gemäß den drei MENDEL'schen Regeln: Uniformitätsregel, Spaltungsregel sowie Unabhängigkeits- und Neukombinationsregel. Die Zahlenverhältnisse der verschiedenen Erbgänge sind statistischer Natur und lassen keine Aussagen für die Merkmalsverteilung im Einzelfall zu.

Es gibt auch allele Gene, die weder dominant noch rezessiv sind. Sie erzeugen einen neuen Phänotyp, der zwischen den Einzelmerkmalen der Allele liegt; es wird dann von einer unvollständigen Dominanz der Allele und einem **intermediären** Erbgang gesprochen.

Neben den von Mendel verwendeten Erbsen wurden auch Tiere zur Erbforschung eingesetzt. Als besonders geeignet erwies sich die Taufliege Drosophila melanogaster, *die im Labor leicht zu halten ist, viele Nachkommen hat und eine schnelle Generationsfolge besitzt. Außerdem treten bei ihrer Vermehrung zahlreiche Mutationen auf.* Experimente mit Drosophila melanogaster haben gezeigt, dass alle Gene, die auf einem Chromosom sitzen, bei Keimzellenbildung und Befruchtung gemeinsam weitergegeben werden und eine **Koppelungsgruppe** bilden. Die Zahl der Koppelungsgruppen entspricht der Chromosomenzahl des haploiden Chromosomensatzes.

Durch Crossing over treten Koppelungsbrüche auf. Es kommt damit zum Austausch von genetischem Material. Einen solchen Genaustausch nennt man Rekombination.

Die Gene sind linear auf den Chromosomen angeordnet.

Die Austauschhäufigkeit zweier Gene ist annähernd proportional zu ihrer Entfernung auf dem Chromosom. Aus dieser Austauschhäufigkeit kann man eine Genkartierung vornehmen.

4 Humangenetik

4.1 Einfache Erbgänge beim Menschen

Ausgehend von den MENDEL'schen Beobachtungen liegt die Vermutung nahe, dass grundsätzlich ein einziges Allelenpaar auf einem Genort ein bestimmtes Merkmal bestimmt. Gerade beim Menschen gilt dieser direkte Zusammenhang von Geno- und Phänotyp jedoch höchst selten. Die meisten Merkmale des Menschen sind irgendwie abgestuft und nicht auf zwei oder drei unterschiedliche Ausführungen beschränkt. So weist zum Beispiel die Haarfarbe eine kontinuierliche Abstufung von blond bis schwarz auf. Offensichtlich sind für die Intensität der Pigmentbildung mehrere Gene verantwortlich. Man spricht deshalb von einer **polygenen** Vererbung. Auch die Augenfarbe kann nicht nur braun (dominant) oder blau (rezessiv) sein, sondern im Bereich der Grundfarbe zahlreiche Variationen aufweisen. Grundsätzlich können bei der Polygenie mehrere Gene gleichsinnig wirken oder es kann das von einem Hauptgen bestimmte Merkmal von mehreren Modifikationsgenen verändert werden.

Ein bekanntes Beispiel **monogener Vererbung** beim Menschen ist die Schmeckfähigkeit für Phenylthioharnstoff (**PTH-Schmeckfähigkeit**). Etwa 63 % der europäischen Bevölkerung empfinden den Geschmack von Phenylthioharnstoff (PTH) als bitter, selbst in starker Verdünnung mit Wasser. Dagegen ist für 37 % der Europäer PTH völlig geschmacklos. Untersuchungen haben ergeben, dass die Schmecker im Mundspeichel ein Enzym besitzen, das PTH in bitter schmeckende Spaltprodukte zerlegt. Nichtschmecker können keine solchen Spaltprodukte bilden und empfinden diesen Stoff daher als geschmacklos.

Das PTH-spaltende Enzym wird von einem dominanten Allel kodiert (einfacher dominant-rezessiver Erbgang): AA, Aa = Schmecker, aa = Nichtschmecker.

Das **Erbgangsschema** entspricht damit exakt dem monohybriden Erbgang. In der Humangenetik verwendet man jedoch häufig eine andere Darstellung für die Vererbung bestimmter Merkmale, das sogenannte **Stammbaumschema** *(Abb. 1)*.

Im Unterschied zum Erbgangsschema werden in der Regel bei solchen Familienstammbäumen die tatsächlichen Phänotypen eingetragen. Diese entsprechen durch die geringe Zahl der Individuen meistens nicht den statistischen Erwartungen *(S. 119)*. Im angegebenen Beispiel sind alle vier Kinder Träger des dominanten Merkmals, also zum Beispiel PTH-Schmecker. Ihr Geschlecht ist unerheblich und wird damit nicht angegeben. Mutter und Großmutter mütterlicherseits sind Nichtschmeckerinnen und haben damit eindeutig den Genotyp aa. Da alle Kinder von der Mutter das Allel a erhalten, haben sie zweifelsfrei den Genotyp Aa. Der Genotyp des Vaters kann nicht eindeutig festgelegt werden. Er könnte homozygot dominant oder heterozygot sein. Der Großvater mütterlicherseits hat eindeutig den Genotyp Aa, da er selbst Träger des dominanten Merkmals und seine Tochter rezessiv ist.

Die monogene Vererbung der **Zungenrollfähigkeit** wird dagegen in neuerer Zeit wieder bestritten. Man versteht hierunter die Fähigkeit eines Menschen, die seitlichen Zungenränder nach oben zusammen-

Symbolik:

◯ = weibliche Person

▢ = männliche Person

◇ = weiblich oder männlich (Geschlecht nicht festgelegt)

◆ = Merkmalsträger

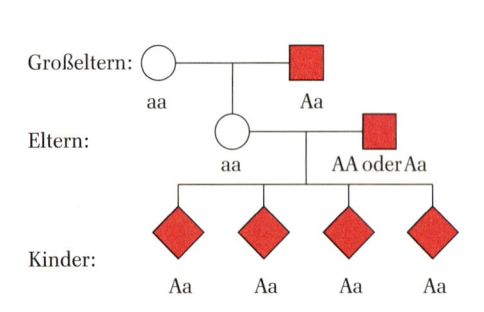

Abb. 1 Stammbaumschema

A1 Übertragen Sie den Modellstammbaum auf ein Blatt Papier. Entscheiden Sie dann, ob sich das vererbte Merkmal dominant oder rezessiv verhält und ordnen Sie allen Individuen Genotypen zu.

zubiegen *(Abb. 2)*. Die Annahme eines einfachen dominant-rezessiven Erbgangs beruhte darauf, dass etwa 70 % der Bevölkerung diese Fähigkeit besitzen, also Roller sind, gegenüber 30 % Nichtrollern. Gegen die Monogenie spricht, dass die Zungenrollfähigkeit unterschiedlich stark ausgeprägt und damit ein variierendes Merkmal ist.

Monogene Vererbung beim Menschen liegt wahrscheinlich auch bei folgenden Erbmerkmalen vor:
- krauses Haar dominant über glattes Haar;
- Betaminausscheidung im Urin nach dem Genuss von Roter Bete (dominant);
- Zwischenraum zwischen den oberen mittleren Schneidezähnen (dominant);
- freie Ohrläppchen dominant gegenüber angewachsenen Ohrläppchen;
- Hautfalte am inneren Rand des oberen Augenlids („Mongolenfalte"), die in den ersten Lebensjahren wieder verschwindet (nicht zu verwechseln mit dem Down-Syndrom, *S. 109*);
- zahlreiche Erbkrankheiten.

Abb. 2 Aufbiegen der Zungenränder; oben „Roller", unten „Nichtroller"

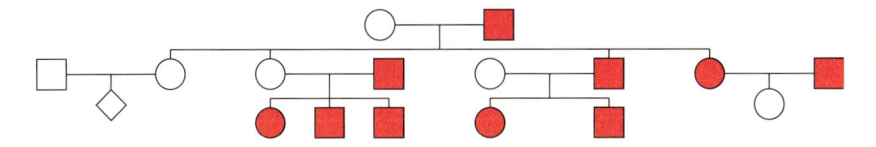

Abb. 3 Beispielstammbaum

4.1.2 Erbkrankheiten

Genmutationen (Punktmutationen, *S. 92*) sind für die Vererbung nur dann von Bedeutung, wenn sie Zellen der Keimbahn betreffen. Während Fehler in der Chromosomenverteilung *(S. 104)* bei der Keimzellenbildung immer aufs Neue passieren können, kommt es nur ganz selten vor, dass ein durch eine Spontanmutation verändertes Gen zu einer neuen Eigenschaft führt und an die Nachkommen weitergegeben wird. Erbkrankheiten beruhen nur sehr selten auf Neumutationen, vielmehr werden die veränderten Gene über viele Generation hinweg weitergegeben. Von großer Bedeutung ist dabei, ob das mutierte Gen gegenüber der gesunden Erbanlage dominant oder rezessiv ist und ob es auf einem der Autosomen bzw. auf dem X-Chromosom lokalisiert ist (auf dem Y-Chromosom befinden sich keine lebenswichtigen Gene).

Autosomal dominante Erbkrankheiten

Die entsprechende Krankheit kann bereits durch ein mutiertes dominantes Allel neben einem Normalallel hervorgerufen werden *(Abb. 4)*. Kinder eines (erkrankten) heterozygoten Merkmalsträgers und eines gesunden Partners sind mit einer Wahrscheinlichkeit von 50 % erkrankt. Diese einfachen Zahlenverhältnisse gelten jedoch nur, wenn das defekte Gen neben dem gesunden tatsächlich voll zur Ausbildung kommt. Nicht bei allen als dominant eingestuften Erbleiden ist dies tatsächlich der Fall.

Sind beide Partner heterozygot erkrankt (Aa × Aa), so besteht gemäß den MENDEL'schen Regeln ein 25 %iges Risiko, dass ein Kind homozygoter Merkmalsträger wird. Obwohl nach der klassischen Genetik

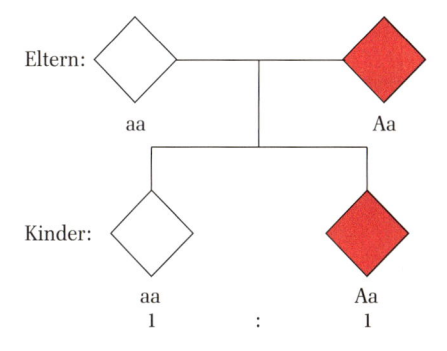

Abb. 4 Vererbung einer autosomal dominanten Krankheit

Exkurs

Unter den zahlreichen weiteren autosomal dominanten Erbleiden sind z. B.

- die **Neurofibromatose** (Häufigkeit 1 : 2500), bei der sich Pigmentflecken auf der Haut sowie Hauttumore bilden; es kann auch zur Degeneration der Nerven und inneren Organe kommen. Folge sind dann oft bösartige innere Tumore.
- **Chorea Huntington** (Veitstanz, Häufigkeit 1 : 5000), eine schwere Nervenerkrankung, die im Alter zwischen 30 und 60 Jahren verursacht durch ein defektes Gen auf dem Chromosom Nr. 4. einsetzt. Sie beginnt mit motorischen Störungen und beeinträchtigt Gedächtnis und Sprache. Am Ende steht ein völliger Kontrollverlust.

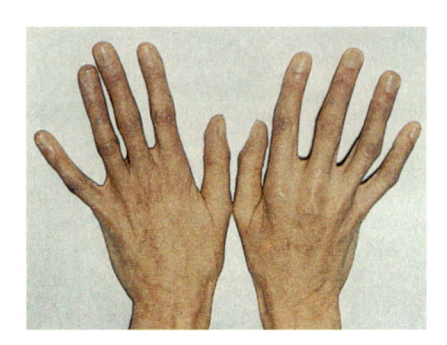

Abb. 5 Marfan-Syndrom: Patient mit überlangen Händen

AA und Aa phänotypisch identisch sind, kommt es beim Menschen dennoch vor, dass die Homozygoten stärker geschädigt werden und manchmal nicht lebensfähig sind. Es lassen sich folgende Genotypen unterscheiden:

AA   krank, manchmal letal

Aa   krank

aa   gesund

Bereits um die Jahrhundertwende wurde das MARFAN-**Syndrom** („Spinnenfingrigkeit", Häufigkeit 1 : 50000) beschrieben. Symptome sind starke Überstreckbarkeit der Gelenke, Bindegewebs- und Muskelschwäche, Skelettveränderungen wie Trichterbrust, überlange Gliedmaßen *(Abb. 5)* und Deformationen des Augapfels. Bei verschiedenen Erkrankten können die Organe unterschiedlich stark betroffen sein.

Inzwischen ist die **Ursache** dieser Krankheit bekannt. Es gilt als sicher, dass nur **ein einziges defektes Gen** die vielfältigen Störungen verursacht, ein Gen, welches Informationen über den Aufbau der elastischen Bindegewebsfasern enthält. Diese Eiweißfasern werden an zahlreichen Stellen des Körpers eingebaut, zum Beispiel in Sehnen und Gelenkkapseln, den Augapfel, die großen Arterien und die Muskeln. Beeinflusst wie hier ein Gen die Ausprägung mehrerer Merkmale, so spricht man von **Polyphänie** oder **Pleiotropie** *(Abb. 6)*.

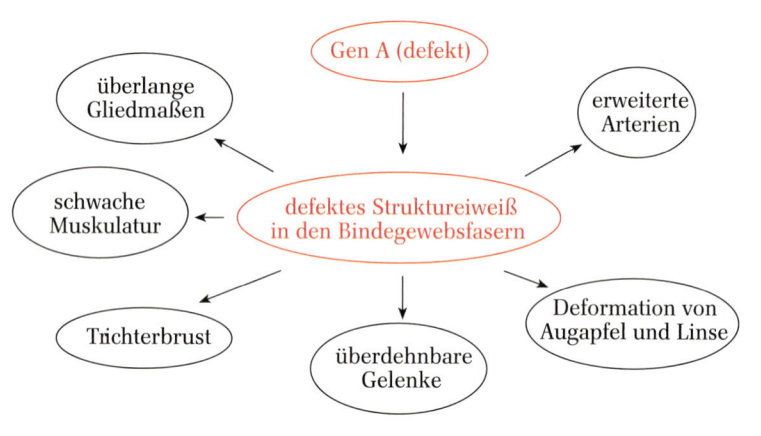

Abb. 6 Pleiotropie am Beispiel des Marfan-Syndroms

Autosomal rezessive Erbkrankheiten

Auch phänotypisch völlig gesunde Eltern können beim Zusammentreffen zweier mutierter Gene ein erbkrankes Kind bekommen. Eine bekannte und sehr schwere erbbedingte Stoffwechselstörung ist die Mukoviszidose (Zystische Fibrose, Häufigkeit 1 : 2000), die durch ein defektes Gen auf Chromosom Nr. 7 ausgelöst wird.

Eine Störung des Ionenhaushaltes führt schon in frühester Kindheit zu einer krankhaft erhöhten Viskosität des Schleimes der Drüsen der Atemwege und der des Verdauungsapparates. Zäher Schleim verstopft die Atemwege, ein quälender, keuchhustenartiger Husten und Atemnot treten auf *(Abb. 7)*. Weitere Symptome sind schwere Verdauungsstörungen und nicht selten chronische Lungenerkrankungen. Die körperliche Entwicklung der Kinder ist erheblich gestört, die Lebenserwartung beträgt nur 20 bis 30 Jahre – 1960 waren es nur 5 Jahre.

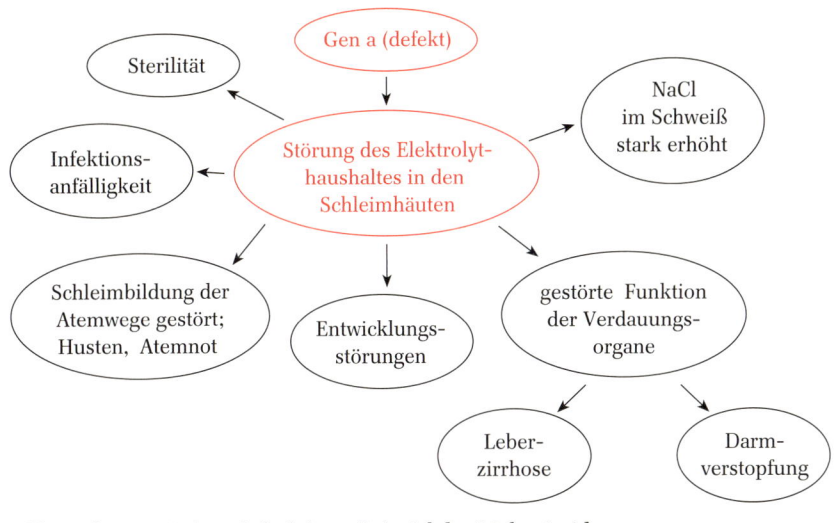

Abb. 7 Pleiotropie (vereinfacht) am Beispiel der Mukoviszidose

A2 Ein dreißigjähriger Mann erscheint zur Familienberatung. Er gibt an, geistig und körperlich völlig gesund zu sein. Trotzdem haben die Eltern seiner Verlobten Einwände gegen eine Heirat, da sie erfahren haben, dass zwei Halbschwestern des Mannes aus der ersten Ehe seines Vaters an der sogenannten Hurler'schen Krankheit leiden und schwer missgebildet sind. Ermitteln Sie unter Einbeziehung eines Stammbaums, ob diese Ängste berechtigt sind.

Ein weiteres klassisches Beispiel für ein autosomal rezessives Erbleiden ist die **Phenylketonurie** (**PKU**, Häufigkeit: 1 : 10000). Ein **Enzymdefekt** bewirkt eine schwere Stoffwechselstörung. Dadurch kann die in der Nahrung enthaltene Aminosäure Phenylalanin nicht mehr abgebaut bzw. umgebaut werden. Diese und ein Nebenprodukt, das Phenylketon, das der Krankheit ihren Namen gab, reichern sich an und sind im Urin nachweisbar. Es kommt zu einer Veränderung des Zellmilieus, zur Störung der Nervenzellen und einer verlangsamten Reifung des zentralen Nervensystems. Der IQ unbehandelter PKU-Patienten *(Abb. 8)* ist selten höher als 20. Heterozygote Merkmalsträger sind phänotypisch gesund, jedoch ist eine verminderte Produktion des Phenylalanin spaltenden Enzyms nachweisbar.

Eine **Therapie** ist möglich, wenn die Erbkrankheit frühzeitig erkannt wird. Hierzu entnimmt man dem wenige Tage alten Neugeborenen einen Tropfen Blut. Mithilfe eines bakteriellen Tests kann ein eventuell erhöhter Phenylalaninwert im Blut festgestellt werden (GUTHRIE-Test). Betroffene können zu einer normalen Entwicklung gelangen, wenn in den ersten zehn Lebensjahren eine extrem phenylalaninarme Diät, zu der Spezialnahrung nötig ist, eingehalten wird. Da die Aminosäure bereits in der Milch enthalten ist, muss sehr früh mit dieser Therapie begonnen werden.

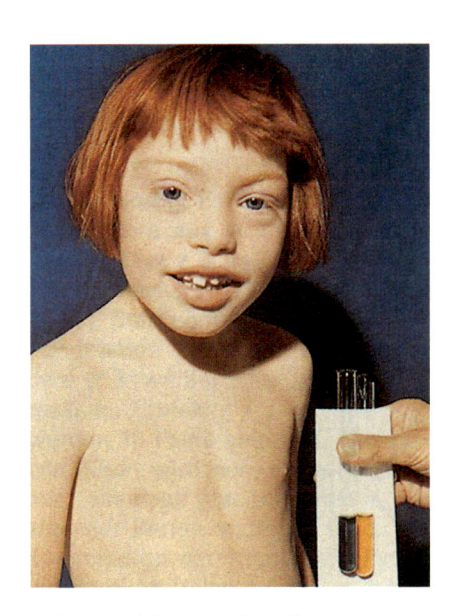

Abb. 8 Mädchen mit Phenylketonurie

Sichelzellenanämie (Häufigkeit: 1 : 10000) ist besonders häufig in der afrikanischen Bevölkerung: In den USA sind etwa 8 % der schwarzen Bevölkerung betroffen. Die roten Blutkörperchen verändern sich, nehmen Sichelform *(Abb. 9)* an und verstopfen die Kapillaren. In der Milz werden sie in verstärktem Maße abgebaut, was zur Blutarmut (Anämie) führt. In der Folge treten Milzvergrößerung bis hin zum Milzriss und Leberschäden auf. Homozygot erkrankte Menschen sterben meist vor dem Erreichen des 16. Lebensjahres.

Ursache ist ein mutiertes rezessives Gen, das zu einer Veränderung des Hämoglobinmoleküls führt. Dabei wird nur eine einzige (!) Aminosäure falsch eingefügt (Valin statt Glutaminsäure).

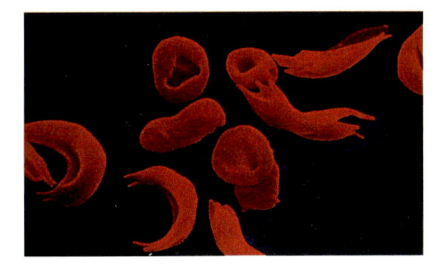

Abb. 9 Sichelförmige rote Blutkörperchen bei der Sichelzellenanämie

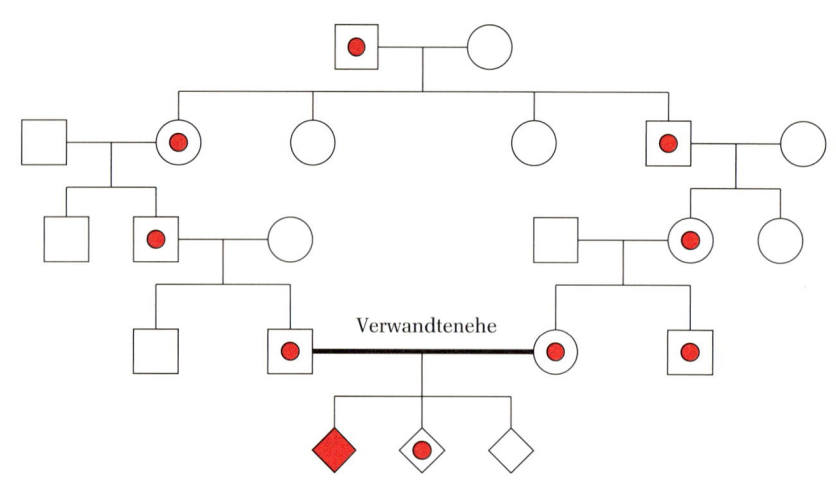

Abb. 10 Vererbung einer autosomal rezessiven Krankheit (Punkt repräsentiert Überträger)

Das mutierte Gen a ist nicht völlig rezessiv. Vielmehr sind auch heterozygote Anlageträger (Aa) schwach geschädigt.

Grundsätzlich müssen wir bei den autosomal rezessiven Erbleiden drei mögliche Genotypen unterscheiden:

AA   gesund
Aa   gesund, aber Überträger
aa   krank

Treffen zwei Überträger zufällig aufeinander, wie es oft bei **Verwandten-Ehen** der Fall ist, so besteht ein 25%iges Risiko, dass sie ein krankes Kind bekommen. Einen möglichen Stammbaum zeigt Abbildung 10.

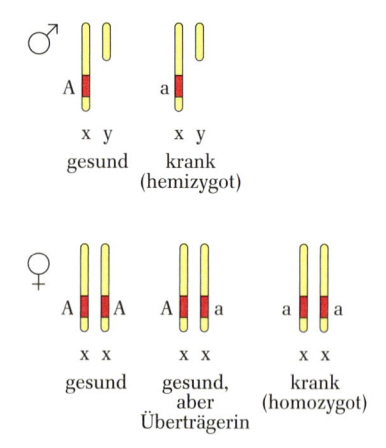

Abb. 11 Mögliche Genotypen für den X-chromosomal rezessiven Erbgang. Symbolisch dargestellt sind die Geschlechtschromosomen mit den Genorten für das Genpaar A, a.

Gonosomal rezessive Erbkrankheiten

Nach den Regeln des Talmud, in dem die religiösen Gesetze und Verhaltensgebote für Menschen jüdischen Glaubens festgelegt sind, brauchten Söhne nicht beschnitten zu werden, wenn zwei ältere Brüder oder Halbbrüder während dieses Rituals bereits verblutet waren. Voraussetzung war jedoch, dass sie dieselbe Mutter hatten. Für Halbbrüder mit demselben Vater, aber verschiedenen Müttern, galt diese Regel nicht. Worauf sich diese zunächst seltsam anmutende Regel gründet, wissen wir heute aus der Kenntnis der Bluterkrankheit (**Hämophilie**, Häufigkeit im männlichen Geschlecht 1 : 5000).

Bei an der Bluterkrankheit leidenden Menschen ist die Blutgerinnung stark verzögert, sodass es schon nach geringfügigen Verletzungen zu flächenhaften Blutungen kommen kann. Manchmal treten auch spontane Blutungen auf. Während äußere Wunden heute gut kontrollierbar sind, können Blutungen in den Gelenken und im Körperinnern gefährlich werden. Unbehandelt besteht schon bei kleineren Verletzungen ein großes Risiko des Verblutens, was früher die Lebensaussichten der Patienten sehr einschränkte.

Ursache für die Bluterkrankheit ist das Fehlen eines bestimmten Enzyms, eines sogenannten Blutgerinnungsfaktors, ohne den die fibrinhaltigen Gerinnungsfäden nicht oder nur sehr stark verzögert gebildet werden können. Bei der **Hämophilie A** ist dies der **Faktor VIII**, bei der seltenen **Hämophilie B** fehlt der **Faktor IX**.

Das mutierte Gen a liegt, wie wir heute wissen, auf dem X-Chromosom und verhält sich rezessiv; man spricht daher von einem **X-chromosomal rezessiven Erbgang**. Da das Genpaar auf einem Gonosom liegt, müssen die Geschlechter der Nachkommen in die Betrachtungen einbezogen werden.

Beim weiblichen Geschlecht sind wie bei den autosomalen Erbgängen die drei Genotypen AA, Aa und aa möglich. Mädchen erkranken also nur dann, wenn sie homozygote Träger des defekten Genpaares sind. Heterozygote sind phänotypisch gesund, übertragen jedoch das defekte Gen an ihre Kinder mit einer Wahrscheinlichkeit von 50 %. Beim männlichen Geschlecht ist zum Gen A oder a kein homologes Allel vorhanden. Jeder, der das krankhafte Gen a bekommt, wird auch erkranken. Wir bezeichnen den entsprechenden Genotyp mit **hemizygot** *(Abb. 11)*.

Ein X-chromosomal rezessives Erbleiden erbt ein Junge im Regelfall von seinem Großvater mütterlicherseits *(Abb. 13)*. Da ein Mann an seine Söhne immer das Y-Chromosom weitergibt, kann damit an diese nie das auf dem X-Chromosom liegende Gen a vererbt werden. An seine Töchter gibt der Vater immer das X-Chromosom weiter. Damit sind die Töchter eines Bluters immer **Überträgerinnen (Konduktorinnen)**. Erkranken können diese nur in dem wenig wahrscheinlichen Fall, dass ihr Vater an der Bluterkrankheit leidet und ihre Mutter gleichzeitig Überträgerin oder ebenfalls erkrankt ist. Die Kinder einer Konduktorin und eines gesunden Vaters erhalten zu 50 % das krank machende rezessive Gen. Für die Söhne besteht damit das 50 %ige Risiko einer Erkrankung. Die Töchter sind statistisch zur Hälfte wieder Überträgerinnen. Bluterinnen treten nicht auf, da das defekte Gen rezessiv ist *(Abb. 13)*.

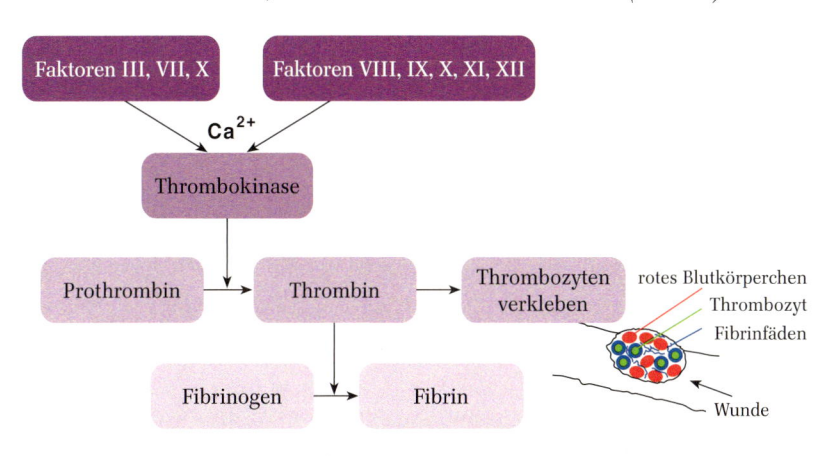

Abb. 12 Vereinfachtes Schema des Ablaufs der Blutgerinnung

Exkurs

Blutgerinnung

Nach einer Verletzung schließt ein aus Fibrinfäden und roten Blutkörperchen bestehender roter Gerinnungspfropf die Wunde. An der Fibrinbildung aus dem Plasmaprotein Fibrinogen sind mehr als zehn Enzyme, sogenannte **Gerinnungsfaktoren** beteiligt; als letztes das Thrombin, das das gelöste Plasmaeiweiß Fibrinogen in unlösliches Fibrin umwandelt. Der Gerinnungspfropf entsteht durch Einbettung von Blutplättchen und roten Blutkörperchen in das Fibrinfädengeflecht *(Abb. 12)*. Der Ausfall nur eines der Gerinnungsfaktoren stört die gesamte Reaktionskette und somit die eigentliche Blutgerinnung.

Jeder Gerinnungsfaktor besteht aus mindestens einem Eiweißmolekül, für das je ein Gen verantwortlich ist. Im Fall der **Hämophilie A** ist das Gen defekt, das für die Bildung des Faktors VIII codiert.

Verwandten-Ehen, wie sie früher in Adelshäusern üblich waren, führten allgemein zu einer Häufung rezessiver Erbleiden. So befanden sich zum Beispiel unter den Kindern, Enkeln und Urenkeln der Königin Victoria von England mindestens zehn Personen mit Hämophilie, die alle männlichen Geschlechts waren. Von ihren eigenen fünf Töchtern

A3 Eine am Down-Syndrom erkrankte Frau bekommt mit einem gesunden Mann Kinder. Verwenden Sie eine Chromosomenskizze zur Erläuterung der Wahrscheinlichkeit für eine Trisomie 21-Schwangerschaft.

A4 Ein Ehepaar kommt in eine genetische Beratungsstelle. Die Frau hat als Kind sehr lange phenylalaninfreie Nahrung zu sich nehmen müssen, ihr Mann ist Bluter. Da sich beide nun ein Kind wünschen, möchten sie gerne wissen, mit welchen Risiken ihre Krankheiten weitervererbt werden. Stellen Sie die möglichen Konsequenzen dar, die für ein Kind zu erwarten sind.

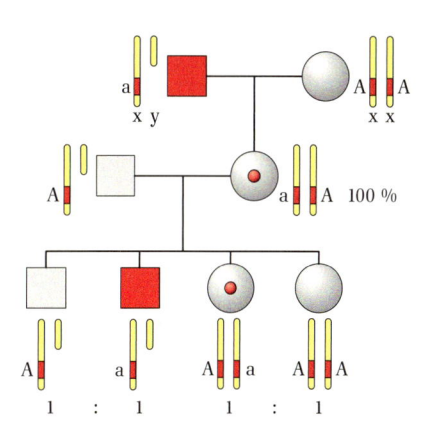

Abb. 13 Stammbaumschema zum Erbgang der Bluterkrankheit

A5 In einer Zeitschrift wurde folgender seltener Fall beschrieben: Ein Mädchen leidet an der Bluterkrankheit und hat diese (ausschließlich) von ihrem Vater geerbt. Möglich wurde dies, da bei dem Mädchen zusätzlich eine Chromosomenzahlabweichung aufgetreten ist. Analysieren Sie diese Vererbung unter Mitverwendung von Skizzen.

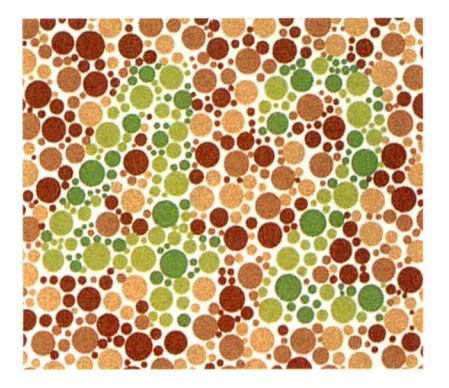

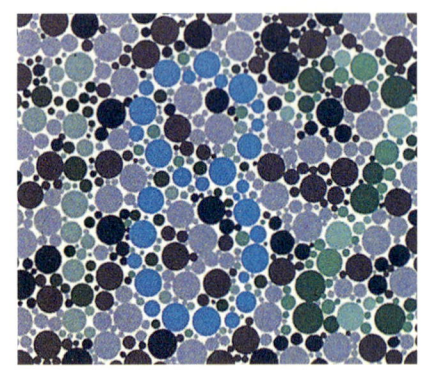

Abb. 14 Farbtesttafeln

und vier Söhnen litt nur einer an der Bluterkrankheit, nämlich Leopold, der Duke of Albany.

Eine vollständige Heilung der Bluterkrankheit gibt es bis jetzt nicht. Zur **Therapie** muss sich der Patient alle zwei bis drei Tage den fehlenden Blutgerinnungsfaktor in die Blutbahn injizieren. Die einzige Quelle für das lebenserhaltende Medikament war bis zum Jahre 1993 Spenderblut, was ein Risiko der Verseuchung der Blutprodukte mit dem AIDS-Virus bedeutete. Anfang der 1990er Jahre war in der Bundesrepublik Deutschland etwa jeder dritte Patient mit Bluterkrankheit auch HIV-positiv! Inzwischen sind jedoch Methoden entwickelt worden Blutkonserven und -produkte auf HIV zu untersuchen. Heute kommen gentechnisch erzeugte Medikamente zum Einsatz.

Etwa 8 % der europäischen Männer und 0,4 % der Frauen leiden an einer anderen X-chromosomal rezessiv vererbten Störung, der **Rotgrünblindheit**. Bei ihnen ist die Rot- oder Grünkomponente leicht oder stark geschwächt, sodass sie bestimmte Farbkonstellationen schlecht unterscheiden können (vgl. Farbtesttafel, *Abb. 14*), wie zum Beispiel rote Blüten in einer grünen Wiese oder eine rote oder grüne Ampel in der Nacht.

Ein weiteres Beispiel für eine gonosomal-rezessiv vererbte Krankheit ist die **Muskeldystrophie** DUCHENNE, die mit einer Häufigkeit von 1 : 3 000 bei männlichen Geburten auftritt. Eine Störung im Muskelstoffwechsel führt hier durch Zerstörung der Atemmuskulatur häufig zum Tode vor dem Erreichen des Erwachsenenalters.

X-Chromosomale Genkoppelung

Alle Gene, die auf einem Chromosom liegen, sind gekoppelt und werden gemeinsam weitergegeben *(S. 121)*. Ist ein Mann rotgrünblind und leidet gleichzeitig an der Bluterkrankheit, so trägt er auf seinem X-Chromosom das Gen a (für Bluter) und das Gen b (für Rotgrünblindheit). Seine Tochter ist damit Konduktorin für beide Erbleiden und die Enkelsöhne sind entweder ganz gesund oder wieder rotgründblinde Bluter *(Abb. 15 links,* dargestellt sind Tochter und Enkel). Andererseits sind auch Fälle bekannt, in denen ein Junge Bluter ist und sein Bruder rotgrünblind. Erklärbar ist dies damit, dass ihre Mutter auf dem einen X-Chromosom das Gen a (für Bluter) und auf dem anderen X-Chromosom das Gen b (für Rotgrünblindheit) trägt *(Abb. 15 rechts)*.

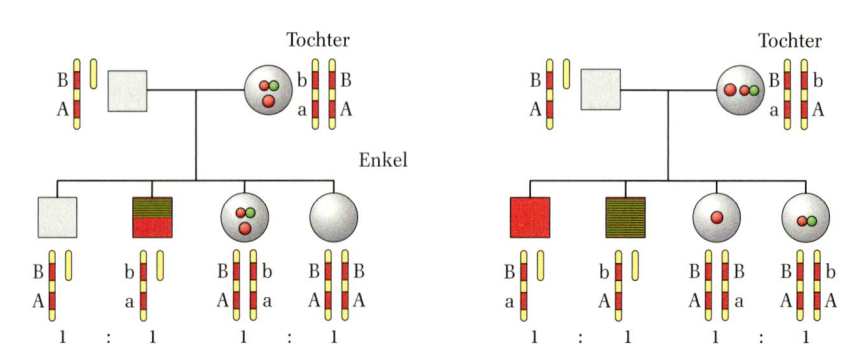

Abb. 15 X-chromosomale Genkopplung mit gekoppelten Genen a und b (links); Gene a und b auf zwei X-Chromosomen (rechts)

4.2 Vererbung der Blutgruppen

In regelmäßigen Abständen rufen Hilfsorganisationen wie das Rote Kreuz zur Blutspende auf. Heute wissen wir, dass Blut in verschiedene Gruppen eingeteilt wird und dass es bei einer Übertragung der falschen Blutgruppe zu ernsten, ja tödlichen Komplikationen kommen kann. Vor hundert Jahren war das anders; nur jede dritte Bluttransfusion verlief zufriedenstellend.

4.2.1 Das AB0-System

Das Wissen um die Verklumpung der Blutkörperchen geht zurück auf die Arbeiten des Wiener Arztes und Nobelpreisträgers KARL LANDSTEINER. In seinem entscheidenden Experiment im Jahre 1901 entnahm er sich und seinen Mitarbeitern Blut und trennte es in Blutserum und Blutzellen. Anschließend vermischte er die Seren mit den Blutkörperchen in allen möglichen Kombinationen. Die Auswertung der verschiedenen Verklumpungen führte zu vier Blutgruppen: A, B, AB und 0.

Antigen-Antikörper-Reaktion

Die Verklumpungsstoffe im menschlichen Blutserum nennen wir Antikörper; es gibt Antikörper gegen Blutgruppe A (Anti-A) und gegen Blutgruppe B (Anti-B). Die als γ-Globuline bezeichneten Antikörper gehören chemisch zu den Proteinen *(S. 26)* und binden an bestimmte Oberflächenstrukturen auf den Blutzellen, die als Antigene *(S. 88)* bezeichnet werden. Menschen mit der Blutgruppe A besitzen das Antigen A, Blut mit dem Antigen B gehört zur Blutgruppe B. Blut der Blutgruppe AB besitzen beide Antigene A und B, Blut mit keinem der Antigene gehört zur Blutgruppe 0 *(Tab. 1)*.

Exkurs

Hauptbestandteile des Blutes – kurze Zusammenfassung aus der Mittelstufe

Blutzellen:
Erythrozyten (rote Blutkörperchen), Leukozyten (weiße Blutkörperchen, z. B. Lymphozyten), Thrombozyten (Blutplättchen),

Blutplasma:
Fibrinogen (ein Plasmaprotein), Blutserum

Das Blutserum besteht zu etwa 90% aus Wasser. Darin gelöst sind zahlreiche Ionen (Na^+, K^+, Ca^{2+}, Cl^-, CO_3^{2-}, PO_4^{3-}), Eiweiße (Albumine, Globuline), Blutfette (z. B. 200 mg Cholesterin / 100 mL Blut), Blutzucker (80 – 100 mg Glucose / 100 mL Blut) und eine Reihe weiterer Stoffe (Harnstoff, Hormone, Immunkörper, …)

Blutgruppe	A	B	AB	0
Antigene				
Antikörper (Serum)	Anti-B	Anti-A		Anti-A u. Anti-B

Die Antikörper werden erst etwa im 3. Lebensmonat eines Menschen durch eine Immunreaktion gegen die Antigene A und B der Darmbakterien *Escherichia coli* gebildet, die in dieser Zeit den Darm besiedeln. Warum E. coli-Bakterien die gleichen Antigene wie die menschlichen Blutzellen besitzen, ist bisher nicht bekannt.

Gelangt Blut mit fremden Antigenen in die Blutbahn eines Menschen, so greifen die Antikörper des Empfängers die fremden Blutzellen an. Die Antikörper besitzen zwei Bindungsstellen, die chemisch genau zu den fremden Antigenen „passen": Es kommt zu einer **Antigen-Antikörper-Reaktion** *(S. 90)*.

Mit ihren zwei Bindungsstellen verkleben die Antikörper mit weiteren fremden Blutzellen; die Spenderblutzellen ballen sich zusammen und es kommt zur **Agglutination** mit schwer wiegenden Folgen für den Empfänger *(Abb. 1)*. Die Antikörper des Spenderblutes spielen im fremden Organismus wegen des starken Verdünnungsfaktors keine Rolle.

Tab. 1 Blutgruppen des AB0-Systems

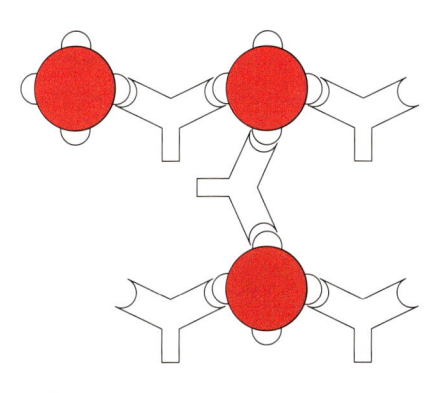

Abb. 1 Agglutination

Ein Mensch mit der Blutgruppe AB besitzt im Serum keine Antikörper. Ein Angriff an die fremden Blutzellen findet nicht statt. Hinsichtlich einer Bluttransfusion ist dieser Mensch damit **Universalempfänger**. Auf der Oberfläche der Blutzellen der Blutgruppe 0 liegen keine Antigene A und B. Sie können daher von einem Empfänger auch nicht angegriffen werden. Ein Mensch mit der Blutgruppe 0 ist also **Universalspender**. Bei Bluttransfusionen wird heute dennoch grundsätzlich nur die identische Blutgruppe verwendet, Universalspenderblut wurde aber auch früher ausschließlich in Notfällen eingesetzt.

Da agglutiniertes Blut leicht mit dem bloßen Auge erkennbar ist, macht man sich die Antigen-Antikörper-Reaktion auch für die **Blutgruppenbestimmung** zunutze *(Abb. 2)*. Auf einer Tüpfelplatte wird je ein Tropfen Blut mit Testseren Anti-A und Anti-B vermischt (und Anti-D unter Einbezug des Rhesusfaktors, *S. 135*). Ein Serum ohne Antikörper dient als Kontrolle. Aus den auftretenden Agglutinationen ist ein Schluss auf die in dem Testblut vorhandenen Antigene und damit auf die Blutgruppe leicht möglich *(vgl. Tab. 2)*.

Verklumpt das Testblut nur mit dem Testserum Anti-B, handelt es sich um Blut der Blutgruppe B. Ergibt sich in beiden Testseren eine sichtbare Agglutination, so besitzt das Testblut die Gruppe AB. Keine Verklumpung entsteht, wenn Blut der Blutgruppe 0 mit den beiden Testseren vermischt wird.

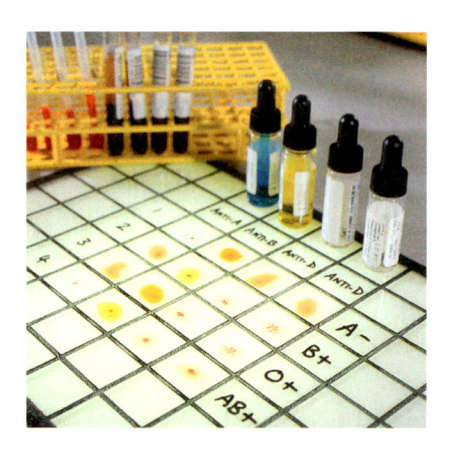

Abb. 2 Blutgruppenbestimmung

	A	B	AB	0
Anti-A	+		+	
Anti-B		+	+	

Tab. 2 Blutgruppenbestimung über die Verklumpung

Exkurs

Verfeinerte Testreihen haben ergeben, dass es von dem Antigen A mindestens zwei Ausführungen gibt, die man mit A_1 und A_2 bezeichnet. Die Blutgruppen A und AB müssen daher in je zwei Untergruppen, A_1 und A_2, A_1B und A_2B untergliedert werden. Die zugehörigen Gene heißen A_1 und A_2, wobei sich A_1 dominant gegenüber A_2 verhält. Beide Gene sind dominant über 0. Eine Person mit der Blutgruppe A kann demnach den genauen Phänotyp A_1 (Genotyp: A_1A_1, A_1A_2 oder A_10) oder A_2 (Genotyp: A_2A_2 oder A_20) haben.

Vererbung des AB0-Systems

Genort für das AB0-System ist das Chromosom Nr. 9, auf dem eines von **drei Allelen** liegen kann: Gen A, Gen B oder Gen 0. Können auf einem Genort mehr als zwei Allele liegen, so spricht man von multipler Allelie und von den Genen als **multiple Allele**.

Ein Mensch mit der Blutgruppe A besitzt den Genotyp AA (homozygot) oder A0 (heterozygot). Liegt der Genotyp AB vor, dann werden auf den Blutzellen beide Antigene, also A und B gebildet *(Tab. 3)*.

Phänotyp	A	B	AB	0
Genotypen	AA	BB	AB	00
	A0	B0		

Tab. 3 Zusammenhang zwischen Phäno- und Genotyp

Bringen zwei allele Gene nebeneinander ihre Merkmale zur Ausprägung, so spricht man von **Kodominanz**. Die Allele A und B sind also kodominant, das Allel 0 verhält sich rezessiv. Somit hat ein Mensch mit der Blutgruppe 0 eindeutig den Genotyp 00. Das Gen 0 bewirkt keine Antigenbildung.

Blutgruppen und Vaterschaftsnachweis

Die Vererbung der Blutgruppen erweist sich als **umweltstabil**, d. h., es treten keine umweltbedingten (modifikatorischen) Änderungen auf. Es gibt kaum Mutationen und die dominanten Gene gelangen voll zur Ausprägung. Diese Eigenschaften machen die Blutgruppendiagnostik für Abstammungsuntersuchungen besonders interessant. Vom Phänotyp der Blutgruppe lässt sich eindeutig auf die Genotyp-Möglichkeiten schließen. Sind die Blutgruppen des Kindes, der Mutter und des möglichen Vaters bekannt, so kann anhand des AB0-Systems ermittelt werden, ob der Mann als Vater überhaupt infrage kommt. Hat ein Kind beispielsweise die Blutgruppe AB und die Mutter besitzt die Blutgruppe A (Genotyp: AA oder A0), so muss das Kind das Gen B vom Vater geerbt haben. Dieser besitzt also die Blutgruppe B (Genotyp: BB oder B0) oder AB (Genotyp: AB). Männer mit Blutgruppe A oder 0 können als Väter ausgeschlossen werden.

Zur Suche nach möglichen Vätern eignet sich die Darstellung des Stammbaumschemas. Haben Mutter und Kind die Blutgruppe 0 (Genotyp: 00), so muss das Kind das Gen 0 vom Vater geerbt haben. Als Väter kommen Männer mit der Blutgruppe A (Genotypen: A0), B (Genotyp: B0) oder 0 (Genotyp: 00) infrage.

4.2.2 Das Rhesus-System

Bei etwa 85 % der Bevölkerung befindet sich auf den roten Blutkörperchen ein Antigen, welches zuerst bei Rhesusaffen *(Abb. 3)* entdeckt wurde. Es wird mit Antigen D bezeichnet. Eine Person, die das Antigen D besitzt, nennt man **rhesus-positiv** (Rh⁺), Menschen ohne Antigen D sind **rhesus-negativ** (rh⁻).

Dies hat zur Folge, dass im Serum eines rhesus-negativen Menschen normalerweise **keine Antikörper** Anti-D zu finden sind. Erst nach einer Bluttransfusion mit Rh⁺-Blut bildet der Empfänger in einer Immunreaktion Antikörper gegen das Antigen D. Da diese Immunantwort jedoch einige Wochen in Anspruch nimmt, besteht bei einer solchen Blutübertragung kein Risiko der Agglutination. Dann allerdings sind zeitlebens Antikörper Anti-D im Blut dieses Menschen vorhanden. Sollte er abermals eine Bluttransfusion mit rhesus-positivem Blut bekommen, kommt es zur Verklumpung der fremden Blutzellen mit lebensbedrohenden Folgen.

Vererbung des Rhesussystems

Die Vererbung des Rhesussystems erfolgt **unabhängig vom AB0-System** nach einem **monohybriden, dominant-rezessiven** Erbgang. Während die Gene des AB0-Systems auf dem Chromosom Nr. 9 lokalisiert sind, liegt das Allelenpaar für den Rhesusfaktor auf dem Chromosom Nr. 1: An diesem Genort befindet sich das Gen D, welches sich dominant gegenüber dem Gen d verhält. Rhesus-positiv sind also Menschen mit den Genotypen DD und Dd, rhesus-negativ Menschen mit dd.

Neben dem Antigen D wurden weitere sehr ähnliche Antigene gefunden. Man nennt sie C und E. Die zugehörigen Genotypen sind CC, Cc, cc bzw. EE, Ee, ee. Häufig gibt man die sogenannte Rhesusformel an, zum Beispiel CDE, cDe oder cde. Großbuchstaben bedeuten positiv, Kleinbuchstaben negativ.

Exkurs

Neben dem AB0-System gibt es eine Reihe weiterer Blutgruppensysteme: Das wichtigste ist das **Rhesussystem**. Die anderen Blutgruppen heißen zum Beispiel MN, P, Kell, Kid.

In Abstammungsuntersuchungen wird auch eine Reihe weiterer Systeme einbezogen, um zusätzliche Sicherheit zu erlangen. **Serumgruppen** beruhen beispielsweise auf der Beobachtung, dass eine Anzahl von Serumproteinen genetisch bedingte Unterschiede aufweisen. Diese können über Agglutinationstests oder durch Elektrophorese *(S. 151)* ermittelt werden. Bestimmt werden auch die erblich verschiedenen **Enzyme der Erythrozyten** und die **Leukozytenantigene**. Diese auf den weißen Blutkörperchen sitzenden Antigene sind auch für die Beurteilung der Gewebeverträglichkeit bei den Transplantationen besonders wichtig

A10 Mutter und Kind besitzen die Blutgruppe A. Kann der Vater die Blutgruppe B haben?

A11 Die Mutter hat die Blutgruppe 0 und das Kind besitzt die Blutgruppe A. Ist Person 1 mit Blutgruppe B und/oder Person 2 mit Blutgruppe AB als Vater auszuschließen?

A12 Erläutern Sie den Unterschied zwischen kodominanter und intermediärer Vererbung.

Abb. 3 Rhesusaffe (*Macaca mulatta*)

A 13 Ein durch eine Austausch-transfusion von den Folgen der Rhesusunterverträglichkeit geretteter Mann heiratet eine rhesusnegative Frau. Ermitteln Sie die Wahrscheinlichkeiten für eine Rhesusunverträglichkeit des ersten und des zweiten Kindes dieses Paares.

Klinische Bedeutung des Rhesussystems

Während einer Geburt kann Blut des Kindes in den mütterlichen Blutkreislauf gelangen. Besitzt das Kind einer rh-negativen Mutter rh-positives Blut, so kommt es zur Bildung von Antikörpern, wenn kindliches Blut in den Blutkreislauf der Mutter eindringt (D-Sensibilisierung, *Abb. 4*). Größere Mengen kindlichen Blutes dringen aber erst kurz vor und während des Geburtsvorganges in den mütterlichen Blutkreislauf ein. Da die Antikörperbildung recht langsam verläuft, wird – wie bei einer ersten Blutübertragung – das Kind nicht mehr geschädigt.

Bei einer zweiten Schwangerschaft mit einem abermals rh-positiven Kind sind bereits genügend Antikörper im Blut der Mutter enthalten, sodass es noch im Mutterleib zur Zerstörung der für den Sauerstofftransport verantwortlichen roten Blutkörperchen des Kindes kommt. Der damit verbundene Sauerstoffmangel im Gewebe kann sogar lebensbedrohend werden und zum Absterben des Fötus führen. Auch Gelbsucht und Hirnschäden des Säuglings wurden beobachtet. Man bezeichnet diese schwer wiegende Störung als **Rhesusunverträglichkeit**. Früher konnte nur mit einer Blutaustauschtransfusion, bei der schubweise das gesamte kindliche Blut über den Nabel ersetzt wird, das Neugeborene am Leben erhalten werden. Durch die verbesserte medizinische Versorgung ist diese Maßnahme nur noch bei schwereren Krankheitsverläufen nötig, meist reichen mildere Behandlungsmethoden aus. Inzwischen wurde darüber hinaus eine sehr wirksame **Prophylaxe** entwickelt: Die noch nicht sensibilisierte Mutter erhält kurz nach der Entbindung des rhesus-positiven Kindes Antikörper gespritzt, die die vom Kind in ihren Kreislauf eingedrungenen Blutkörperchen mit dem Antigen D zerstören (Anti-D-Immunoglobin). Da so eine Bildung von Antikörpern D durch die Mutter verhindert wird, lässt sich das Risiko der Rhesusunverträglichkeit damit um 90 % erniedrigen.

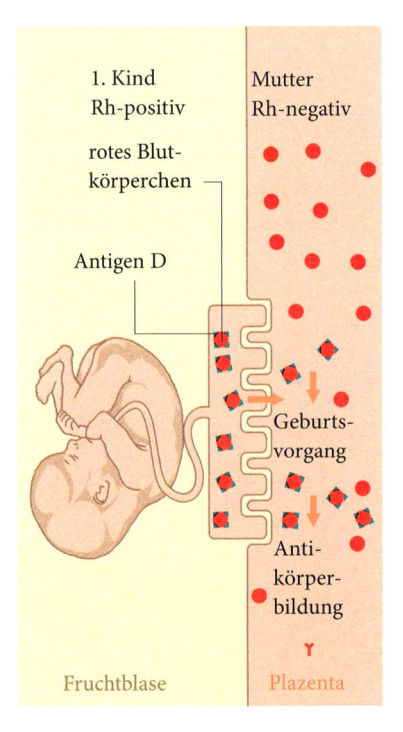
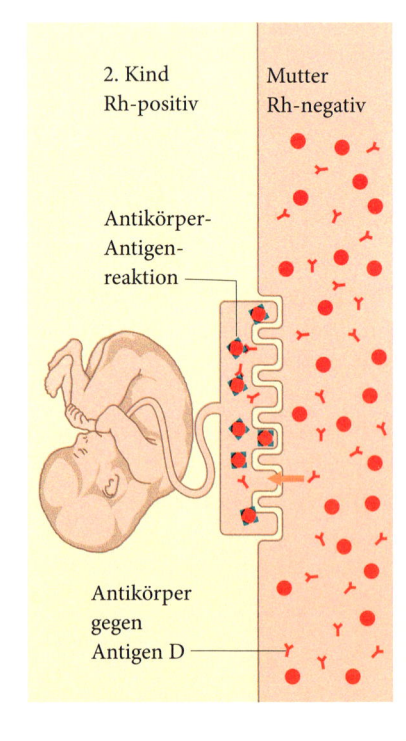

Abb. 4 Rhesusfaktor – Sensibilisierung und Unverträglichkeit

Zusammenfassung

Das Erbgut des Menschen und höherer Lebewesen wird in **Autosomen** und **Gonosomen** unterteilt; dabei bezeichnen Gonosomen ausschließlich die Geschlechtschromosomen. Der gonosomale Genotyp legt daher das Geschlecht fest, das beim Menschen durch den **XY-Mechanismus** bestimmt wird. Im Pflanzen und Tierreich gibt es aber auch andere Mechanismen.

Veränderungen des Erbgutes, die nicht auf Neukombinationen beruhen, nennt man **Mutationen**. Man unterscheidet Genmutationen und Chromosomenaberrationen (Chromosomenmutationen und Genommutationen). Während Chromosomenaberrationen meist bei der Keimzellenbildung erfolgen, werden Genmutationen von den Eltern an die Kinder weitervererbt.

Autosomal dominante Erbleiden liegen dann vor, wenn das krankhaft mutierte Gen, das auf einem Autosom liegt, gegenüber dem gesunden dominant ist. Die Genotypen AA und Aa bedingen in solchen Fällen den Ausbruch der Krankheit, z.B. des MARFAN-SYNDROMS.

Autosomal rezessive Erbleiden kommen nur dann zum Ausbruch, wenn beide mutierten Gene, die auf homologen Autosomen liegen, zusammenkommen (Genotyp aa). Heterozygote Personen (Aa) sind in der Regel phänotypisch gesund. Beispiele sind Mucoviszidose, Phenylketonurie, Albinismus.

Gonosomal rezessive Erbleiden sind geschlechtsabhängig und liegen beim Menschen auf dem X-Chromosom. Bei Mädchen (XX) bricht die Krankheit nur dann aus, wenn das krankhaft mutierte Gen auf beiden X-Chromosomen liegt (aa). Dagegen erkrankt ein Junge (XY) immer dann, wenn er das mutierte Gen besitzt.

Bei menschlichen Erbgängen herrscht meistens Polygenie vor; die seltene monogene Vererbung liegt aber bei den Blutgruppen vor. Das **AB0-System** wird durch die Gene A, B und 0 auf einem Genort des Chromosoms Nr. 9 bestimmt: multiple Allelie. Die Gene A und B sind kodominant. Unabhängig vom AB0-System wird das **Rhesussystem** in einem einfachen Erbgang (codiert durch die Gene D, d) weitergegeben. Antikörper gegen fremdes Blut bezüglich des AB0-Systems sind stets im Serum enthalten; im Unterschied dazu werden die Antikörper Anti-D erst nach Fremdkontakt mit rhesus-positivem Blut gebildet.

4.3 Genetische Familienberatung

Nur etwa 30 % der auf natürlichem Wege befruchteten Eizellen entwickeln sich tatsächlich zu lebensfähigen Kindern. Liegen insbesondere schwere genetische Defekte vor, bricht die Schwangerschaft von selbst ab und die Frau erleidet eine sehr frühe Fehlgeburt. Oft werden die früh endenden Schwangerschaften gar nicht wahrgenommen, da die Embryonen mit der pünktlich einsetzenden Monatsblutung abgestoßen werden. Von den lebend geborenen Kindern weisen in Mitteleuropa etwa 2 bis 7 % eine bleibende Schädigung auf. Chromosomenanomalien und genetische Defekte, aber auch Störungen während der Schwangerschaft, z.B. durch Infektionen (Röteln), Medikamente, Nikotin oder Alkohol können hierfür die Ursache sein.

Für Ratsuchende, die sich darüber Sorgen machen, ob für ihr Kind das erhöhte Risiko einer genetisch bedingten Behinderung besteht, wurden in allen Städten genetische Beratungsstellen eingerichtet. Ziele der individuellen, persönlichen und stets freiwilligen Beratung sind Hilfestellungen für eine selbstverantwortliche Familienplanung und Entscheidungsfindung. Sie ist ausschließlich auf das ganz persönliche Schicksal der einzelnen Familie ausgerichtet, gesellschafts- und gesundheitspolitische Ziele sind in den Richtlinien zur humangenetischen Beratung in Deutschland ausdrücklich ausgeschlossen (s. **Euthanasie**, *S. 142*).

Exkurs

Eine Rötelninfektion ist besonders während der ersten Schwangerschaftsmonate gefährlich für das ungeborene Kind. Es kann zu Fehlbildungen der kindlichen Sinnesorgane, des Gehirns oder des Herzens und schlimmstenfalls zur Fehlgeburt kommen. Der einzige sichere Schutz vor der durch Tröpfcheninfektion übertragenen Virusinfektion ist eine Schutzimpfung – oder eine durchgemachte Erkrankung. In diesem Fall wird bei den ersten Schwangerschaftsvorsorgeuntersuchungen der Titer für vorhandene Röteln-Antikörper im Blut der werdenden Mutter ermittelt. Liegt dieser Wert bei 1:16 oder darunter, gilt die Mutter als nicht ausreichend oder gar nicht geschützt.

4.3.1 Vorbeugende Beratung und Stammbaumanalyse

Folgendem Personenkreis wird das Aufsuchen einer genetischen Beratungsstelle empfohlen:

- Trägern einer Erbkrankheit
- Verwandten genetisch erkrankter Personen
- Eltern eines genetisch geschädigten Kindes
- Partnern einer Verwandtenehe
- Spät gebärenden Frauen (ab dem 35. Lebensjahr) und Frauen, bei denen schon häufiger Abgänge oder Fehlgeburten aufgetreten sind.

Bei einer solchen Beratung wird man eine Familienanamnese durchführen. Hierzu gehört eine Zusammenstellung der erbbedingten Erkrankungen in den Familien der Partner. Daraus lassen sich Stammbäume aufstellen und durch die **Stammbaumanalyse** mit Wahrscheinlichkeitsvoraussagen eine mögliche Risikoabschätzung vornehmen.

Leidet zum Beispiel das 1. Kind an einer autosomal dominanten Erbkrankheit, so beträgt die Wahrscheinlichkeit dafür, dass ein 2. Kind von dieser Krankheit betroffen ist, 50 % (Aa × aa). Leidet das 1. Kind an einer autosomal rezessiven Erbkrankheit, so beträgt bei gesunden Eltern die Wahrscheinlichkeit dafür, dass ein 2. Kind erkrankt, 25 % (Aa × Aa). Leidet das 1. Kind eines gesunden Vaters und einer Mutter, die Konduktorin ist, an einer X-chromosomal rezessiven Krankheit, so beträgt die Wahrscheinlichkeit dafür, dass ein 2. Kind erkrankt, 50 % bei Jungen und 0 % bei Mädchen. Leidet das 1. Kind an einer Chromosomenzahlaberration, so ist die Wahrscheinlichkeit dafür, dass ein 2. Kind erkrankt, ebenso groß wie beim 1. Kind.

4.3.2 Heterozygotentest

Bei relativ vielen Erbkrankheiten lassen sich heterozygote Genträger rezessiver Erbleiden auf biochemischem Wege ermitteln. Obwohl die betroffenen Personen phänotypisch gesund sind, bewirkt bereits das Vorhandensein eines Allels die Veränderung bestimmter Stoffkonzentrationen im Körper. Diese können durch geeignete Tests nachgewiesen werden. Voraussetzung ist jedoch ein Anfangsverdacht, der das gezielte Suchen nach einer möglichen Erbkrankheit erlaubt. Eine Rundumanalyse ist nicht sinnvoll und vom Aufwand her nicht zu vertreten.

Einige Beispiele:

- **Phenylketonurie:** Es wird eine Standarddosis Phenylalanin verabreicht und dann entweder die Abnahme der Konzentration der Testsubstanz oder die Zunahme eines Folgeprodukts in Abhängigkeit von der Zeit gemessen. Der Abbau des Phenylalanins ist bei heterozygoten Genträgern verlangsamt, der Phenylalaninwert damit erhöht. Gleichermaßen bilden Heterozygote nach Phenylalaningabe nur verlangsamt das Folgeprodukt Tyrosin (Abb. 1).

- **Bluterkrankheit:** Man bestimmt die Faktor-VIII-Konzentration im Blut; Konduktorinnen besitzen eine abnormal kleine Konzentration an Faktor VIII.

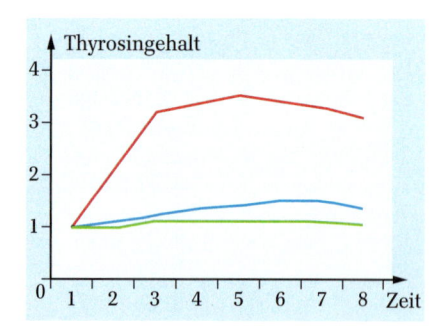

Abb. 1 Tyrosingehalt im Blut [mg/100mL] nach Phenylalaninaufnahme (rot = normaler Verlauf, blau = verzögerte Thyrosinbildung eines heterozygoten Genträgers, grün = gestörte Tyrosinbildung eines PKU-Kranken)

- **Galaktosämie:** Erkrankten fehlt ein Enzym zum Abbau des Zuckers Galaktose. Zum Nachweis des Gendefekts wird die entsprechende Enzymaktivität bestimmt, die bei Heterozygoten vermindert ist, ohne dass sich die Krankheit zeigt.

- **Mukoviszidose:** Bei heterozygoten Genträgern tritt ein erhöhter Kochsalzgehalt im Schweiß auf, der sich leicht ermitteln lässt.

- **Sichelzellenanämie:** Die auch bei Heterozygoten veränderten roten Blutzellen lassen sich im Mikroskop erkennen.

4.3.3 Pränatale Diagnose

Ultraschalldiagnostik

Bei den regelmäßigen Kontrolluntersuchungen werden nicht nur das Wachstum der Föten, die Lage der Plazenta und die Fruchtwasser-Menge kontrolliert, sondern darüber hinaus der Fetus auch auf Fehlbildungen untersucht *(Abb. 2)*. Eine Vielzahl von Entwicklungsverzögerungen und -störungen lassen sich so erkennen. Da kein kindliches Zellmaterial gewonnen werden muss, spricht man von einer **nicht-invasiven** Methode.

Chorionzottenbiopsie

Diese **invasive** Methode, bei der Zellen des Kindes gewonnen und kultiviert werden müssen, kann bereits ab der 8. – 10. Schwangerschaftswoche durchgeführt werden. Mit einer Sonde wird über den Muttermund oder über die Bauchdecke *(Abb. 4)* etwas kindliches Gewebe von der äußeren Embryonalhaut, der als **Chorion** bezeichneten Zottenhaut, entnommen. Von der entnommenen Gewebeprobe wird nun ein Teil direkt mikroskopisch untersucht und eine Zellkultur angelegt. Es können die Chromosomen analysiert und auch einige biochemische Tests durchgeführt werden.

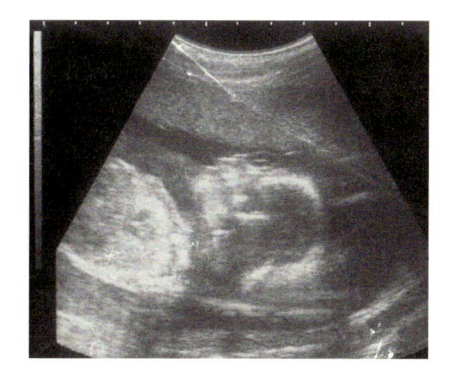

Abb. 2 Ultraschallbild eines Fötus in der 16. Schwangerschaftswoche

Exkurs

Als erweiterte Methode wird die **Dopplersonografie** zur Messung der Blutflussgeschwindigkeit ab etwa der 20. Woche angewendet. Gefäßverengungen oder Herz- und Herzklappenfehler lassen sich damit frühzeitig erkennen. Darüber hinaus können Herzfehler mit der **fetalen Echokardiografie** *(Abb. 3)* diagnostiziert werden. Durch diese Früherkennung sowie die Umsetzung geeigneter Maßnahmen konnte die Neugeborenen-Sterblichkeit deutlich gesenkt werden. Mit der Ultraschall-Methode der **Nackentransparenzmessung**, die um die 12. Schwangerschaftswoche durchgeführt wird, wird die Flüssigkeitsmenge unter der Nackenhaut des Embryos bestimmt. Eine erhöhte Flüssigkeitsmenge kann auf eine Chromosomenstörung hindeuten.

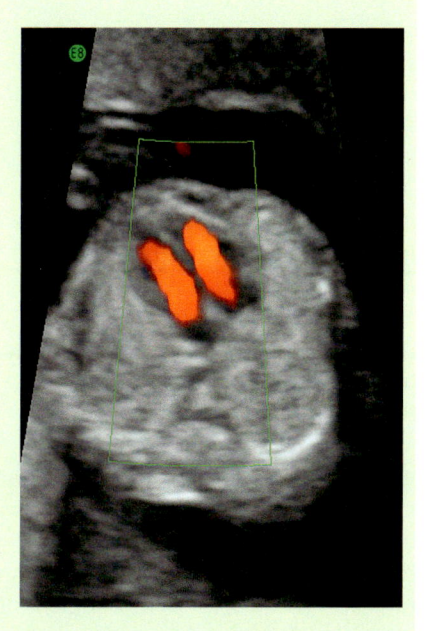

Abb. 3 Fetale Echokardiografie in der Bildgebung

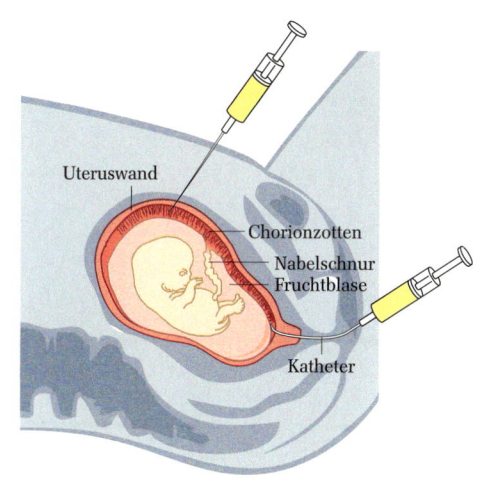

Uteruswand

Chorionzotten
Nabelschnur
Fruchtblase

Katheter

Abb. 4 Schematische Darstellung der Chorionzottenbiopsie

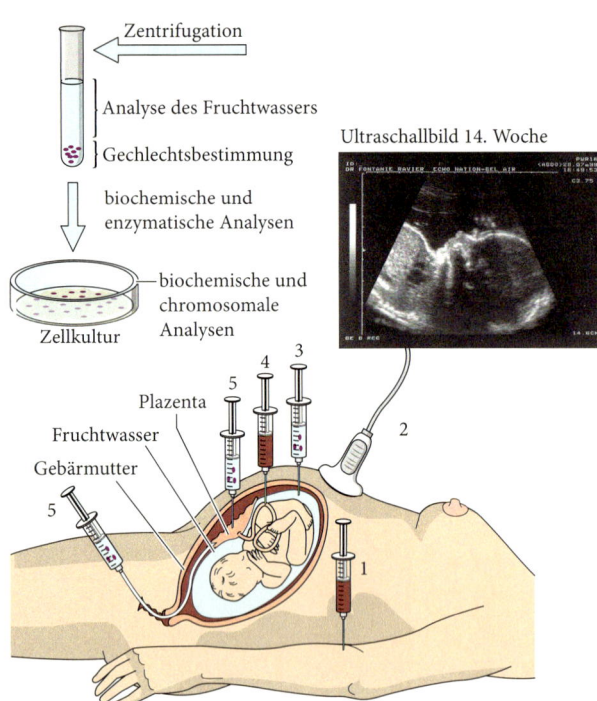

Zentrifugation

Analyse des Fruchtwassers

Gechlechtsbestimmung

biochemische und enzymatische Analysen

biochemische und chromosomale Analysen

Zellkultur

Ultraschallbild 14. Woche

Plazenta

Fruchtwasser

Gebärmutter

Abb. 5 Methode der Fruchtwasseruntersuchung

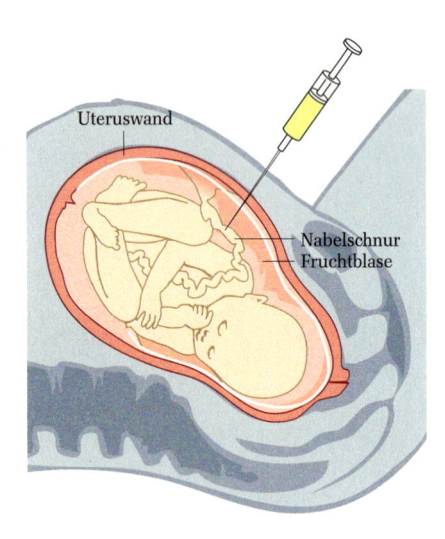

Uteruswand

Nabelschnur
Fruchtblase

Abb. 6 Schematische Darstellung der Nabelschnurpunktion

Amniozentese

Bei der Fruchtwasseruntersuchung wird unter Ultraschallüberwachung eine feine Nadel durch die Bauchdecke der Mutter in die Fruchtblase gestochen und etwas Flüssigkeit abgezogen. In den 20 bis 30 mL Fruchtwasser befinden sich immer auch kindliche Zellen, die nach dem Abzentrifugieren auf einem Nährmedium kultiviert werden können *(Abb. 5)*. Biochemische und zytologische Untersuchungen (z. B. Karyogramm) geben Aufschluss über eine Vielzahl von genetischen Störungen. Im Vergleich zur Chorionzottenbiopsie ist die Fruchtwasseruntersuchung vielfältiger, kann aber erst ab der 16.– 17. Schwangerschaftswoche durchgeführt werden. Bis die entsprechenden Laborergebnisse vorliegen, vergehen weitere zwei bis drei Wochen. Diese Zeitfenster können im Fall eines schwer wiegenden pathologischen Befundes relevant werden, da der Gesetzgeber in Deutschland einen Schwangerschaftsabbruch als Ausnahmeregelung unter den in §218a genannten Voraussetzungen *(s. S. 141)* bis zur 12. Woche gestattet.

Nabelschnurpunktion

Mit einer Spritze kann ab der 18. Schwangerschaftswoche aus der Nabelschnur kindliches Blut entnommen werden *(Abb. 6)*. Es kann ein Blutbild des Fetus erstellt werden, um z. B. Infektionen festzustellen, die das Kind schwer schädigen können; darüber hinaus können prinzipiell alle Untersuchungen wie bei Amniozentese und Chorionzottenbiopsie erfolgen. So ist nach wenigen Tagen eine Chromosomendarstellung möglich.

4.3.3 Ethische Analyse

Vorsorgeuntersuchungen dienen der Gesundheit des Kindes und der werdenden Mutter gleichermaßen. Pränatale Diagnostik ist heute fest in die Gesellschaft integriert und anerkannt. Für sie spricht, dass in über 90 % der untersuchten Fälle eine schwere Störung bzw. Behinderung des Kindes weitgehend ausgeschlossen (Zahlen aus dem Jahr 2005) und den Eltern die Sorge über eine Behinderung ihres Kindes genommen werden kann, selbst wenn bei weitem nicht alle Störungen diagnostiziert oder gar pränatal therapiert werden können. In bestimmten Fällen ist es aber sogar möglich, bereits während der Schwangerschaft oder direkt nach der Geburt therapeutische Maßnahmen einzuleiten, um die Lebenssituation des jeweiligen Kindes wirksam zu verbessern.

Selbst wenn die Diagnose „behindertes Kind" unabdingbar gestellt werden muss, ist es von Vorteil, wenn diese nicht erst schlagartig nach der Geburt getroffen wird und die werdenden Eltern die Möglichkeit haben, sich auf diese schwierige Situation vorzubereiten. Jedoch entscheiden sich bei einem solchen positiven Befund die werdenden Eltern in der Mehrzahl für einen Schwangerschaftsabbruch und gegen ein behindertes Kind, worin einer der zentralen Kritikpunkte an der Pränataldiagnostik zu suchen ist. Umstritten sind somit alle Untersuchungen, bei denen Fehlbildungen festgestellt werden können bzw. die Diagnose allein der Suche nach erbbedingten Störungen dient.

Wegen der Vielschichtigkeit der Problematik wurden vom Deutschen Bundestag die Enquête-Kommission „Ethik und Recht der modernen Medizin" ins Leben gerufen und zahlreiche interdisziplinäre Fachtagungen durchgeführt. Einig sind sich die Fachleute, dass das Risiko der Verletzung des Kindes oder einer Fehlgeburt bei der invasiven Pränataldiagnostik durch die verbesserten medizinischen Methoden deutlich abgenommen hat, sodass dies kaum noch als Problem angesehen wird. Jedoch fehlen häufig Möglichkeiten, eine erkannte Behinderung zu therapieren. So stehen die Paare oft vor der sehr schweren und psychisch außerordentlich belastenden Entscheidung, das Kind mit seiner Behinderung anzunehmen oder die Schwangerschaft abzubrechen.

Im Wortlaut:

§ 218 Schwangerschaftsabbruch

(1) Wer eine Schwangerschaft abbricht, wird mit Freiheitsstrafe bis zu drei Jahren oder mit Geldstrafe bestraft. Handlungen, deren Wirkung vor Abschluss der Einnistung des befruchteten Eies in der Gebärmutter eintritt, gelten nicht als Schwangerschaftsabbruch im Sinne dieses Gesetzes.

§ 218a Straflosigkeit des Schwangerschaftsabbruchs

(1) Der Tatbestand des § 218 ist nicht verwirklicht, wenn
1. die Schwangere den Schwangerschaftsabbruch verlangt und dem Arzt durch eine Bescheinigung nach § 219 Abs. 2 Satz 2 nachgewiesen hat, dass sie sich mindestens drei Tage vor dem Eingriff hat beraten lassen,
2. der Schwangerschaftsabbruch von einem Arzt vorgenommen wird und
3. seit der Empfängnis nicht mehr als zwölf Wochen vergangen sind.

(2) Der mit Einwilligung der Schwangeren von einem Arzt vorgenommene Schwangerschaftsabbruch ist nicht rechtswidrig, wenn der Abbruch der Schwangerschaft unter Berücksichtigung der gegenwärtigen und zukünftigen Lebensverhältnisse der Schwangeren nach ärztlicher Erkenntnis angezeigt ist, um eine Gefahr für das Leben oder die Gefahr einer schwerwiegenden Beeinträchtigung des körperlichen oder seelischen Gesundheitszustandes der Schwangeren abzuwenden, und die Gefahr nicht auf eine andere für sie zumutbare Weise abgewendet werden kann.

(3) Die Voraussetzungen des Absatzes 2 gelten bei einem Schwangerschaftsabbruch, der mit Einwilligung der Schwangeren von einem Arzt vorgenommen wird, auch als erfüllt, wenn nach ärztlicher Erkenntnis an der Schwangeren eine rechtswidrige Tat nach den §§ 176 bis 179 des Strafgesetzbuches begangen worden ist, dringende Gründe für die Annahme sprechen, dass die Schwangerschaft auf der Tat beruht, und seit der Empfängnis nicht mehr als zwölf Wochen vergangen sind.

(4) Die Schwangere ist nicht nach § 218 strafbar, wenn der Schwangerschaftsabbruch nach Beratung (§ 219) von einem Arzt vorgenommen worden ist und seit der Empfängnis nicht mehr als zweiundzwanzig Wochen verstrichen sind. Das Gericht kann von Strafe nach § 218 absehen, wenn die Schwangere sich zur Zeit des Eingriffs in besonderer Bedrängnis befunden hat.

Problematisch ist die Grenzziehung zwischen einem Fötus, der auf Grund der Schwere der Störung vor oder kurz nach der Geburt mit Sicherheit sterben wird und, am anderen Ende der Skala, einem wer-

Exkurs

Laut **Strafgesetzbuch § 218** ist ein Schwangerschaftsabbruch in Deutschland im Allgemeinen rechtswidrig. Folgende Ausnahmeregelungen sind in § 218a StGB festgelegt:

1. Die Schwangere verlangt den Abbruch. Kann sie nachweisen, dass sie an einer Schwangerschaftskonfliktberatung teilgenommen hat, ist ein Schwangerschaftsabbruch innerhalb der ersten 12 Wochen nach der Befruchtung (also 14 Wochen nach der letzten Regelblutung) rechtens.

2. **Kriminogene Indikation** Ist die Schwangerschaft möglicherweise die Folge einer Vergewaltigung oder einer vergleichbaren Sexualstraftat, ist ein Schwangerschaftsabbruch innerhalb der ersten zwölf Schwangerschaftswochen zulässig.

3. **Medizinische Indikation** Kann nur ein Schwangerschaftsabbruch die körperliche bzw. seelische Gesundheit der Schwangeren sicherstellen, ist eine Abtreibung ohne zeitliche Befristung zulässig.

In allen Fällen muss ein Arzt den Eingriff vornehmen.

denden Kind, für das eine Behinderung im Ausmaß der Trisomie 21 oder gar einer gonosomalen Chromosomenaberration zu erwarten ist. Besonders zu beurteilen sind Erbkrankheiten, deren Schwere nicht mit Sicherheit prognostizierbar sind oder die sich erst nach Jahrzehnten manifestieren wie bei Chorea Huntington oder Muskeldystrophie Duchenne.

Mit den erweiterten Möglichkeiten der pränatalen Diagnostik ist das Leben ein Stück weit vorhersehbarer und planbarer geworden. Einerseits wird von nicht wenigen Eltern das Recht auf ein gesundes Kind eingefordert, andererseits wächst der gesellschaftliche Druck auf diejenigen, die die Pränataldiagnostik für sich selbst nicht in Anspruch nehmen wollen. Es ist zu befürchten, dass mit zunehmenden medizinischen Vorhersagemöglichkeiten die Bereitschaft schwindet, von Geburt an behinderte Menschen anzunehmen.

Nicht zuletzt sind die leidvollen Erfahrungen während der nationalsozialistischen Diktatur mit genetischer Zwangsdiagnostik, dem Wahn der Zwangssterilisation und der **Euthanasie**, der Tötung „lebensunwerten Lebens", in die ethische Betrachtung mit einzubeziehen. Eine Reihe von Gesetzen zur **Rassenhygiene**, darunter ein „Gesetz zur Verhütung erbkranken Nachwuchses" legitimierte den rasseideologischen Wahnsinn des Dritten Reiches. Tausende von Kindern fielen diesem Gesetz zum Opfer.

In Deutschland gab es allerdings schon vor der nationalsozialistischen Diktatur, ebenso wie in anderen Ländern, Bestrebungen zur Reinhaltung des Erbgutes. Im Jahre 1883 begründete Francis Galton die Lehre von der **Eugenik**, worunter man die Erbgesundheitslehre oder Erbhygiene versteht. Hiernach ist die Fortpflanzung von Menschen mit erwünschten Erbanlagen zu fördern (positive Eugenik), die Verbreitung von unerwünschten Eigenschaften ist zurückzudrängen (negative Eugenik). Im Jahre 1925 veröffentlichte der Reichsbund für Volksaufartung und Erbkunde seine Grundsätze, in denen er zum Beispiel den Ausschluss von körperlich und geistig Behinderten von der Fortpflanzung forderte. Im Jahre 1935 verabschiedete der Deutsche Reichstag ein Gesetz zum Schutz des deutschen Blutes und der deutschen Ehre.

Zur Eugenik im positiven Sinne gehören heute vorbeugende Maßnahmen gegenüber Erbgut verändernden Umwelteinflüssen, wie radioaktiver Strahlung und mutagen wirkenden Chemikalien. Aufklärung über das Verhalten während der Schwangerschaft (z.B. Vermeidung von Alkohol, Rauchen, Rauschmittel) wird im Rahmen der medizinischen Vorsorge von Ärzten und verschiedenen Gesundheitsorganisationen betrieben. In bestimmten Fällen kann es darüber hinaus sinnvoll sein eine genetische Beratungsstelle aufzusuchen.

Exkurs

Mit Plakaten warb die Nationalsozialistische Deutsche Arbeiterpartei für die Ausgrenzung unheilbar Kranker und Behinderter („Krüppel"). Deren Tod spare der Volksgemeinschaft in jedem Einzelfall 60 000 Reichsmark an Pflegekosten. Die Rassenhygienik als wichtiges Ziel rechtfertigte ab Herbst 1939 den als „Euthanasie" (gr. = guter und schöner Tod) bezeichneten Mord an „nicht lebenswerten" Menschen. Im September 1939 schrieb Adolf Hitler die Ermächtigung nieder, mit der „unheilbar Kranken der Gnadentod gewährt werden" sollte. Er löste damit den Massenmord an geistig Behinderten und anderen „unerwünschten Elementen" aus.

Abb. 7 Werbung für Euthanasie per Plakat während des Nationalsozialismus

Exkurs

Angeboren oder erlernt?

Ist der Mensch nur die Summe seiner Gene? Oder bestimmt allein die Umwelt das menschliche Verhalten? Dieser „Erbe-versus-Umwelt-Streit" reicht bis in das späte 19. Jahrhundert zurück und wird zuweilen auch heute noch diskutiert. Insbesondere interessierte hierbei die Frage, inwieweit Begabungen und Intelligenz angeboren oder umweltbedingt sind.

Populationsgenetische Untersuchungen beim Menschen können aus ethischen Gründen nur familienstatistische Erhebungen sein. FRANCIS GALTON *(Abb. 8)*, der Begründer der Eugenik *(S. 142)*, veröffentlichte 1869 eine Studie über das gehäufte Auftreten von Personen mit überdurchschnittlichen Begabungen in den Familien berühmter Persönlichkeiten Englands. Nach dieser Untersuchung hatten von 100 hoch begabten Männern 31 auch hoch begabte Väter und 17 hoch begabte Großväter. Die Hälfte dieser hoch Begabten hatte dann wieder hoch begabte Söhne. Dagegen ist nach GALTON die Wahrscheinlichkeit für das Auftreten von herausragender Begabung in der Normalbevölkerung nur 0,025 %. In den dreißiger Jahren wurde eine ähnliche Studie in Deutschland durchgeführt mit dem Ergebnis, dass in den Familien von geistig besonders herausragenden Persönlichkeiten auffallend viele hoch begabte Menschen vorkommen. In den Familien

Abb. 8 Sir Francis Galton

berühmter Musiker, Künstler und Naturwissenschaftler treten häufig Personen mit ähnlichen Begabungen auf *(Abb. 9)*.

Alle diese Beobachtungen lassen den Schluss zu, dass Intelligenz und Begabung zu einem bestimmten Anteil genetisch bedingt sind. Jedoch gibt es auch Beispiele von Familien, in denen nur eine einzige Person mit einer außerordentlichen Begabung bekannt geworden ist. Auch gilt als gesichert, dass ohne eine besondere Förderung der Begabung herausragende Leistungen nicht möglich sind.

Wertvolle Erkenntnisse zur Frage des Vererbungsanteils beim Menschen kommen aus der **Zwillingsforschung**. Schon CHARLES DARWIN, ein Vetter von FRANCIS GALTON, erkannte die Bedeutung der Zwillinge für die Unterscheidung von Naturanlage und Umwelt.

Eineiige Zwillinge entstehen aus einer einzigen Zygote und sind damit **genetisch identisch** (*Abb. 10* und *11, S. 144, rechts*). Zweieiige Zwillinge sind dagegen grundsätzlich nicht näher miteinander verwandt als ganz normale Geschwister. In statistischen Erhebungen vergleicht man die Übereinstimmung (**Konkordanz**) von Merkmalen eineiiger Zwillingspaare und zweieiiger Zwillingspaare miteinander. Stellt man bei diesem Vergleich ähnliche Übereinstimmungen bei ein- und zweieiigen Zwillingspaaren fest, dann dürfte das Merkmal vor allem umweltbedingt (**umweltlabil**) sein. Ist die Übereinstimmung eines Merkmals bei eineiigen Zwillingen hoch und bei zweieiigen niedrig, so ist das ein Hinweis darauf, dass das Merkmal vor allem erbbedingt und damit **umweltstabil** ist.

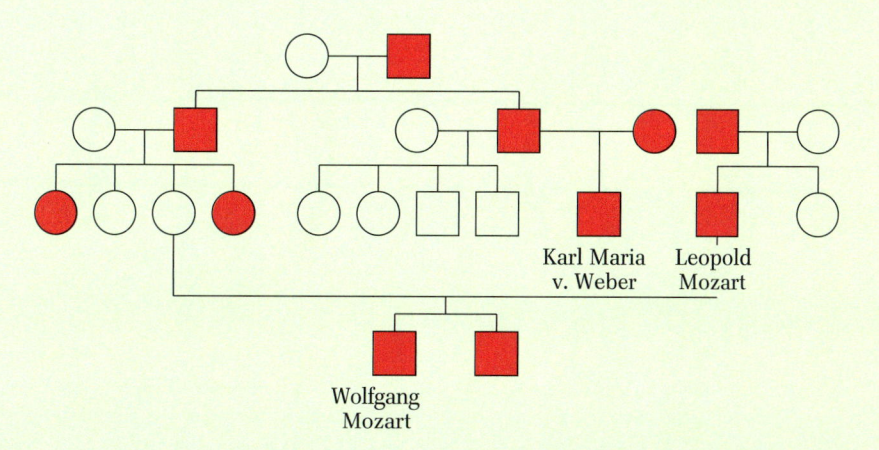

Abb. 9 Musikalische Hochbegabungen in der Familie MOZART-WEBER

Am wertvollsten für die Zwillingsforschung sind **eineiige Zwillinge, die getrennt aufgewachsen sind** und das möglichst noch in sehr unterschiedlichen Umfeldern. Bei ihnen ist eine Trennung der Umwelteinflüsse von den Erbanlagen besonders gut möglich. Bei eineiigen Zwillingen, die im gleichen Milieu oder sogar zusammen aufgewachsen sind, kommt zum identischen Erbgut auch noch eine ähnliche oder identische Umwelt hinzu, sodass die Übereinstimmungsrate nicht nur auf das Erbgut zurückzuführen ist. Getrennt und in unterschiedlichen Milieus aufgewachsene Zwillinge sind jedoch selten und deren Anzahl für die statistische Auswertung daher viel zu klein. So hatte der Psychologe H. J. EYSENCK für seine 1951 veröffentlichte Studie über die Vererbung der menschlichen Intelligenz nur 25 eineiige und 25 zweieiige Zwillingspaare ausgewertet.

Zwischen 1930 und 1963 wurden Intelligenztests (IQ-Tests) bei etwa 600 eineiigen und über 900 zweieiigen Zwillingspaaren durchgeführt. Dabei ergaben sich bei den Eineiigen Übereinstimmungen zwischen 83 und 90 % (Mittelwert: 87 %) und bei den Zweieiigen 55 bis 70 % (Mittelwert: 65 %).

Abb. 10 Eineiige Zwillinge

A14 Diskutieren Sie die im Text angegebenen Ergebnisse zur Vererbung der Intelligenz beim Menschen!

A15 Für ein Merkmal x ergibt sich bei eineiigen Zwillingen eine Übereinstimmung von 92 %, bei zweieiigen von 89 %. Ziehen Sie Schlussfolgerungen und begründen Sie diese.

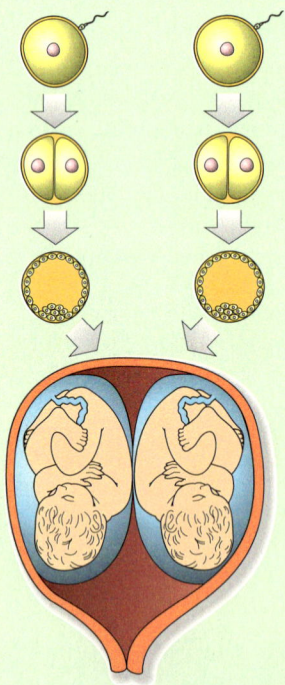

Zweieiige Zwillinge
entstehen, wenn zwei Eizellen in den Eierstöcken heranreifen und diese durch zwei Spermien befruchtet werden.

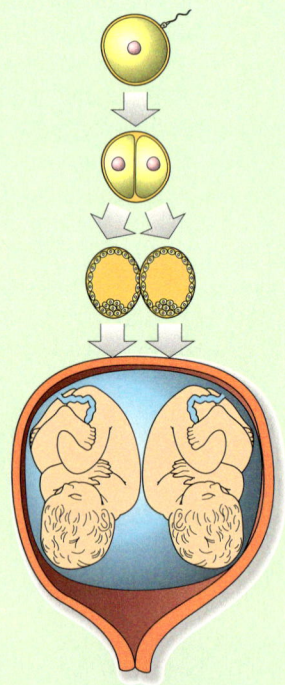

Eineiige Zwillinge
entstehen, wenn sich der Keim in einem frühen Entwicklungsstadium teilt und beide Teile getrennt weiterwachsen.

Abb. 11 Entstehung von eineiigen und zweieiigen Zwillingen

5 Gentechnik

Gleichsam mit einer Schere an gewünschter Stelle ein krankes Stück aus dem Erbmolekül herauszuschneiden und durch ein gesundes zu ersetzen – dies ist ein faszinierender Gedanke *(Abb. 1)*. Der Eingriff der Wissenschaft in das Erbgut jedoch schürt Ängste. Kaum ein Zweig der Biologie hat zu so vielen Berührungsängsten, aber auch Hoffnungen geführt wie die Gentechnik *(s. S. 167*, Zitat des Philosophs OTFRIED HÖFFE). Gleich wie der Einzelne zur Gentechnik steht, sie hat bereits viele Bereiche des modernen Lebens verändert und wird weiter an Bedeutung gewinnen. Im April 2007 waren in Deutschland bereits 122 gentechnisch hergestellte Medikamente auf dem Markt, was einem Anteil von 11 % entspricht (Quelle: Deutsche Industrievereinigung Biotechnologie). Bezieht man alle Medikamente ein, bei deren Entwicklung gentechnische Verfahren angewandt wurden, liegt der Anteil um ein Vielfaches höher.

5.1 Neukombination von Erbanlagen mit molekulargenetischen Techniken

Vor allem Bakterien sind gentechnologisch in vielerlei Hinsicht interessant. Ihr schnelles Wachstum verbunden mit extrem kurzer Generationsdauer, die sehr einfache Art der Kultivierung und ihr wenig kompliziert strukturiertes Erbgut machten Bakterien zum gentechnologischen „Haustier" schlechthin. Inzwischen wurden aber auch zahlreiche eukaryotische Zellen und Organismen genetisch von Menschenhand verändert.

Grundlage aller gentechnologischer Methoden ist die **Universalität des genetischen Codes**, was bedeutet, dass dieser in allen Organismen – vom Bakterium bis zum Menschen – identisch ist. Klassische gentechnische Verfahren beruhen auf der gezielten Veränderung des Erbguts eines Organismus durch das Einbringen artfremder Gene.

Gentechnologen sind seit den 1990er Jahren in der Lage, Bakterienzellen so umzuprogrammieren, dass sie ein gewünschtes Produkt, wie zum Beispiel menschliches Wachstumshormon (GH), herstellen. Soll ein Protein erzeugt werden, muss dessen Primärstruktur genau analysiert sein (**Sequenzanalyse der Peptidkette**). Diese kann anschließend über den **genetischen Code** (Code-Sonne, *S. 81*) in die Basensequenz der DNA übersetzt werden. Für die **Gensynthese** wurden spezielle „**DNA-Synthesizer**" entwickelt, die computergesteuert kleinere DNA-Stücke zusammensetzen *(Abb. 2)*. Diese aus etwa 50–150 Nukleotiden bestehenden DNA-Abschnitte müssen schließlich zum gewünschten Gen zusammengebaut werden *(Abb. 3, S. 146)*. Es entstehen am Ende genau definierte, maßgeschneiderte DNA-Moleküle mit einem bestimmten Befehl, etwa „Produziere GH!".

Exkurs

GH (Growth Hormone, Somatotropin) ist ein Protein aus 191 Aminosäuren. Das **Wachstumshormon** wird von der Hirnanhangsdrüse (**Hypophyse**) hergestellt und regelt das normale Körperwachstum. GH-Mangel führt zu Zwergwuchs, was durch eine Behandlung mit GH verhindert werden kann. Jedoch ist das dazu notwendige Wachstumshormon auf herkömmlichem Wege nur in winzigen Mengen aus der Hirnanhangsdrüse jugendlicher Verstorbener zu gewinnen. Erst durch die gentechnische Gewinnung steht das Wachstumshormon in ausreichender Menge zur Verfügung.

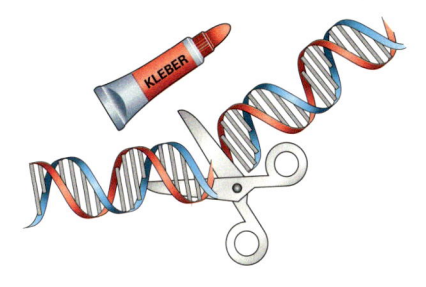

Abb. 1 Gentechnik – eine umstrittene Wissenschaft mit neuen Werkzeugen

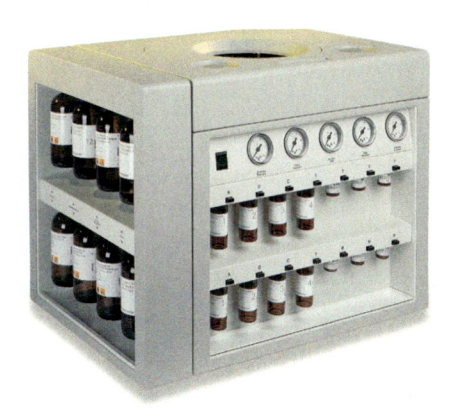

Abb. 2 „DNA-Synthesizer" (mit freundlicher Erlaubnis von Applied Biosystems Inc.)

A1 Berechnen Sie, wie viele Nukleotide mindestens aneinandergekoppelt werden müssen, um das Gen für das aus 191 Aminosäuren bestehende menschliche Wachstumshormon GH zu synthetisieren.

Exkurs

Zur Synthese eines einzelnen Polynukleotid-Einzelstrangs dienen als Rohmaterial Nukleotide (jeweils aus Ribose, Phosphat und einer der Basen Adenin, Cytosin, Guanin oder Thymin). Über eine spezielle Gruppe (sogenannte „linker"; engl. to link – verbinden, verknüpfen) wird das erste Nukleotid mit seinem 3'-Ende an einen Festkörper angeheftet und anschließend die folgenden Nukleotide einzeln hinzugefügt. Um das Anheften mehrerer Nukleotide auf einmal zu vermeiden, wird das 5'-Ende des anzuhängenden Nukleotids mit einer **Schutzgruppe** so lange blockiert, bis der einzelne Syntheseschritt abgeschlossen ist. Mit Säure kann die Schutzgruppe wieder entfernt werden, das 5'-Ende wird frei und damit bereit, ein weiteres Nukleotid anzubinden.

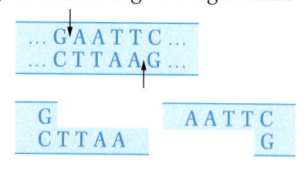

1) **EcoR1** erzeugt klebrige Enden

... G A A T T C ...
... C T T A A G ...

G   A A T T C
C T T A A   G

2) **HaeIII** erzeugt glatte Enden

... G G C C ...
... C C G G ...

G G   C C
C C   C C

3) **HindIII**

A - A - G - C - T - T
T - T - C - G - A - A

4) **BambHI**

G - G - A - T - C - C
C - C - T - A - G - G

Abb. 4 Schnitteffekte verschiedener Restriktionsenzyme

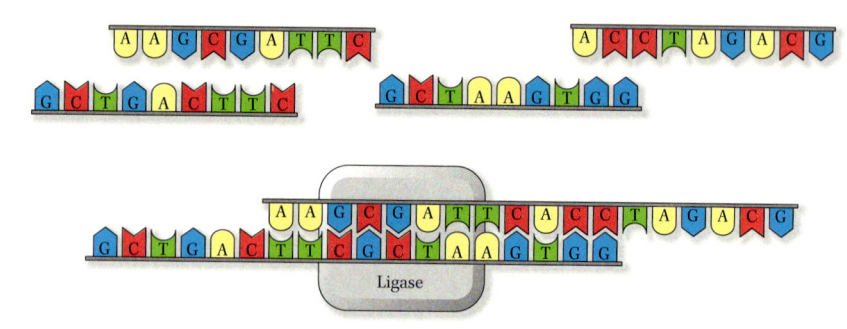

Abb. 3 Zusammenbau von Genfragmenten durch das Enzym DNA-Ligase

Um ein fremdes Gen in bestehendes Erbgut einzubringen, muss dessen DNA-Molekül zunächst aufgeschnitten, das gewünschte Stück eingefügt und die beiden Enden wieder verklebt werden. Hierzu bedarf es zweier wichtiger Hilfsmittel: **Restriktionsenzymen** als „Enzymscheren" und **DNA-Ligasen** als „DNA-Klebstoff".

Restriktionsenzyme

Eines der wichtigsten Werkzeuge des Gentechnikers sind die Restriktionsenzyme. Sie dienen als „Enzymscheren", die die DNA an einer ganz bestimmten, gewünschten Stelle aufschneiden, die durch eine spezifische Basenabfolge gekennzeichnet ist. So schneidet „EcoRI" an der Abfolge GAATTC *(Abb. 4 [1])*, „SmaI" an der Abfolge CCCGGG und so weiter. Eine ganze Anzahl von Restriktionsenzymen wurde inzwischen aus verschiedenen Bakterien isoliert. Manche schneiden den DNA-Doppelstrang glatt durch, andere dagegen so, dass auf jeder Seite jeweils ein einsträngiges Ende übersteht *(Abb. 4 [1])*. Restriktionsfragmente mit solchen „klebrigen Enden" (**„sticky ends"**) lassen sich später wieder besonders gut zusammenfügen.

DNA-Ligasen

Nachdem die zu verändernde DNA mithilfe der Enzymschere an genau definierter Stelle aufgebrochen wurde, werden die im Labor synthetisierten oder von einem Spender gewonnenen DNA-Stücke eingefügt. Dabei müssen die überstehenden Enden genau zu denen der Empfänger-DNA komplementär sein. Die eigentliche Verbindung der jeweils überstehenden Enden besorgt die DNA-Ligase *(Abb. 5)*.

Wenn das Experiment geglückt ist, liegt im Reagenzglas eine winzige Menge eines Plasmids vor, in das die Spender-DNA nun nahtlos eingebaut ist, ein sogenanntes **Hybridplasmid**. Die in vitro rekombinante DNA muss im nächsten Arbeitsschritt identisch vermehrt werden. Dies besorgen Bakterien, in die die zu vervielfältigende DNA eingeschleust werden muss.

5.1.1 Einbringen von Fremd-DNA in Wirtszellen

Freie DNA ist wirkungslos und unterscheidet sich nicht von einem „normalen" Molekül. Nur die lebende Zelle ist in der Lage, aus diesem Stück toter Materie biologische Aktivität zu entfalten, denn nur sie verfügt über die nötige „Infrastruktur", um den Informationsgehalt des Erbmoleküls abzulesen und die darin enthaltenen Befehle umzusetzen.

Bereits 1972 ist es gelungen, **„nackte" DNA in einen Organismus einzuschleusen**. Auf diese Weise konnte ein Darmbakterium gegen bestimmte Antibiotika resistent gemacht werden. Für den gezielten DNA-Transfer bedient sich der Gentechnologe jedoch in aller Regel „Vehikeln", sogenannte **Vektoren**. Von besonderem Interesse sind hierbei Plasmide und Viren.

Bakterienplasmide als Vektoren

Sie sind klein, genarm (etwa 5 000 Basenpaare) und leicht aus Bakterienzellen isolierbar *(S. 75)*. Außerdem können sie nach ihrer genetischen Veränderung relativ einfach wieder in Bakterienzellen zurückgeführt werden *(Abb. 5)*, bevorzugt in solche, die von Natur aus keine eigenen Plasmide besitzen.

Wie Chemikalien in einem Chemielabor, steht in den Genlaboratorien eine Anzahl bestimmter Plasmidvektoren zur Verfügung. Sie tragen Namen wie „pBR322" und sind für ihren Einsatz bereits gentechnisch optimiert. So sind z. B. Gene vorhanden, die später die Wirtszelle veranlassen werden, das aufgenommene Plasmid ohne Veränderungen („stabil") zu vermehren. Sollen die Bakterien später das fremde Gen auch ablesen und in eine Aminosäuresequenz umsetzen, müssen noch ein **Promotor** *(S. 84)* und eine Ribosomenbindungsstelle mit eingebaut werden.

Viren als Vektoren

Viren haben von Natur aus die Eigenschaft, sich von ihrer Wirtszelle vermehren zu lassen oder ihr Erbgut als Provirus in die Wirtszelle einzuschleusen *(S. 76)*. Ein in der Gentechnik verbreiteter Virenvektor ist der Bakteriophage Lambda, der die E. coli-Bakterien befällt. Seine 50 000 Basenpaare sind inzwischen genau bekannt. Es ist den Gentechnikern möglich, etwa die Hälfte des Virenerbguts auszutauschen und in Bakterienzellen einzubauen.

5.1.2 Selektion transgener Zellen

Werden Bakterien, Tier- oder Pflanzenzellen mit Vektoren „behandelt", so erfolgt der gewünschte Gentransfer üblicherweise nur bei einem Bruchteil der Empfängerzellen. Um diese zu finden und zu selektieren, fügt man zu dem gewünschten Gen noch sogenannte **Markergene** hinzu, die z. B. zur Produktion eines Farbstoffs führen. Bei einem Gentransfer werden somit beide Gene, das gewünschte und das

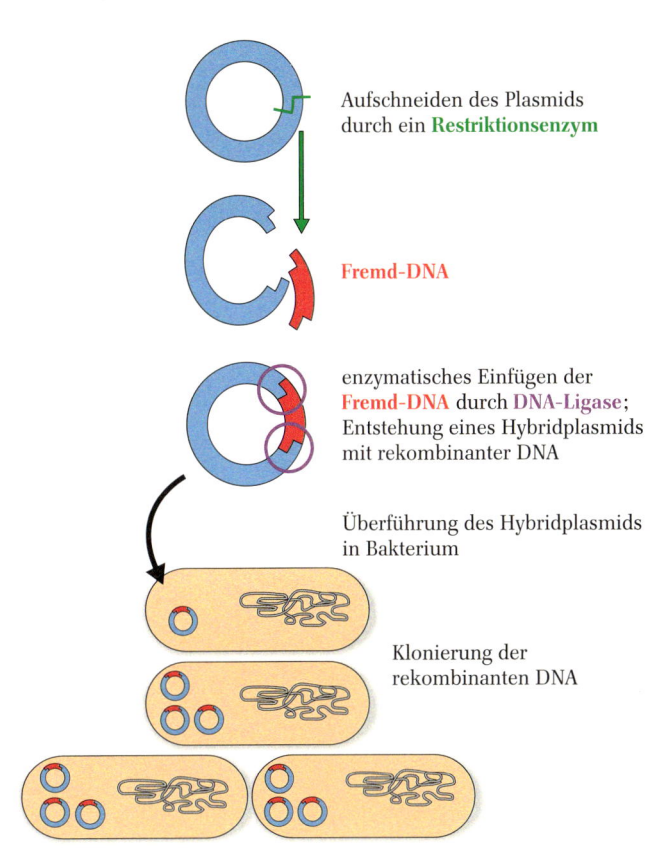

Aufschneiden des Plasmids durch ein **Restriktionsenzym**

Fremd-DNA

enzymatisches Einfügen der **Fremd-DNA** durch **DNA-Ligase**; Entstehung eines Hybridplasmids mit rekombinanter DNA

Überführung des Hybridplasmids in Bakterium

Klonierung der rekombinanten DNA

Abb. 5 Einbau von Fremd-DNA in ein Plasmid

Exkurs

Zur Isolierung der Plasmide werden zunächst die Bakterienwände mit dem Enzym **Lysozym** aufgebrochen und dann die groben Zellbestandteile durch Zentrifugation abgetrennt. Nach Zusatz eines Kontrollfarbstoffes und eines Dichte erhöhenden Salzes (Cäsiumchlorid, *S. 73*) erfolgt Zentrifugation in der Ultrazentrifuge. Der Kontrollfarbstoff verrät, an welcher Stelle sich die Plasmid-DNA abgesetzt hat; sie kann nun mit einer feinen Spritze seitlich durch die Kunststoffwand des Zentrifugengläschens abgezogen werden *(Abb. 6)*.

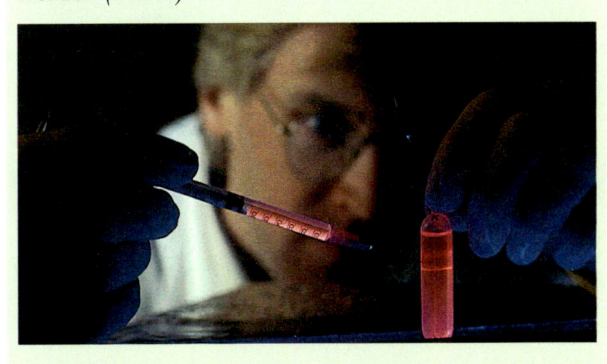

Abb. 6 Abziehen von Plasmid-DNA nach Ultrazentrifugation

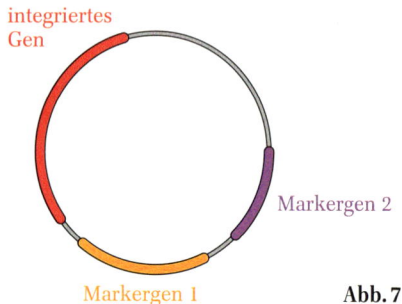

integriertes Gen

Markergen 2

Markergen 1

Markergen, übertragen *(Abb. 7)*. Nach erfolgreichem Gentransfer entstehende Bakterienkolonien können nun mithilfe des Markergens identifiziert werden.

Plasmidvektoren enthalten häufig **Resistenzgene** gegen ganz bestimmte Antibiotika, pBR322 zum Beispiel gegen Ampicillin und Tetrazyklin. Lässt man nun die Bakterien auf Nährböden wachsen, die eines oder beide Antibiotika enthalten, so können sich nur diejenigen Zellen vermehren, bei denen der Gentransfer erfolgreich war. Dies ermöglicht dem Gentechniker das Erkennen und Ausselektieren. Bei Pflanzen werden als Markergene auch solche für Herbizid-Resistenz verwendet.

Abb. 7 Plasmid-Vektor, versehen mit gewünschtem Fremdgen und zwei Markergenen

Exkurs

Die Anwendung von Markergenen

Anders als Bakterien wachsen transgene Kulturpflanzen als Träger von Markergenen typischerweise nicht im Labor, sondern auf freiem Feld *(Abb. 8)*. Damit besteht zumindest die theoretische Gefahr einer Übertragung von Antibiotika-Resistenz auf Tier und Mensch. Daher empfiehlt die Europäische Behörde für Lebensmittelsicherheit (EFSA), mit bestimmten Resistenzgenen ausgestattete genveränderte Pflanzen nicht in den Verkehr zu bringen (Stand: 2007), nach der EG-Richtlinie 90/220 dürfen ab 2008 keine Freisetzungen von Pflanzen mehr genehmigt werden, die Resistenzgene enthalten.

Der Ersatz der Antibiotika-Resistenzgene durch Herbizid-Resistenz-Gene trug dieser Forderung Rechnung. Als Alternative wurden im Laborversuch auch Gene eingesetzt, die optisch erkennbar sind (**optische Marker**), indem sie die Bildung eines bestimmten Farbstoffs bewirken. So hat man zum Beispiel den grünen Fluoreszenzfarbstoff einer Qualle (GFP – „**g**reen **f**luorescent **p**rotein") auf Pflanzen übertragen, die dann unter Belichtung mit UV-Licht grün

leuchten *(Abb. 9)*. In ähnlicher Weise hat man im Jahre 2004 ein Gen auf E. coli-Bakterien übertragen, das die Bildung eines Enzyms bewirkt, welches ein zugesetztes farbloses Substrat in einen blauen Indigo-Farbstoff umwandelt (sogenannte „Blau-Weiß-Selektion", *Abb. 10*).

Darüber hinaus wurden **physiologische Marker** erprobt, die die Pflanzenzelle in die Lage versetzen, Substrate zu verwerten, die normalerweise nicht genutzt werden können. Bringt man nun die Pflanzenzellkultur auf Nährböden aus, die ausschließlich dieses Substrat enthalten, können ganz selektiv nur die genetisch veränderten Zellen wachsen.

Inzwischen wurden auch Methoden entwickelt, Markergene nach erfolgter Selektion wieder zu entfernen. Das **Herausschneiden der Marker**-DNA gelingt mit Restriktionsenzymen (Enzymscheren). Hierzu wird auf beiden Seiten des Markergens je eine Erkennungsregion hinzugefügt. Zusätzlich wird ein Gen für die Herstellung genau des Enzyms mit übertragen, welches später das Markergen ausschneidet.

Abb. 8 Feld mit transgenen Maispflanzen

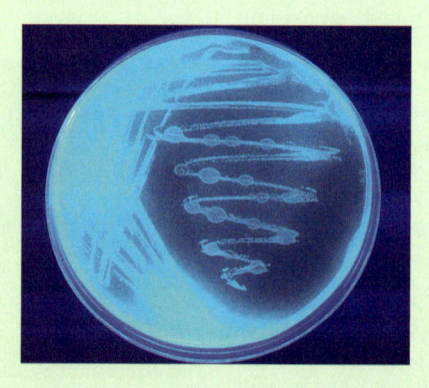

Abb. 9 GFP-exprimierende Bakterienkultur unter UV-Licht

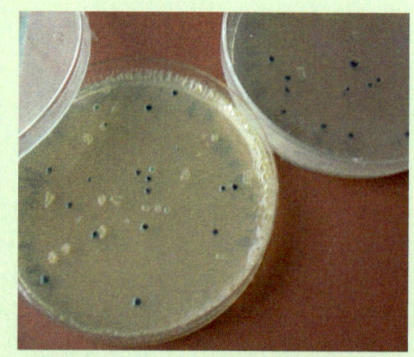

Abb. 10 „Blau-Weiß-Selektion" auf einer Agar-Platte

5.1.3 Klonierung

Künstlich erzeugte Gene bzw. erfolgreich genetisch veränderte Zellen müssen identisch vervielfältigt oder **kloniert** werden.

Zur DNA-Vermehrung eignen sich besonders gut Bakterien, die selbst keine Plasmidringe mehr haben. Werden Plasmide als Vektoren verwendet, so behandelt man die Bakterienzellen mit Ca^{2+}-Ionen, was die Zellwände durchlässig für DNA macht. Durch Zugabe der Plasmide zu den vorbehandelten Bakterienzellen erfolgt deren Aufnahme in das Zellinnere, wo sich die Plasmid-DNA dann auf natürliche Weise vermehrt *(Abb. 5, S. 147)*. Durch identische Replikation entstehen viele Tochterplasmide, die untereinander und mit dem Spenderplasmid erbidentisch sind. Man spricht von **Klonierung** der rekombinanten DNA.

Bakterien als Produzenten. Hat man nun die Bakterien gefunden, die das gewünschte Gen eingebaut haben, werden diese in Reinkultur vermehrt. Damit vermehrt sich auch das synthetisierte oder isolierte Gen. Dies geschieht in sogenannten **Fermentern**.

Im günstigen Fall, so bei der Herstellung des menschlichen Wachstumshormons, sind die transgenen Bakterien auch gleichzeitig die Produzenten des gewünschten Produkts. Mit ihrer neuen Anweisung im Erbgut reichern sie dieses in ihren Zellen an. Das Kultivieren geschieht in Produktionsfermentern von mehreren Tausend Litern Inhalt *(Abb. 11)*. Am Ende des Produktionsprozesses steht das Aufbrechen der Zellen und die Isolierung des gewünschten Stoffes.

Abb. 11 Produktionsfermenter bei der Firma Bayer

5.2 Bedeutsame Methoden der Gentechnik

Das erste Ergebnis eines gentechnischen Verfahrens ist oft ein Gemisch aus zahlreichen DNA-Fragmenten von unterschiedlicher Länge und Zusammensetzung. Aus diesem muss nun das gewünschte Gen gefunden und isoliert werden.

5.2.1 Gensonden

Zum Auffinden von Genen oder Genabschnitten verwendet man kleine DNA- oder RNA-Stückchen, deren Sequenz jeweils zu Teilen des gesuchten Gens oder Genabschnitts komplementär ist. Sie docken als sogenannte **Gensonden** gezielt an allen DNA- oder RNA-Abschnitten an, die die passende Basensequenz besitzen. Um sie später wiederzufinden, besitzen sie eine schwach radioaktive Markierung (z. B. mit ^{32}P), einen Fluoreszenzfarbstoff oder reaktive Gruppen, die mit einem zugesetzten Reagenz einen Farbstoff bilden. Visualisierung kann z. B. durch gelelektrophoretische Trennung *(S. 151)* erfolgen, nach der alle DNA-Fragmente, an die sich eine Gensonde gebunden hat, eine Schwärzung auf einem aufgelegten Röntgenfilm ergeben, oder auch durch Anregung des gebundenen Fluoreszenzfarbstoffes. So sind die gesuchten Genabschnitte leicht auffindbar *(Abb. 12)*.

Damit eine Gensonde wirksam werden kann, muss die doppelsträngige DNA allerdings zunächst in Einzelstränge zerlegt werden. Das Auftrennen der DNA-Doppelhelix geschieht zum Beispiel durch Wärme: Bei etwa 80 °C lösen sich die Wasserstoffbrückenbindungen zwischen den beiden komplementären DNA-Strängen (siehe PCR-Reaktion auf *S. 150*).

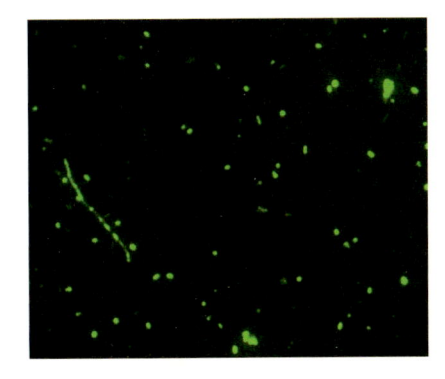

Abb. 12 Mit Gensonden markierte Bakterien

Gensonden wirken außerordentlich spezifisch. Ganz bestimmte DNA-Abschnitte können nach einem Restriktionsexperiment aus Tausenden von Fragmenten aufgefunden oder gezielt nach einem mutierten Gen im Genom eines Menschen zur Erkennung von Erbkrankheiten wie der Sichelzellenanämie gesucht werden. In der Diagnostik von Infektionskrankheiten lassen sich Erregerarten mit Gensonden, die sich spezifisch mit deren Erbgut paaren, zielsicher diagnostizieren. Hierfür sind wenige Hundert Erregerzellen ausreichend, daher kann das zeitraubende Ansetzen von Bakterienkulturen entfallen.

5.2.2 cDNA

Bedeutung

Für verschiedene Identifikations- oder Screening-Verfahren werden in gentechnologischen Laboratorien Sammlungen von DNA-Stücken gelagert. Eine solche Sammlung von DNA-Sequenzen nennt man DNA-Bank oder DNA-Bibliothek.

DNA kann aus dem Erbgut von Zellen (**genomische DNA**) gewonnen oder rein chemisch im DNA-Synthesizer (**synthetische DNA**) hergestellt werden. Darüber hinaus lassen sich intronfreie DNA-Moleküle im Labor über das Enzym Reverse Transkriptase synthetisieren. Man nennt sie dann **cDNA** (copy DNA, complementary DNA), die Sammlung dieser Moleküle heißt entsprechend cDNA-Bibliothek.

Synthese der cDNA

Retroviren wie das HIV *(S. 91)* besitzen als Erbgut RNA. Diese wird in der Wirtszelle durch das vireneigene Enzym **Reverse Transkriptase** in DNA umgeschrieben *(Abb. 13)*.

Es ist gelungen, Reverse Transkriptase aus Retroviren zu isolieren und mit dessen Hilfe im Reagenzglas DNA aus RNA herzustellen. Die Vervielfältigung (Klonierung) der so gewonnenen cDNA kann über Plasmid-Vektoren in Bakterien erfolgen oder über ein spezielles, von Zellen unabhängiges System, die sogenannte Polymerasekettenreaktion.

5.2.3 Polymerasekettenreaktion (PCR)

Mit der Polymerasekettenreaktion (**P**olymerase **C**hain **R**eaction, PCR) steht dem Gentechniker eine Methode zur Verfügung, kleinste Mengen DNA oder DNA-Fragmente im Reagenzglas nahezu unbegrenzt in kurzer Zeit identisch zu vervielfältigen.

Anwendung. Die PCR kann für eine große Anzahl unterschiedlicher Aufgaben eingesetzt werden, zum Beispiel

- in der Medizin zur Diagnostik von Erbkrankheiten und Krebserkrankungen, zum Nachweis und zur Typisierung von Krankheitserregern.

- in der Forschung zur Sequenzanalyse von DNA-Fragmenten oder zur Vermehrung von DNA-Stücken aus DNA-Extrakten.

- in der Forensik als genetischer Fingerabdruck *(S. 154)*, für Vaterschaftsnachweise oder für DNA-Vergleiche in der Kriminalistik.

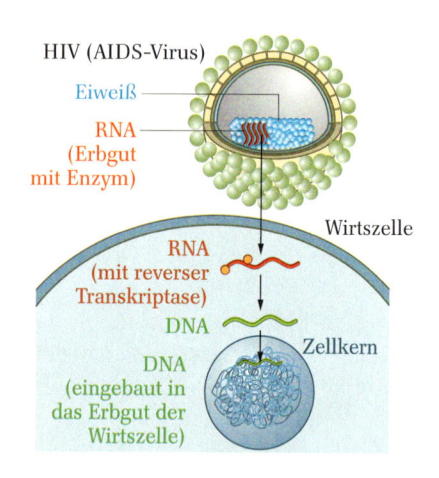

HIV (AIDS-Virus)
Eiweiß
RNA (Erbgut mit Enzym)
Wirtszelle
RNA (mit reverser Transkriptase)
DNA
Zellkern
DNA (eingebaut in das Erbgut der Wirtszelle)

Abb. 13 Umschreiben und Integrieren vireneigener RNA in DNA der Wirtszelle

Abb. 14 Für seine Entdeckung der PCR im Jahre 1983 erhielt Kary Mullis 1993 den Nobelpreis für Chemie.

Exkurs

Trennung der DNA-Fragmente oder Proteine

Gelelektrophorese

Ein Kunststoffgel oder aus Algen gewonnenes Agarosegel wird flüssig in eine Gießkammer gefüllt und ein Probenauftragungskamm darin eingetaucht, sodass nach dem Erstarren des Gels und dem Entfernen des Kamms Vertiefungen, sogenannte Taschen, entstehen *(Abb. 15)*. Das erstarrte Gel wird in die Elektrophoresekammer *(Abb. 18)* gelegt, die mit einer Pufferlösung befüllt wird. Anschließend werden mit einer Mikropipette in die Starttaschen des Sammelgels die DNA-Proben, denen zuvor ein Kontrollfarbstoff zugesetzt wurde, aufgetragen *(Abb. 16)*. Eine Gleichspannung wird angelegt, zum Beispiel 270 V, wodurch ein schwacher Stromfluss zwischen den beiden Elektroden (etwa 50 mA) entsteht.

Der pH-Wert des Elektrophoresepuffers ist so eingestellt, dass die DNA leicht negativ geladen ist. Die von den Restriktionsenzymen erzeugten DNA-Fragmente wandern also vom negativen Pol (Kathode) zum positiven Pol (Anode). Je höher ihre Gesamtladung ist und je kleiner die Fragmente sind, desto größer ist ihre Wandergeschwindigkeit. Ähnlich wie bei der Chromatografie wird das DNA-Gemisch so aufgetrennt. Die Elektrophorese ist beendet, wenn der Kontrollfarbstoff den Anodenraum erreicht hat.

Zur **Sichtbarmachung** der farblosen DNA-Fragmente kann man ihnen vor der elektrophoretischen Trennung einen Farbstoff zusetzen. Bei Verwendung eines Fluoreszenzfarbstoffs sind die getrennten Fragmente im UV-Licht gut erkennbar *(Abb. 17)*. Man kann sich auch der Autoradiografie bedienen, also ein schwach radioaktives Präparat als Marker (zum Beispiel ^{32}P) verwenden. Wird nach der Trennung ein Röntgenfilm auf das aus der Elektrophoresekammer entnommene Gel gelegt, so entstehen Schwärzungen an den Stellen, an die die DNA-Fragmente im elektrischen Feld gewandert sind. Um herauszufinden, welche Flecke zu dem gesuchten Gen gehören, lässt man Kontrollsubstanzen mitlaufen.

Abb. 15 Erstarrtes Agarosegel mit Taschen zum Laden der DNA

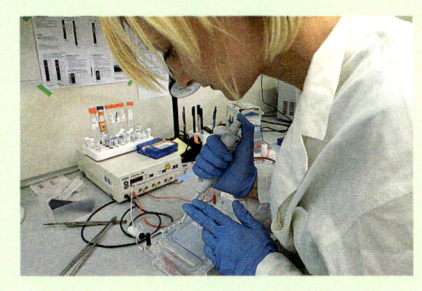

Abb. 16 DNA wird in die Gel-Taschen geladen

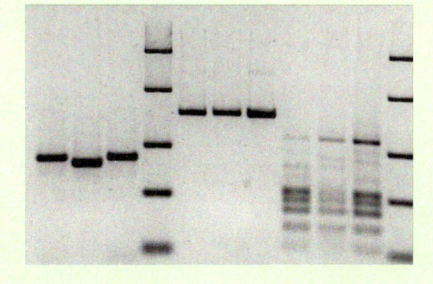

Abb. 17 Durch Fluoreszenzfarbstoff und UV-Licht sichtbar gemachte DNA-Fragmente

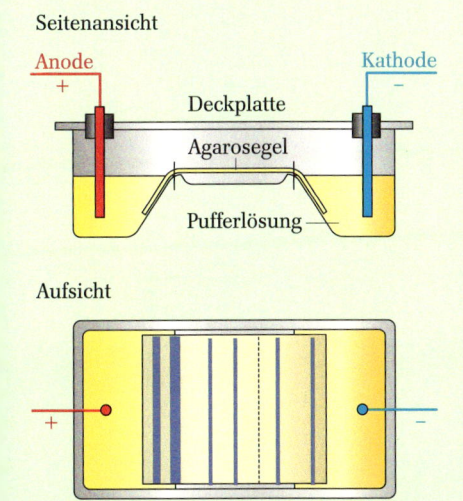

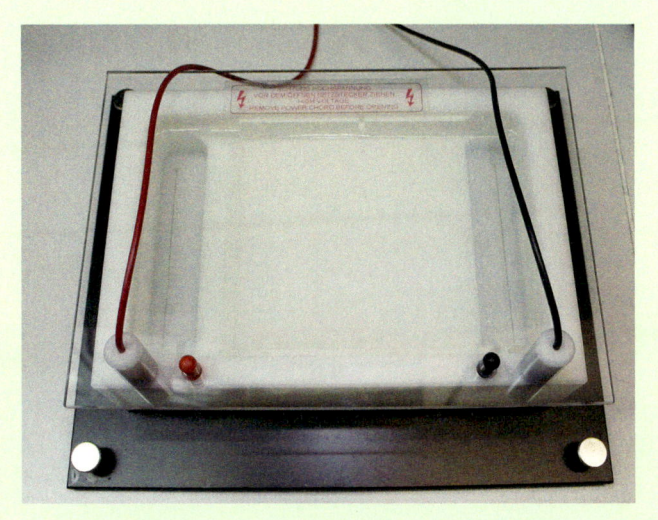

Abb. 18 Schematische Darstellung (links) einer Elektrophoresekammer (rechts) zur Auftrennung von DNA-Fragmenten

Methode

In der lebenden Zelle erfolgt die identische Reduplikation der DNA in drei Schritten:

- Öffnung des DNA-Doppelstranges durch das Enzym Helicase,

- Anlage von Startermolekülen, sogenannten Primern (Oligonukleotidstücke),

- semikonservative Neusynthese durch das Enzym DNA-Polymerase über komplementäre Basenpaarung.

Im Reagenzglas kann man die Helicase nicht einfach zum Öffnen der DNA einsetzen, dies gelingt jedoch durch Einwirken hoher Temperaturen („Aufschmelzen" der DNA). Für die Neusynthese des Komplementärstranges benötigt man dann aber eine hitzestabile DNA-Polymerase (normale Enzyme denaturieren jenseits 60 °C). Man fand sie in dem in heißen Quellen lebenden Bakterium *Thermus* **aquaticus**; die daraus isolierte sogenannte **Taq**-Polymerase besitzt ein Temperaturoptimum von 72 °C und übersteht unbeschadet bis zu 100 °C.

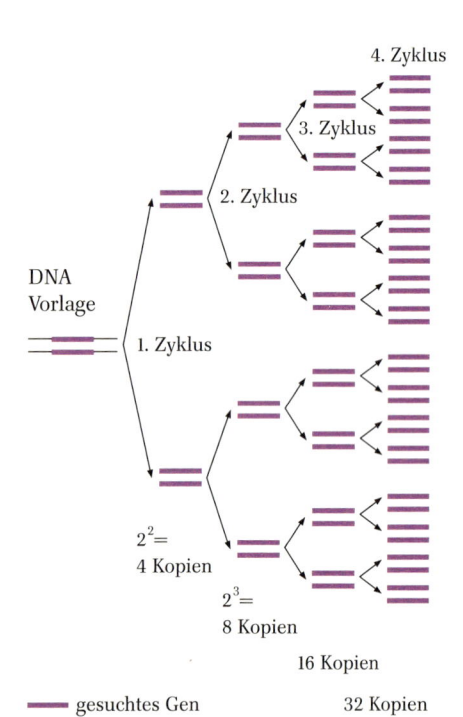

Abb. 19 Exponentielle Vervielfältigung eines DNA-Abschnitts

4. Zyklus
3. Zyklus
2. Zyklus
1. Zyklus

DNA Vorlage

$2^2 =$ 4 Kopien

$2^3 =$ 8 Kopien

16 Kopien

32 Kopien

—— gesuchtes Gen

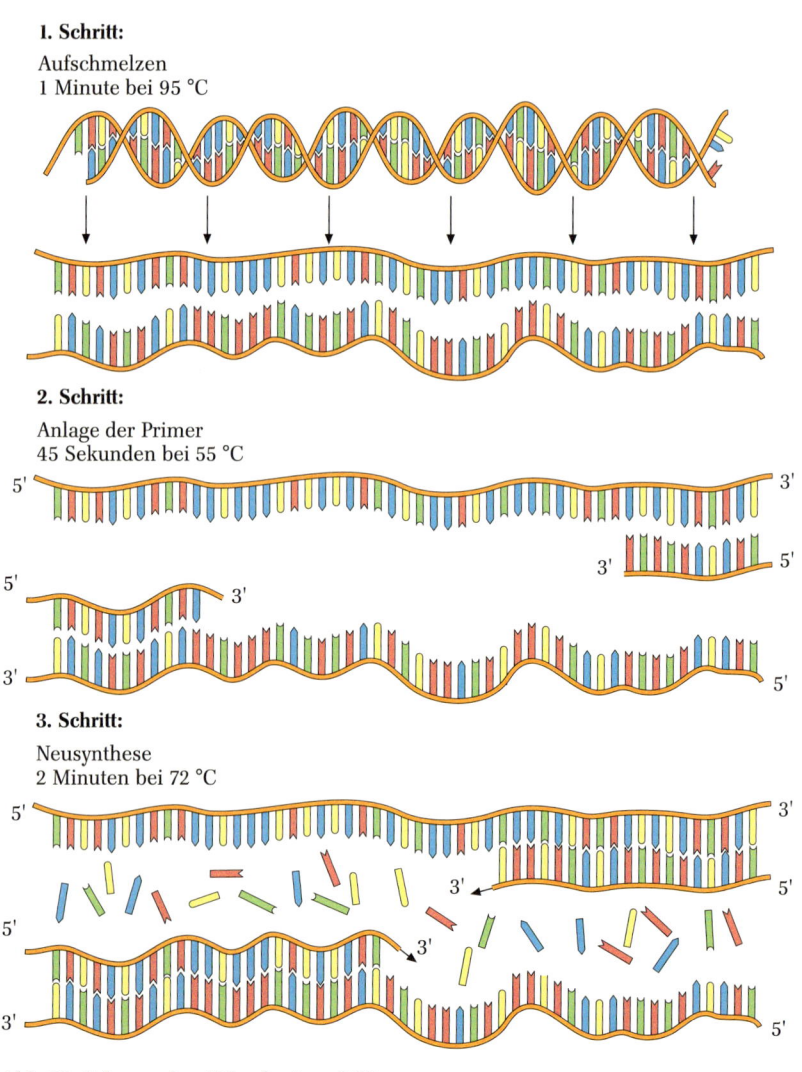

1. Schritt:

Aufschmelzen
1 Minute bei 95 °C

2. Schritt:

Anlage der Primer
45 Sekunden bei 55 °C

3. Schritt:

Neusynthese
2 Minuten bei 72 °C

Abb. 20 Schema des Ablaufs einer PCR

Verfahrensschritte

Der Reaktionsansatz muss folgende Komponenten enthalten: DNA (Ausgangsmaterial), hitzestabile DNA-Polymerase (Taq), Primer, Nukleotide als Rohmaterial (mit Adenin, Cytosin, Guanin, Thymin). Dann erfolgen drei Schritte analog zur lebenden Zelle: 1) Aufschmelzen (Öffnen) der Ausgangs-DNA-Doppelhelix bei 95 °C, 2) Anlage der Primer nach leichter Abkühlung (diese binden optimal bei 50–60 °C.), 3) Neusynthese des Komplementärstranges durch DNA-Polymerase bei ihrem Temperaturoptimum von 72 °C. In einem solchen Verfahrenszyklus wird die Ausgangs-DNA verdoppelt *(Abb. 20)*. Durch erneutes Erhitzen (95 °C, Aufschmelzen) – Abkühlen (50–60 °C, Primer-Anlagerung) – Erwärmen (72 °C, Polymerase-Reaktion) erfolgt wieder eine Verdopplung, usw., sodass sich eine exponentielle Vervielfachung des genetischen Materials ergibt, bei n Durchläufen also eine 2^n-fache Vermehrung *(Abb. 19)*. Alle Durchläufe der PCR erfolgen heute automatisch in sogenannten Thermocyclern *(Abb. 21)*.

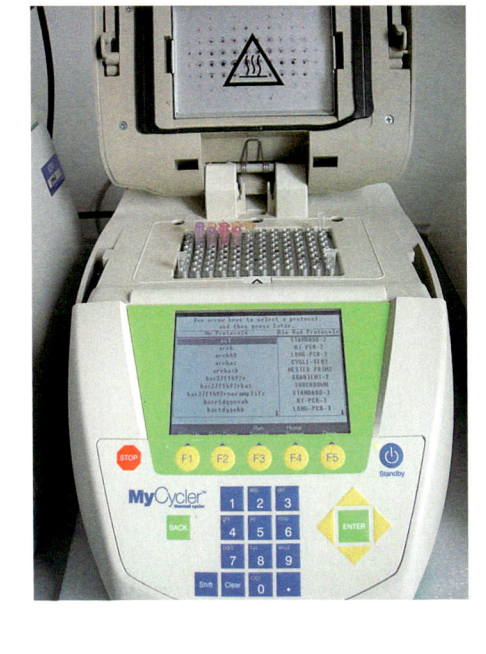

Abb. 21 Ein Thermocycler zur Durchführung der PCR

Zusammenfassung

Die Tatsache des universellen genetischen Codes ermöglicht das Einschleusen von Fremd-DNA in Empfängerzellen; als solche werden in der Gentechnik hauptsächlich Bakterienplasmide und Viren, die als sogenannte Vektoren die gewünschten Gene und meist ein oder mehrere Markergene (meist Resistenz- oder Farbstoffgene) in ihren eigenen genetische Code einbauen. Besonders Bakterien sind relevant für die Gentechnik, da sie künstlich hergestellte bzw. veränderte DNA vervielfältigen (**klonieren**) oder Befehle des fremden Erbmoleküls direkt ausführen und entsprechende Stoffe produzieren können.

Die Werkzeuge der Gentechnik sind **Restriktionsenzyme**, die als „Enzymscheren" und **DNA-Ligasen**, die als „Klebstoff" eingesetzt werden. Nach Zugabe des Restriktionsenzyms wird die DNA an definierter Stelle in verschieden große Fragmente zerschnitten. Synthetisierte oder isolierte Fremd-DNA fügt sich bei passender Basensequenz an den überstehenden einsträngigen Enden ein; die Enden werden durch Ligase verbunden.

DNA kann auf drei Wegen hergestellt werden: Durch Extraktion aus lebenden Zellen (**genomische** DNA), auf chemischem Wege (**synthetische** DNA) und enzymatisch durch den Einsatz Reverser Transkriptase, wodurch zunächst einzelsträngige **cDNA** entsteht, die durch DNA-Polymerase verdoppelt wird. Dieses Enzym kommt auch in der **Polymerasekettenreaktion (PCR)** zum Einsatz, die eine Vervielfältigung der DNA außerhalb der lebenden Zelle im Reagenzglas ermöglicht. Die Methode erfolgt durch Aufschmelzen der Doppelhelix, Anlage von Primern und Neusynthese mit DNA-Polymerase. Unabhängig von natürlichem oder künstlichem Ursprung der DNA sind **Gensonden** in der Lage, spezifische DNA- oder RNA-Sequenzen im Genom oder auf bestimmten Abschnitten aufzufinden. Gensonden sind kleine, meist schwach radioaktiv markierte DNA- oder RNA-Abschnitte, deren Sequenz jeweils zu Teilen des gesuchten Gens komplementär ist.

5.3 Anwendungsbeispiele der Gentechnik

Die Gentechnik hat sich zu einer Schlüsseltechnologie entwickelt und eine Fülle von Anwendungsgebieten und -möglichkeiten erschlossen, zum Beispiel in der Pharmazie, der Medizin oder der Tier- und Pflanzenzucht.

5.3.1 Genetischer Fingerabdruck, Gendiagnostik und Gentherapie beim Menschen

Genetischer Fingerabdruck

Nur eineiige Zwillinge sind erbgleich, alle anderen Menschen haben ein individuelles Genom. Damit besitzt jeder Mensch auch andere Basensequenzen. Auf diese Weise ist es möglich, eine Person, z.B. einen Täter, durch DNA-Vergleich eindeutig zu identifizieren.

Zur Gewinnung der DNA genügen winzige Mengen an Zellen (z.B Haut, Haarwurzeln, Mundschleimhaut, Blut, Spermien, usw.). Die isolierte DNA wird über die Polymerasekettenreaktion vervielfältigt und anschließend durch Restriktionsenzyme in Fragmente zerlegt. Nach der Auftrennung der DNA-Fragmente mittels Gelelektrophorese entsteht ein **individuelles Bandenmuster**, ein sogenannter **genetischer Fingerabdruck** *(Abb. 1)*.

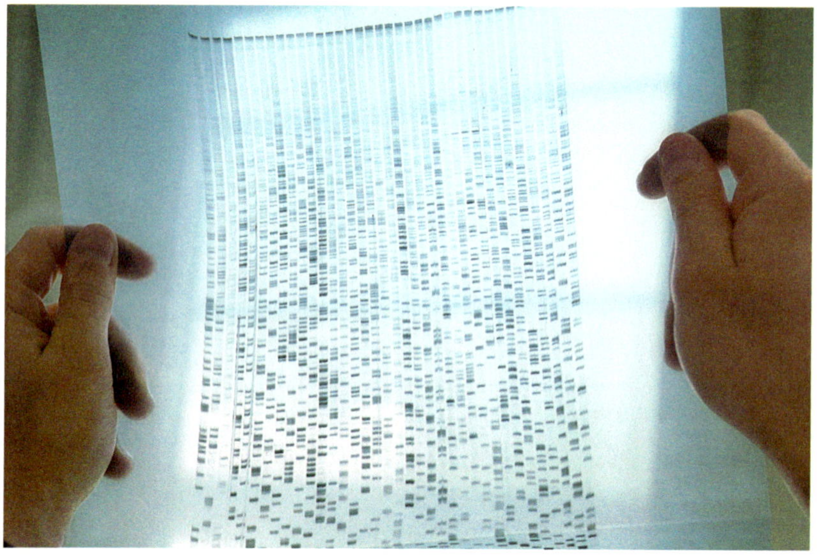

Abb. 1 Genetischer Fingerabdruck

Gendiagnostik

Mit den Werkzeugen und Methoden der Gentechnologie stehen Wege offen, ein defektes Gen im Genom eines Menschen zu erkennen. Der Testperson werden – auch pränatal – Zellen entnommen; nach dem Abtrennen der Membranen und der Proteine wird daraus die DNA mit Alkohol ausgefällt. Auf die isolierte DNA lässt man nun Gensonden einwirken, um zum Beispiel mutierte Gene zu erkennen und zu lokalisieren *(S. 149)*.

Exkurs

Bei sogenannten multifunktionalen Erkrankungen wirken zahlreiche Gene zusammen, sodass verschiedene Ausprägungsstärken – von gesund bis schwer erkrankt – auftreten können. Eine Risikoabschätzung bietet die **DNA-Chip-Technologie (Array-Technologie)**. Auf kleinen Kunststoffplättchen (Chip) sind an definierten Positionen sehr viele DNA-Varianten aufgebracht. Nun wird die – mit einem Fluoreszenz-Marker versehene – speziell aufbereitete und bereits fragmentierte DNA des Patienten auf den Chip aufgebracht. Sind DNA-Teile zu denen auf dem DNA-Chip komplementär, werden sie über Wasserstoffbrückenbindungen gebunden, alle anderen werden ausgewaschen. Anschließend tastet eine hochempfindliche Kamera den Chip ab und erkennt alle Stellen mit gebundener DNA anhand der Fluoreszenzsignale.

Somatische Gentherapie

In Europa wurde im Jahre 1992 erstmals die Gentherapie am Menschen medizinisch eingesetzt. Prinzipiell werden hierbei Blutzellen des Patienten entnommen und die zu den weißen Blutkörperchen zählenden Lymphozyten kultiviert und im Labor verändert. Als Vektor dient ein **Retrovirus** (s. *S. 150*), in dessen Erbgut das intakte menschliche Gen eingebaut wird. Nach diesem Gentransfer lässt man die „reparierten" Lymphozyten in Kultur (in vitro) wachsen und sich vermehren. Anschließend werden die genetisch veränderten Zellen durch Infusion dem Körper wieder zugeführt, wo sie das fehlende Enzym bilden und sich auch weiter vermehren. Funktioniert die Lymphozytenvermehrung nicht in ausreichendem Maße, muss der Eingriff nach einigen Monaten wiederholt werden.

Exkurs

Einsatzgebiete der Gentherapie

Bei der seltenen angeborenen **Immunschwächekrankheit SCID** (**S**evere **C**ombined **I**mmuno**d**eficiency) fehlt den Lymphozyten das Gen zur Herstellung des Enzyms Adenosindesaminase (ADA). Dieser Mangel führt zu einem Zusammenbruch des gesamten Immunsystems. Die Patienten können nur in einer völlig sterilen Umgebung überleben, ein leichter grippaler Infekt kann den Tod bedeuten.

Im Jahre 2000 wurden erstmals an SCID erkrankte Kinder durch somatische Gentherapie geheilt, indem ihnen Stammzellen entnommen, diese durch Gentransfer verändert und schließlich wieder zugeführt wurden *(Abb. 2)*.

Zur Behandlung von **Mukoviszidose** verwendet man Viren als Vektoren zur Genübertragung in die Zellen des Erkrankten. Gentechnisch kann man Viren so verändern, dass sie keine Infektion mehr hervorrufen. In ihr Erbgut pflanzt man auf die zuvor beschriebene Art und Weise ein fremdes Gen ein, das die gewünschten Eigenschaften enthält. So hat man im Jahre 1993 in den USA zum ersten Mal in Schnupfenviren ein solches Gen eingepflanzt und durch Inhalation in die Lungen des Mukoviszidosepatienten übertragen. Umfangreiche medizinische Untersuchungen müssen zeigen, ob mit dieser Methode eine Heilung der Krankheit möglich ist.

In Deutschland werden seit 1993 (Tier-)Versuche unternommen **Hautkrebs** *(Abb. 3)* gentherapeutisch zu heilen. Dabei wird ein bestimmtes Gen an Adenoviren *(Abb. 4)*, die beim Menschen keine Schäden verursachen, gebunden. Um Einlass in die Krebszellen zu bekommen, knüpft man an die Viren noch ein bestimmtes Enzym. Diese Viren werden dem Versuchstier gespritzt. Durch das Enzym dringt das Virus mit dem Gen in sehr viele Krebszellen ein. Im Zellkern dieser Krebszellen produziert das eingeschleuste Gen Interleukin 2. Dieser Stoff markiert die Krebszellen, sodass die körpereigenen Killerzellen diese als Fremdzellen erkennen und vernichten.

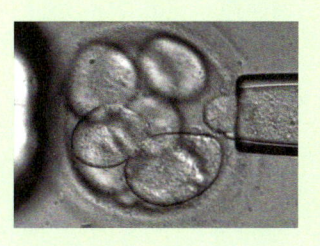

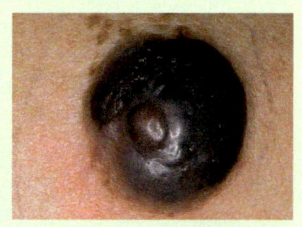

Abb. 2 Durch Mikromanipulation veränderte Stammzellen

Abb. 3 Schwarzer Hautkrebs

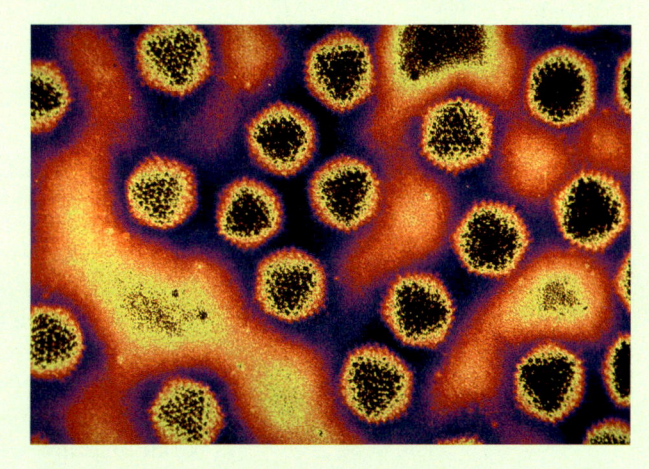

Abb. 4 Adenoviren in der elektronenmikroskopischen Aufnahme

Reproduktionstechnik und Genveränderung

Künstliche Befruchtung, Embryotransfer und Reagenzglasbefruchtung sind Methoden der Biotechnologie, jedoch nicht speziell der Gentechnik. Hierher gehören auch Kreuzungen zwischen verschiedenen Arten: Maultier (Pferd/Esel), Schiege (Schaf/Ziege), Tomoffel (Tomate/Kartoffel). Es ist zu unterscheiden, ob Körperzellen oder Keimzellen genetisch verändert werden. Eingriffe in die Keimbahn beträfen den ganzen Menschen und wären erblich, während somatische Eingriffe nur bestimmte Körperteile bzw. Organe betreffen. Eingriffe in die Keimbahn des Menschen sind aus ethischen Gründen abzulehnen. In Deutschland ist die Keimbahntherapie durch das **Embryonenschutzgesetz** verboten.

5.3.2 Gentechnik in der Tier- und Pflanzenzucht

Gentechnologie in der Pflanzenzucht

Manchen Wildpflanzen können im Gegensatz zu Kulturformen bestimmte Schädlinge nichts anhaben, andere versorgen sich selbst mit dem wichtigen Nährelement Stickstoff, meist durch symbiontische Bakterien, die in Wurzelknöllchen leben. Diese Eigenschaften mithilfe der Gentechnik auf Kulturpflanzen zu übertragen, ist ein ehrgeiziges Forschungsziel, dem gerade angesichts der dramatisch ansteigenden Weltbevölkerung hohe Priorität zukommt.

Gentransfer bei höheren Lebewesen ist jedoch nicht so leicht wie bei Bakterien. Pflanzen sind vielzellige Organismen, sodass es wenig nützt, ein fremdes Gen in eine Blatt- oder Wurzelzelle einzuschleusen. Auch ist der Embryo einer Blütenpflanze im Samen verborgen und damit schwer zugänglich.

Man geht deshalb bei Pflanzen einen anderen Weg für die gezielte Veränderung des Erbguts. Die wesentlichen Arbeitsschritte sind:
• Isolation des gewünschten Gens;
• Gewinnung einzelner Pflanzenzellen, in die sich das Gen einschleusen lässt;
• Gentransfer mithilfe eines geeigneten Vektors;
• Regeneration der gesamten Pflanze aus der genmanipulierten Einzelzelle.

Abb. 5 Einspritzen fremder DNA in Pflanzenzellkerne mit einer Mikropipette

Abb. 6 Tumorwachstum bei Pflanzen

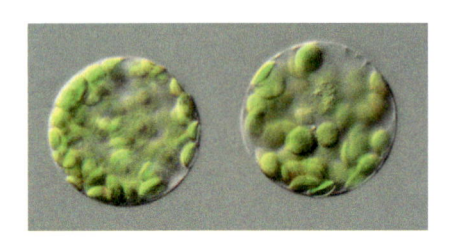

Abb. 7 Protoplasten der Kartoffel

Mit feinsten Mikropipetten ist man heute in der Lage, DNA in die Zellkerne einer Pflanze einzuspritzen *(Abb. 5)*. Meist wird der Gentransfer jedoch über das ***Agrobakterium tumefaciens*** vollzogen, welches Pflanzenkrebs auslöst und dabei sein Plasmid auf die infizierte Pflanze überträgt. Durch dieses **t**umor**i**nduzierende Plasmid (**Ti-Plasmid**) wird der Stoffwechsel so umgesteuert, dass Tumoren entstehen *(Abb. 6)*.

Im Folgenden werden die gentechnischen Arbeitsschritte dargestellt.

Gewinnung von Einzelzellen

Pflanzenteile werden zerschnitten und in eine Lösung gegeben, die **Zellulase** enthält, ein Enzym, das die Zellwände auflöst. Nach einem Tag sind Einzelzellen entstanden, die nur noch von der äußeren Zellmembran begrenzt sind; sie sind rund, da die formgebende Zellwand fehlt. Solche „nackten" Zellen ohne Zellwand heißen **Protoplasten** *(Abb. 7)*.

Einsatz des Vektors

Verletzt man eine Pflanze mit einer Nadel, die mit dem *Agrobacterium tumefaciens* verunreinigt ist, bildet sich eine tumoröse Wucherung. Gleichzeitig wird die Pflanze veranlasst, eine Gruppe recht seltener Stoffe (sogenannte **Opine**) zu bilden, die die Agrobakterien als Energiequelle nutzen. Man fand heraus, dass nur solche Bakterien Tumor auslösend sind, die das **Ti-Plasmid** tragen. Dieses ist verhältnismäßig groß und enthält ein Gen, das für die Tumorbildung verantwortlich ist. Interessanterweise findet man in den Tumorzellen der Pflanzen Teile der Ti-Plasmid-DNA wieder. *Agrobacterium tumefaciens* überträgt also Teile seiner DNA auf seine Wirtspflanze. So lag es nahe, diese Eigenschaft zu nutzen und das Ti-Plasmid als Vektor einzusetzen.

Genübertragung

Gentechnologen ist es gelungen, die Bakterien-DNA in den infizierten Pflanzenzellen aufzuspüren und zu analysieren. Dabei zeigt sich, dass ein ganz bestimmter Teil des Plasmids in die Wirtszelle eingeschleust wird; man nennt diese Plasmidregion **T-DNA**. In dieser Region liegen die Gene, die die Pflanze zum Tumorwachstum und zur Bildung der Opine veranlassen.

Durch Mutation können die Ti-Plasmide ihre Fähigkeit verlieren, Pflanzentumore auszulösen. Trotzdem sind sie in der Lage, die Opinproduktion zu induzieren, also natürlichen Gentransfer durchzuführen. Solche „**gezähmten**" Ti-**Plasmide** bilden das Werkzeug zum Einbau eines neuen Gens in Pflanzenprotoplasten.

Regeneration der Pflanze

Protoplasten teilen sich und wachsen schließlich zu Zellhaufen (Kalli) heran. Durch Gabe von Pflanzenhormonen werden die Kalli gezielt zur Spross- oder Wurzelbildung veranlasst *(Abb. 8 und 9)*, sodass schließlich ganze, erbgleiche, also geklonte Pflanzen entstehen. Eine Zusammenfassung dieser „grünen Gentechnik" zeigt Abbildung 10.

Exkurs

„Gezähmte" Ti-Plasmide müssen aus Agrobakterien isoliert und so verändert werden, dass keine Tumorbildung ausgelöst wird. Der Tumor auslösende Bereich der T-DNA wird mit der üblichen Methode – Restriktionsenzyme, Ligasen, Gelelektrophorese, DNA-Sonden – gegen das fremde Gen mit der gewünschten Eigenschaft ausgetauscht. Der Promotor, der ursprünglich die Opinsynthese anregte („Virulenzgen") und nun die Pflanzenzelle dazu veranlasst, das eingeschleuste Gen zu exprimieren sowie die Klebestellen, die die Verbindung des eingeschleusten Gens mit der Pflanzen-DNA bewirken, bleiben erhalten. Das so modifizierte Ti-Plasmid wird nun in die Bakterien eingeschleust, dort auf natürliche Weise vermehrt und anschließend einer Protoplastenkultur hinzugefügt. Dort erfolgt der Gentransfer nun auf natürliche Weise.

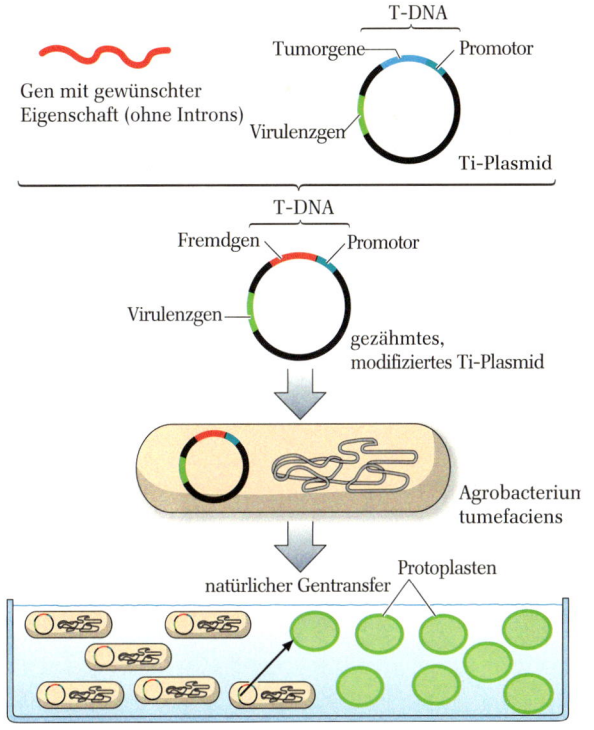

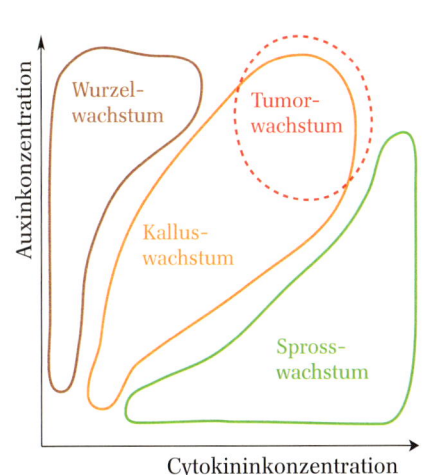

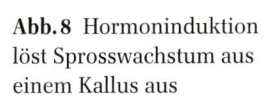

Abb. 8 Hormoninduktion löst Sprosswachstum aus einem Kallus aus

Abb. 9 Wirkung der Pflanzenhormone Auxin und Cytokinin

Abb. 10 Gentransfer in höhere Pflanzen

Exkurs

Anwendung der „grünen Gentechnik"

Um die Technik abzusichern, hat man zunächst Resistenzgene gegen Antibiotika von Bakterien auf Tabakpflanzen übertragen. Nach diesem Modell wurden dann **Resistenzgene** gegen Herbizide (Unkrautvertilgungsmittel) auf höhere Pflanzen übertragen, eine umstrittene Methode. Gegner befürchten einen allzu bedenkenlosen Herbizideinsatz, wenn die Kulturpflanze gegen das Pflanzengift resistent wird; auch eine Übertragung der Resistenzgene auf andere Pflanzen, womöglich auf die Ackerunkräuter selbst, wird befürchtet. Vor dem Einsatz eines neuen Gens im Freiland muss seine Struktur und Funktion genauestens untersucht werden. Hierbei ist zu bedenken, dass viele Kulturpflanzen wie z.B. Getreide und Mais Windbestäuber sind und damit die Pollenkörner unkontrolliert vertragen werden können. Auch muss das Risiko eines natürlichen Gentransfers, zum Beispiel über Bodenbakterien, sehr sorgfältig abgeschätzt werden.

Abb. 12 Kohlweißling und Kleiner Fuchs

Bis zum Mai 1995 wurden in der Bundesrepublik Deutschland 37 Anträge auf Freisetzungsversuche mit gentechnisch veränderten Kulturpflanzen (Raps 11, Mais 13, Zuckerrübe 7, Kartoffel 4, Petunie 2) eingereicht und 19 genehmigt.

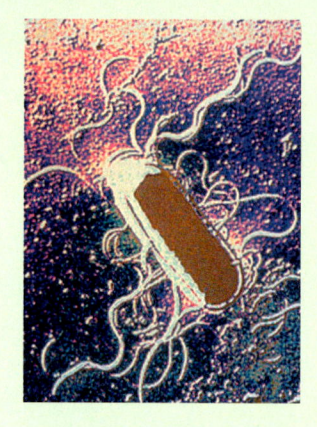

Abb. 11 *Bacillus thuringiensis*

Weniger umstritten sind erste erfolgreiche Versuchsreihen, Pflanzen genetisch so zu verändern, dass sie in der Lage sind, einen **Abwehrstoff** gegen einen Schädling herzustellen. Saugt das Insekt dann an der Pflanze, nimmt es Gift auf und wird getötet. So produziert zum Beispiel *Bacillus thuringiensis (Abb. 11)* ein Protein, welches ganz spezifisch den Darm der Raupe des Maiszünslers *(Abb. 13)* zerstört. Der Schädling, durch dessen Befall ganze Maisernten komplett ausfallen können, kann so gezielt bekämpft werden. Die Pollen der transgenen Bt-Maispflanzen, die das Protein von *Bacillus thuringiensis* produzieren, beeinträchtigen aber auch andere Schmetterlinge in ihrer Entwicklung, z.B. den Kohlweißling und den Kleinen Fuchs *(Abb. 12)*. Mit intensiven Anstrengungen versucht man auch, auf gentechnischem Wege eine Symbiose von Getreidepflanzen mit Knöllchenbakterien zu erreichen oder deren Gene auf Kulturpflanzen zu übertragen. Knöllchenbakterien binden Luftstickstoff und versorgen so sich selbst und ihre Wirtspflanze mit Stickstoff. Die immensen Probleme der Stickstoffdüngung könnten entfallen und zugleich könnte die Ernährung der Weltbevölkerung sicherer werden.

Abb. 13 Falter (links, hell – Weibchen, dunkel – Männchen) und Raupe (Mitte) und freipräparierter Darm des Maiszünslers

Gentechnik bei Futterpflanzen

Mais ist eine sehr alte Kulturpflanze, die schon vor mehr als 4000 Jahren von süd- und mittelamerikanischen Indios angebaut wurde. Um den sonnenliebenden Mais auch bei uns mit Erfolg anbauen zu können, waren einige Veränderungen seiner Eigenschaften nötig. Das bedeutete bis in die jüngste Vergangenheit in aller Regel Auslese und Zuchtwahl. Ziel der Maiszüchtung waren Sorten, die schnell wachsen, möglichst unempfindlich gegenüber Schädlingen sind und hohe Ernteerträge liefern. Nach wie vor ist Mais die einzige transgene Pflanze, die in der EU kommerziell angebaut wird.

Bei der Maiszüchtung beobachtet man – wie bei einigen anderen Kulturpflanzen –, dass die Heterozygoten bessere Eigenschaften haben und höhere Erträge bringen als reine Rassen. So ist die **Hybridzucht** gängige Praxis beim Maisanbau. Hierzu zieht man zunächst durch mehrjährige Selbstbestäubung homozygote Inzuchtlinien. Kreuzt man nun diese reinen Rassen, so entstehen F_1-Bastarde, deren Eigenschaften wesentlich besser sind als die der Eltern (sogenannte Heterosis-Effekt, *Abb. 14*). Kreuzt man allerdings die F_1-Bastarde untereinander, so gehen die positiven Eigenschaften wieder verloren. Der Bauer muss also immer wieder frisches Saatgut aus der Hybridzüchtung kaufen.

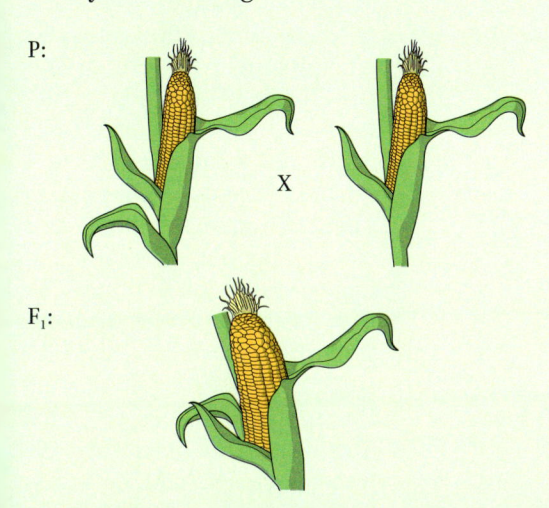

P:

X

F_1:

Abb. 14 Heterosis-Effekt beim Mais

Maispflanzen können sich in unseren Breiten nur unter dem Schutz des Menschen gegen die Ackerwildkräuter durchsetzen. Neben der mechanischen Bearbeitung sind vor allem Herbizide im Einsatz *(Abb. 15)*. Auf der Suche nach einem umweltschonen-

den Pflanzenschutzmittel stieß man auf einen Stoff, den bestimmte Pilze – Streptomyceten – zu ihrem eigenen Schutz in die umgebende Erde abgeben. Der wirksame Bestandteil dieses Blattherbizids trägt den Namen **Glufosinat**, es kann synthetisch hergestellt werden und ist unter der Bezeichnung BASTA im Handel. Für den Einsatz in einer Maiskultur hat BASTA allerdings einen entscheidenden Nachteil: Es wirkt recht unspezifisch und bekämpft auch die Maispflanze selbst.

Genauere Untersuchungen der Streptomyceten haben ergeben, dass diese sich mit einem „Trick" vor der Wirkung ihres eigenen Pflanzengiftes schützen. Sie produzieren gleichzeitig ein Enzym, welches Glufosinat in eine inaktive Verbindung umwandelt. Das Gen, welches dieses Enzym exprimiert, nennen die Wissenschaftler PAT-Gen. Das PAT-Gen des Pilzes wurde isoliert und in das Maisgenom übertragen. Es ist in allen Körperzellen und in den Keimzellen vorhanden und wird dominant weitervererbt. Die **transgenen Maispflanzen** sind nun wie der Pilz in der Lage, das Enzym herzustellen, das das Blattherbizid unwirksam macht, und überleben als einzige Pflanzenart den BASTA-Einsatz auf dem Acker.

Raps wurde inzwischen in gleicher Weise gentechnisch verändert. Allerdings ist Raps keine importierte Kulturpflanze wie Mais, sondern eine Kreuzung zwischen den bei uns heimischen Pflanzenarten Rübsen und Kohl. So besteht ein vergleichsweise höheres Risiko, dass das künstliche Resistenzgen auf nahe verwandte Wildkräuter überspringt. Dänische Wissenschaftler haben 1995 herausgefunden, dass Raps sich leicht mit den wilden Rübsen rückkreuzen lässt und dass dabei fertile BASTA-resistente Rübsen entstehen.

Abb. 15 Durch Herbizideinsatz von Ackerwildkräutern befreites Maisfeld

Exkurs

Das **Stammzellengesetz (StZG)** regelt die Forschung an embryonalen Stammzellen in Deutschland unter folgenden Auflagen:

- Forschung darf nur an bestimmten importierten Stammzellen betrieben werden
- Diese Stammzellen müssen vor Mai 2007 in Kultur genommen worden sein
- Die zentrale Ethikkommission muss einem vorher gestellten Forschungsantrag zugestimmt haben; das darin formulierte Forschungsziel muss
  – hochrangigem wissenschaftlichen oder
  – diagnostischem/präventivem/therapeutischem Erkenntnisgewinn dienen
- Die Fragestellungen des Forschungsvorhabens müssen mit Tierzellen/Tierversuchen vorgeklärt und voraussichtlich nur durch embryonale Stammzellenforschung beantwortbar sein

Die Verlegung des Stichtags der Inkulturnahme importierter embryonaler Stammzellen von Januar 2002 auf Mai 2007 wurde von Bundestag und Bundesrat im Mai 2008 verabschiedet. Diese Novelle des StZG gilt allgemein als Lockerung des bis dahin sehr strengen Gesetzes zur embryonalen Stammzellenforschung in Deutschland.

Gentechnologie bei Tieren

Tierzellkulturen lassen sich nicht wie Pflanzenprotoplasten zu ganzen Tieren regenerieren. Zur Erzeugung **transgener Tiere** müssen daher andere Wege beschritten werden. Nur durch den **Eingriff in die Keimbahn** wird erreicht, dass das fremde Gen den gesamten Organismus erreicht und auch auf die Nachkommen weitervererbt wird. Zunächst isoliert oder gewinnt man mit den beschriebenen Methoden DNA, die die gewünschte Eigenschaft codiert und bestimmte Bereiche enthält, die für die Genexpression im Empfängertier sorgen sollen. Für den **Gentransfer** gibt es mehrere Möglichkeiten, zum Beispiel:

- **DNA-Injektion in die befruchtete Eizelle**. Von Rindern oder Schweinen können Eizellen oder bereits befruchtete Eizellen abgesaugt werden. Als besonders effektiv hat es sich erwiesen mit einer Mikropipette die fremde DNA in den männlichen Vorkern zu injizieren, also in den Kern der männlichen **Spermienzelle** nach dem Eindringen in die Eizelle und vor der Kernverschmelzung zum Zygotenkern *(Abb. 16)*.

- **DNA-Injektion in embryonale Stammzellen**. Aus einem sehr frühen Embryonalstadium, der sogenannten Blastula, können Zellen gewonnen werden, die noch nicht in Organe differenziert sind. Diese Stammzellen werden auf einem Nährmedium kultiviert *(Abb. 17)* und können mittels einer Mikropipette mit fremder DNA versehen werden. Man lässt die Embryonen weiter wachsen, bis eine Selektion der Individuen, bei denen der Gentransfer stattgefunden hat, möglich ist, und überträgt sie dann in Leihmütter. Nach der Geburt entstehen Tiere, die sowohl veränderte als auch unveränderte Zellen enthalten. Diese werden weitergezüchtet, um schließlich zu reinen Linien transgener Tiere zu gelangen.

Mit den beschriebenen Methoden ist es möglich neue Gene in einen Säugetierorganismus zu implantieren. Ein weiteres Ziel der Forschung ist der Austausch eines defekten Gens durch ein gesundes oder der Austausch eines bestimmten Allels durch ein anderes mit einer anderen gewünschten Eigenschaft. Schon 1982 hat man das Gen für menschliches Wachstumshormon in Mäusezygoten übertragen und so Riesenmäuse gezüchtet – eine umstrittene Methode *(Abb. 18)*. Neben Mäusen gibt es transgene Schweine, Schafe, Kaninchen, aber auch Karpfen und Fliegen. Auf solche transgenen Tiere versuchen Firmen seit den 1970er Jahren Patente zu erhalten, was zu ethischen Diskussionen und juristischen Problemen geführt hat.

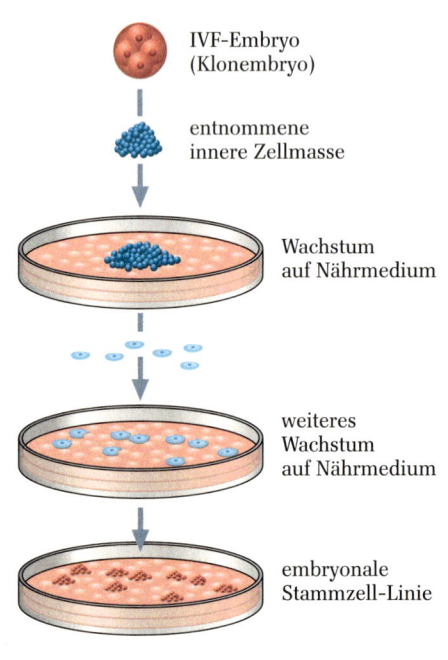

Abb. 17 Kultivierung von Stammzellen; Stammzellen können sich vielmals teilen und alle Zelltypen eines Organismus bilden *(→ Biologie 9. Klasse)*

IVF-Embryo (Klonembryo)

entnommene innere Zellmasse

Wachstum auf Nährmedium

weiteres Wachstum auf Nährmedium

embryonale Stammzell-Linie

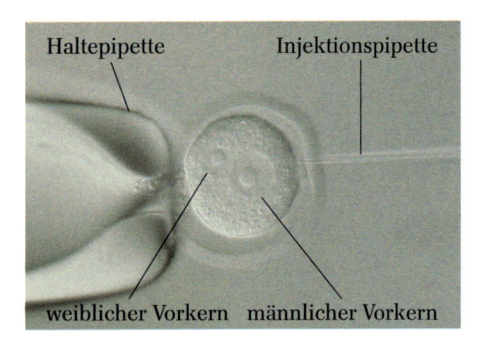

Haltepipette   Injektionspipette

weiblicher Vorkern   männlicher Vorkern

Abb. 16 Mikroinjektion von DNA in den männlichen Vorkern
(Naumann MPI-CBG Dresden)

Neben den Eingriffen in die Keimbahn wird auch die Abwandlung
von Körperzellen durchgeführt. Die
Methode der **somatischen Gentherapie** wurde im Tierexperiment erprobt und später auf den Menschen
übertragen.

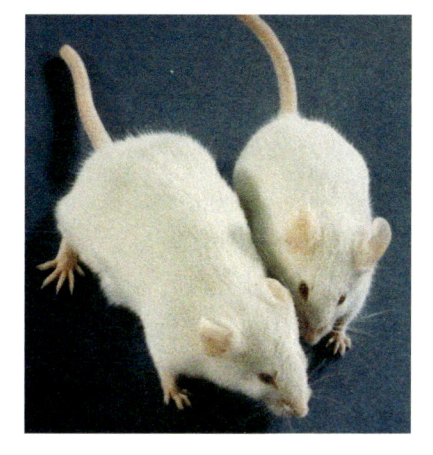

Abb. 18 Genetisch unveränderte und
transgene Maus

Abb. 19 Junge Frau spritzt Insulin

5.3.3 Mikroorganismen und gentechnische Stoffproduktion

Insulin

Im Blutserum eines Menschen befindet sich eine bestimmte Menge
Glucose, die für die schnelle Energiegewinnung von großer Bedeutung
ist. Mehrere Hormone regulieren den Blutglucosegehalt, deren Norm-
konzentration bei etwa 80 – 100 mg/100 mL Blut liegt. Blutzuckerspiegel
steigernd wirken Glucagon und Adrenalin; Blutzucker senkend wirkt
Insulin durch Umwandlung von Glucose in das Polysaccharid Glykogen, das in der Leber und in den Muskeln gespeichert. Insulin wird
in der Bauchspeicheldrüse (in den Langerhans'schen Inseln) gebildet
und gehört chemisch zu den **Peptidhormonen**. Es besteht aus zwei Peptidketten, einer A-Kette mit 21 und einer B-Kette mit 30 Aminosäuren,
die über zwei Disulfidbrücken miteinander verbunden sind. **Diabeti-
ker** leiden unter Insulinmangel *(Abb. 19)*, sie müssen sich das fehlende
Hormon ständig zuführen. Für die gentechnische Synthese von Insulin
wird über Plasmide das Gen mit dem Befehl „produziere menschliches
Insulin" in Bakterien eingeschleust. Diese Bakterien dienen zunächst
zur Vermehrung des Insulingens und später auch als Produzenten des
Humaninsulins im Produktionsfermenter.

Exkurs

Die Inselzellen der Bauchspeicheldrüse stellen zunächst eine
Vorstufe des eigentlichen Insulin
(Proinsulin) her, bei der die beiden Peptidketten A und B noch
über eine weitere Peptidkette (C-
Kette) verbunden sind, die zur
Bildung des eigentlichen Insulins
enzymatisch abgespalten wird.
Proinsulin besteht aus einer fort-
laufenden Peptidkette, sodass ein
einziges Gen für dessen Bildung
verantwortlich sein kann.

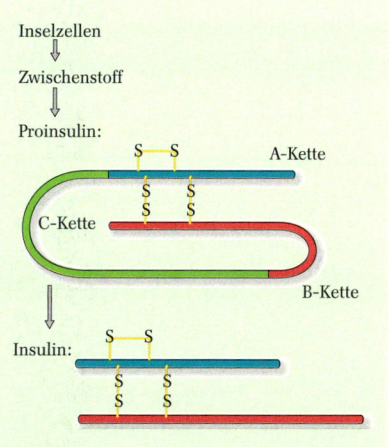

Abb. 20 Bildung aktiven Insulins im
Organismus

A2 Erläutern Sie die Aufgaben
der Bauchspeicheldrüse.

A3 Insulin kann nicht in Tablet-
tenform eingenommen, sondern
muss injiziert werden *(Abb. 19)*.
Stellen Sie die Gründe für diesen
Umstand dar.

Exkurs

Bis zum Jahre 1982 isolierte man Insulin ausschließlich aus den Bauchspeicheldrüsen von Rindern oder Schweinen. Rinderinsulin unterscheidet sich von menschlichem Insulin durch drei, Schweineinsulin nur durch eine Aminosäure. Diese Unterschiede führen zu einer etwas geringeren Wirksamkeit von Rinderinsulin und manchmal zu allergischen Reaktionen.
Um 100 g Insulin herzustellen, waren z. B. 800 kg Schweinebauchspeicheldrüsen nötig, die aus 10 000 Tieren gewonnen wurden. Zur anschließenden Umwandlung von Schweineinsulin in Humaninsulin auf biochemischem Wege muss die 30. Aminosäure in der B-Kette enzymatisch abgeschnitten und durch die „richtige" Aminosäure ersetzt werden. Dies ist jedoch recht aufwändig und nicht billig.

A4 Erklären Sie die Wirkung einer Gensonde auf einen DNA-Doppelstrang.

A5 Humaninsulin kann nicht direkt (ohne Reifungsprozess) durch ein Gen exprimiert werden. Geben Sie die Gründe dafür an.

Gentechnische Verfahrensschritte

Bei bekannter Aminosäuresequenz stehen grundsätzlich zwei Wege für die Insulinproduktion offen:

1) Die Übersetzung der Aminosäuresequenz in den DNA-Code auf dem Papier und die Herstellung zweier synthetischer Gene mit der **Gensynthesemaschine**: Die Gene für die A- und für die B-Kette können dann über Plasmide als Vektoren getrennt in zwei verschiedene Bakterienstämme eingeschleust werden. Dabei entstehen in getrennten Fermentern die beiden Peptidketten, die später zum Fusionspeptid zusammengeführt werden müssen. Gerade dieser Fusionsvorgang ist jedoch sehr kompliziert und führt zu einer recht geringen Ausbeute.

2) Mit **Gensonden** sucht man das Insulingen im menschlichen Erbgut. Das aufgefundene Insulingen kann nun in Bakterien eingebaut und kloniert werden, was Voraussetzung für die **Sequenzierung** (die Ermittlung der Nukleotidreihenfolge und damit der Struktur des Gens) ist. Aus dem Vergleich von Aminosäure- und Basensequenz erkennt man die Abschnitte, die nicht in das Protein übersetzt werden. Diese Introns müssen vor dem Einschleusen des Gens in die Bakterien durch **Spleißen** (S. 87) entfernt werden.

Tumor-Nekrose-Faktor (TNF)

Bei Krebskranken, die an schweren Bakterieninfektionen leiden, zeigt sich manchmal, dass Tumoren spontan zersetzt werden und zurückgehen. Man spricht von einer Nekrose des Tumors. Ursache ist die Bildung eines körpereigenen Proteins, das gezielt Tumorzellen zerstört; man nennt es daher Tumor-Nekrose-Faktor. Inzwischen ist es gelungen das menschliche Gen für den Tumor-Nekrose-Faktor zu isolieren und zu sequenzieren und dieses in das Bakterium E. coli zu übertragen, welches nun in einem Fermenter TNF mit einer Reinheit von 99,99 % herstellt.

Im Jahr 2000 wurde die Krebstherapie mit TNF in der EU zugelassen.

Gentechnisch hergestellte Medikamente (Stand: Juni 2008):

Exkurs

Auswahl gentechnisch hergestellter Medikamente, die in Deutschland zugelassen sind	
Interferone	Krebstherapie, virale Infektionen
Interleukin 2	Krebstherapie, Autoimmunerkrankungen
Colony Stimulating Factor (CSF)	Knochenmarkstransplantation
Granulocyte Colony Stimulating Factor (G-CSF)	Knochenmarkstransplantation
Granulocyte Makrophage Colony Stimulating Factor (GM-CSF)	Knochenmarkstransplantation
Erythropoietin (EPO)	Blutbildung
Somatotropin (Human Growth Hormon, HGH)	Kleinwuchs
Insulin Blutgerinnungsfaktor VIII	Diabetes mellitus, Hämophilie A, Wundheilung
Blutgerinnungsfaktor IX	Hämophilie B
Gewebe Plasminogen Aktivator (tPA)	Herzinfarkt, Thrombosen
Glucagon	Unterzucker, Impfstoff gegen Hepatitis B, Impfstoff für Menschen
Impfstoff gegen Haemophilus influenza Typ b	Impfstoff für Menschen
Acelluvax (Bordetella pertussis)	Keuchhusten-Impfstoff für Menschen
Orochol (Vibrio cholerae)	Cholera-Impfstoff für Menschen

Quelle: Bayrisches Staatsministerium für Umwelt, Gesundheit und Verbraucherschutz

Faktor VIII für Bluterkranke

Für die Blutgerinnung sind mehrere Enzyme notwendig, die zu einer Enzymwirkkette verknüpft sind *(Abb. 12, S. 131)*. Fällt dabei ein Enzym aus, so kann die ganze Kette nicht mehr ablaufen, es findet keine erfolgreiche Blutgerinnung mehr statt. Als Folge eines mutierten Gens auf dem X-Chromosom *(S. 130)* kann bei Bluterkranken ein Enzym aus der Blutgerinnungskette nicht gebildet werden, meist der sogenannte Gerinnungsfaktor VIII. Eine Behandlung ist nur durch Injektion des fehlenden Enzyms möglich; sie muss regelmäßig mehrmals pro Woche erfolgen. Der Einsatz gentechnischer Methoden zur Versorgung der ca. 80 000 Menschen mit Bluterkrankheit in Deutschland mit dem Enzym ist wesentlich praktikabler, kostengünstiger und weniger risikoreich als die Gewinnung aus Spenderblut.

Faktor VIII ist nicht so einfach gebaut wie das Insulin; er ist ein **Glykoprotein** (mit zuckerartigen Bestandteilen) bestehend aus 2 332 Aminosäuren, dessen zugehöriges Gen auf dem X-Chromosom liegt. Im Metaphasezustand hat dieses Chromosom eine Länge von etwa 1 µm; darin enthalten ist ein DNA-Faden, der entspiralisiert 6 cm misst. Der gesuchte Abschnitt hat allerdings nur 0,07 mm Länge *(Abb. 21)*. Im Vergleich bedeutet das eine notwendige Suche von 900 m auf einer Strecke von München nach Flensburg.

Schritt 1: Um biologisches Material in ausreichender Menge zu gewinnen wird der DNA-Faden des X-Chromosoms mit Restriktionsenzymen zerschnitten und die Restriktionsfragmente mittels Bakteriophagen vervielfältigt. Deren DNA wird in der bekannten Weise aufgeschnitten und mit DNA-Bruchstücken aus der Menschen-DNA hybridisiert. Es entstehen rekombinante Bakteriophagen, die ihr Erbgut mit dem darin enthaltenen DNA-Bruchstück des Menschen in Bakterienzellen auf natürliche Weise vermehren.

Schritt 2: Aus der Vielzahl der vermehrten Restriktionsfragmente müssen diejenigen herausgesucht werden, die zum Faktor-VIII-Gen gehören. Dies gelingt durch Trennung der Bruchstücke mittels Gelelektrophorese und mit Gensonden *(S. 149 f.)*. Sie werden so gewählt, dass sie an allen Bruchstücken binden, die Teile des gesuchten Gens enthalten. Unter 500 000 untersuchten Bruchstücken findet man 12, die Teile des Faktor-VIII-Gens enthalten.

Schritt 3: Die gefundenen DNA-Fragmente müssen nun zum Faktor-VIII-Gen zusammengefügt werden. Wie bei Eukaryoten üblich, ist die Erbinformation auf Exons verteilt, die durch Introns unterbrochen sind. Im Fall des Faktors VIII sind es 26 Exons; die dazwischen liegenden unwirksamen Genabschnitte werden herausgeschnitten.

Exkurs

Um eine Person mit Bluterkrankheit nach der herkömmlichen Methode (der Gewinnung aus Spenderblut) medikamentös mit diesem Faktor zu versorgen, müssen wöchentlich 12 Liter Blut aufgearbeitet werden, was das Medikament sehr teuer macht. Außerdem können Infektionskrankheiten übertragen werden; vor den inzwischen üblichen gründlichen Untersuchungen von Blutprodukten kam es zu Infektionen von Hepatitis B oder HIV durch Faktor VIII-Präparate. Inzwischen wird Faktor VIII auch gentechnisch erzeugt.

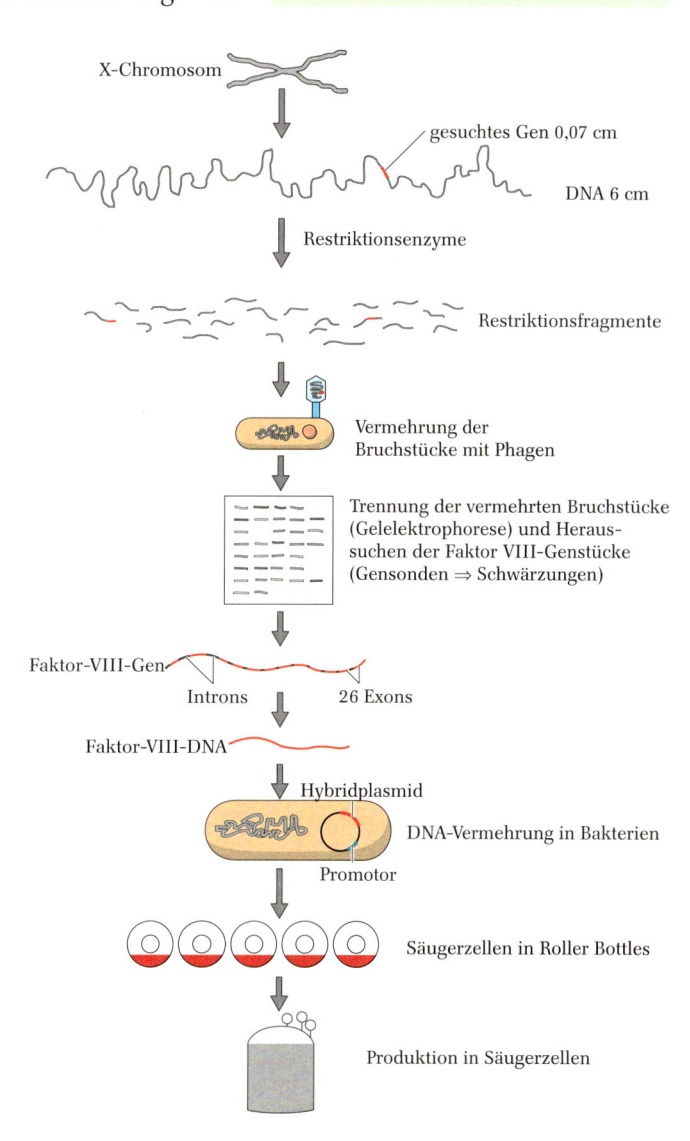

X-Chromosom

gesuchtes Gen 0,07 cm

DNA 6 cm

Restriktionsenzyme

Restriktionsfragmente

Vermehrung der Bruchstücke mit Phagen

Trennung der vermehrten Bruchstücke (Gelelektrophorese) und Heraussuchen der Faktor VIII-Genstücke (Gensonden ⇒ Schwärzungen)

Faktor-VIII-Gen

Introns   26 Exons

Faktor-VIII-DNA

Hybridplasmid

DNA-Vermehrung in Bakterien

Promotor

Säugerzellen in Roller Bottles

Produktion in Säugerzellen

Abb. 21 Verfahrensschritte zur Gewinnung von Faktor VIII

A6 Stellen Sie dar, warum rekombinante Plasmide Promotoren enthalten.

A7 Das Protein t-PA hat die Fähigkeit, Blutgerinnsel aufzulösen und wird daher in der Medizin zur Bekämpfung bei Herzinfarkten und Thrombosen eingesetzt. Bei der Einschleusung des t-PA-Gens (ohne Introns) zur Herstellung in Zellen geht man von der m-RNA aus. Erklären Sie den Sinn dieses Vorgehens und die hierfür nötigen Verfahrensschritte.

Schritt 4: Das intronfreie Faktor-VIII-Gen muss nun vermehrt werden. Hierzu bedient man sich der Plasmide. Die Plasmid-DNA wird mit Restriktionsenzymen aufgeschnitten, die Faktor-VIII-DNA und ein Promotor (zur Aktivierung des fremden Gens) eingebaut und die Enden mit Ligase wieder verklebt. Die rekombinanten Plasmide können nun in Bakterien eingeschleust und durch sie vermehrt werden.

Schritt 5: Bakterien können das fremde Gen mit seinem Promotor zwar vermehren, jedoch selbst die Anweisung zur Herstellung des kompliziert gebauten Glykoproteins nicht ausführen.

Hierzu benötigt man Zellen höherer Organismen, meistens Säugerzellen, z.B. von Mäusen oder Hamstern. In Rollflaschen („Roller Bottles", die zur sanften Durchmischung der Kultur hin- und herbewegt werden) werden sie außerhalb des Körpers („**in vitro**") kultiviert. Mit dem fremden Gen und dem Promotor führen sie die darin enthaltene Anweisung aus: „Produziere menschlichen Blutgerinnungsfaktor VIII!"

Im Jahre 1991 wurde in der Nähe von Tokio eine gentechnische Anlage in Betrieb genommen, in der auch genetisch veränderte Bäckerhefe in zwei 1 500-Liter-Fermentern zur Faktor VIII-Produktion kultiviert wird.

Exkurs

Gewebe-Plasminogen-Aktivator aus Säugerzellen

Blutgerinnsel können eine erhebliche Gefahr bedeuten: Verstopfen sie Blutgefäße, so können Herzinfarkt oder Schlaganfall die Folge sein. Abhängig von der Lebensweise des Menschen werden kleinere Blutgerinnsel häufig wieder rückgebildet. Der Stoff, der im menschlichen Körper diesen Auflösungsprozess in Gang setzt, ist wie Faktor VIII ein Glykoprotein; es besteht aus 527 Aminosäuren und einigen Zuckerseitenketten und trägt den Namen **Gewebe-Plasminogen-Aktivator p-PA**. Ende der 1980er-Jahre ist es gelungen, das p-PA-Gen zu isolieren und in Säugerzellen einzuschleusen. Die Herstellung erfolgt im Prinzip wie oben beschrieben mit dem Resultat eines wertvollen Medikaments zur Therapie von Herz-Kreislauf-Erkrankungen.

Hirudin aus Hefezellen

Blutegel enthalten in ihren Speicheldrüsen das Eiweiß Hirudin, das die Blutgerinnung hemmt. Hirudin besteht aus 65 Aminosäuren und lässt sich als Mittel gegen den Herzinfarkt und zur Vorsorge gegen Thrombosen einsetzen. Für eine einzige Therapie-Dosis bräuchte man jedoch 1000 Blutegel.

Auf gentechnischem Wege konnte auch dieses Problem gelöst werden: Man hat das Gen zur Hirudinsynthese in **Hefezellen** eingeschleust. Die umprogrammierten Hefen wachsen in Fermentern und produzieren in einer Charge 30 g Hirudin, eine Menge, die der Aufarbeitung von 3 000 000 Blutegeln entspricht.

Abb. 22 „Golden Rice" und Strukturformel des Vitamin A

Gentechnik in der Lebensmittelproduktion

Seit den 1990er Jahren sind weltweit Lebensmittel im Handel, die aus gentechnisch veränderten Organismen bestehen. Bekannte Beispiele sind gentechnisch veränderte **Soja**pflanzen und transgener **Mais**, der mithilfe der Gentechnik widerstandsfähig gegen Schädlinge gemacht wurde *(S. 159)*. Ein anderes Beispiel ist transgener **Reis** *(Abb. 22)*, der entgegen dem natürlichen Reis nun Vitamin A enthält – zum Ausgleich des häufig verbreiteten Vitamin-A-Mangels im asiatischen Raum. In Deutschland sind bisher keine Lebensmittel aus transgenen Pflanzen oder Tieren zugelassen (Stand: Juni 2008).

Neben direkt gentechnisch veränderten Lebensmitteln gibt es solche, bei dessen Herstellung gentechnische Methoden eingesetzt wurden. Dies trifft zum Beispiel zu, wenn **Futtermittel aus transgenen Organis-**

men verwendet wurde. Vor allem Soja und Mais sind Agrarrohstoffe, die weltweit in den Handel kommen und Basis für Futter- und Lebensmittel sind.

Milchsäurebakterien, Hefen und Schimmelpilze werden in der Käse- und Wurstherstellung vielfältig eingesetzt. Sie können relativ leicht mit neuen Eigenschaften versehen werden, die die Qualität des Produkts verändern. In der Lebensmittelproduktion werden viele Enzyme verwendet, die von gentechnisch veränderten Mikroorganismen hergestellt wurden. Ein bekanntes Beispiel ist **Chymosin**, das das Dicklegen der Milch bei der Frischkäsezubereitung bewirkt und früher aus Kälbermägen isoliert wurde. Das Chymosin-Gen wurde isoliert und sowohl in das Genom von Schimmelpilzen (*Aspergillus niger*) als auch von Hefen integriert. Ein großer Chymosin-Produktionsfermenter steht auf dem Gelände der Firma Hansen in Nienburg/Weser *(Abb. 23)*.

Abb. 23 Chymosin-Fermenter

Abb. 24 Kennzeichnungen von Lebensmitteln mit (links) und ohne (Mitte, rechts) gentechnisch veränderten Inhaltsstoffen

In Deutschland und der EU ist die **Kennzeichnung von Lebensmitteln** in mehreren Rechtsnormen geregelt. Lebensmittel, die in ihren Zutaten mehr als 0,9 % Stoffe aus gentechnisch veränderten Organismen enthalten, sind kennzeichnungspflichtig, aber nicht solche, bei deren Herstellungsprozess transgene Organismen zum Einsatz gekommen waren (z. B. Frischkäse, s. o.). Als **„gentechnikfrei"** *(Abb. 24)* dürfen nach EU-Recht alle Lebensmittel bezeichnet werden, deren Anteil an genetisch veränderten Organismen („GVO") 0,9 % nicht übersteigt. In Deutschland wurden im März 2008 die Bedingungen verschärft, sodass die Bezeichnung „Ohne Gentechnik" nur noch auf Lebensmittel aufgedruckt werden darf, die keinerlei gentechnisch veränderten Bestandteile enthalten.

Gentechnisch veränderte Nutztiere (Rinder, Schafe, Hühner, usw.) sind grundsätzlich in der gesamten EU nicht zugelassen, können wohl aber mit gentechnisch veränderten Futterpflanzen ernährt werden. Um deren Fleisch mit dem Etikett „ohne Gentechnik" versehen zu dürfen, muss bei Schweinen vier, bei Hühnern sechs Monate vor der Schlachtung auf die Fütterung mit sogenanntem gv-Futter verzichtet worden sein, nach der strengen deutschen Regelung von März 2008 beschränkt sich der Einsatz von GVO auf Zusatzstoffe im Futter wie Vitamine, Aminosäuren und Enzyme.

Abb. 1 Geklonte Ferkel

Abb. 2 Das erste geklonte Säugetier „Dolly" mit seinem auf natürlichem Weg gezeugten Lamm „Bonnie"

Exkurs

Monoklonale Antikörper sind sehr spezifische Werkzeuge, die zum Beispiel ein ganz bestimmtes Protein aufspüren und sich daran binden können. Zu ihrer Herstellung wird einem Versuchstier, z.B. einer Maus, dieses Protein gespritzt. In dessen Milz finden sich neben anderen auch B-Lymphozyten *(s. S. 88 ff.)*, welche die gewünschten Antikörper produzieren. Durch Antigen-Antikörpertests wird der gewünschte Zelltyp selektiert. Man gewinnt erbgleiche („monoklonale") B-Zellen, die chemisch identische Antikörper herstellen.

Um die B-Zellen dazu zu bringen, sich im Labor ständig weiter zu teilen, verschmilzt man sie mit bestimmten Krebszellen (sog. Myelomzellen), wobei sog. **Hybridomzellen** entstehen, die sich unbegrenzt vermehren und die gewünschten Antikörper produzieren.

5.4 Ethische Aspekte der Gentechnik

Die Gentechnik steht im Widerstreit der öffentlichen Meinungen. Geklonte Tiere *(Abb. 1* und *2)*, Riesenmäuse und Menschen aus der Retorte sind Gründe genug, Front gegen Gentechnik schlechthin zu machen. Doch die neue Technologie eröffnet auch faszinierende Möglichkeiten. Bakterien stellen neuartige Medikamente her, zu einem fantastisch niedrigen Preis, in höchster Reinheit und in nie versiegender Quelle. Ein Zellgift, angehängt an einen monoklonalen Antikörper, der den Körper durchstreift und gezielt Krebszellen angreift und vernichtet – der Sieg über eine der größten Geißeln der Menschheit scheint in greifbare Nähe gerückt zu sein. Kulturpflanzen werden in ihrem Erbgut so verändert, dass sie optimal an die örtlichen Gegebenheiten angepasst sind und sich gegen ihre Konkurrenten durchsetzen können. Maispflanzen, die resistent gegenüber Herbiziden sind, Apfelbäume, die ihre Schädlinge selbst vergiften und den Einsatz von Insektiziden überflüssig machen, Weizenpflanzen, die ihre Düngemittel selbst herstellen – die Landwirtschaft hat sich und wird sich weiter verändern. Zellen, die durch einen genetischen Defekt ihre Aufgabe nicht richtig erfüllen, werden aus dem Körper entnommen, gentechnisch „repariert" und dann wieder an ihre Wirkungsstätte zurückgebracht – Gentherapie eröffnet völlig neue Wege zur Heilung von Krankheiten.

Die Gentechnologie weckt große **Hoffnungen und Erwartungen**, doch längst nicht alles kann bereits mit Erfolg eingesetzt werden. Wer hofft, dass das Allheilmittel gegen Krebs schon gefunden ist, wird bitter enttäuscht werden. Auch gelingt der gezielte Schlag gegen Pflanzenschädlinge bisher nur bei wenigen Pflanzen und Düngemittel müssen nach wie vor von Menschenhand zugeführt werden. Während im Bereich der Bakteriengentechnik der Schritt aus dem Labor in die industrielle Anwendung ohne größere Widerstände vollzogen wurde, ist die „grüne" Gentechnik mit ihren Freilandversuchen Stand intensiver Diskussionen. Denn der Weg aus dem Labor in die Praxis der Anwendung ist nicht ohne Risiko. Wie wird sich der genetisch veränderte Organismus in der Natur verhalten? Bleiben die neu eingesetzten Gene auf diese eine Kulturpflanze beschränkt oder werden sie sich verbreiten? Diese Fragestellungen müssen sehr genau überprüft und erforscht werden, am besten von Wissenschaftlern, die nicht den Erfolgsdruck eines Wirtschaftsbetriebes hinter sich spüren.

Der Wissenschaftszweig der humangenetischen Forschung entwickelt eine **Eigendynamik**, die sich nicht nur auf somatische Eingriffe beschränkt. Der technische Umgang mit Embryonen ist im Bereich der Tierzucht längst gängige Praxis; neun von zehn Rindern sind das Ergebnis einer künstlichen Befruchtung, wobei nichts dem Zufall überlassen werden soll. Ehepaaren, die auf natürlichem Wege keine Kinder bekommen können zu Nachwuchs zu verhelfen, ist für die Betroffenen eine segensreiche Errungenschaft der Fertilisationstechnik; ein Außenstehender vermag kaum zu beurteilen, wie sehr ein unerfüllter Kinderwunsch die Lebensqualität eines Menschen beeinträchtigt. Jedoch hat die Diskussion um Leihmütter bei uns und in den USA auch gezeigt, dass es Wünsche gibt, die über das ethisch Vertretbare hinausgehen. Wird ein Kind in Zukunft bestimmte Kriterien erfüllen müssen, bevor es sich entwickeln darf? Oder wird es eine Technik geben, die

Eigenschaften des Nachwuchses gleich in eine gewünschte Richtung zu lenken? Neugeborenen-screening zum frühzeitigen Erkennen von Krankheiten ist sinnvoll, wenn Chancen für eine Heilung bestehen. Pränatale Diagnostik macht es möglich, schwere Störungen bereits in einem sehr frühen Stadium zu erkennen. Eine Diagnose nützt aber nur dann, wenn daraus eine Therapie erfolgen kann.

Die Abwägung zwischen machbaren und verantwortbaren Eingriffen ist nicht einfach. Es müssen für eine Gesellschaft verbindliche **Rechtsnormen** geschaffen werden, die das Sinnvolle erlauben und die Würde und Grundrechte des Menschen beachten. Probleme ergeben sich vor allem am Beginn und am Ende des menschlichen Lebens, wie die langen und erbitterten Diskussionen um die Fragen des Schwangerschaftsabbruches, der Organspende und der Sterbehilfe gezeigt haben.

Die Fertilisationstechnik führt zwangsweise zu einem **Überschuss an Embryonen**. Was geschieht dann letztlich mit ihnen? Bleiben sie in flüssigem Stickstoff auf unbestimmte Zeit eingefroren, werden sie einfach „entsorgt" oder können sie zu Forschungszwecken verwendet werden? Bereits 1984 hat der Deutsche Bundestag beschlossen eine **Enquête-Kommission** zu den „Chancen und Risiken der Gentechnologie" einzusetzen. Der Kommission gehörten neun Abgeordnete und acht Sachverständige an. Die Kommission hat dem Bundestag empfohlen, Eingriffe in die Keimbahn des Menschen und alle Techniken und Therapieversuche hierzu strafrechtlich zu verbieten. Auch die verbrauchende Embryonenforschung ist in Deutschland durch das **Embryonenschutzgesetz** untersagt, in vielen anderen Ländern wird sie jedoch betrieben. Nach deutschem Recht dürfen Wissenschaftler mit embryonalen Stammzellen aus dem Ausland forschen, wenn sie vor dem 1. Mai 2007 gewonnen wurden (Beschluss des Deutschen Bundestag am 11. April 2008).

Wie steht es mit positiven Ergebnissen, die sich aus ethisch nicht akzeptablen Forschungen möglicherweise ergeben? Der Bioethiker Hans Martin Sass zog bei einem Interview 1990 in einer großen deutschen Tageszeitung einen Vergleich zwischen der Billigproduktion von Kleidungsstücken in Asien, die unter furchtbaren sozialen Bedingungen und unter Missachtung jeglicher ökologischer Folgen vor sich geht, und einer therapeutischen Methode, die irgendwo auf der Welt unter für uns inakzeptablen Bedingungen entwickelt wurde. Werden wir dann nicht ähnlich großzügig, wie wir heute Billigtextilien kaufen, aus rücksichtsloser Embryonenforschung hervorgegangene Methoden billigen? Können wir auf der anderen Seite deutschen Ärzten verbieten Patienten zu helfen, weil der Weg zum Ziel nicht verantwortbar war? „Wer heilt, hat Recht. Wer künftig eine schwere Erbkrankheit in der Keimbahn zu heilen vermag, wird Recht bekommen, denn er befreit den Betroffenen von einem schweren Leid" (Sass). Rechtfertigen wir aber nicht gerade damit die Methode, die wir heute als unannehmbar ablehnen? Die Keimbahntherapie – sollte sie eines Tages möglich sein – birgt beunruhigende Perspektiven. So schreibt der Philosoph Otfried Höffe (Professor an der Universität Freiburg, *Abb. 3*): „Eine Ethik neuer Technologie muss sich mit jener Doppelgesichtigkeit des wissenschaftlichen Fortschritts auseinandersetzen, dass lang gehegte Wunschträume der Menschheit erfüllt werden, um zugleich neue Alpträume zu schaffen."

Abb. 3 Der Philosoph Otfried Höffe

Abb. 4 Das Logo des Humangenomprojekts (Human Genome Project)

Das **Humangenomprojekt** *(Abb. 4)* hatte zum Ziel, das menschliche Erbgut zu entschlüsseln. Im Jahr 2003 wurde die Sequenzierung abgeschlossen; inzwischen sind mehr als 1500 Krankheiten auslösende Gene manifestiert. Mit diesem Wissen wird man mehr und mehr Medikamente gegen erbbedingte Krankheiten entwickeln können. Es wird darüber hinaus aber auch möglich sein, Dispositionen für Erbkrankheiten oder Krebs erkennen zu können, vielleicht auch Aussagen über die Lebenserwartung oder die allgemeine Anfälligkeit für alle möglichen Krankheiten zu treffen. Es stellt sich die Frage, wie dieses Wissen letztlich benutzt werden wird. Schon heute stellen viele Firmen ihre Mitarbeiter in gehobenen Positionen nur nach erfolgreich abgelegten Eignungstests ein, Intelligenz- und Persönlichkeitstests eingeschlossen. Wird die **genetische Durchleuchtung** gängige Praxis für das Erreichen einer Führungsposition? Wie wird es um die Berufschancen eines Menschen bestellt sein, wenn bekannt wird, dass er Träger eines Krebsgens ist? Wer heute eine Lebensversicherung abschließt oder die Krankenkasse wechselt, muss sich einer Gesundheitsprüfung unterziehen. Wie wird diese dann aussehen, wenn Gentests zur Routine geworden sind? Der Schutz der Persönlichkeit des Erbgutes wird eine tragende Aufgabe von Ethikkommissionen sein, um den genetischen „Big Brother" nicht Wirklichkeit werden zu lassen.

Am 8. Juni 2001 wurde auf Beschluss der Deutschen Bundesregierung der **Nationale Ethikrat** konstituiert. Er hat den Auftrag, sich mit ethischen Fragen in den sogenannten Lebenswissenschaften auseinander zu setzen und Empfehlungen zu entwickeln. Ihm gehören bis zu 25 Wissenschaftler aus den Bereichen Naturwissenschaften und Medizin, Theologie, Ökologie, Rechts- und Wirtschaftswissenschaften an.

Auf Empfehlung des Nationalen Ethikrats sollen Untersuchungen, die Krankheiten diagnostizieren können, lange bevor sie zum Ausbruch kommen (**prädiktive Untersuchungen**) nur bei medizinischer Indikation durchgeführt werden. Vor der Untersuchung solle eine ausführliche Beratung stattfinden und schließlich eine rechtswirksame schriftliche Zustimmungserklärung erfolgen. Ausdrücklich sei jedem Menschen das „Recht auf Nichtwissen" zuzuerkennen.

Gentechnologie ist kein Wissenschaftszweig, der fernab in einem Elfenbeinturm von Forschern betrieben wird. Von Anfang an stand die **gewerbliche Nutzanwendung** nie außer Frage, war und ist sie doch gerade der Motor, der die Forschung vorantreibt. Will ein Wissenschaftler oder eine Firma später auch einmal den Lohn der Arbeit ernten, muss die zeit- und kostenintensive Forschungsarbeit rechtlich geschützt werden. Dies geht weltweit nur über die **Patentierung**. Die Erfinder des Dieselmotors oder des Luftkissenfahrrades hatten es relativ leicht ihr geistiges Eigentum vor dem finanziellen Zugriff anderer schützen zu lassen; auch eine Firma, die ein neues Schmerzmittel im Labor synthetisiert, kann ohne größere Schwierigkeiten dieses Medikament patentrechtlich schützen lassen. Doch wie ist die Rechtslage, wenn das Schmerzmittel eine Substanz ist, die durch die Isolation eines menschlichen Gens und dessen Transfer in einen Produktionsorganismus hergestellt wurde? Genau dies war Gegenstand einer Entscheidung des Europäischen Patentamtes (EPA), als im Jahre 1991 australische Wissenschaftler das Relaxin-Gen zur Patentierung angemeldet hatten (Relaxin entspannt die Gebärmutter während der Geburt und kann vielleicht bei Geburten als regulierendes Medikament eingesetzt werden). Das EPA hat das Patent erteilt, die Frage jedoch grundsätzlich offen gelassen, ob sich Erbgut, das sich über Jahrmillionen im Evolutionsprozess entwickelt hat, nun in den geistigen Privatbesitz einiger Wissenschaftler überführen lässt. In seiner Begründung argumentierte das EPA, dass das Gen in seiner isolierten Form nicht mehr den Charakter einer natürlichen menschlichen Erbanlage habe, sondern nur noch eine normale chemische Verbindung sei. Als der Amerikaner JOHN MOORE erfuhr, dass eine aus seiner krebskranken Milz isolierte Zelllinie in den Reaktoren eines Pharmakonzerns eine Abwehrsubstanz produziert, sprach er von „Erniedrigung der Menschheit" durch das „Konzept vom Besitztum menschlichen Materials".

Es ist die grundsätzliche sittliche Frage zu beantworten, ob ein Lebewesen, das dem geistigen Wirken eines Genarchitekten sein Leben verdankt, zum Patent angemeldet werden kann *(Abb. 5)*. Ist nur das Verfahren oder das Tier oder die Pflanze selbst patentierbar? Können Lebewesen als „Erfindungen" patentiert werden? Eine heftige Diskussion entzündete sich, nachdem in den USA im Jahre 1988 ein Patent auf die sogenannte „Krebsmaus" erteilt wurde. Wissenschaftler der Harvard-Universität hatten menschliche Krebsgene in Mäuseembryonen übertragen; es entwickelten sich Tiere, die besonders anfällig gegenüber Krebs sind und in der Krebsforschung eingesetzt werden. Inzwischen hat auch das Europäische Patentamt ein Patent auf die Harvard-Krebsmaus erteilt, da die Genübertragung ein mikrobiologisches Verfahren darstellt: Nach europäischem Recht dürfen Tiere und Pflanzen dann patentiert werden, wenn sie auf mikrobiologischem Wege erzeugt wurden. Die Entscheidung des Europäischen Patentamtes ist allerdings umstritten und bedarf einer weiteren juristischen Klärung.

Ähnliche ethische und rechtliche Probleme ergeben sich bei der Erfindung gentechnischer Therapieverfahren, zum Beispiel einer Methode, die einen Arzt in die Lage versetzt, einen Patienten von einem schweren Leid zu heilen. Patentschutz eines Heilverfahrens würde gegebenenfalls einen Arzt daran hindern, dieses für seinen Patienten einzusetzen. So einfach wie der oberste amerikanische Gerichtshof, der U.S. Supreme Court, dürfen wir uns die Beantwortung aller dieser Fragen nicht machen, als er im Jahre 1980 entschied, dass „alles unter der Sonne" patentierbar sei. Vielmehr sind alle gesellschaftlichen Gruppen aufgerufen, Verantwortung für den richtigen Umgang mit der Gentechnologie mitzutragen.

Abb. 5 Kritik an der Patentierung von Lebewesen

Zusammenfassung

Als **genetischer Fingerabdruck** wird das DNA-Bild einer Person bezeichnet. Winzige Mengen DNA werden vervielfacht und mit Gelelektrophorese aufgetrennt. Es entsteht ein Bandenmuster, das ähnlich wie der normale Fingerabdruck, äußerst charakteristisch und einmalig ist.

Beim Menschen führt man die somatische **Gentherapie** durch. Körperzellen werden entnommen, dann wird ihnen in vitro das fremde Gen übertragen. Schließlich werden die veränderten Zellen kultiviert und nach Vermehrung wieder in den Körper zurückgeführt.

Bei Pflanzen arbeitet man in der Gentechnik mit dem Tumor auslösenden *Agrobacterium tumefaciens*. Dessen **Ti-Plasmid** enthält Gene, die den sogenannten T-DNA-Bereich in die Wirtspflanzen übertragen (natürlicher Gentransfer). Der tumorauslösende Bereich wird entfernt („gezähmtes Ti-Plasmid") und durch das gewünschte Gen ersetzt („modifiziertes Ti-Plasmid"). Der Gentransfer erfolgt in einem Kulturmedium, in dem sich Protoplasten (Zellen ohne Zellwand) der Zielpflanze befinden. Die veränderten Pflanzenzellen wachsen schließlich zu Zellhaufen (Kalli) heran. Durch Zugabe bestimmter Pflanzenhormone werden Spross- und Wurzelbildung ausgelöst.

Transgene Tiere entstehen durch Eingriffe in die Keimbahn. Mit einer Mikropipette injiziert man die fremde DNA in die Zygote. Bei erfolgreicher Übertragung befindet sich das eingeschleuste Gen in allen Körperzellen und wird weitervererbt.

Komplizierte Proteine oder Glycoproteine können Bakterien nicht herstellen. In diesen Fällen (Faktor VIII oder t-PA) benutzt man Bakterien – manchmal mit Phagen als Vektoren – zur Vervielfältigung des gewonnenen Gens; dann erfolgt dessen Einbau in **Eukaryotenzellen**, die in Gewebekulturen wachsen.

Auf einen Blick

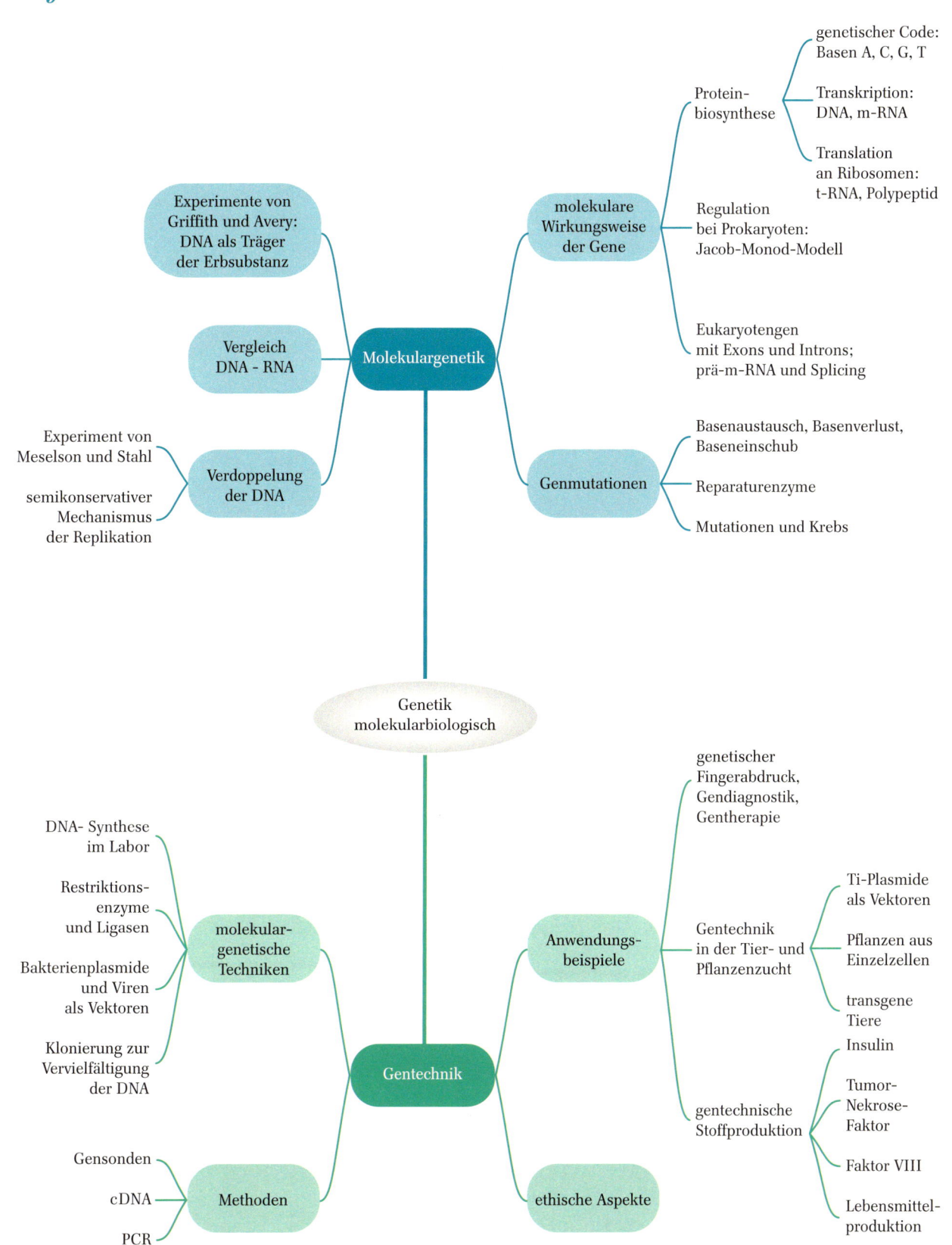

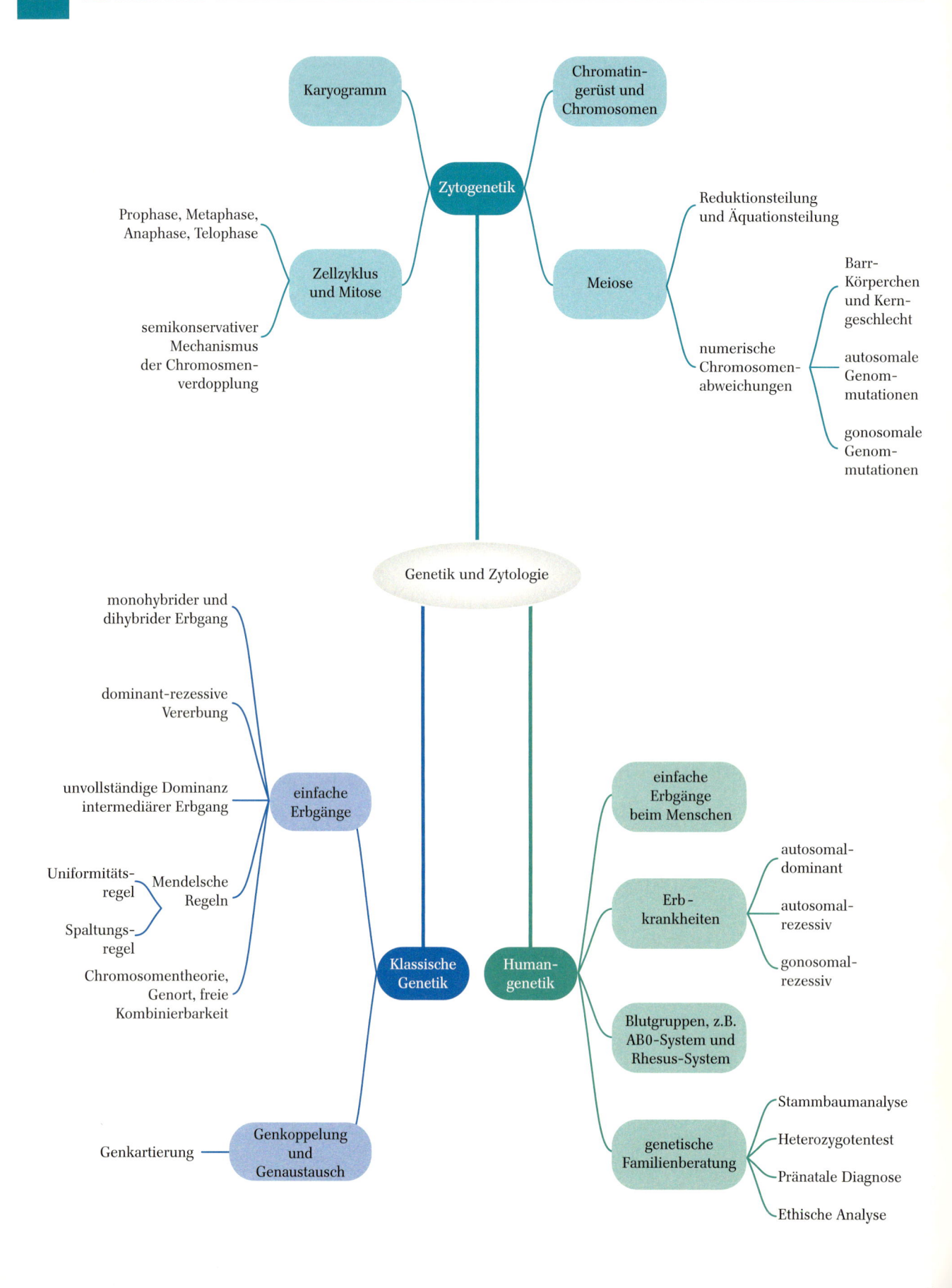

Karyogramm

Chromatin-
gerüst und
Chromosomen

Zytogenetik

Prophase, Metaphase,
Anaphase, Telophase

Zellzyklus
und Mitose

Meiose

Reduktionsteilung
und Äquationsteilung

semikonservativer
Mechanismus
der Chromosmen-
verdopplung

numerische
Chromosomen-
abweichungen

Barr-
Körperchen
und Kern-
geschlecht

autosomale
Genom-
mutationen

gonosomale
Genom-
mutationen

Genetik und Zytologie

monohybrider und
dihybrider Erbgang

dominant-rezessive
Vererbung

unvollständige Dominanz
intermediärer Erbgang

einfache
Erbgänge

einfache
Erbgänge
beim Menschen

Uniformitäts-
regel

Mendelsche
Regeln

Spaltungs-
regel

Chromosomentheorie,
Genort, freie
Kombinierbarkeit

Klassische
Genetik

Human-
genetik

Erb-
krankheiten

autosomal-
dominant

autosomal-
rezessiv

gonosomal-
rezessiv

Blutgruppen, z.B.
AB0-System und
Rhesus-System

genetische
Familienberatung

Stammbaumanalyse

Heterozygotentest

Pränatale Diagnose

Ethische Analyse

Genkartierung

Genkoppelung
und
Genaustausch

Neuronale Informationsverarbeitung

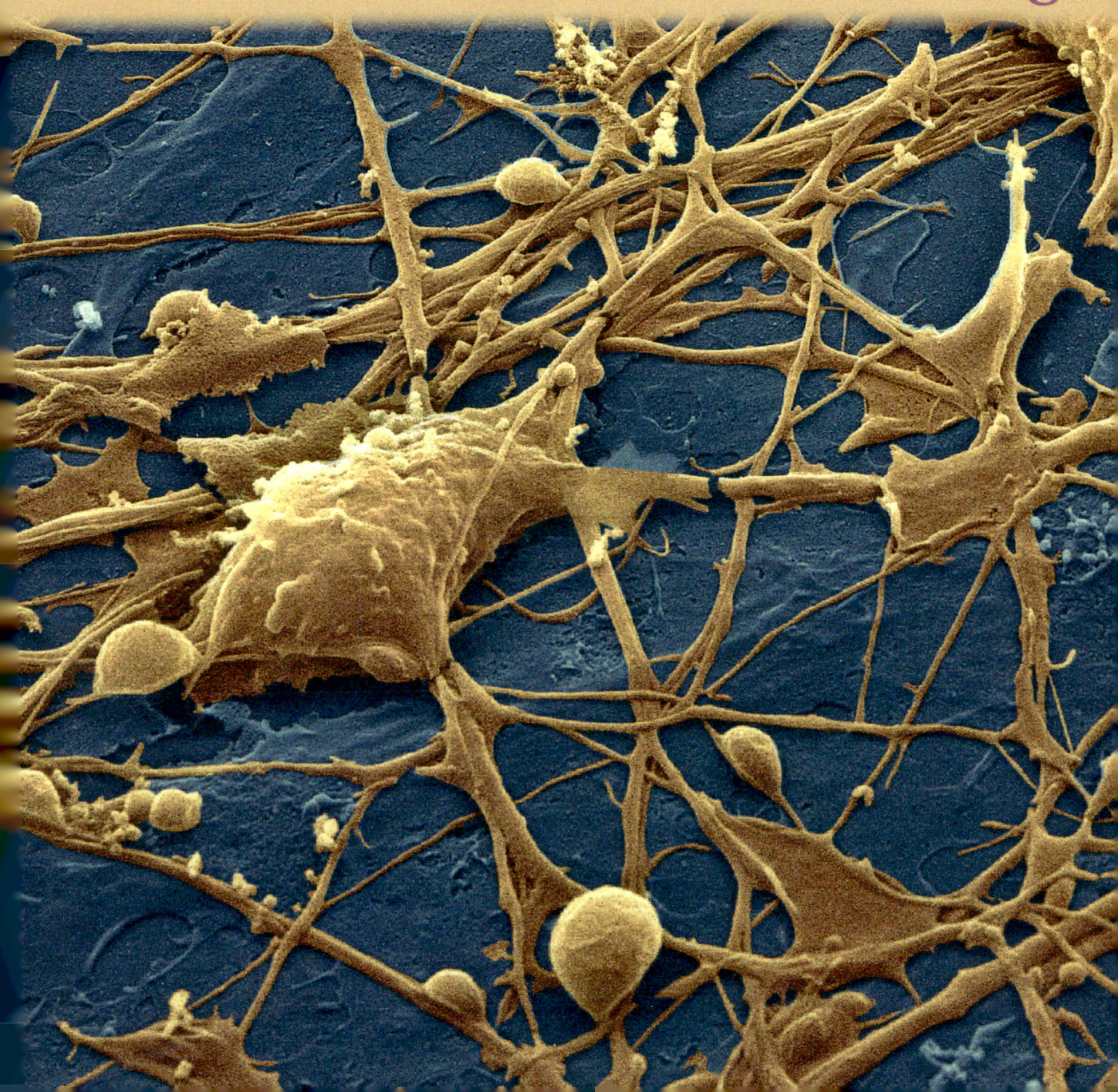

Neuronale Informationsverarbeitung

Vor allen anderen Lebewesen zeichnet sich der Mensch durch eine Eigenschaft aus: Er kann schneller und effektiver lernen. Unser **Gehirn** (*Abb. 1* und *S. 209 ff.*) ist auf Lernen etwa so optimiert wie der Vogelflügel auf das Fliegen. Das Gehirn lernt immer, lebenslang. Es kann gar nicht anders, als ständig neue Informationen aufzunehmen, zu verarbeiten, zu bewerten, abzuspeichern und wieder abzurufen. Wer lernt, ändert sich – das wissen wir aus Erfahrung. Lernen muss also mit ständigen Änderungen im Gehirn verbunden sein. Tatsächlich zeigt die neurobiologische Forschung, dass im Gehirn ständig höchste Dynamik herrscht. Unser Gehirn wiegt mit ca. 1,4 kg zwar nur etwa 2 % unserer Körpermasse, verbraucht aber laufend mehr als 20 % der gesamten ATP-Menge *(S. 29)*, die im Körper produziert wird, und dazu rund 50 % der im Blut gelösten Glucose. Nur etwa 3 Minuten kann seine Sauerstoffversorgung unterbrochen sein, ohne dass bleibende Schäden zu erwarten sind. Wozu dieser enorme Energieaufwand nötig ist, werden wir im Folgenden erfahren.

Gehirne bestehen aus Nervenzellen, den **Neuronen** (gr. neuron – Nerv). Schon ein einzelnes Neuron kann bei Prozessen im Gehirn eine Schlüsselrolle spielen, gleichzeitig fungiert es immer als Teil eines Netzwerks *(S. 191)*. Wir wollen nun den Bau des Neurons und grundlegende neurophysiologische Prozesse kennen lernen, um dann elementare Mechanismen von Informationsverarbeitung und -Speicherung zu verstehen. Wir betrachten jeweils die zelluläre wie die molekulare Ebene und am Schluss unser lebenslang lernendes Gehirn.

A1 Sofortige Herzdruckmassage und Atemspende sind die wichtigsten Erste-Hilfe-Maßnahmen bei Auffinden einer leblosen Person. Erläutern Sie, weshalb diese Maßnahmen ohne Verzug einsetzen müssen und gehen Sie dabei auch auf den Zusammenhang zwischen Glucose- und Sauerstoffbedarf einer Nervenzelle und der ATP-Erzeugung ein!

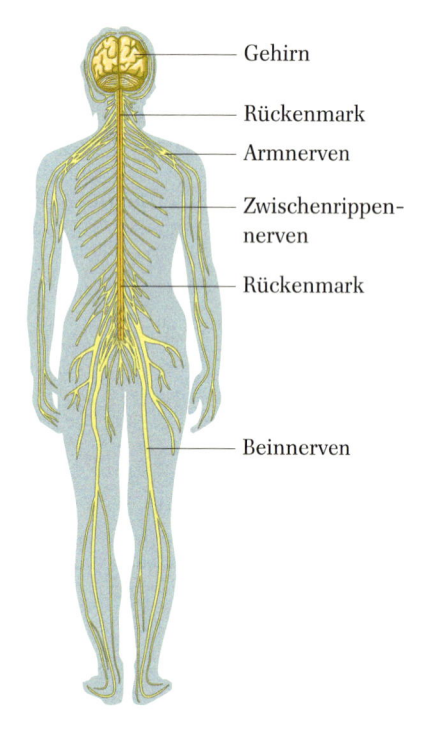

Gehirn

Rückenmark

Armnerven

Zwischenrippen-
nerven

Rückenmark

Beinnerven

Abb. 1 Gliederung des Nervensystems – Vom Zentralnervensystem, bestehend aus Gehirn und Rückenmark zweigen die peripheren Nerven ab

Exkurs

Allein in unserem Großhirn (*Abb. 1* und *2, S. 209*) finden sich etwa 20 Milliarden ($20\,000\,000\,000 = 2 \times 10^{10}$) Nervenzellen, hinzu kommen rund 100 Milliarden im Kleinhirn. Kleinhirn-Neuronen sind im Mittel etwas kleiner als die des Großhirns; im kleineren Kleinhirn sind also deutlich mehr Neuronen vorhanden. Die Zahl der Nervenzellen im Hirnstamm geht hingegen „nur" in die Millionen. Betrachten wir im Folgenden die ca. 2×10^{10} Neuronen des Großhirns: Jedes Neuron steht dort mit durchschnittlich $10\,000 = 10^4$ weiteren Neuronen in Verbindung – manche Forscher geben bis zu $150\,000 = 1,5 \times 10^5$ Verbindungen pro Neuron an. Die Gesamtzahl der internen Verbindungen lässt sich also mit 2×10^{14} bis 10^{15} abschätzen. Sie übertrifft die Zahl der eingehenden und ausgehenden Fasern (*Abb. 1, S. 198*) um mindestens das 20-Millionen-Fache. Unser **Gehirn** ist also vor allem **mit sich selbst beschäftigt!**

Auf jedes Neuron kommen zusätzlich etwa 10 **Begleitzellen**, z. B. Gliazellen (gr. glia – Leim, Kitt; *S. 176*). Gliazellen haben vermutlich Einfluss auf die Signalübertragung zwischen Neuronen *(S. 175)*, damit auf Lernen und Gedächtnis *(S. 209)* und außerdem auf die Reparatur von Nervenschäden. Sie sind Gegenstand intensiver Forschung.

1 Bau und Funktion der Nervenzelle

Unspezialisierte tierische Zellen besitzen mehr oder weniger kugelförmige Gestalt und damit eine kleine Oberfläche bei großem inneren Volumen *(S. 14)*. Eine Nervenzelle weicht davon erheblich ab *(Abb. 1 bis 3)*.

1.1 Bau eines Neurons

Vom **Soma** (gr. soma – Körper) des Neurons führen eine Vielzahl reich verzweigter Fortsätze, sogenannte **Dendriten** (gr. dendron – Baum), ab. Sie vergrößern die Zelloberfläche und dienen der Informationsaufnahme von vorgeschalteten Neuronen oder Sinneszellen.

Das **Axon** (gr. axon – Achse; **Nervenfaser**), ein besonders langer Ausläufer, führt vom Zellkörper weg und übermittelt am Axonursprung (**Axonhügel**) generierte Impulse an nachgeschaltete Zellen. Axone sind sehr dünn und nur unter dem Mikroskop sichtbar, doch können sie beim Menschen bis zu 1 m Länge erreichen, beim Wal mehrere Meter. An seinem Ende verzweigt sich das Axon. Kleine Anschwellungen, die **Endknöpfchen**, münden auf die Membran des Soma *(Abb. 2)* oder der Dendriten nachgeschalteter Zellen wie anderer Neuronen, Muskel- oder Drüsenzellen. Kleine Auswüchse der Dendritenmembran (sogenannte Dornen) dienen der Kontaktaufnahme mit einem Endknöpfchen *(S. 204, Abb. 7)*. Kontaktstellen zwischen Zellen des Nervensystems heißen **Synapsen** (gr. syn – zusammen, haptein – anknüpfen; *S. 191 ff.)*; hier wird Information übertragen.

A2 Erklären Sie, dass ein Neuron eine spezialisierte Tierzelle ist!

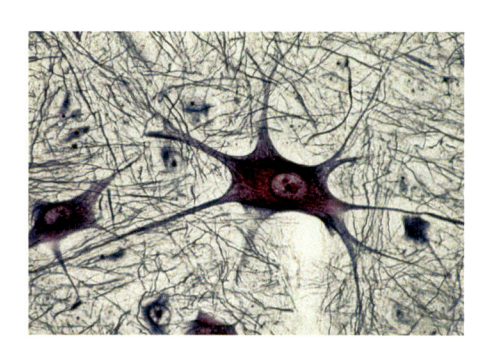

Abb. 1 Nervenzellen im Kleinhirn mit Zellkern, Axon (links unten) und Dendriten

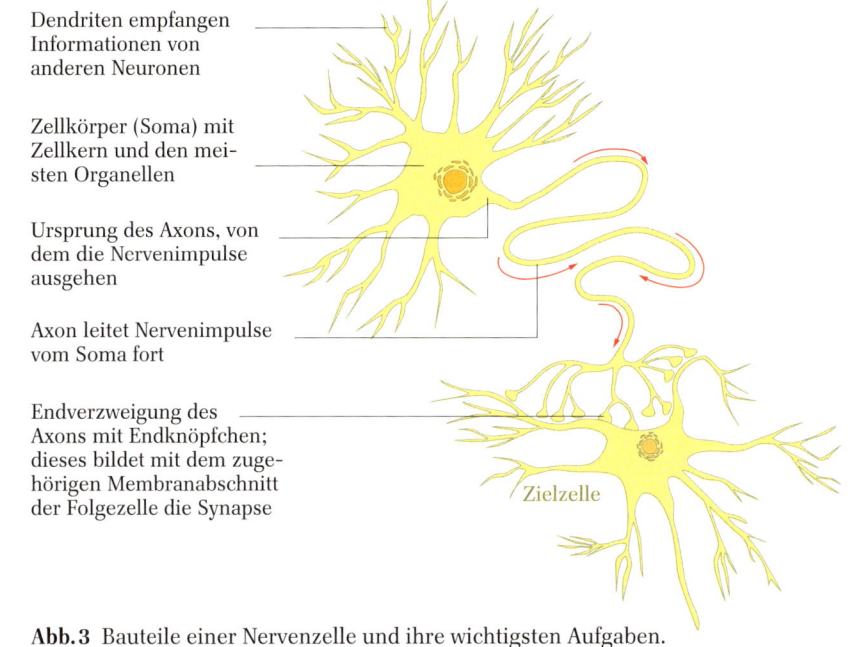

Dendriten empfangen Informationen von anderen Neuronen

Zellkörper (Soma) mit Zellkern und den meisten Organellen

Ursprung des Axons, von dem die Nervenimpulse ausgehen

Axon leitet Nervenimpulse vom Soma fort

Endverzweigung des Axons mit Endknöpfchen; dieses bildet mit dem zugehörigen Membranabschnitt der Folgezelle die Synapse

Zielzelle

Abb. 3 Bauteile einer Nervenzelle und ihre wichtigsten Aufgaben.

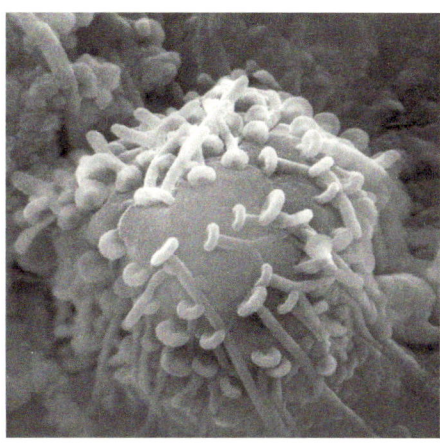

Abb. 2 Soma eines Neurons, dicht mit Endknöpfchen besetzt (rasterelektronenmikroskopische Aufnahme)

A3 Nennen Sie die Großgruppen der Wirbeltiere und Beispiele für Wirbellose.

Nur bei Wirbeltieren sind viele Axone mit einer lipidreichen Hülle, der **Myelinscheide** (gr. myelon – Mark), umwickelt *(Abb. 4* und *5)*, die von **Gliazellen** (z. B. **Schwannschen Zellen**) stammt und der isolierenden Kunststoffhülle eines Elektrokabels gleichkommt. Das Zellplasma ist in der Hülle auf ein Minimum reduziert. Alle 1–2 mm unterbricht ein **Schnürring** die Myelinhülle; nur dort hat das Axon Kontakt zur Gewebeflüssigkeit. Im Gegensatz zu nicht-myelinisierten Nervenfasern leiten solche mit **Myelinscheide** Signale ca. 50mal schneller *(S. 187 ff.)*. Bei Wirbellosen kommen **myelinisierte Nervenfasern** nicht vor.

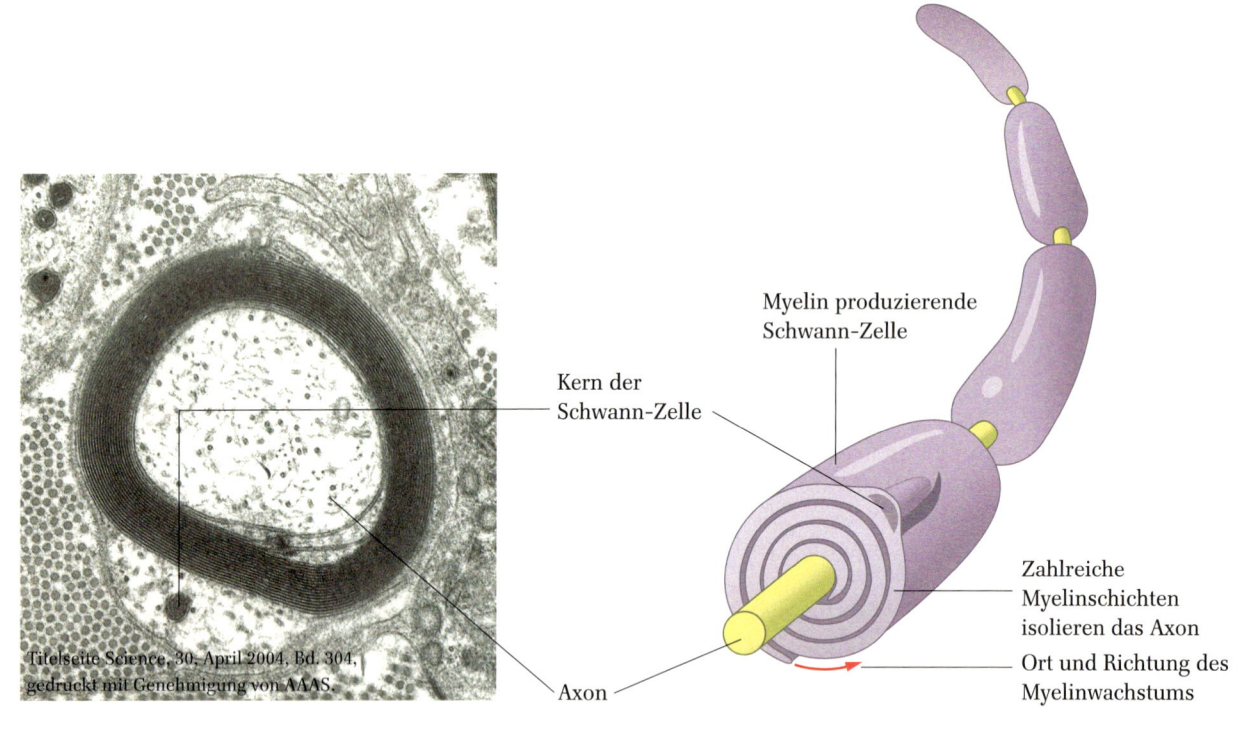

Myelin produzierende Schwann-Zelle

Kern der Schwann-Zelle

Zahlreiche Myelinschichten isolieren das Axon

Ort und Richtung des Myelinwachstums

Titelseite Science, 30. April 2004, Bd. 304, gedruckt mit Genehmigung von AAAS.

Axon

Abb. 4 Myelinisierte Axone im Gehirn eines Wirbeltiers

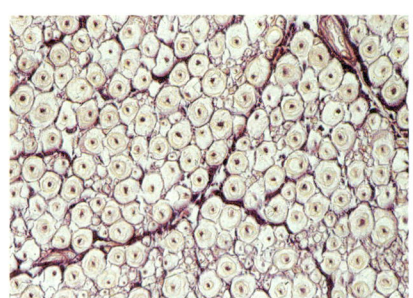

Abb. 5 Axone (punktförmig, dunkel) umgeben von weißlichen Myelinhüllen (Querschnitt Nerv, Lichtmikroskop)

A4 Erläutern Sie, welche Aufgaben Ionen in einer Zelle haben.

Im Gegensatz zu Wassermolekülen können Ionen die lipidhaltige Zellmembran im Allgemeinen nicht durchdringen. Für die Funktion des Neurons sind kontrollierte Ionenbewegungen durch die Membran aber unabdingbar. Deshalb weist jedes Neuron auf molekularer Ebene noch zwei spezifische Bauteile auf, die für seine Funktion unerlässlich sind: Ionenkanäle und Ionenpumpen.

Ionenpumpen bestehen aus großen, die Membran durchziehenden Proteinen. Sie bewegen Ionen entgegen dem Konzentrationsgefälle durch die Membran. So halten Natrium-Kalium-Pumpen *(Abb. 6)* die Konzentration der K^+-Ionen in der Nervenzelle höher und die der Na^+-Ionen niedriger als im Außenmilieu. Ionenpumpen arbeiten kontinuierlich, solange Energie in Form von ATP zur Verfügung steht. Die erzeugte ungleiche Ionenverteilung ist eine Voraussetzung für die elektrochemischen Vorgänge an der Nervenzelle und die Entstehung und Fortleitung der Nervenimpulse *(S. 180 ff.)*.

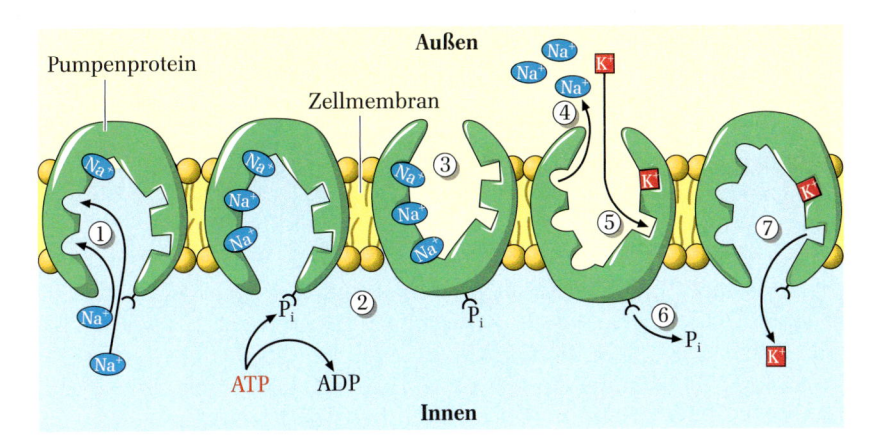

Abb. 6 Funktion der Natrium-Kalium-Pumpe

Funktion der Natrium-Kalium-Pumpe

Die Pumpe *(Abb. 6)* besitzt an der Zellinnenseite drei spezifische Bindungsstellen für Na^+-Ionen (1) und eine für ATP. Sind die Na^+-Plätze besetzt, führt die Übertragung einer Phosphatgruppe von ATP zu sofortiger Strukturveränderung des Pumpen-Proteins (2, 3): Die Na^+-Ionen gelangen nach außen (4), zudem öffnen sich zwei spezifische Bindungsstellen für K^+-Ionen (5). Sind diese Stellen besetzt, klappt die Pumpe unter Herstellung der ursprünglichen Struktur und Abspaltung der Phosphatgruppe zurück (6) und gibt die K^+-Ionen ins Zellinnere frei (7). Der nächste Umlauf kann starten.

Ionenkanäle *(Abb. 8)* bestehen auch aus großen Protein-Molekülen, die quer durch die Zellmembran ziehen. Durch ihre wassergefüllten Poren können bestimmte Ionen entsprechend dem Konzentrationsgefälle passieren. Es gibt spezifische Kanalproteine, z. B. für Natrium-, Kalium-, Calcium- und Chlorid-Ionen. Viele Ionenkanäle enthalten eine Sperre, die sich öffnen oder schließen kann. Man unterscheidet spannungsgesteuerte Ionenkanäle, deren Sperre sich bei einer bestimmten Spannung an der Membran *(S. 178 f.)* öffnet bzw. schließt, und rezeptorgesteuerte Ionenkanäle (lat. recipere – aufnehmen, empfangen), die mit Öffnen bzw. Schließen auf Andocken oder Ablösen einer chemischen Substanz *(S. 192)* reagieren. Bau und Funktion solcher Ionenkanäle sind Gegenstand intensiver Forschung *(S. 178)*.

Exkurs

Die bei Herzmuskelschwäche verabreichten Digitalis-Glykoside des Roten Fingerhuts *(Abb. 7)* blockieren reversibel die Natrium-Kalium-Pumpe. Eindringende Na^+-Ionen reichern sich daher in der Zelle an und bewirken über einen weiteren Mechanismus, dass der Calciumspiegel in den Herzmuskelzellen steigt. Ca^{2+}-Ionen aktivieren die Muskelkontraktion.

Abb. 7 *Digitalis purpurea*, der Rote Fingerhut, enthält Digitalis-Glykoside als wichtige Herzmittel

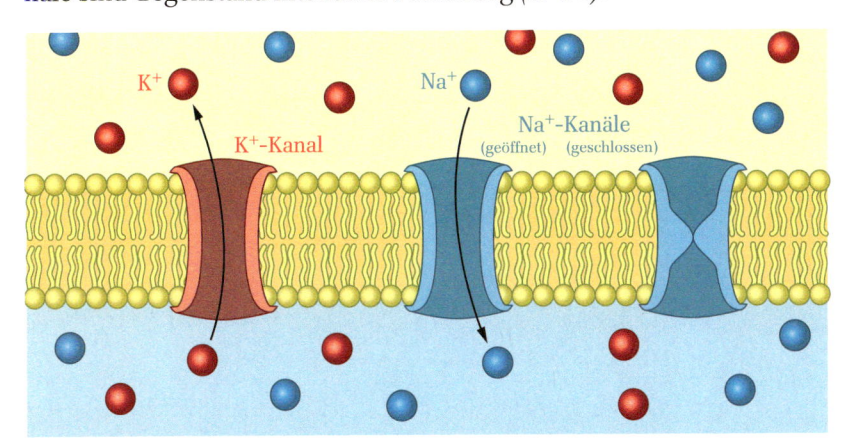

Abb. 8 Membranabschnitt mit Na^+- und K^+-Kanälen. Jede Ionenart diffundiert höchst selektiv entsprechend dem jeweiligen Konzentrationsgefälle durch die Membran, wenn die Sperre die Pore im Kanalprotein frei gibt.

Exkurs

Funktion eines spannungsgesteuerten Kalium-Kanals

Spannungsgesteuerte Ionenkanäle bestehen in der Regel aus mehreren Protein-Untereinheiten, die einen zentralen Porenkanal umgeben. Unpolare Aminosäurereste der Polypeptidketten garantieren die stabile Verankerung von Proteinen in der Doppellipidschicht der Membran, während polare bzw. geladene Aminosäurereste auf der Innen- und der Außenseite der Membran in das wässerige Milieu hineinragen *(S. 18)*. Bei Kanalproteinen müssen zwei spezifische Bauteile hinzu kommen: eine Sperre, die auf Änderungen im Ionenmilieu der Kanalumgebung – messbar als Spannungsänderung über die Membran *(S. 181)* – mit Öffnen bzw. Schließen des Kanals reagiert, und eine speziell gebaute Kanalpore, die bei Kanalöffnung höchste Selektivität für eine Ionensorte garantiert.

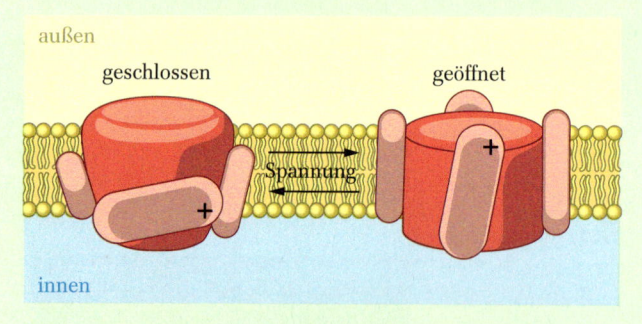

Abb. 9 Funktionsmodell des Kalium-Kanals – Erläuterung im Text

Gestützt auf Röntgenstrukturanalysen kennt man mittlerweile den Bau des Kanalproteins eines Kaliumkanals in atomarer Auflösung. Beim Anlegen einer Spannung (außen Überschuss an negativer Ladung, innen an positiver) schwenken die beweglichen Bauteile infolge ihrer positiven Ladungen nach außen *(Abb. 9)* und geben die zentrale Pore frei.

Pro offenem Kanal passieren 10 000 K^+-Ionen pro Millisekunde die Membran, aber gleichzeitig nur 100 Na^+-Ionen. Abbildung 10 zeigt, wie diese Selektivität garantiert wird: K^+-Ionen sind im hydratisierten Zustand *(S. 182)* wesentlich kleiner als die von großer Hydrathülle umgebenen Na^+-Ionen. Zugleich werden Wassermoleküle in der Hydrathülle bei K^+-Ionen – anders als bei Na^+-Ionen – nur relativ locker gebunden. Soll ein K^+-Ion die Pore passieren, streift es am Beginn des Kanals seine Hydrathülle ab. Dieser Vorgang ist energetisch begünstigt, weil die den Kanal bildenden Polypeptidketten zur Kanalseite hin (in genau zum Durchmesser des K^+-Ions passender Entfernung) Carbonyl-Gruppen mit Sauerstoffatomen aufweisen, die beim Passieren des Kanals die Sauerstoffatome der abgestreiften Hydrathülle ersetzen. Auf der Membranaußenseite umgibt sich das K^+-Ion nach Passage sofort wieder mit Hydrat-Wassermolekülen. Na^+-Ionen hingegen können diese Öffnung kaum passieren: Das Abstreifen der fest gebundenen Hydratwasserhülle ist energetisch aufwändiger; außerdem wäre das Na^+-Ion ohne Hydrathülle viel zu klein, sodass die Sauerstoffatome der Polypeptidketten die Passage des Na^+-Ions nicht begünstigen.

Von den spannungsgesteuerten, wie auch von den rezeptorgesteuerten Kaliumkanälen gibt es eine Reihe von Untertypen.

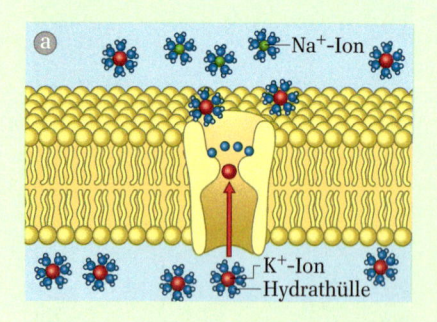
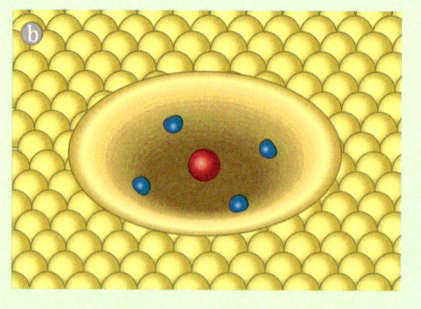
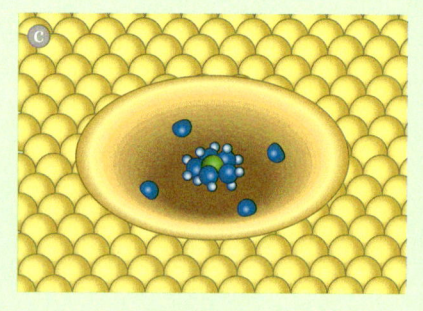

Abb. 10 K^+-Ion beim Passieren des offenen Kaliumkanals – Modellvorstellung. (a) Abstreifen der Hydrathülle (Porus ist nur wenig größer als Ion). (b) und (c): Sauerstoffatome an der Porenwand begünstigen die Passage von K^+-Ionen, nicht die der ohne Hydrathülle viel kleineren Na^+-Ionen

1.2 Neurophysiologische Messtechnik

1786 berührte der italienische Arzt Luigi Galvani Nerven am Froschschenkel mit einer Pinzette, die zu einer Hälfte aus Eisen, zur anderen aus Kupfer bestand. Dieses Galvanische Element lässt Muskeln zucken. Galvani wurde Vorreiter der **Neurobiologie**. Entscheidende Fortschritte machte dieses Teilgebiet der Biologie allerdings erst nach dem zweiten Weltkrieg, als leistungsfähigere Messverstärker und das **Oszilloskop** zur Visualisierung verfügbar waren. Weitere Fortschritte erbrachten Mikroelektronik und Computer-Einsatz *(Abb. 1)*. An Ionenkanälen *(S. 177)* misst man Spannungen im Nanovolt- (10^{-10} V) und Stromstärken im Picoampere-Bereich (10^{-12} A).

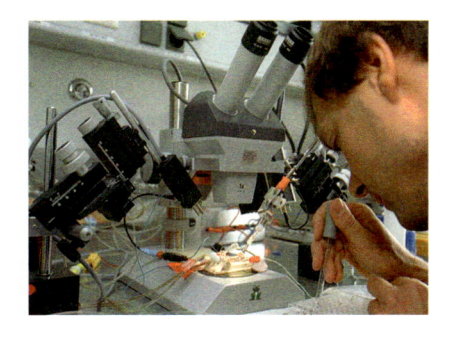

Abb. 1 Arbeiten am neurobiologischen Messstand erfordern Fingerspitzengefühl

Exkurs

Bau und Funktion des Oszilloskops

Oszilloskope *(Abb. 2* und *3)* zeigen die elektrische Spannung in Abhängigkeit von der Zeit. Sie enthalten empfindliche Messverstärker, die einen Elektronenstrahl in einer evakuierten Bildröhre bewegen. Die Elektronen prallen auf den Bildschirm, dabei wird ihre kinetische Energie in Licht umgewandelt; es entsteht ein leuchtender Punkt. Der Elektronenstrahl entspricht damit dem Messzeiger eines Voltmeters – allerdings bewegt er sich nahezu trägheitslos. Gerade die schnellen Spannungsänderungen an Nervenzellen können so mit sehr hoher Auflösung dargestellt werden. In der Regel wird der Elektronenstrahl am Bildschirm von links nach rechts durch einen Zeitgeber bewegt. Die Ablenkung nach oben und unten zeigt Stärke und Polarität der Spannung. Durch Aufzeichnung am Computer können Messergebnisse über längere Zeit registriert und dann im Detail ausgewertet werden.

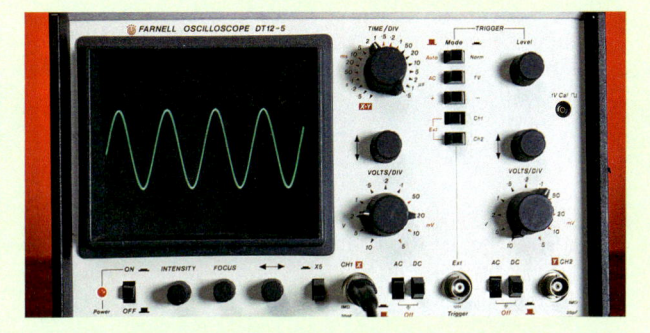

Abb. 3 Bildschirmanzeige eines Oszilloskops mit sinusförmiger Spannungsschwankung am Messeingang. Der Elektronenstrahl zeichnet das Spannungs-Zeit-Diagramm. Das Koordinatensystem ist zusätzlich eingetragen.

Diffusionspotenziale als Modelle elektrochemischer Vorgänge am Neuron

Kombiniert man nach *Abb. 4 (S. 180)* zwei Halbzellen mit unterschiedlicher Elektrolyt-Konzentration zu einem Galvanischen Element, kann man eine Spannung, ein **Diffusionspotenzial**, messen – allerdings nur für kurze Zeit.

Die kleinen K^+-Ionen diffundieren nämlich wesentlich schneller als die großen Cl^--Ionen durch die semipermeable Membran. Dabei trennen sie sich von ihren negativ geladenen Gegenionen, die zurück bleiben. Das Messgerät registriert diese Ladungstrennung. Aufgrund der Anziehung ungleichnamiger Ladungen setzt aber schnell eine Rückdiffusion ein. Über das Messgerät ist daher nur kurzzeitig eine geringfügige Ladungstrennung zu beobachten. Danach sind die Ionenkonzentrationen in beiden Schenkeln gleich groß.

Auch bei Nervenzellen spielen Diffusionspotenziale eine wichtige Rolle *(S. 180)*. Im Gegensatz zum geschilderten Experiment wird das Potenzial an der Nervenzelle durch zusätzliche Mechanismen ständig aufrecht erhalten.

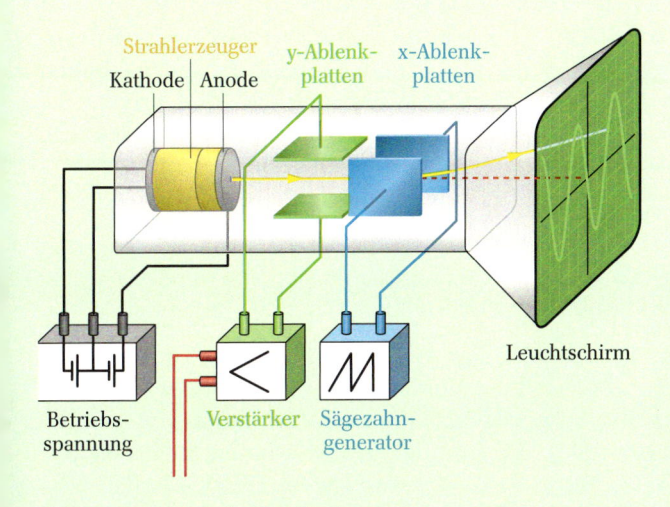

Strahlerzeuger
Kathode | Anode
y-Ablenkplatten
x-Ablenkplatten
Leuchtschirm
Betriebsspannung
Verstärker
Sägezahngenerator

Abb. 2 Bauprinzip des Oszilloskops

Praktikum

Experimentelle Darstellung von Diffusionspotenzialen

Durchführung: Beide Schenkel des U-Rohrs werden mit demineralisiertem Wasser gefüllt und die Elektroden mit angeschlossenem Messgerät eingetaucht *(Abb. 4)*. Falls das Messgerät bereits jetzt einen Ausschlag zeigt, wird mithilfe der Nullpunktkorrektur nachgeregelt oder dieser Ausschlag als Ausgangswert notiert. Dann gibt man in einen (!) Schenkel des U-Rohrs einen Spatel Kaliumchlorid.

Auswertung: Skizzieren Sie ein Spannungs-Zeit-Diagramm der Beobachtungen und erklären sie diese!

Material:
Glas-U-Rohr mit semipermeabler Membran, Platinelektroden, hochohmiges Voltmeter (> 1 MΩ), Kaliumchlorid, demineralisiertes Wasser

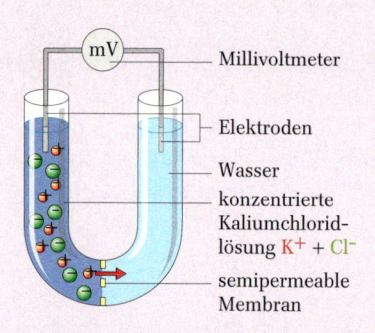

Abb. 4 Versuchsaufbau zur Messung eines Diffusionspotenzials

— Millivoltmeter
— Elektroden
— Wasser
— konzentrierte Kaliumchlorid-lösung K^+ + Cl^-
— semipermeable Membran

Ionen-sorte	Konzentration [mmol/l]	
	außerhalb	in der Zelle
K^+	5	150
Na^+	150	15
Cl^-	120	10
Protein-Anionen	0	100

Tab. 1 Ionen-Verteilung an der Membran eines Säuger-Neurons

1.3 Das Ruhepotenzial

Ionen im und am Neuron

Messungen der Ionenkonzentration ergeben eine **Ungleichverteilung** der wichtigsten Ionensorten *(Tab. 1)*: K^+-Ionen sind im Inneren eines Neurons angereichert, Na^+- und Cl^--Ionen im Außenmedium. Die großen Protein-Anionen sind praktisch nur in der Zelle zu finden. Diese ungleiche Verteilung ist eine Voraussetzung für das **Ruhepotenzial**.

Ionen sind geladen und ziehen daher die polaren Wassermoleküle an. Um jeden Ladungsträger bildet sich auf diese Weise eine **Hydrathülle** (gr. hydor – Wasser), die die Beweglichkeit eines so hydratisierten Ions erheblich beeinflusst. K^+-Ionen sind unter Berücksichtigung der Hydrathülle sehr klein, etwas größer sind Na^+- und Cl^--Ionen; sehr groß sind negativ geladene Proteine. Da die Membranen der Nervenzellen viele Ionenkanäle *(S. 182)* für K^+- und Cl^--Ionen, relativ wenige dagegen für Na^+-Ionen und keine für Protein-Anionen besitzen, können K^+- und Cl^--Ionen in nennenswerten Mengen durch die Zellmembran diffundieren. Na^+-Ionen diffundieren im Ruhezustand der Nervenzelle kaum, Proteine schon aufgrund ihrer Größe überhaupt nicht.

Experimentalbefunde zum Ruhepotenzial

Bei Tintenfischen findet man besonders dicke Nervenfasern (bis zu 0,5 mm im Durchmesser), die leicht frei zu präparieren sind. Sie waren daher die ersten Untersuchungsobjekte in neurobiologischen Experimenten.

Abbildung 1 zeigt modellhaft einen Versuchsaufbau zur Ermittlung der Spannungsverhältnisse an der Membran einer Nervenzelle. Als Elektroden werden feinst ausgezogene, mit leitender Flüssigkeit gefüllte Glaskapillaren verwendet, die mithilfe von Mikromanipulatoren unter mikroskopischer Kontrolle an die Nervenzelle herangebracht bzw. eingestochen werden. Um Störeinwirkungen zu minimieren, schaltet man nahe an den Elektroden einen empfindlichen Verstärker, von dem die Leitung zum Oszilloskop führt.

In *Abb. 2* ist das Messergebnis an einer nicht gereizten Nervenzelle dargestellt. Solange sich die Glaskapillarelektrode außerhalb der Nervenzelle befindet, wird keine Spannung gemessen (*Abb. 2*, grün), da beide Elektroden durch das elektrisch leitende Außenmedium verbunden sind. Im Moment des Einstichs lässt sich ein Spannungssprung feststellen. Solange die Elektrode im Inneren der lebenden Nervenzelle bleibt (*Abb. 2*, rot), misst man eine Gleichspannung von ca. −70 mV. Das negative Vorzeichen zeigt, dass der Minuspol im Inneren des Axons liegt, der Pluspol außen. Dieses **Membranpotenzial** an der Membran des nicht erregten Neurons wird als **Ruhepotenzial** bezeichnet und ist an der gesamten Zellmembran, an Dendriten, Soma,

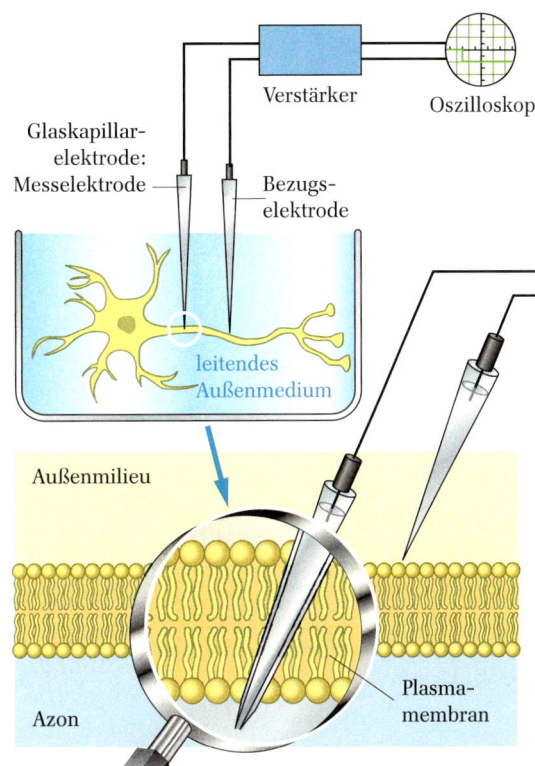

Abb. 1 Versuchsanordnung zur Messung des Ruhepotenzials

Axon und den Endverzweigungen messbar *(Abb. 1)*. Nervenzellen zeigen also bei vollständiger Ruhe eine Potenzialdifferenz zwischen dem durch die Zellmembran abgetrennten Innenraum und der Umgebung. Ein Sinken dieser Spannung auf Null zeigt das Absterben der Nervenzelle an.

Ionentheorie des Ruhepotenzials

Gehen wir zur Erklärung obiger Befunde zunächst davon aus, eine Zelle besäße nur **Kaliumkanäle**; ihre Membran wäre also nur für K^+-Ionen durchlässig und daher selektiv permeabel. Der durch die Natrium-Kalium-Pumpe bewirkte Konzentrationsunterschied zwischen Zellinnerem und -äußerem führt dazu, dass K^+-Ionen durch Kaliumkanäle nach außen diffundieren *(Abb. 3, S. 182)*. Dem Zellinneren geht so positive Ladung „verloren"; durch die zurückbleibenden Proteinanionen kommt es zur **Ladungstrennung**: Das Zellinnere wird durch die verbleibenden Anionen negativer und das Zelläußere durch die diffundierten K^+-Ionen positiver. Diese Situation führt zu einer Erhöhung der Anziehungskraft zwischen den Ladungsträgern und zu einem Nachlassen des K^+-Ausstroms. Verursacht durch elektrostatische Anziehung *(Abb. 3, S. 182)* wandern K^+-Ionen sogar in die Zelle zurück. Schließlich wird ein Gleichgewichtszustand erreicht: Aus- und Einstrom von K^+-Ionen pro Zeiteinheit sind gleich groß und im Zellinneren kann geringer Überschuss an negativer Ladung festgestellt werden. Über die Membran gemessen bedeutet dies eine Spannungsdifferenz von ca. 60 mV, die bereits etwa dem Betrag des Ruhepotenzials entspricht. Das Membranpotenzial wird also von zwei entgegengesetzt wirkenden Vorgängen aufgebaut: der Diffusion aufgrund des Konzentrationsgefälles und der elektrischen Anziehung zwischen positiv und negativ gelade-

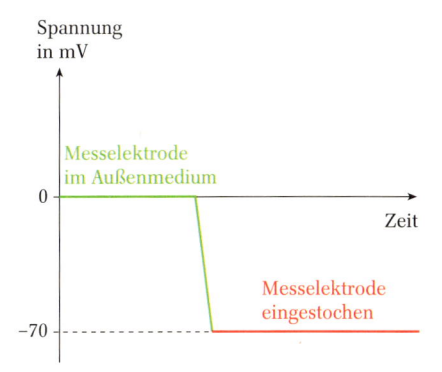

Abb. 2 Spannungsverlauf beim Einstechen einer Elektrode in das Axon einer nicht erregten Nervenzelle.

A8 Erläutern sie, warum Glaskapillarelektroden mit einer leitenden Flüssigkeit gefüllt werden und welche Füllflüssigkeiten infrage kommen!

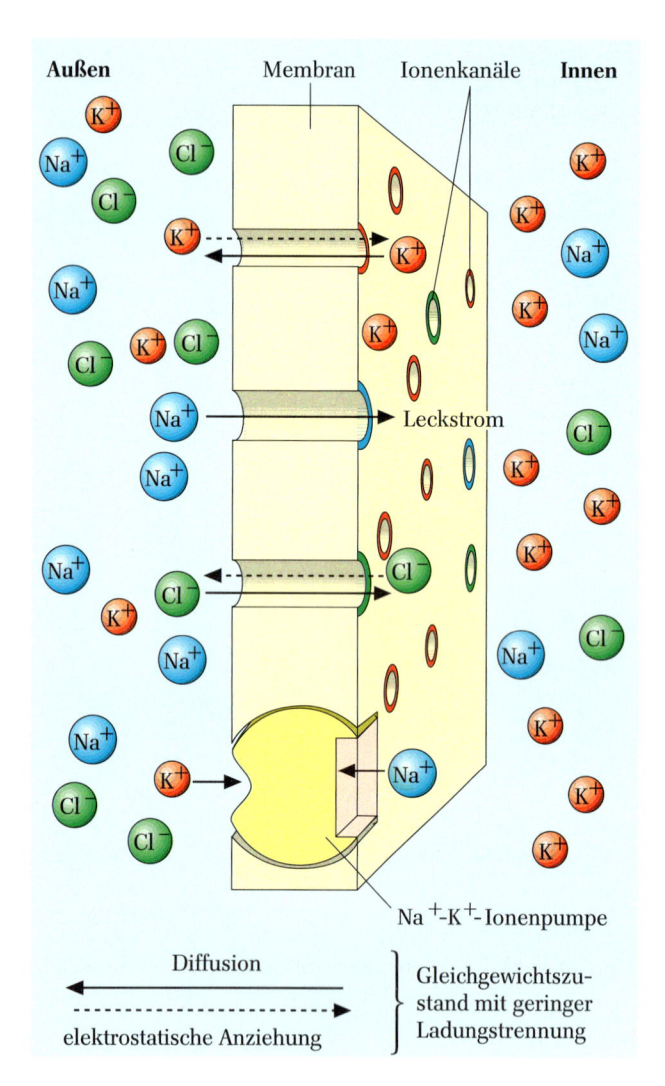

Abb. 3 Ionentheorie des Ruhepotenzials (aus Gründen der Übersichtlichkeit Innenseite ohne organische Anionen)

Leckstrom

Na$^+$-K$^+$-Ionenpumpe

Diffusion

elektrostatische Anziehung

Gleichgewichtszustand mit geringer Ladungstrennung

A9 Erklären Sie, warum Leckströme ohne Natrium-Kalium-Pumpe zum Zusammenbruch des Ruhepotenzials führen.

A10 Erläutern Sie die Auswirkung auf das Ruhepotenzial für den Fall, dass die Membran eines Neurons nur für Na$^+$-Ionen oder nur für Cl$^-$-Ionen permeabel wäre.

A11 Dinitrophenol blockiert in Neuronen die Atmungskette. Erläutern Sie mögliche Auswirkungen, wenn Dinitrophenol bei einem Experiment zugesetzt wird.

nen Ionen. Nervenzellen besitzen aber nicht nur Kalium-Kanäle. Auch Cl$^-$-Ionen diffundieren durch Chlorid-Kanäle, wodurch der Betrag des Ruhepotenzials vergrößert wird.

Die entlang des Konzentrationsgefälles und durch die Anziehung des negativ geladenen Zellinneren in die Zelle hinein diffundierenden Na$^+$-Ionen verringern den negativen Ladungsüberschuss in der Zelle. Man spricht von **Leckstrom**. Infolge der Verminderung der negativen Ladung auf der Membraninnenseite können vermehrt K$^+$-Ionen ausströmen, die den Natriumleckstrom kompensieren.

Dadurch würde sich der Konzentrationsunterschied der K$^+$- und Na$^+$-Ionen zwischen Innen- und Außenraum immer mehr verringern und letztlich das Ruhepotenzial zusammenbrechen. Um das zu verhindern, werden in intakten Zellen Na$^+$-Ionen unter ATP-Verbrauch ständig durch **Natrium-Kalium-Pumpen** wieder aus dem Zellinneren entfernt *(Abb. 6, S. 177)* und gleichzeitig K$^+$-Ionen ins Zellinnere befördert. Das Ruhepotenzial wird also unter andauerndem Energieaufwand sichergestellt. Der hohe Energieverbrauch unseres Gehirns findet so eine erste Erklärung.

1.4 Die erregte Nervenzelle – Aktionspotenziale

Auslösebedingungen und Experimentalbefunde

Am isolierten Axon kann durch Setzen eines Stromstoßes (1) mit einem Reizgerät ein **Aktionspotenzial** ausgelöst werden *(Abb. 1)*. Das Ruhepotenzial bricht zusammen, und es kommt für sehr kurze Zeit (ca. 0,5 ms) zu positiven Spannungsmesswerten. Man beobachtet eine Umpolung der Membran (2); das **Neuron „feuert"**. Anschließend schwingt die Kurve zurück, und unterschreitet sogar den Wert des Ruhepotenzials, bevor dieses schließlich wieder erreicht wird.

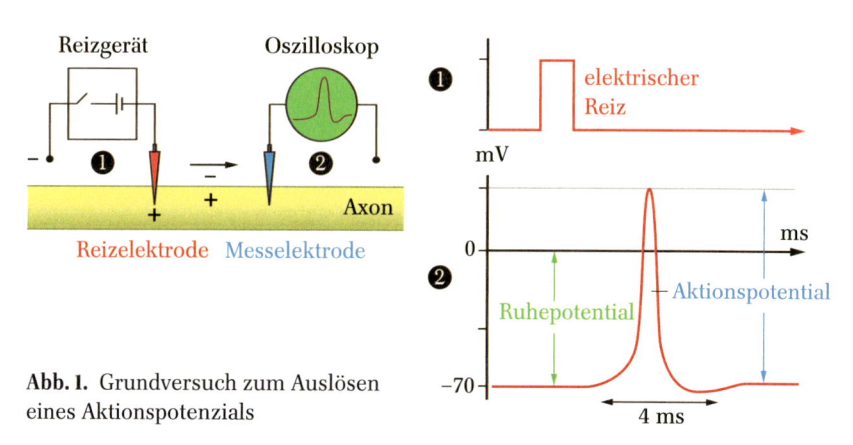

Abb. 1. Grundversuch zum Auslösen eines Aktionspotenzials

Ein Aktionspotenzial dauert nur 4 ms! Beim hier gewählten Versuch pflanzt es sich von der Reizstelle aus als Umpolungswelle selbständig nach beiden Seiten des Axons fort. Variationen des Grundversuchs zeigen Auslösebedingungen und Eigenschaften der Aktionspotenziale genauer. Die Polung am Reizgerät und die Reizstärke *(Abb. 2)* sowie die zeitliche Abfolge der Reize *(Abb. 3)* werden verändert.

Ist die Reizelektrode mit dem negativen Pol verbunden, sinken nach einem Stromstoß die Messwerte kurzzeitig über das Ruhepotenzial hin ab. Man spricht von **Hyperpolarisation** (gr. hyper – über, darüber). Der Betrag der Hyperpolarisation ist der Reizspannung proportional. Verbindet man die Reizelektrode mit dem positiven Pol, führen Stromstöße zur Verringerung der Messwerte und damit zu einer **Depolarisation** (lat. de – von … herab). Auch deren Betrag ist der Reizspannung proportional, allerdings nur bis zu einer bestimmten **Reizschwelle**. Wird diese durch einen **überschwelligen Reiz** überschritten, kommt es zu kurzfristiger Potenzialumkehr; es bildet sich ein **Aktionspotenzial**.

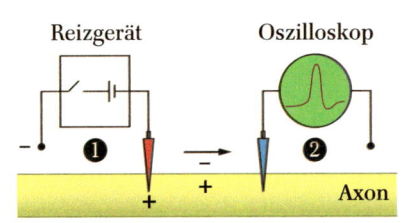

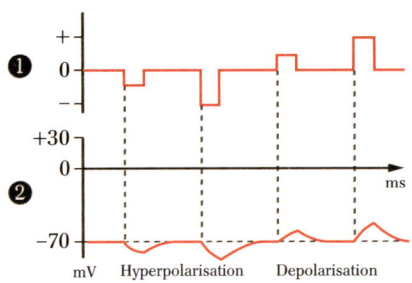

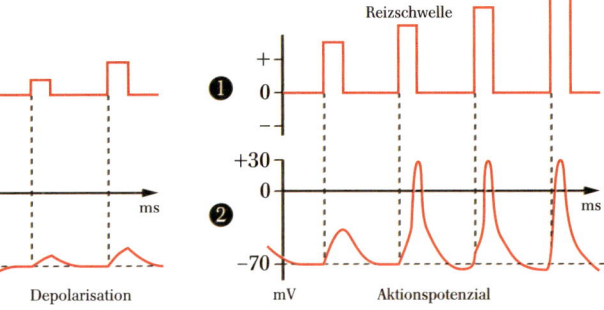

Abb. 2 Auslösebedingungen für Aktionspotenziale I – Hyper- und Depolarisation, Reizschwelle, Alles-oder-Nichts-Prinzip

Eine Erhöhung der Reizspannung über die Reizschwelle hinaus verändert die Spannungs-Zeit-Kurve nicht mehr. Ein Aktionspotenzial entsteht demnach nach dem **Alles-oder-Nichts-Prinzip**. Hyperpolarisation oder unterschwellige Depolarisation klingen ohne Fortleitung wenige Millimeter neben der Reizelektrode aus, ein Aktionspotenzial wird auf beiden Seiten der Reizelektrode über das Axon weitergeleitet.

Bisher erfolgten die Reizspannungsstöße in gleichmäßigen Abständen. Wird die Zeit zwischen den Stromstößen verkürzt, ändert sich das Messergebnis. Bei einer Reizfolge unter 5 ms wird das zweite Aktionspotenzial zunehmend kleiner (**relative Refraktärphase**, *Abb. 3*). Folgt ein zweiter Reiz nach weniger als 2 ms auf den ersten, wird kein Aktionspotenzial mehr ausgelöst. Diese **absolute Refraktärphase** begrenzt die Frequenz der Aktionspotenziale auf etwa 400 bis 500 pro Sekunde.

Unter natürlichen Bedingungen laufen im Neuron Aktionspotenziale in typischer Frequenz in nur eine Richtung, nämlich vom Zellkörper über das Axon zu den Endknöpfchen. Die Erregung stammt ursprünglich entweder von einem Sinnesorgan oder von einem vorgeschalteten Neuron und wird über Synapsen auf die Dendriten bzw. den Zellkörper übertragen *(S. 191 ff.)*. Am Axonursprung werden eingehende Erregungen verrechnet und in eine Folge von Aktionspotenzialen übersetzt.

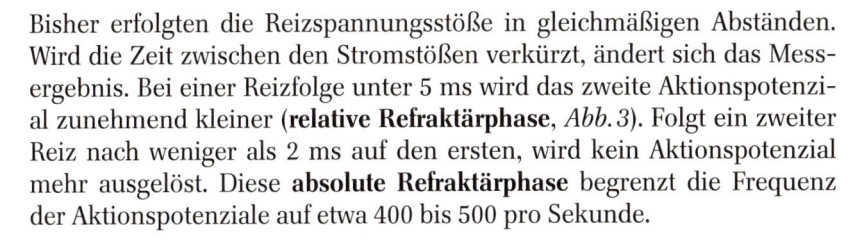

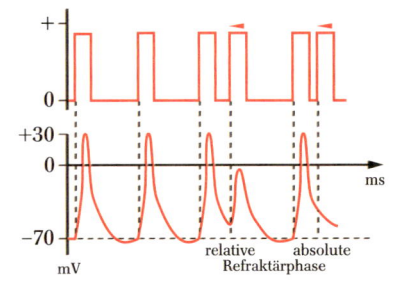

Abb. 3 Auslösebedingungen für Aktionspotenziale II – Refraktärphasen; (Versuchsaufbau wie in *Abb. 2*)

Ionentheorie des Aktionspotenzials

Wieder wollen wir die Messergebnisse auf molekularer Ebene erklären. Eine in den oben angeführten Experimenten verwendete negativ gepolte Reizelektrode stößt große Protein-Anionen in ihrer Umgebung ab und „drückt" sie in Richtung der Innenseite der Zellmembran. Kleine K^+-Ionen werden dabei als Gegenionen mitverlagert. Durch die lokale Konzentrationserhöhung der K^+-Ionen verstärkt sich örtlich der Ausstrom der K^+-Ionen durch die offenen Kalium-Kanäle. Die positive Überschussladung auf der Membranaußenseite steigt, das Membranpotenzial sinkt (**Hyperpolarisation**). Hyperpolarisation kann zusätzlich auch durch ein Öffnen von **spannungsgesteuerten Chlorid-Kanälen eintreten**. Die aufgrund des Konzentrationsgefälles einströmenden Cl^--Ionen erhöhen die negative Ladung auf der Innenseite des Neurons *(Abb. 4)*.

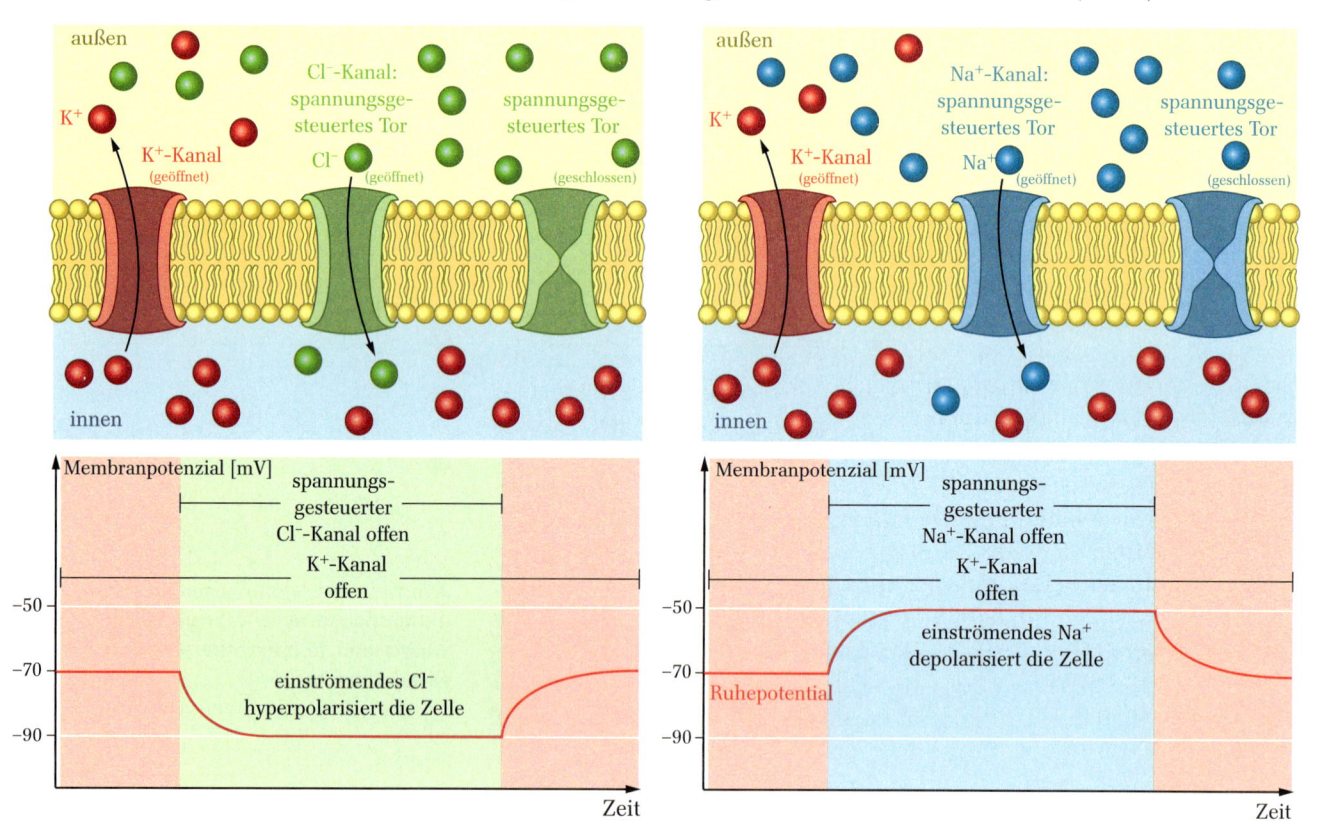

Abb. 4 Ionentheorie von Hyperpolarisation (links) und lokaler Depolarisation (rechts)

Lokale **Depolarisation** ist Folge eines unterschwelligen Reizes, wobei die ins Axon eingestochene Reizelektrode positiv gepolt ist. Der (+)-Pol zieht in seiner Umgebung große Protein-Anionen an und damit von der Zellmembran-Innenseite ab. Der Ausstrom der K^+-Ionen verringert sich. In der Folge öffnen sich einige **spannungsgesteuerte Na^+-Poren** und lassen Na^+-Ionen entsprechend dem Konzentrationsgefälle ins Zellinnere strömen. Man misst eine Depolarisation, deren Ausmaß und Ausbreitung längs des Axons von der Stärke der Reizspannung abhängen. Geringe Reizspannungen führen nur zum Öffnen weniger Poren in unmittelbarer Umgebung der Reizelektrode. Die so erzeugte Depolarisation bleibt wie eine Hyperpolarisation lokal begrenzt.

Zur Erklärung des **Aktionspotenzials** *(Abb. 5)* beginnen wir beim Ruhepotenzial, das auf offene K^+-Kanäle zurückzuführen ist *(S. 181 f.)*, die spannungsgesteuerten Natrium-Kanäle sind geschlossen (1). Auf einen Reiz hin öffnen sich zunächst wenige spannungsgesteuerte Na^+-

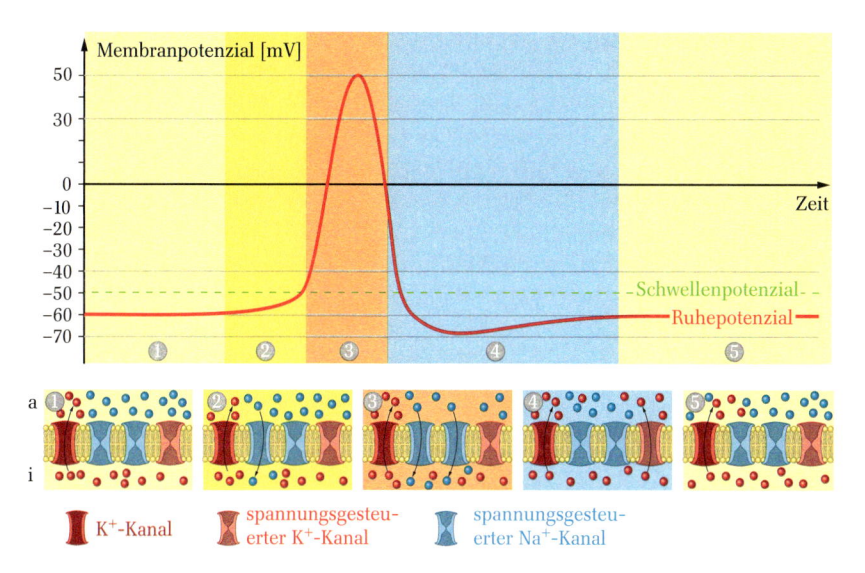

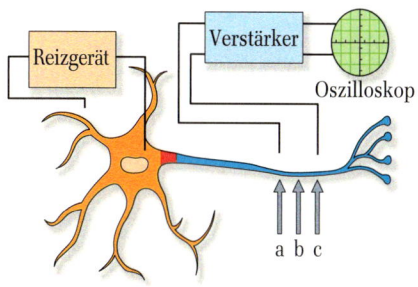

Abb. 5 Ionentheorie des Aktionspotentials (a: außen; i: innen)

Abb. 6 Versuchsaufbau zur extrazellulären Ableitung von Aktionspotenzialen

Kanäle; Na^+-Ionen strömen aufgrund des Konzentrationsgefälles ins Zellinnere, laden die Innenseite der Axonmembran positiv auf und führen damit zu Depolarisation (2). Überschreitet diese einen Schwellenwert (3), öffnen sich schlagartig viele weitere spannungsgesteuerte Na^+-Kanäle. Die innerhalb von einer halben Millisekunde einströmenden Na^+-Ionen verstärken die Depolarisation explosionsartig und führen zu Spannungsumkehr; die Spitze des Aktionspotenzials wird erreicht (3). Nun schließen sich die spannungsgesteuerten Na^+-Kanäle, der Einstrom der Na^+-Ionen kommt zum Erliegen. Gleichzeitig öffnen sich spannungsgesteuerte K^+-Kanäle (4); K^+-Ionen strömen gemäß dem Konzentrationsgefälle aus dem Zellinneren und verringern innen die positive Ladung. Es kommt zu Repolarisation, dann sogar zu einer leichten Hyperpolarisation (4), bis sich (5) alle spannungsgesteuerten Ionen-Kanäle, also auch noch offene K^+-Kanäle, geschlossen haben und durch die Brown'sche Molekularbewegung die für das Ruhepotenzial charakteristische Ionenverteilung an der betreffenden Stelle des Axons wieder erreicht ist.

A15 In vielen Fällen genügt die extrazelluläre Ableitung von Aktionspotenzialen *(Abb. 6)*. Begründen Sie, warum eine extrazelluläre Ableitung methodisch einfacher ist, welcher Spannungswert dabei am ungereizten Axon erzielt wird und welche Anzeige am Oszilloskop zu erwarten ist, wenn ein Aktionspotenzial sich gerade an den Positionen (a), (b) oder (c) befindet.

Exkurs

Mittlerweile wird vermutet, dass die spannungsgesteuerten Natrium-Kanäle ein Aktivierungs- und ein Inaktivierungstor besitzen, die die zentrale Pore unterschiedlich frei geben. So kann ein Na^+-Kanal erst nach einer zeitlichen Verzögerung wieder geöffnet werden. Diese 1–2 Millisekunden entsprechen der absoluten **Refraktärzeit**. Gleichzeitig erhöht die Hyperpolarisation durch verzögertes Schließen der spannungsgesteuerten Kalium-Kanäle *(Abb. 5 [4])* den Schwellenwert für eine erneute Auslösung eines Aktionspotenzials und trägt damit ebenfalls zur Refraktärzeit bei.

Während eines Aktionspotenzials wandert nur ein Bruchteil der im Zelläußeren angereicherten Na^+-Ionen durch die Na^+-Kanäle. Analoges gilt für die K^+-Ionen. Selbst wenn Natrium-Kalium-Pumpen durch Gift von der ATP-Versorgung abgeschnitten sind, können noch Tausende Aktionspotenziale über ein Axon laufen, bevor die Konzentrationsunterschiede zum Aufbau eines Aktionspotenzials nicht mehr ausreichen.

A 16 Tetraethylammonium-Kationen verschließen gezielt die Poren spannungsgesteuerter Kaliumkanäle. Beschreiben Sie die Auswirkungen und skizzieren Sie ein zugehöriges Aktionspotenzial!

Für die Erklärung der geschilderten Experimentalbefunde auf molekularer Ebene spielen also spannungsgesteuerte Ionenkanäle in der Membran des Neurons die entscheidende Rolle. Das Membranpotenzial hängt stets davon ab, welche Membrankanäle und wie viele vom entsprechenden Typ gerade geöffnet sind. Außerdem sind Konzentrationsunterschiede wichtiger Ionen zwischen Membraninnen- und -außenseite eine unabdingbare Voraussetzung für das Auslösen von Aktionspotenzialen. Natrium-Kalium-Pumpen dagegen sind am einzelnen Aktionspotenzial nicht beteiligt, sie schaffen durch permanentes Wirken in jeder lebenden Nervenzelle aber die Voraussetzung für die Unterschiede in der Ionenverteilung *(S. 177)*.

1.5 Weiterleitung von Aktionspotenzialen ohne Abschwächung

Versuchsergebnisse
Im Gegensatz zur lokalen Depolarisation laufen Aktionspotenziale als Umpolungswelle am Axon entlang *(Abb. 1)*. Sie entstehen nach dem Alles-oder-Nichts-Prinzip, regenerieren sich selbst *(Abb. 1:* Form und Amplitude des Aktionspotenzials bei A und B sind gleich) und verlaufen nur in einer Richtung *(Abb. 1:* Nach Durchgang durch Punkt A folgt Durchgang durch Punkt B, später würde Durchgang durch Punkt C erfolgen).

Ionentheorie zur Weiterleitung von Aktionspotenzialen
Wird die Axonmembran depolarisiert, öffnen sich spannungsgesteuerte Natrium-Kanäle *(Abb. 2 [1])*. Durch einen überschwelligen Reiz einströmende Na^+-Ionen depolarisieren die Membran, sodass sich schlagartig deutlich mehr Na^+-Kanäle öffnen (2). Ein Aktionspotenzial wird ausgelöst. Die eingeströmten Na^+-Ionen erhöhen die positive Ladung im Zellinneren – sie wirken wie der (+)-Pol einer Reizelektrode, die einen überschwelligen Reiz setzt. Benachbarte spannungsgesteuerte Na^+-Poren öffnen sich; ein depolarisierender Strom pflanzt sich am Axon von Punkt A Richtung Punkt B fort. An Punkt A schließen sich die Natrium-Kanäle (3), spannungsgesteuerte Kalium-Kanäle öffnen sich; die Membran befindet sich in der **Refraktärphase**. Die Umpolungswelle hat Punkt B erreicht (4); dort öffnen sich nun – bewirkt durch die positiven Ladungen der zwischen A und B einströmenden Na^+-Ionen – die spannungsgesteuerten Na^+-Poren. Das Aktionspotenzial hat Punkt C erreicht (5). Die Membran an Punkt B befindet sich in der Refraktärphase. Bei Punkt A könnte erneut ein Aktionspotenzial ausgelöst werden.

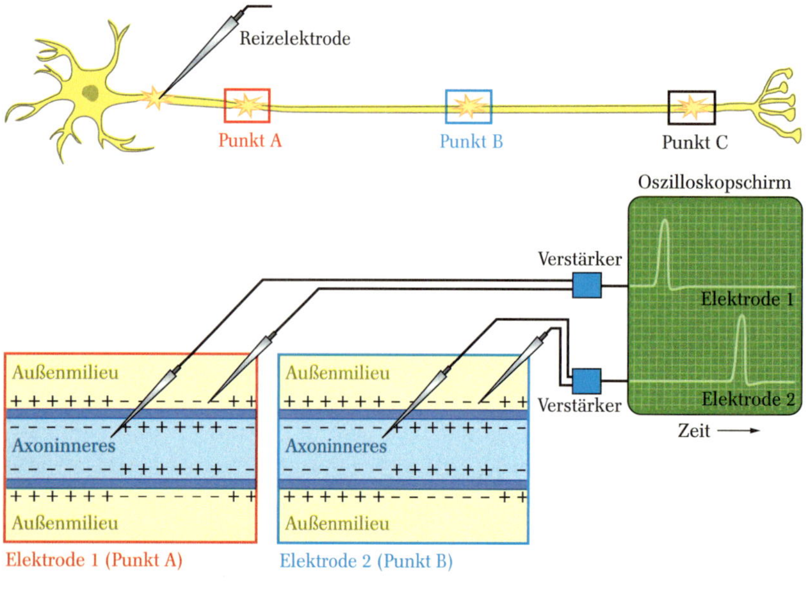

Abb. 1 Versuchsaufbau zur Messung der Weiterleitung von Aktionspotenzialen

Da die Depolarisation einer einem Aktionspotenzial benachbarten Membranregion stets den Schwellenwert überschreitet, entsteht dort wieder ein vollständiges Aktionspotenzial, das sich dann am Axon entlang ohne Abschwächung fortpflanzt (**kontinuierliche Erregungsleitung**). Es kann seine Fortpflanzungsrichtung nicht mehr umkehren, weil sich die schon passierte Membranregion in der Refraktärphase befindet – hyperpolarisiert durch die sich nur verzögert schließenden spannungsgesteuerten K^+-Kanäle. Unter natürlichen Bedingungen verlaufen daher Aktionspotenziale immer vom Axonursprung zu den Endknöpfchen.

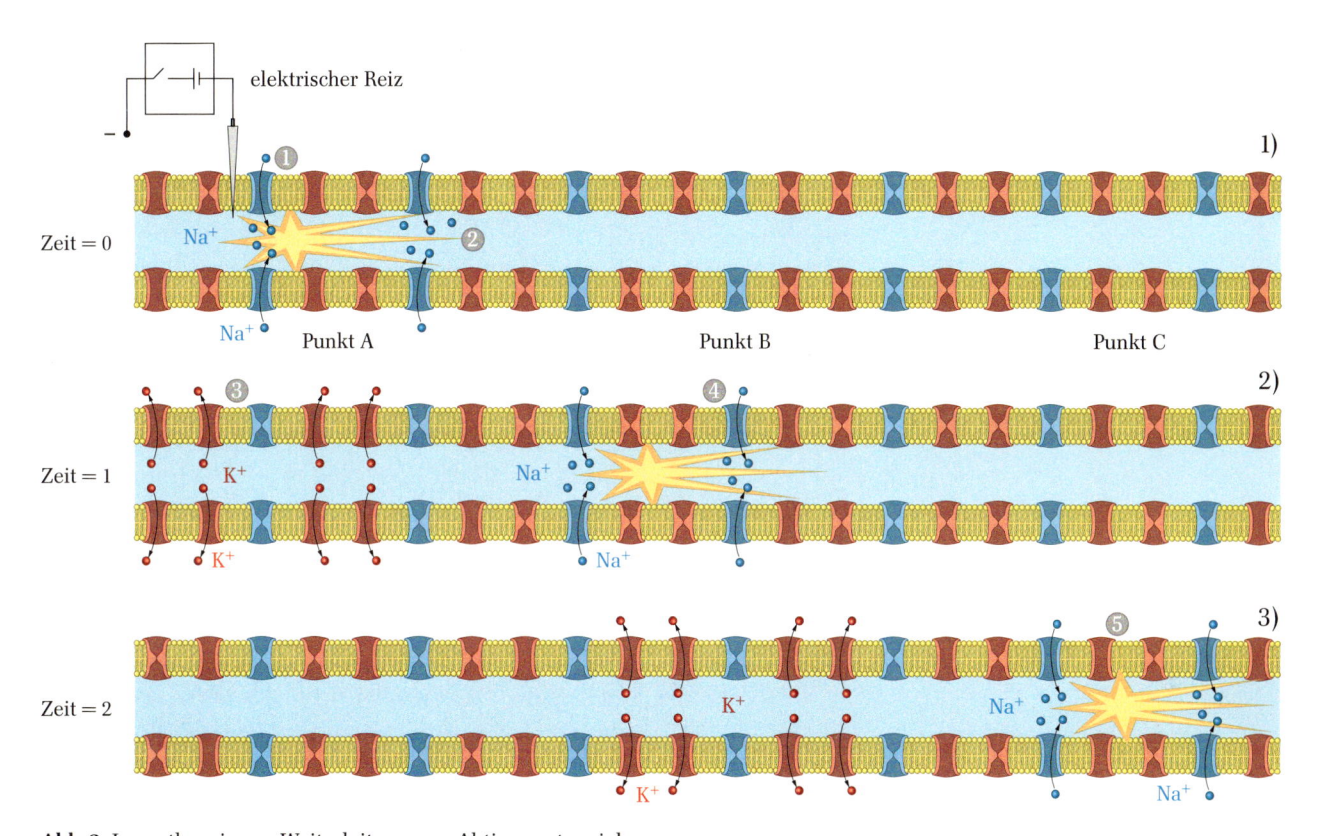

Abb. 2 Ionentheorie zur Weiterleitung von Aktionspotenzialen

1.6   Zur Geschwindigkeit der Nervenleitung

Die Fortleitungsgeschwindigkeit von Aktionspotenzialen hängt entscheidend vom **Axon-Durchmesser** ab *(Tab. 1, S. 188)*: Je größer der Durchmesser eines Axons, desto höher die Geschwindigkeit, da die höhere Anzahl von Ladungsträgern den Innenwiderstand des Axons senkt. Eine weitere Möglichkeit zur Erhöhung der Fortleitungsgeschwindigkeit ist die Isolierung der Axone gegen die Gewebeflüssigkeit durch Myelinhüllen *(S. 176)*.

Wirbellose Tiere besitzen keine myelinisierten Axone. Sie verfügen daher oft über einen stark erhöhten Axon-Durchmesser, der ausreichende Leitungsgeschwindigkeit gewährleistet. Ein Beispiel hierfür stellen die mit freiem Auge sichtbaren Riesenaxone der Tintenfische dar, die Nervenimpulse für Fluchtreaktionen leiten. Kleine Tiere können auch noch sehr schnell reagieren, da die Erregung nur über Zentimeter-Bereiche laufen muss. Da sich der Durchmesser von Nervenfasern nicht beliebig erhöhen lässt, ist der Größe eines – wirbellosen – Tiers allerdings eine Grenze gesetzt.

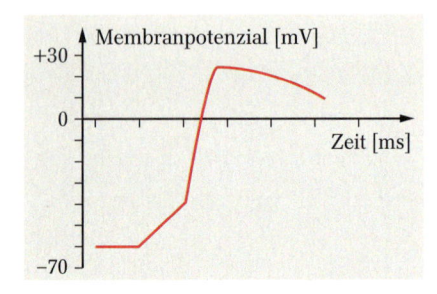

Abb. 1 Veränderung des Membranpotenzial nach Reiz bei t = 1 ms unter Anwendung eines Neurotoxins

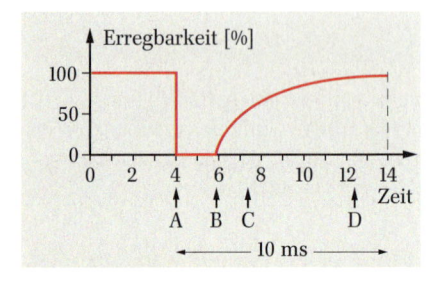

Abb. 2 Erregbarkeit einer Axonmembran in Abhängigkeit von der Zeit

Lebewesen	Axon-Durchmesser [mm]	Leitungsgeschwindigkeit [m/s]	Myelinhülle
Mensch	0,0005	1	fehlend
Krebs	0,0036	8	fehlend
Tintenfisch (Riesenaxon)	0,7	25	fehlend
Mensch	0,003	11	vorhanden
Katze	0,0055	50	vorhanden
Katze	0,010	60	vorhanden
Mensch	0,013	75	vorhanden

Tab. 1 Kenndaten zur Leitungsgeschwindigkeit verschiedener Nervenfasern

Nervensysteme von Wirbeltieren enthalten Nervenfasern in riesigen Zahlen *(S. 174)*. Allein der Sehnerv, der von jedem Auge abgeht, besteht aus ca. einer Million Axonen. Mit der Entwicklung der Myelinhülle kam es im Lauf der Evolution der Wirbeltiere zu einer weiteren Erhöhung der Leitungsgeschwindigkeit. Die die Axone umgebende Myelinschicht ist alle 1 bis 2 mm von Schnürringen unterbrochen *(S. 176)*. Neben der Steigerung der Leitungsgeschwindigkeit in myelinisierten Nervenfasern *(Tab. 1)* wird außerdem erheblich Raum und Material eingespart *(Abb. 3)*. Im Gehirn von Wirbeltieren können daher im Gegensatz zu Wirbellosen wesentlich mehr Nervenzellen und vor allem Axone auf vergleichbarem Raum untergebracht werden *(S. 202 ff.)*. So steigt nicht nur die Leistungsfähigkeit von Gehirn und Nervensystem enorm, auch die Körpergröße kann zunehmen.

A 17 Ein Neurotoxin führt dazu, dass ein menschliches Axon mit verändertem Membranpotenzial auf einen Reiz reagiert *(Abb. 1)*. Entwickeln Sie eine Ionentheorie zur Erklärung.

A 18 Erklären Sie, warum die Axonmembran im Zeitintervall A – B nicht und im Zeitintervall B – D nicht vollständig erregbar ist *(Abb. 2)*, und erläutern Sie die Bedeutung des Zeitintervalls A – B.

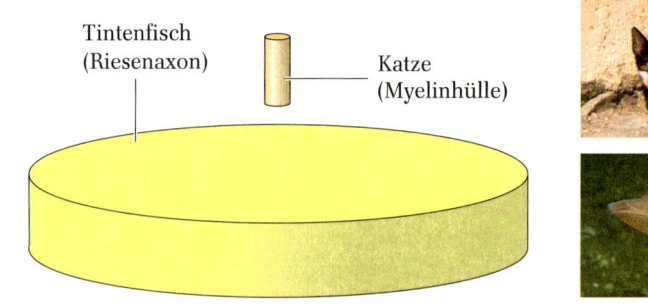

Abb. 3 Riesenaxon eines Tintenfischs (Ø 200 µm) ohne Myelinhülle im gleichen Maßstab wie das myelinisierte Axon einer Katze (Ø 10 µm)

Abb. 5 veranschaulicht, warum myelinisierte Axone ein Aktionspotenzial sehr schnell weiterleiten. Die Myelinhüllen isolieren das Axon gegen die umgebende Zellflüssigkeit. Im myelinisierten Bereich finden sich keine Ionenkanäle; es können also auch keine Aktionspotenziale entstehen, zeitaufwändige Umladevorgänge entfallen. Nur die Schnürringe, die den einzigen Kontakt zum Außenmedium darstellen, sind dicht mit Ionenkanälen besetzt. Na^+-Ionen, die dort in die Zelle strömen, führen infolge der Abstoßung gleichnamiger Ladungen zu einer Verschiebung von Na^+-Ionen entlang der Innenseite der Axonmembran (1). Die Konzentration der Na^+-Ionen am nächsten Schnürring steigt und leitet Depolarisation ein (2). Die Na^+-Kanäle bei Punkt A schließen sich; spannungsgesteuerte K^+-Kanäle öffnen sich. Der Ausstrom von K^+-Ionen repolarisiert die Membran, die dann die Refraktärphase durchläuft (3). Auch an Punkt B öffnen sich infolge überschwelliger Depolarisation durch die axoninterne Verschiebung der Na^+-Ionen die Na^+-Kanäle, ein Aktionspotenzial entsteht (4) und pflanzt sich zum nächsten Schnürring bei Punkt C fort (5).

In Nervenfasern mit Myelinhülle „hüpfen" Aktionspotenziale also von Schnürring zu Schnürring. Diese **saltatorische** (lat. saltare – springen) **Erregungsleitung** ermöglicht sehr hohe Fortleitungsgeschwindigkeiten. Nur an den Schnürringen geht Zeit zum Aufbau eines Aktionspotenzials verloren, die Ionenverschiebung im Zellplasma erfolgt dagegen sehr rasch.

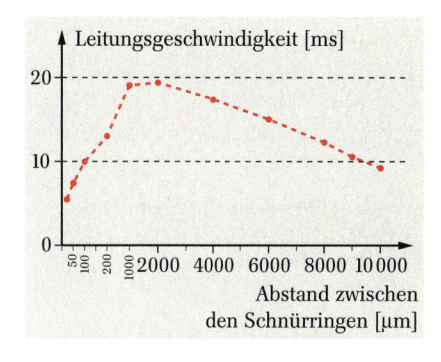

Abb. 4 Abhängigkeit der Leitungsgeschwindigkeit eines 10 μm dicken Axons mit Myelinhülle vom Abstand der Schnürringe (Maßstabwechsel bei 1000 μm beachten).

A19 Die Leitungsgeschwindigkeit von myelinisierten Nervenfasern hängt vom Abstand der Schnürringe ab *(Abb. 4)*. Erklären Sie den Befund!

Exkurs

Die Übertragung am Axon entspricht der **Digitaltechnik**: Aus Gründen der Störsicherheit wird kein analoges Signal verwendet, Informationen werden also nicht durch Erhöhung oder Verminderung der Spannung übermittelt. Die digitale Übertragung am Axon kennt nur zwei Signalzustände, Ruhepotenzial oder Aktionspotenzial. Störungen in der Höhe des Aktionspotenzials können sie so nicht verfälschen.

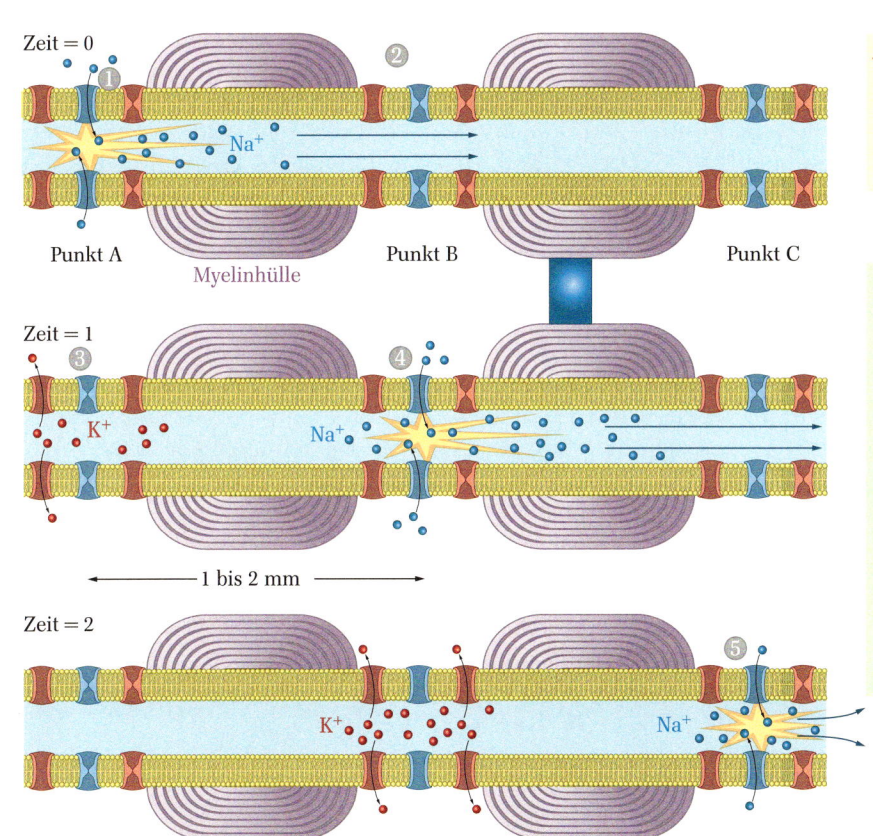

Abb. 5 Ionentheorie zur saltatorischen Nervenleitung am myelinisierten Axon – Erläuterungen im Text

Plus

Multiple Sklerose (MS) ist eine chronisch-entzündliche Erkrankung von Gehirn und Rückenmark. Die Ursachen sind nicht völlig geklärt, vermutlich wird sie aber durch einen Angriff körpereigener Abwehrzellen auf Myelinhüllen hervorgerufen. Im Gehirn der Patienten werden Bereiche beobachtet, in denen das Myelin völlig abgebaut ist *(Abb. 6)*. Die neurologischen Symptome treten in der Regel schubweise auf und sind sehr verschieden, abhängig von Ort, Zeitpunkt und Umfang der Entmyelinisierung. Noch ist Multiple Sklerose nicht heilbar, ihr Verlauf kann aber günstig beeinflusst werden und führt nicht zwangsläufig zu schweren Behinderungen. Auch manche genetisch bedingte Krankheiten, wie z. B. die Stoffwechselstörung Adrenoleukodystrophie (ALD), die zur Einlagerung langkettiger Fettsäuren *(S. 19)* vor allem im Gehirn führt, haben einen Abbau der Myelinhülle zur Folge. Durch spezielle Diäten kann das Fortschreiten dieser Krankheit heute verzögert werden; eine definitive Therapie existiert allerdings noch nicht.

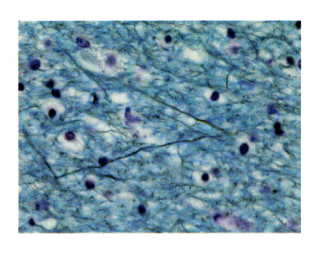 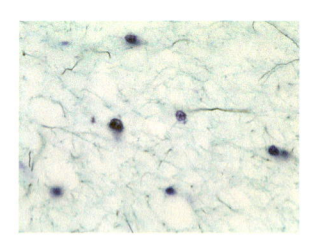

Abb. 6 Hirnstammzellen im Lichtmikroskop; Axone nach spezieller Anfärbung schwarz (Pfeil), Myelinhüllen blau. (a) Unversehrtes Gehirn: neben Neuronen fallen Zellkerne (Z) von Gliazellen auf. (b) Multiple Sklerose: Die Myelinhüllen der Axone sind völlig verschwunden.

Zusammenfassung

Entscheidende Bauteile der Nervenzellen (Neuronen) sind **Dendriten, Soma**, und die **Nervenfaser (Axon)** mit Endverzweigungen. Dendriten und Soma bilden den Eingangsbereich eines Neurons; in der Membran des Axons finden sich **Ionenkanäle** und **Natrium-Kalium-Pumpen**. Das Axon ist verantwortlich für die **Weiterleitung** von Information.

Nicht erregte Neuronen halten unter Energieverbrauch und mit Hilfe der Natrium-Kalium-Pumpe ein **Ruhepotenzial** von ca. −70 mV aufrecht, wobei die Zellinnenseite einen negativen Ladungsüberschuss besitzt und die Ionen K^+, Cl^-, Na^+ sowie organische Anionen als Ladungsträger fungieren.

Die Erregung eines Neurons führt im Bereich von Dendriten und Soma zu **lokaler Depolarisation**. Ausschließlich eine **überschwellige Depolarisation** bewirkt am Axonursprung die Bildung von **Aktionspotenzialen** nach dem „Alles-oder-Nichts-Prinzip" mit immer gleicher Form und Amplitude. Ein Aktionspotenzial depolarisiert seine Nachbarregionen; so wird es in einer **kontinuierlichen Erregungsleitung** ohne Abschwächung weitergeleitet. Da bereits erregte Regionen der Axonmembran aufgrund der **Refraktärzeit** nicht sofort wieder depolarisiert werden können, bewegt sich ein Aktionspotenzial immer vom Axonursprung in Richtung Endknöpfchen. Durch **saltatorische Erregungsleitung** von Schnürring zu Schnürring wird bei **myelinisierten Nervenfasern** von Wirbeltieren die Leitungsgeschwindigkeit erheblich gesteigert.

2 Erregungsübertragung an Synapsen

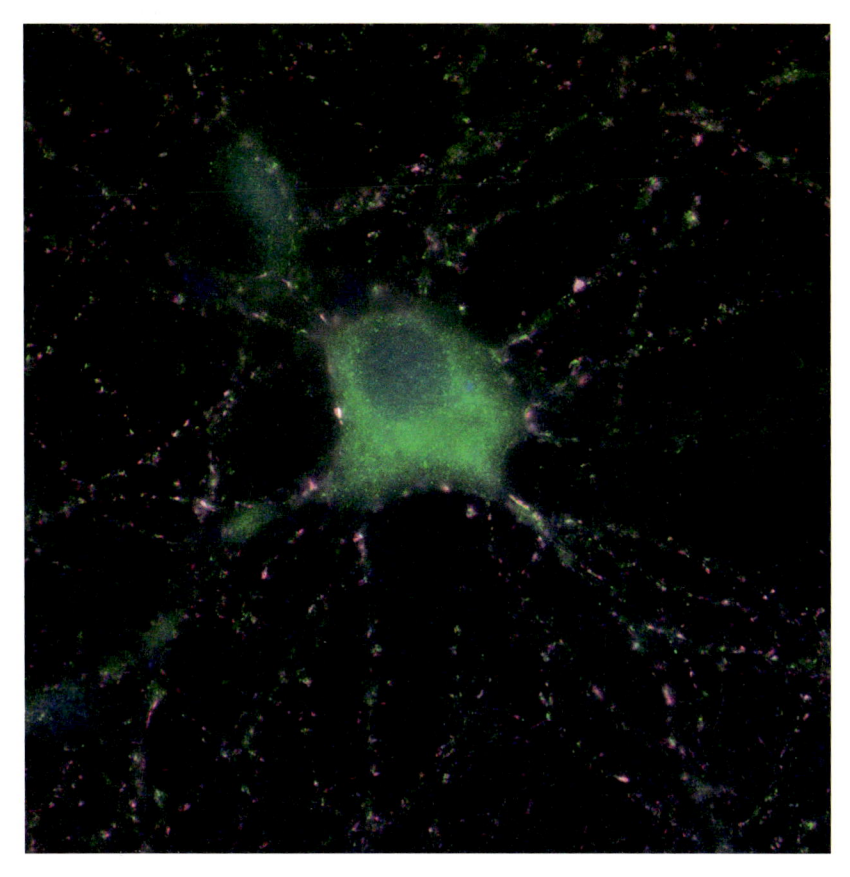

Abb. 1 Mit Fluoreszenzmarkern gefärbte Nervenzelle im Großhirn einer Maus mit Tausenden von Synapsen (rot) und den größeren Dendriten (blau)

Unser Gehirn kann komplexe Verhaltensweisen generieren und steuern, mit komplizierten Theorien umgehen, neue Konzepte lernen, sie im Gedächtnis abspeichern usw. Diese erstaunlichen Leistungen sind nur möglich, weil Neuronen in riesiger Zahl miteinander in Beziehung treten *(Abb. 1)*: An diesen speziellen Kontakten, den **Synapsen**, beeinflusst eine vorgeschaltete **präsynaptische** die nachgeschaltete **postsynaptische Zelle**. In der Regel übermittelt dabei ein **Transmitter** (lat. transmittere – hinüberschicken) auf chemischem Weg ein Signal. Welche Neuronen mit anderen in Verbindung treten, wo und wie dies geschieht, ist grundlegend genetisch festgelegt und außerdem durch Lernen bedingt, das schon weit vor der Geburt beginnt *(S. 214 ff.)*. Synaptische Verbindungen werden zudem kontinuierlich durch ständig stattfindende Lernvorgänge modifiziert.

2.1 Der Feinbau einer chemischen Synapse

Das **Endknöpfchen** am Axonende und der zugehörige Membranabschnitt der postsynaptischen Zelle bilden die Synapse *(Abb. 2)*. Endknöpfchen enthalten zahlreiche Mitochondrien und viele membranumhüllte Bläschen (**synaptische Vesikel**) mit Transmittermolekülen.

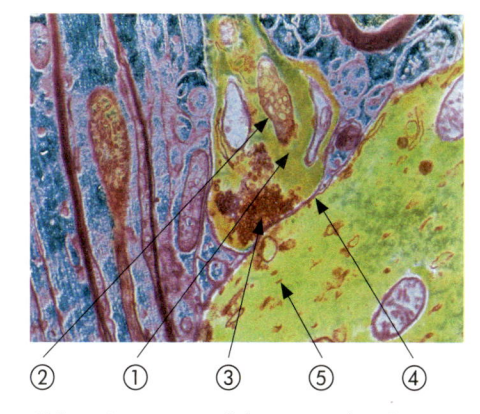

② ① ③ ⑤ ④

Abb. 2 Synapse im elektronenmikroskopischen Schnittbild: präsynaptische Zelle (1) mit Endknöpfchen, Mitochondrien (2) und synaptischen Vesikeln (3); synaptischer Spalt (4), ca. 25 nm; postsynaptische Zelle (5) (rezeptorgesteuerte Ionenkanäle nicht erkennbar)

Plus

Die **Parkinson-Krankheit** (Schüttellähmung, Zitterlähmung) ist durch Dopamin-Mangel nach Absterben von Neuronen im Mittelhirn aufgrund eines Gendefekts bedingt. Dies führt zu Überschuss an anderen Transmittern. Letztlich wird die Aktivierung der motorischen Zentren der Hirnrinde *(S. 211)* gehemmt. Folgen sind Muskelzittern, Muskelstarre, langsame Bewegungen, aber auch verlangsamte geistige Prozesse. Zur Behandlung werden Dopamin-Vorstufen verordnet oder man versucht medikamentös, den Abbau des körpereigenen Dopamins zu verlangsamen. ■

Heute sind viele verschiedene Transmitter bekannt *(Tab. 1)*; in einer Synapse ist aber immer nur eine einzige Sorte zu finden. **Transmitter** werden meist im Zellkörper des Neurons synthetisiert und über das Axon antransportiert. In manchen Fällen, wie z. B. beim Acetylcholin, erfolgt die Synthese auch direkt im Endknöpfchen.

Ein als **synaptischer Spalt** bezeichneter, ca. 25 nm breiter Flüssigkeitsraum trennt das Endknöpfchen von der postsynaptischen Membran; er enthält Ionen sowie Transmitter abbauende Enzyme. Die Membran der postsynaptischen Zelle unmittelbar gegenüber dem Endknöpfchen besitzt viele **rezeptorgesteuerte Ionenkanäle**, an denen sich Transmittermoleküle höchstspezifisch anlagern *(Abb. 1, S. 193 und S. 194)*.

Da die Wirkung, die ein Transmitter entfaltet, stets vom rezeptorgesteuerten Ionenkanal abhängt, an den er in der postsynaptischen Membran bindet, kann er in unterschiedlichen Geweben verschiedene Effekte einleiten. Meist gibt es pro Transmitter mehrere Typen von Ionenkanälen.

Transmitter	Art der Synapsen	Anmerkungen	beeinflussende Drogen
Acetylcholin (ACh)	neuromuskuläre Synapsen, Motoneurone im Rückenmark, Synapsen des autonomen Nervensystems, Gehirnneurone im Zusammenhang mit Gedächtnis	ACh-Mangel im Gehirn kann die ALZHEIMER-Krankheit (senile Demenz) mit verursachen	Curare konkurriert mit Acetylcholin um Ligandenplatz an postsynaptischer Membran
Dopamin (DOPA)	Neurone des Zentralnervensystems, die emotionales Verhalten regulieren	Mangel an DOPA führt zu Schizophrenie, Verlust von DOPA-Neuronen zur PARKINSON'schen Krankheit (krankhaftes Muskelzittern)	Amphetamine: Struktur ähnelt dem DOPA; Kokain verhindert den Abbau von Dopamin.
Noradrenalin	Neurone, die emotionales Verhalten regulieren, entspannt Darmmuskulatur, beschleunigt Herzschlag	Noradrenalin bildende Neurone sind an der emotionalen „Einfärbung" aller bewussten Denkvorgänge beteiligt	Amphetamine führen zur Ausschüttung von Noradrenalin aus den synaptischen Bläschen; Kokain verhindert den Abbau von Noradrenalin
Adrenalin	verschiedene Zellgruppen des Gehirns	Adrenalin wirkt als Transmitter und Stresshormon	
Serotonin	serotoninhaltige Nervenzellen regulieren Aufmerksamkeit und komplexe kognitive Funktionen	ausgehend von einem Zentrum des Hirnstamms werden serotoninhaltige Synapsen im gesamten Großhirn gefunden	LSD: Hemmung der synaptischen Aktivität; Cannabisstoffe (Haschisch, Marihuana): vermehrte Ausschüttung von Serotonin
Endorphine (Enkephaline)	schmerzdämpfende Neurone in Gehirn und Rückenmark	Querverbindungen zwischen Schmerzsystem und emotionsauslösenden Gehirnbereichen	Inhaltsstoffe von Opium (Morphin) und Heroin: Struktur ähnlich den Endorphinen, binden an dieselben Rezeptoren
γ-Aminobuttersäure (GABA)	Neurone in Rückenmark und Gehirn	wichtigster hemmender Transmitter	Diazepine (Pharmaka), die angstlösend und beruhigend wirken, ahmen GABA nach
Stickstoffmonooxid (NO)	weite Verbreitung im Zentralnervensystem	kein echter Transmitter, keine eigenen Rezeptoren; das Gas diffundiert durch Zellmembranen; kann von der postsynaptischen Zelle auf die präsynaptische rückwirken	

Tab. 1 Übersicht zu wichtigen Transmittern

2.2 Funktionsweise einer chemischen Synapse

Aktionspotenziale können den synaptischen Spalt nicht direkt überwinden. Abbildung 1 zeigt, wie die chemische Erregungsübertragung grundsätzlich funktioniert. Erreicht ein Aktionspotenzial das Endknöpfchen (1) öffnen sich spannungsgesteuerte Na^+-Kanäle und depolarisieren diesen Membranabschnitt (2). Die Membran des Endknöpfchens enthält spannungsgesteuerte Ca^{2+}-Kanäle, die sich jetzt zusätzlich öffnen und gemäß dem Konzentrationsgradienten einen Einstrom von Ca^{2+}-Ionen in das Endknöpfchen ermöglichen (3). Die steigende Konzentration der Ca^{2+}-Ionen im Zellinneren führt dazu, dass Vesikel mit der Membran verschmelzen und eingeschlossene Transmittermoleküle (hier: Acetylcholin) in den synaptischen Spalt ausgeschüttet werden (*Abb. 1 [4]* und *Abb. 2*). Ein Vesikel enthält etwa 10 000 Acetylcholin-Moleküle. Je höher die Frequenz eintreffender Aktionspotenziale, umso größer ist die ausgeschüttete Transmittermenge. Ungefähr 100 Vesikel sind nötig, um an der Postsynapse ein Aktionspotenzial auszulösen.

Die Transmitter diffundieren über den Spalt zu den rezeptorgesteuerten Na^+-Kanälen der postsynaptischen Membran und binden dort nach dem Schlüssel-Schloss-Prinzip hochspezifisch an die Rezeptorstelle des Kanalproteins (*Abb. 1 [5]* und *Abb. 3, S. 194*). Das durch den angedockten Transmitter veränderte Kanalprotein gibt seine Pore frei (6), Na^+-Ionen strömen in die postsynaptische Zelle und lösen durch überschwellige Depolarisation in benachbarten Membranbereichen ein Aktionspotenzial aus. Die Acetylcholin-Moleküle im synaptischen Spalt werden, soweit sie nicht an die Kanalproteine gebunden sind, durch das Enzym Acetylcholinesterase gespalten (7) und verlieren damit ihre Transmitterwirkung.

A1 Das Gift der Schwarzen Mamba wirkt auf Mensch und Tier meist tödlich, weil es Enzyme enthält, die Acetylcholin spalten. Beschreiben Sie mögliche molekularbiologische Wirkungen des Mamba-Toxins!

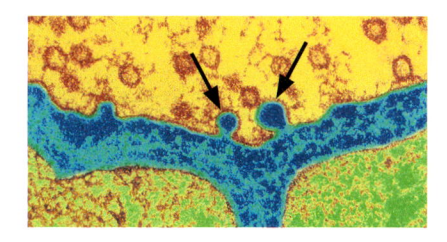

Abb. 2 Zwei synaptische Vesikel (Pfeile) entleeren ihren Inhalt in den synaptischen Spalt (eingefärbte elektronenmikroskopische Aufnahme; Spaltbreite ca. 25 mm)

Exkurs

Es gibt auch **elektrische Synapsen**, die Aktionspotenziale über Membranbrücken verzögerungslos in beide Richtungen leiten und besonders schneller Kommunikation dienen, z. B. zwischen Muskelzellen. Für Lernprozesse (*S. 198 ff.*) sind sie ungeeignet, ebenso für Signalverarbeitung durch Integration aller eingehenden Impulse (*S. 200*). Da elektrische Synapsen zur effizienten Weiterleitung einen großen Kontaktbereich benötigen, sind sie aus Platzgründen im Gehirn, in dem viele Tausend Endknöpfchen auf ein Neuron kommen, nicht realisierbar. Elektrische Synapsen können nicht hemmend (*S. 194*) wirken, lassen sich aber auch durch transmitterähnliche Stoffe nicht beeinträchtigen.

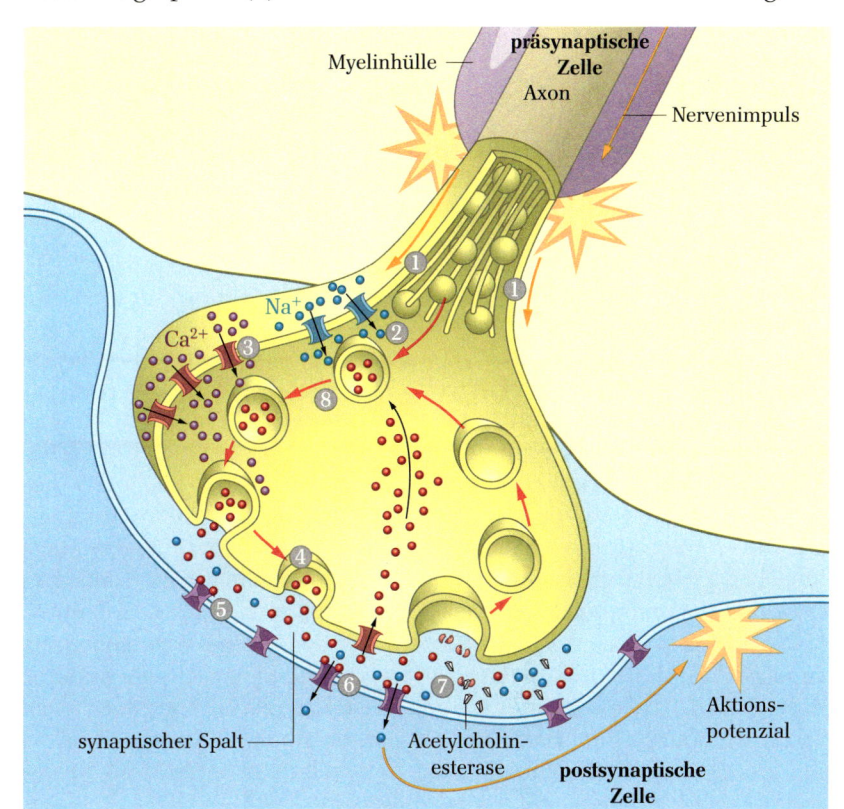

Abb. 1 Funktion einer chemischen Synapse mit Transmitter Acetylcholin

A2 Erläutern Sie, an welchen Stellen Neuronen durch Fremdstoffe beeinflusst werden können.

A3 Erklären Sie, welche Wirkungen auf einen Patienten Sie bei Gabe folgender Pharmaka erwarten:
(a) Suxamathoniumchlorid führt über Rezeptorblockade zu lang anhaltender Depolarisation an der postsynaptischen Membran.
(b) Prostigmin hemmt das Enzym, das den Transmitter abbaut.
(c) Hemicholinium blockiert die Wiederaufnahme der Transmitterbruchstücke in die präsynaptische Zelle.

A4 Erläutern Sie begründet, ob an motorischen Nervenfasern *(Abb. 1, S. 198)* Aktionspotenziale ausgelöst werden, wenn man die Muskelfaser elektrisch reizt.

Die Transmitterbindung an die Kanalproteine ist eine Gleichgewichtsreaktion. Verringert sich die Transmitterkonzentration im synaptischen Spalt, überwiegen Ablösungsvorgänge: Der Ionenkanal wird wieder geschlossen. Daher kommt dem enzymatischen Transmitterabbau entscheidende Bedeutung für die Funktion der Synapse zu. Die Einzelkomponenten aus dem Abbau des Acetylcholins gelangen zurück in die präsynaptische Zelle, werden dort zu Acetylcholin recycelt und erneut in Vesikeln gespeichert *(Abb. 1 [8], S. 193)*.

Dieser Übertragungsmechanismus hat Vor- und Nachteile; so ist eine Übertragung nur in einer Richtung möglich, nämlich vom prä- zum postsynaptischen Bereich. Die andererseits für Diffusion und die Vorgänge an der postsynaptischen Membran benötigte Zeit führt zu einer Verzögerung der Signalleitung um 1–5 ms. Für sehr schnelle Reaktionen, wie z. B. Reflexe oder Fluchtreaktionen, sind darum möglichst wenige Synapsen zwischengeschaltet.

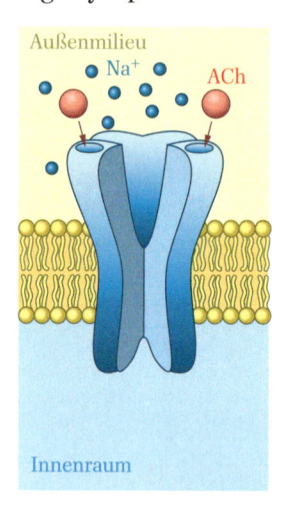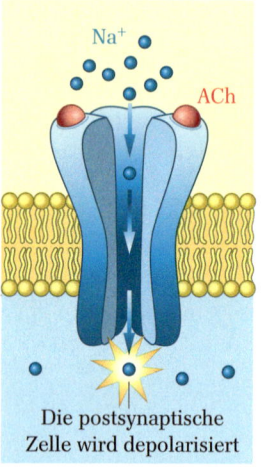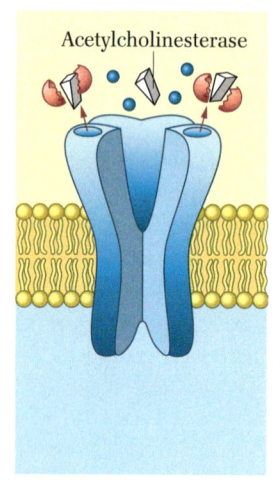

Abb. 3 Acetylcholin an rezeptorgesteuertem Na⁺-Kanal (postsynaptische Membran); andockendes Acetylcholin (Schlüssel-Schloss-Prinzip) setzt sich an die Rezeptorstelle des Kanalproteins (links); zentrale Pore öffnet sich, Na⁺-Ionen strömen in die postsynaptische Zelle, bewirken Depolarisation (Mitte); freier Transmitter wird durch die Acetylcholinasterase gespalten, dadurch sinkt seine Konzentration im synaptischen Spalt; Acetylcholin löst sich deshalb von den Rezeptorstellen und die zentrale Pore schließt sich wieder (rechts).

Erregende und hemmende Synapsen

Durch die Wirkung eines **erregenden Transmitters** wie Acetylcholin wird die postsynaptische Membran depolarisiert, ein Aktionspotenzial kann ausgelöst werden. **Hemmende Transmitter** (z. B. GABA, *Tab. 1, S. 192*) hingegen erschweren das Auslösen eines postsynaptischen Aktionspotenzials. Sie wirken auf die spezifischen Rezeptoren von rezeptorgesteuerten Cl⁻-Kanälen und lösen Einstrom von Cl⁻-Ionen in die Zelle aus. Der betroffene Membranabschnitt der postsynaptischen Zelle wird dadurch hyperpolarisiert; das Auslösen eines Aktionspotenzials wird gehemmt. Je nach Zahl der hemmenden oder erregenden Synapsen, die auf eine postsynaptische Zelle münden, kann diese leichter oder weniger leicht erregt werden *(S. 200)*. Hemmende Synapsen sind im Zusammenwirken mit erregenden für die Funktion des Nervensystems und für die Steuerung aller Verhaltensreaktionen unabdingbar *(S. 201)*.

A5 Vor operativen Eingriffen werden oft Relaxantien eingesetzt, um die Muskulatur erschlaffen zu lassen. Durch das Gegenmittel Prostigmin, einen Acetylcholinesterase-Blocker, kann die Wirkung der Relaxantien wieder aufgehoben werden. Erklären Sie die neurophysiologischen Vorgänge, die beiden beschriebenen Wirkungen zugrunde liegen.

A6 Nach Nahrungsaufnahme wird im Hypothalamus der Transmitter Serotonin freigesetzt, wodurch ein Sättigungsgefühl vermittelt wird. Erläutern Sie, wie ein Medikament zur Behandlung von Adipositas (Fettsucht) wirken müsste, um das durch Serotonin hervorgerufene Sättigungsgefühl lange zu erhalten.

Dynamische Synapsen

Synapsen sind rasch veränderbare Baueinheiten, die Information verarbeiten. Ihre Membranen unterliegen ständigen Umbauten, auch im unerregten Zustand. Fortlaufend werden im Zellplasma Kanalproteine neu hergestellt, antransportiert und in die Membran eingebaut, wo sie im Schnitt nur Minuten verbleiben. Dann werden sie aus der Kontaktzone heraus und ins Plasma zurück verlagert und recycelt.

2.3 Wirkung von Fremdstoffen auf die chemische Synapse

Transmitter müssen nach dem Schlüssel-Schloss-Prinzip auf die Rezeptorposition eines Kanalproteins passen, um ein Öffnen des Ionenkanals zu bewirken. Eine Vielzahl von Stoffen (Synapsengifte, Pharmaka, Suchtmittel usw.) mit ähnlichem Bau können daher die Funktion von Synapsen beeinflussen.

Synapsengifte

Die **Entdeckung**, dass Pharmaka Synapsen beeinflussen, hat die gezielte Erforschung ihrer Funktionsweise erst ermöglicht. Beispielsweise verhindert Botulinusgift, das Bakterien absondern, die Ausschüttung des Transmitters Acetylcholin insbesondere im Zwerchfell und in der Zwischenrippenmuskulatur. Schon 10 mg können eine tödliche Atemlähmung bewirken. Isoliert aus der Haut südamerikanischer Pfeilgiftfrösche *(Abb. 1)* ist Batrachotoxin, wie z.B. auch Curare, ein äußerst wirksamer Bestandteil des Pfeilgifts der Ureinwohner Amazoniens, der bereits in sehr geringer Menge die Atemmuskulatur lähmt und zum Herzstillstand führt. An der neuromuskulären Synapse konkurriert Batrachotoxin mit Acetylcholin um den Rezeptorplatz der Na⁺-Kanäle und blockiert ihren Verschluss. Atropin, das Gift der Tollkirsche *(Atropa bella donna, Abb. 2)*, wirkt auf molekularem Niveau wie Curare und blockiert Synapsen der Muskulatur des Herzen, der Eingeweide und der Iris im Auge. Früher wurde es in extrem geringer Dosierung zur Pupillenerweiterung verwendet (ital. bella – schön[e], donna – Frau).

Pharmaka und Suchtmittel

Viele **Medikamente** oder z.B. auch **Narkotika** *(Abb. 3, S. 196)* wirken an Synapsen und beeinflussen so unser Bewusstsein, Empfinden und Denken sowie unsere Emotionen. Auch für viele **Rauschdrogen** und Psychopharmaka kennt man heute das molekulare Wirkungsprinzip *(Tab. 1, S. 197)*. LSD z.B. öffnet Ionenkanäle; Synapsen werden aktiv und erzeugen irreale Sinneseindrücke. Besetzen Wirkstoffe wie das Opiat Morphin Rezeptoren, ohne den Ionenkanal zu öffnen, wird die Informationsübertragung – hier an den Schmerzbahnen – blockiert *(Tab. 1, S. 197)*. Das Opiat wirkt dabei wie das körpereigene Schmerzmittel Endorphin. Unter ärztlicher Aufsicht verabreicht, lindern Opiate große Schmerzen. Missbrauch von Opiaten und anderen Suchtmitteln kann aber erschreckende Folgen haben, wie am **Beispiel THC** (Cannabis, Haschisch, Marihuana, *Tab. 1, S. 197*) auf *S. 196* gezeigt. Heute sucht die molekulare Medizin intensiv nach THC-analogen Wirkstoffen, die die kurzzeitig positiven Wirkungen von THC aufweisen, wie z.B. das Unterdrücken des Brechreizes nach einer Chemotherapie gegen Krebs, ohne dabei zu Dauerschäden zu führen.

A7 Zeichnen Sie ein Spannungs-Zeit-Diagramm mit einem erregenden bzw. einem hemmenden postsynaptischen Potenzial und grenzen Sie die Begriffe postsynaptisches Potenzial und Aktionspotenzial voneinander ab.

A8 Erläutern Sie die Bedeutung hemmender Synapsen.

Abb. 1 Der Schreckliche Pfeilgiftfrosch *(Phyllobates terribilis)*

Abb. 2 Die Tollkirsche *(Atropa bella donna)*

Exkurs

Narkotika manipulieren Nervenzellen

Ein Vollnarkotikum bewirkt in der Regel Bewusstlosigkeit (geistig-seelische Ruhigstellung mit Stressabschirmung), Bewegungslosigkeit (vom Rückenmark ausgehende Lähmung), Schmerzunempfindlichkeit und Gedächtnisausfall. Auf molekularer Ebene erhöht es die Wirkung des hemmenden Neurotransmitters GABA *(Tab. 1, S. 192)*. Der rezeptorgesteuerte Cl⁻-Kanal mit dem spezifischen GABA-Rezeptor, auf den auch das Narkotikum wirkt, besteht aus fünf Proteinuntereinheiten *(Abb. 3, links)*. GABA bindet an die Rezeptorstelle, die zentrale Pore öffnet sich, Cl⁻-Ionen strömen in die postsynaptische Zelle und führen zu Hyperpolarisation.

Die Chance, dass die postsynaptische Zelle ein Aktionspotenzial weiterleitet, wird dadurch gesenkt. Das Narkotikum lagert sich an einer anderen Stelle zusätzlich an das Kanalprotein *(Abb. 3, rechts)*: Der Ionenkanal bleibt dadurch wesentlich länger offen, die Hyperpolarisation wird verstärkt. Derartige GABA-Rezeptoren kommen nicht nur an Synapsen vor, sondern vielerorts an Soma und Dendriten von Gehirn-Neuronen.

Das Narkotikum kann also auch an diesen Stellen spezifisch Cl⁻-Kanäle öffnen und so die Erzeugung von Aktionspotenzialen unterbinden. Ähnlich wirkt das starke Beruhigungsmittel Valium auf molekularer Ebene.

Haschisch im Hirn

Cannabis-Dauerkonsum kann fatale Folgen haben. Der Hauptwirkstoff von *Cannabis*, Tetrahydrocannabinol (THC), hat verblüffende Ähnlichkeit mit dem

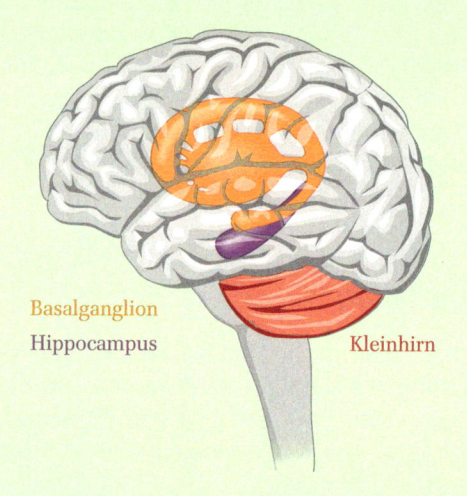

Abb. 4 Hohe Konzentrationen von Cannabinoid-Rezeptoren im Gehirn

Basalganglion
Hippocampus
Kleinhirn

körpereigenen Neurotransmitter Anandamid: Beide gehören zur Gruppe der Cannabinoide, für die es im Gehirn zahlreiche Rezeptoren gibt *(Abb. 4)*. Unter THC-Einfluss entfallen hemmende Synapsen; ungehemmt werden Aktionspotenziale ausgelöst, auch falsche, sinnlose und Verwirrung stiftende: Musik wird z. B. als Farbe empfunden oder Farbe als Geruch. Das Gehirn wäre durch Erregungsüberflutung funktionsunfähig, würde es nicht das Enzym Monoaminooxydase als „Notbremse" ausschütten. Doch das baut neben THC zugleich auch körpereigene Transmitter ab und dämpft so nachhaltig das Erinnerungs- und Denkvermögen. „Ich bin vergesslich wie ein 80-Jähriger", klagt ein *Cannabis*-Konsument. Es ist meist fruchtlos, mit Drogenabhängigen hierüber zu reden. Denn unter ständigem THC-Einfluss können sie nicht normal verarbeiten, was um sie vorgeht, da sich die reale Welt nicht mehr mit ihrer subjektiven Erfahrung deckt. So wächst auch die Gefahr, dass sich zwischen *Cannabis*-Dauerkonsumenten und Nichtkonsumenten eine Verständigungs- und Verständniskluft auftut, die zum Bruch mit Verwandten, Freunden und vertrauten Strukturen führt. Vor allem aber wird bei Heranwachsenden die Persönlichkeitsentwicklung unterbrochen, ohne dass Betroffene das selbst merken.

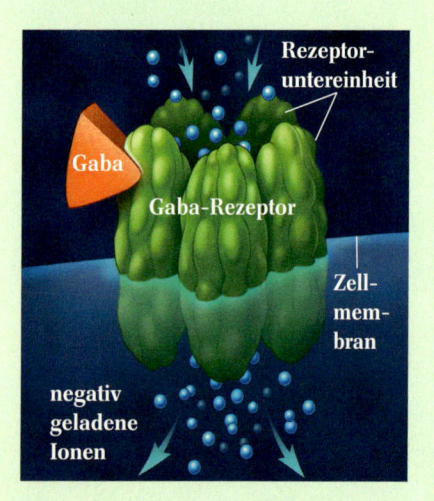
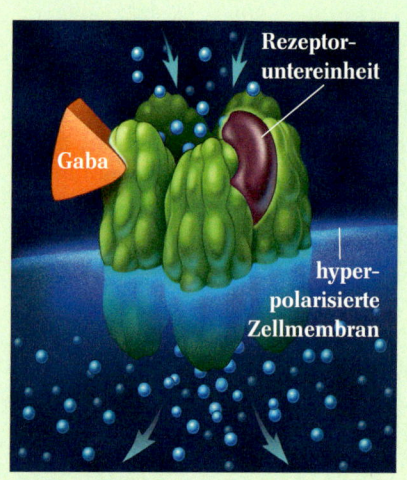

Rezeptor-untereinheit
Gaba
Gaba-Rezeptor
Zellmembran
negativ geladene Ionen

Rezeptor-untereinheit
Gaba
hyperpolarisierte Zellmembran

Abb. 3 Wirkung eines Narkotikums auf den GABA-Rezeptor

Droge	Wirkort	Molekulare Wirkung	Physische und psychische Wirkung	Folgen bei Dauergebrauch
Amphetamine	erregende Synapsen mit Transmitter Noradrenalin	spontane Ausschüttung synaptischer Vesikel	scheinbare Steigerung der Leistungsfähigkeit, Unterdrückung von Müdigkeit	erhöhte Reizbarkeit, Halluzinationen, Herzversagen, Gehirnbluten als Folge der häufigen Dosiserhöhung
Kokain	erregende Synapsen mit Transmitter Noradrenalin	Verhinderung der Rückresorption von Noradrenalin in die Endknöpfchen	erhöhte Leistungsfähigkeit, Euphorie	Schlafstörungen, kein Appetit, Halluzinationen, Depressionen, Verfolgungswahn
LSD	Stammhirnsynapsen mit Transmitter Serotonin	gleiche Wirkung wie Serotonin	Fehlinterpretation von Sinneswahrnehmungen	Angstzustände, abnehmende geistige Leistungsfähigkeit
Opiate wie Kodein, Morphin, Heroin	Synapsen an Schmerzbahnen in Rückenmark und Gehirn mit körpereigenen Endorphinen als Transmittern	gleiche Wirkung wie Endorphine, die körpereigenen Schmerzmittel (hemmende Synapsen)	Unterdrückung der Weiterleitung von Schmerzsignalen	Wirklichkeitsferne, Leber-, Magen-, Darmschäden, Versagen von Atmung und Herz als Folge häufiger Dosiserhöhung
Cannabis (Haschisch, Marihuana) (Wirkstoff: Tetrahydrocannabinol = THC)	viele Synapsen in verschiedenen Gehirnregionen	Besetzen von Rezeptoren anstelle körpereigener Transmitter (sogenannte Endocannabinoide), hemmen Neuronen, die GABA als Transmitter aussenden; dadurch fallen hemmende Synapsen im Gehirn aus; Übererregung ist die Folge	Schmerzlinderung, Brechreizunterdrückung, Appetitanregung, Halluzinationen, erhöhte Risikobereitschaft durch Angstmilderung, Schwächung des Gedächtnisses	Realitäts- und Gedächtnisverlust, Geisteskrankheiten, Sterilität, Schwächung des Immunsystems, Depressionen, Suizidgefahr

Tab. 1 Wirkung ausgewählter Suchtmittel

Zusammenfassung

Die Informationsübertragung zwischen Sinnes-, Nerven- und Muskelzellen ist in der Regel keine direkte, sondern findet über **Synapsen** statt. Bei chemischen Synapsen fungieren **Transmitter** als Überträger, indem sie in den synaptischen Spalt ausgeschüttet werden und so Information von der prä- zur postsynaptischen Seite der Verbindung transportieren. Diese Art der Übertragung stellt sicher, dass der Informationsfluss nur **in einer Richtung**, nämlich von der vorgeschalteten zur nachfolgenden Zelle erfolgt.

Jede Synapse verwendet ihren typischen Transmitter, der nach dem **Schlüssel-Schloss-Prinzip** hochspezifisch an Kanalproteine andockt. Er bestimmt, ob in der nachfolgenden Zelle erregende oder hemmende **postsynaptische Potenziale** auftreten.
Zahlreiche Stoffe, insbesondere Pharmaka und Drogen verändern in oft unkontrollierbarer Weise die synaptische Übertragung und führen zu schweren physischen und psychischen Störungen. Ihre Angriffsorte sind häufig die **Rezeptoren** der postsynaptischen Membran.

Plus 3 Lernen und Gedächtnis auf neuronaler Ebene

Unsere Fähigkeit zu lernen und Informationen aus dem Gedächtnis abzurufen ist in den kleinsten Bausteinen des Nervensystems verankert, den Neuronen und ihren Synapsen. Wir wollen Einblick in die neuronalen Grundprozesse nehmen und einen Ausblick auf die Organisation von Lernen und Gedächtnis im Gehirn anschließen.

A1 Grenzen Sie die Rezeptor-Begriffe mit Beispielen gegeneinander ab!

3.1 Erregung und Hemmung als neurobiologische Grundprozesse

Informationsverarbeitende Systeme in Lebewesen zeigen immer wieder die gleiche Grundstruktur *(Abb. 1)*. Einwirkende und evtl. zu lernende **Reize** werden durch Sinneszellen, **Rezeptoren**, in elektrische Signale umgewandelt und diese über Nervenfasern zum **zentralen Nervensystem** geleitet. Dort erfolgt ihre Verarbeitung, oft unter Rückgriff auf das Gedächtnis. Als Ergebnis werden in der Regel Erfolgsorgane gesteuert. Sie bestehen aus spezialisierten Zellen, **Effektoren** (z. B. Muskelfasern, Drüsenzellen), die zusammen eine **Reaktion** ausführen.

Abb. 1 Neurophysiologische Stationen zwischen Reiz und Reaktion

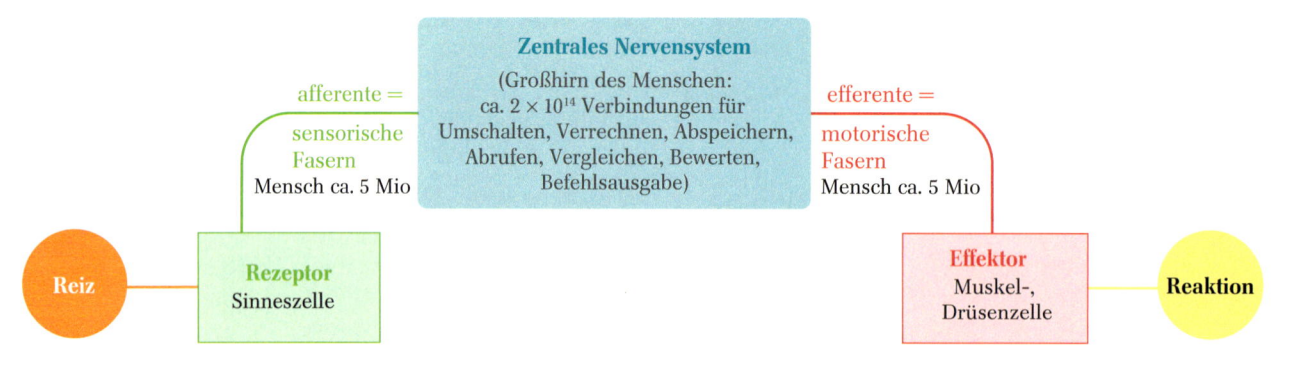

Exkurs

3.1.1 Entstehung von Nervenimpulsen an Sinnesrezeptoren

Sinnesrezeptoren sind stets auf eine ganz bestimmte Art von Reizen hin optimiert. Diese werden in Nervenimpulse umgewandelt, wie das **Beispiel der Zapfen im Wirbeltierauge** zeigt. Zapfen bestehen aus drei Abschnitten *(Abb. 2)*, einem Außensegment zum Registrieren des Lichts, einem Innensegment mit typischen Zellstrukturen und dem synaptischen Bereich. Das Außensegment enthält in vielen zur Oberflächenvergrößerung scheibenartig angeordneten Membranpaketen den Sehfarbstoff Rhodopsin. Dieser besteht aus dem Protein Opsin und dem kovalent mit ihm verknüpften lichtempfindlichen Retinal, einem unpolaren Aliphaten mit mehreren Doppelbindungen.

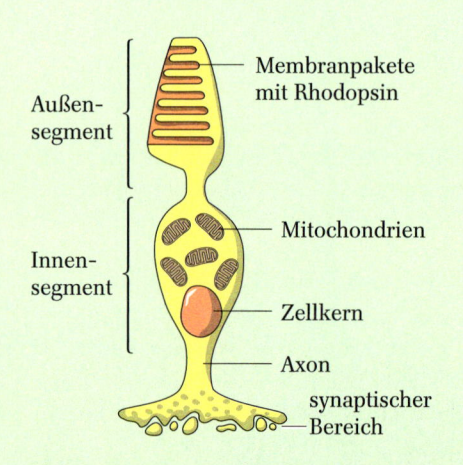

Abb. 2 Bau eines Zapfens der menschlichen Netzhaut

Zapfen enthalten viele Na$^+$-Kanäle, die hier – im Gegensatz zum normalen Neuron – im Dunkeln geöffnet sind. Na$^+$-Ionen können so einströmen. Das bewirkt eine Depolarisation der Membran auf ca. – 30 mV. Solange dieses Zapfen-Ruhepotenzial herrscht, wird in den synaptischen Spalt der Transmitter Glutamat in definierter Rate abgegeben. Er löst – vereinfacht dargestellt – am postsynaptischen Neuron eine festgelegte Frequenz von Aktionspotenzialen aus. Diese übermittelt nach weiterer Verarbeitung der Sehnerv ans Gehirn.

re negativer – je nach Intensität des Lichtreizes bis zu – 70 mV *(Abb. 4)*. Infolge dieser Hyperpolarisation verringert der Zapfen die Rate, mit der er Glutamat als Neurotransmitter freisetzt. Am nachgeschalteten Neuron entstehen so weniger Aktionspotenziale. Benachbarte Zellen recyceln das Rhodopsin; es wird dann wieder in die Zapfen eingebaut. Der ständige Auf- und Abbau des Rhodopsins beansprucht die Membranpakete stark. Beim Menschen werden in jedem Zapfen pro Stunde etwa drei Membranpakete vollständig ersetzt.

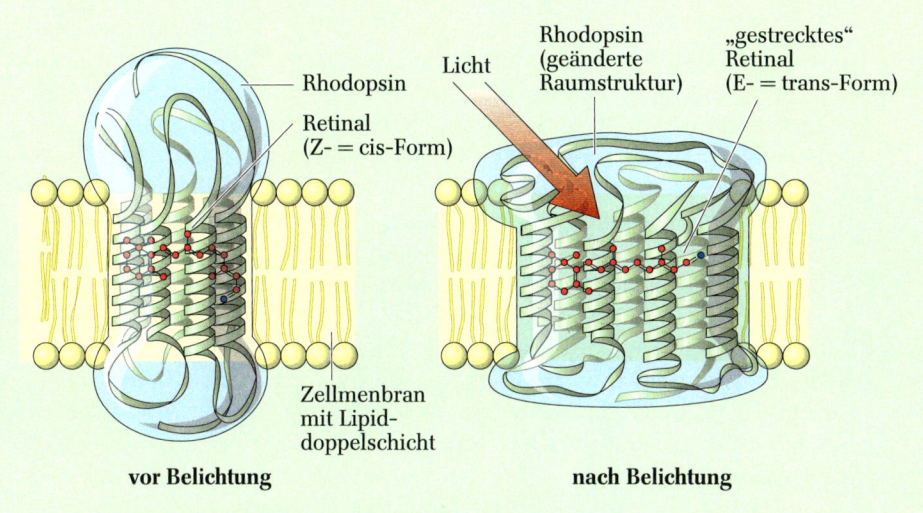

vor Belichtung   **nach Belichtung**

Abb. 3 Veränderung des Sehfarbstoffs Rhodopsin in der Zapfenmembran

Unter Lichteinwirkung ändert sich die Gestalt des Retinals. An einer Doppelbindung geht die Z-Form in die gestreckte E-Form über *(Abb. 3)*. Als Folge wird das Retinal vom Opsin abgespalten und aus dem Rezeptor geschleust. Die Veränderung am Rhodopsin führt über eine Signalstoffkette zum Schließen vieler Na$^+$-Kanäle. Die Wirkung des einzelnen Photons, das zur Strukturänderung am Retinal führt, wird durch die Signalkette etwa um den Faktor 10 000 verstärkt. Jetzt können keine Na$^+$-Ionen mehr ins Zellinnere diffundieren. Folglich wird das Zellinne-

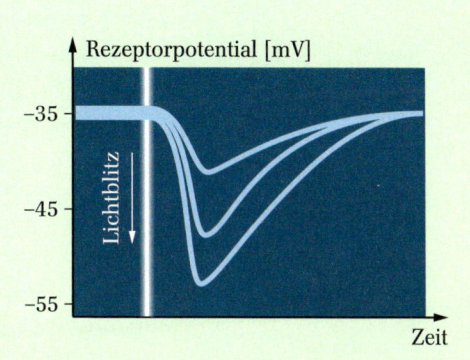

Abb. 4 Hyperpolarisation der Zapfenmembran bei Belichtung

Abb. 5 Informationsverarbeitung am Neuron (vereinfacht) – Aufsummieren des Inputs, Output als typische Frequenz von Aktionspotenzialen.

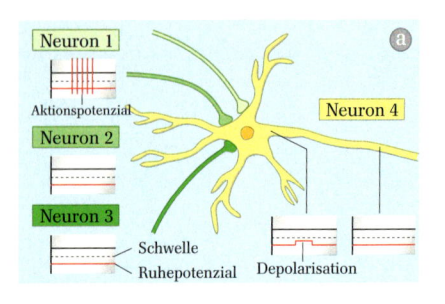

Abb. 5a Neuron 1 feuert mit mittlerer Frequenz – keine Weiterleitung der Erregung.

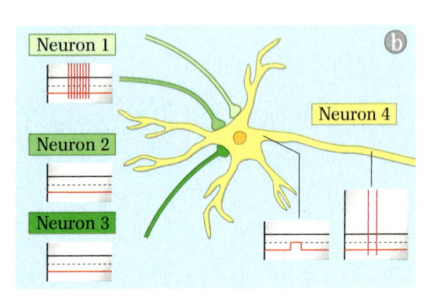

Abb. 5b Neuron 1 feuert mit höchster Frequenz – geringe Aktivität an Axon 4.

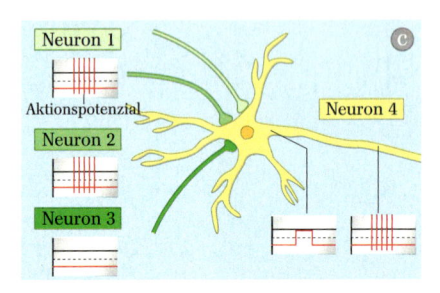

Abb. 5c Neuron 1 und 2 feuern zugleich, Axon 4 ist höchst aktiv.

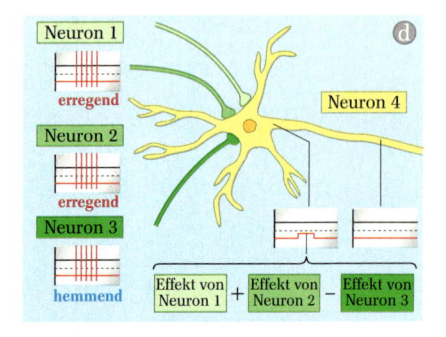

Abb. 5d Feuern des hemmenden Neurons 3 unterdrückt Aktionspotenziale.

3.1.2 Verrechnung von Eingangssignalen am Neuron

Jedes Neuron kann im Millisekunden-Bereich 10^4 bis 10^5 synaptische Eingangssignale empfangen, von denen jedes einzelne **erregend** (depolarisiernd) oder **hemmend** (hyperpolarisierend) wirkt. Dendriten und Zellkörper besitzen meist nur relativ wenige Ionenkanäle und diese in besonderer Ausstattung, sodass über Dendriten und Soma meist keine Aktionspotenziale laufen. Vielmehr werden eingehende Signale über Ionenverschiebungen parallel zur Membran weitergeleitet, messbar als lokale De- bzw. Hyperpolarisation *(S. 184)*. Das Neuron summiert also alle Eingangspotenziale über das Soma hinweg, wobei sich gleichgroße Beträge von Depolarisation und Hyperpolarisation gegenseitig löschen.

Abbildung 5 zeigt die Grundvorgänge: Neuron 4 empfängt über jeweils eine Synapse Signale der Neuronen 1, 2 und 3. Die Synapsen 1 und 2 wirken erregend, Synapse 3 wirkt hemmend. Die durch Synapse 1 verursachte Depolarisierung *(Abb. 5 a)* reicht zunächst nicht, um an Axon 4 Aktionspotenziale zu erzeugen. Erst bei sehr hoher Eingangsfrequenz (b), entstehen wenige Aktionspotenziale als Output. Sind Neuron 1 und 2 gleichzeitig aktiv (c), addiert sich die Depolarisationswirkung beider Synapsen. Am Axonursprung resultieren nach überschwelliger Depolarisation Aktionspotenziale. Ihre Frequenz ist in etwa proportional zu Stärke und Dauer der überschwelligen Depolarisation durch die Eingangssignale. Feuert aber auch das hemmende Neuron 3 (d), wird durch internes Löschen die Auslöseschwelle für die Aktionspotenziale unterschritten, ein Output unterbleibt. Die Fortleitung der Eingangssignale über lokale De- bzw. Hyperpolarisation bewirkt, dass weit vom Axonursprung entfernte Synapsen einen geringeren Einfluss auf das summierte Potenzial haben als nahe dem Axonursprung gelegene. Denn der Widerstand gegen die Ionenverschiebung wächst mit zunehmender Entfernung und schwächt damit die De- bzw. Hyperpolarisation. So lassen sich eingehende Signale im Bereich des einzelnen Neurons nach ihrer Bedeutung gewichten.

Besonders viele Ionenkanäle finden sich am Axonursprung. Deshalb entsteht hier bei überschwelliger Depolarisation immer ein Aktionspotenzial. Der Input des gesamten Neurons wird jeweils räumlich und zeitlich aufsummiert. Dementsprechend ändert sich laufend die Frequenz abgehender Aktionspotenziale. Die Refraktärzeit *(S. 183)* bestimmt die Maximalfrequenz. Selbst im Bereich von Endknöpfchen können Synapsen aufmünden. So lassen sich die Ausgangssignale des postsynaptischen Neurons ganz gezielt modifizieren oder auch völlig unterdrücken – eine weitere Möglichkeit, auf der Ebene des Neurons die Signalweiterleitung zu beeinflussen. Die Fähigkeit zum **Aufsummieren des Inputs** und das Erzeugen einer **typischen Frequenz von Ausgangssignalen als Output** an einer einzigen Stelle (Axonursprung) ist ein Hauptmechanismus zur Informationsverarbeitung im Neuron. Die weitergeleitete **Information** ist in der **Frequenz der Aktionspotenziale verschlüsselt**.

3.1.3 Steuerung von Verhaltensreaktionen

Bleiben wir beim Joggen mit einem Bein an einer Wurzel hängen, streckt sich dieses Bein sofort und treibt unseren Körper nach oben. So wird ein Sturz verhindert bzw. Zeit gewonnen, um einen Sturz mit vorgestreckten Armen und Händen aufzufangen und schwerere Verletzungen zu vermeiden. Das sofortige Strecken des Beins beim Einknicken im Knie ist eine nicht willkürlich beeinflussbare, schnelle Schutzreaktion, ein Reflex. Dieser sogenannte **Kniesehnenreflex** lässt sich zum Test auch mit einem leichten Schlag auf die Kniesehne auslösen *(Abb. 6):*

Der Dehnungsrezeptor im Oberschenkel registriert die plötzliche Dehnung der Kniesehne und damit des Streckermuskels. Das aktivierte sensorische Neuron

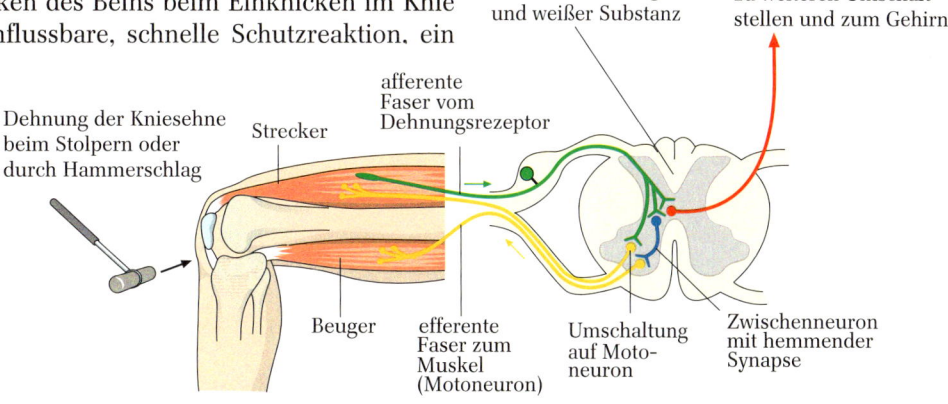

Abb. 6 Schaltbild des Kniesehnenreflexes

leitet eine Folge von Aktionspotenzialen zum Rückenmark. Im Lendenwirbelbereich verzweigt sich sein Axon. Einerseits wird durch einfache Umschaltung das efferente motorische Neuron aktiviert, das zurück zum Strecker führt und diesen zu sofortiger Kontraktion veranlasst. Gleichzeitig läuft die Erregung auf ein Zwischenneuron mit hemmender Synapse. Diese hemmt das Motoneuron zum Beuger, dessen Kontraktion so unterbunden wird. Andererseits werden über weitere Synapsen (nur eine ist eingezeichnet) weitere Umschaltstellen, z. B. zum Vorstrecken der Arme, sowie Alarmzentren im Gehirn aktiviert.

Reflexe sind sehr einfache Verhaltensreaktionen. Komplexeres Verhalten wird vom Gehirn eingeleitet und gesteuert. Die Übertragung der Steuerbefehle auf die Muskeln erfolgt aber ebenso nach dem **Prinzip Erregung des Muskels bei gleichzeitiger Hemmung seines Gegenspielers**.

A2 Erklären Sie, warum beim Stolpern Alarmzentren im Gehirn aktiviert werden!

A3 Begründen Sie, warum beim Kniesehnenreflex die Umschaltung im Rückenmark und nicht im Gehirn erfolgt!

A4 Berühren wir versehentlich eine heiße Herdplatte, zucken wir sofort zurück. Erstellen und erläutern Sie die neurobiologische Verschaltung!

3.2 Dynamische Synapsen in neuronalen Netzen als Basis für Lernen und Gedächtnis

Unser Gehirn erreicht nur eine Taktfrequenz von ca. 1 Kilohertz und ist damit in der Schnelligkeit einem Computer mit Taktfrequenzen um 1 Gigahertz weit unterlegen, sein Lern- und Erinnerungsvermögen sind aber unübertroffen. Grundlage dafür ist die **flexible Vernetzung der Neuronen** im Gehirn, während im Computer einzelne Bauelemente fest verbunden sind. Die dynamischen neuronalen Netzwerke arbeiten im Gehirn miteinander, aber auch parallel nebeneinander. Ständig entstehen neue Neuronen-Netze, andere werden verändert oder gelöscht. Denn ständig werden auch neue Synapsen aufgebaut, verändert und wieder abgebaut *(S. 204)*. In jedem neuronalen Netzwerk, in jeder Nervenzelle, insbesondere aber **an jeder Synapse** herrscht **höchste Dynamik**, solange wir leben. Für das Betreiben dieser Netzwerke ist fortlaufend hoher Stoff- und damit Energieumsatz nötig, was zu **enormem ATP-Bedarf** im Gehirn führt *(S. 174)*.

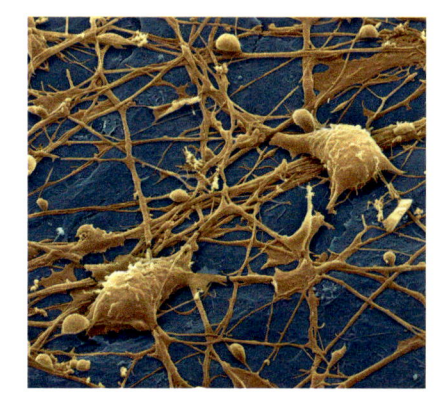

Abb. 1 Neuronales Netzwerk in einer acht Tage alten Kultur von Neuronen aus dem Hippocampus einer Ratte; eingefärbte elektronenmikroskopische Aufnahme

A5 Erklären Sie, warum die Glucose-Konzentration (*Abb. 3, S. 209*) in aktiven Gehirnzentren besonders hoch ist.

Mit modernen Techniken gelingt es zunehmend, die **Dynamik in den neuronalen Netzen** (*Abb. 1, S. 201*, Auftaktseite) und insbesondere **an ihren Synapsen** zu verfolgen, beteiligte Stoffe (Transmitter, sonstige Signalstoffe, Proteine) zu identifizieren und Aktionspotenziale unmittelbar im Netzwerk abzuleiten. Die Ergebnisse gewähren Einblick in die neuronale Organisation von Lernen und Gedächtnis.

3.2.1 Dynamische Synapsen im Säugerhirn: Langzeitpotenzierung und Langzeitdepression

Dass Lernen Neuronen und ihre Synapsen verändert, wurde schon in den 1980er-Jahren durch Versuche an Meeresschnecken gezeigt. Neuere Untersuchungen bestätigen diese grundlegende Befunde für Säuger und Mensch *(Abb. 2)*: (a) Schwache Erregung von Synapse I führt kaum zu lokaler Depolarisation der Soma-Membran. (b) Mehrfach schwacher Input von Synapse I mit gleichzeitigem starken Input von Synapse II hat deutlich verstärkte Depolarisation der Soma-Membran zur Folge. Den aus dem Training resultierenden neuronalen Lerneffekt zeigt (c): Erneuter gleichintensiver Input über Synapse I führt nun zu starkem Output, ohne Aktivität von Synapse II. Diese **Langzeitpotenzierung** kann Monate, evtl. sogar lebenslang anhalten – je nach Intensität des Trainings. Langzeitpotenzierung im Säugerhirn erfolgt aber auch, wenn nur über eine Synapse (*Abb. 2:* Synapse I) mehrfach hintereinander ein besonders intensiver Input kommt (d bis f). Beim Versuchstier kann man dazu in Serie drei bis vier elektrische Stimuli innerhalb von etwa 10 Minuten am vorgeschalteten Neuron setzen. Entsprechendes Training hätte den gleichen neuronalen Lerneffekt: Die Signalübertragung an Synapse I ist entscheidend verstärkt. Wesentliche biochemische Mechanismen der Langzeitpotenzierung verdeutlichen der Exkurs und Abbildung 3.

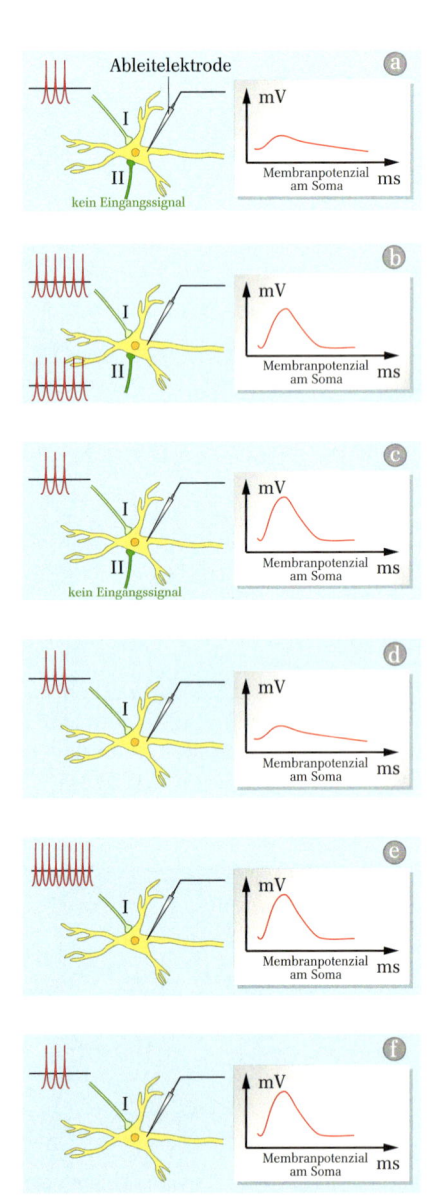

Abb. 2 Langzeitpotenzierung im Rattenhirn – schematisch (Erläuterungen im Text)

Exkurs

Langzeitpotenzierung im Rattenhirn
An der postsynaptischen Membran gibt es zwei Rezeptortypen A und B für Glutamat:
(a) Schwache Erregung mit geringer Transmitterausschüttung öffnet nur die Rezeptorkanäle A. Einströmende Na^+-Ionen lösen nur geringe Depolarisation aus. Rezeptorkanäle B bleiben durch Mg^{2+}-Ionen blockiert.
(b) Erst bei starker Erregung mit hoher Transmitterausschüttung werden Rezeptorkanäle B frei und Ca^{2+}-Ionen strömen ein. Eine Wirkstoffkette macht nun die A-Rezeptoren empfindlicher für Glutamat, sie öffnen ihren Kanal schneller. Außerdem gelangt Stickstoffmonooxid (NO) als Botenstoff zur präsynaptischen Zelle zurück und stimuliert erneut die Glutamat-Ausschüttung. Die Ca^{2+}-Ionen bewirken ferner zusätzlichen Einbau von B-Rezeptoren, die im Zellplasma schon synthetisiert sind, in die postsynaptische Membran (weitere Effekte vgl. Abb. 5 – 7).

Gäbe es in einem neuronalen Netzwerk nur Langzeitpotenzierung, wären bald alle Synapsen maximal sensibilisiert. Die Neuronen könnten sich dann aber nicht mehr umstellen; das für Lernvorgänge unabdingbare flexible Reagieren auf neue Reize wäre nicht mehr möglich. Schon kurz nach Entdeckung der Langzeitpotenzierung fand man folgerichtig einen als **Langzeitdepression** bezeichneten Gegenmechanismus: Laufen über ein präsynaptisches Neuron längere Zeit zu wenig Nervenimpulse, wird die Erregbarkeit der postsynaptischen Zelle stark herabgesetzt. Dadurch lassen sich auch bereits erfolgte Langzeitpotenzierungen wieder löschen. Zusätzlich vermindert sich die Synapsenzahl zwischen beiden Neuronen. Der Mechanismus der Langzeitpotenzierung erfüllt wesentliche Forderungen zur Lernfähigkeit neuronaler Netze:

1. Es werden **nur ganz spezifische Impulse verstärkt**, d. h. nur solche, die von Langzeitpotenzierung auslösenden Nervenfasern kommen. Benachbarte Synapsen – das können Tausende sein – bleiben unverstärkt.

Abb. 3 Langzeitpotenzierung und Langzeitdepression im Hippocampus der Ratte. Je nach Reizfrequenz kommt es zu länger anhaltender Erniedrigung oder Erhöhung des Membranpotenzials an der postsynaptischen Zelle.

2. **Simultan eingehende Signalfolgen verstärken sich gegenseitig.** Das Lernen neuer Reize, d. h. die klassische Konditionierung (vgl. Verhaltensforschung, *Jahrgangsstufe 12*) ist auf zellulärer Ebene erklärbar.

3. Langzeitpotenzierung kann von Minuten über Monate bis lebenslang anhalten. Damit kann man unser Kurz- oder Arbeitsgedächtnis und unser Langzeitgedächtnis auf neuronaler Ebene erklären:

Unser **Arbeitsgedächtnis** (vermutlich im vorderen Stirnlappen der Großhirnrinde lokalisiert; *S. 209 ff.*) beruht auf einer Stimulierung der Transmittersekretion in der präsynaptischen Zelle sowie auf zusätzlicher Aktivierung von rezeptorgesteuerten Ionenkanälen und auf Eingliederung von im Zellplasma schon vorhandenen empfindlicheren Ionenkanälen in die postsynaptische Membran (*Abb. 3*). Diese Mechanismen wirken schnell, aber nur kurzzeitig. Auf diese Weise kann man sich vorübergehend eine Telefonnummer merken. Nach dem Anruf brauchen wir sie nicht mehr und vergessen sie.

Wie wir wissen, muss Gelerntes auch langfristig, oft lebenslang, abrufbar gespeichert werden. Für Abspeicherungen im **Langzeitgedächtnis** kommen ergänzend hinzu (*Abb. 5*):
(1) In der postsynaptischen Zelle entstehen, aktiviert durch einströmende Ca^{2+}-Ionen und neue **Gen-expression** im Zellkern, **synapsenverstärkende Proteine**, die **an vorher schon kurzzeitig verstärkten Synapsen** empfindliche Ionenkanäle bilden. Die zahlreichen nicht verstärkten Synapsen werden durch weniger verfügbare Ionenkanäle geschwächt. Außerdem entstehen

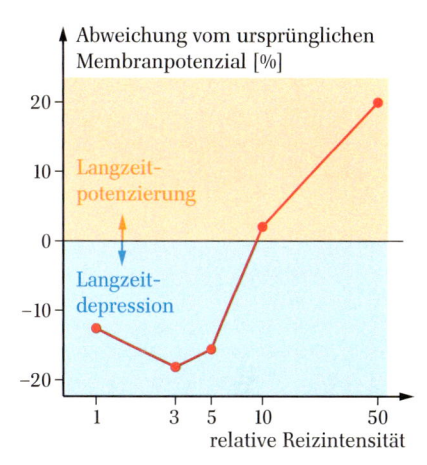

Abb. 4 Langzeitpotenzierung und Langzeitdepression im Hippocampus der Ratte. Je nach Reizfrequenz kommt es zu länger anhaltender Erniedrigung oder Erhöhung des Membranpotenzials an der postsynaptischen Zelle.

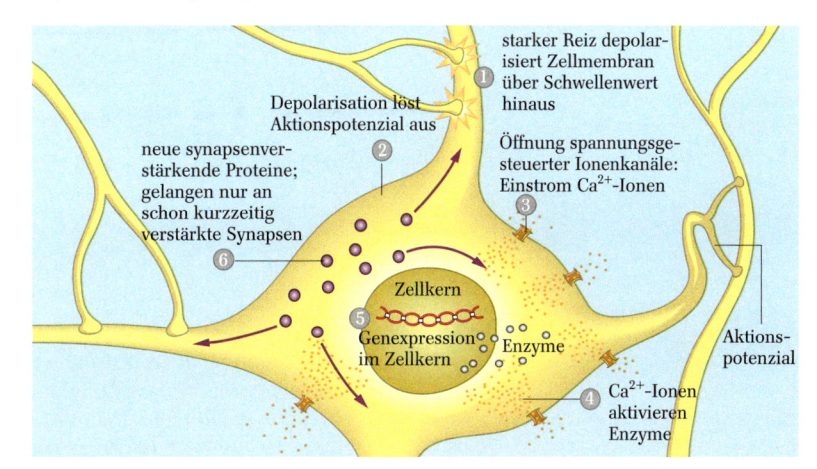

Abb. 5 Wirkmechanismus für Langzeitgedächtnis am postsynaptischen Neuron.

A6 Fassen Sie zusammen, von welchen Faktoren die Veränderung der Synapsenstärke abhängt. Unterscheiden Sie Prä- und Postsynapse.

A7 Jede Synapse ist potenziell ein Unikat. Belegen Sie diese Behauptung.

A8 Entwickeln Sie einen experimentellen Ansatz, um bei einem Versuchstier selektiv das Langzeitgedächtnis auszuschalten.

(2) **zusätzliche Synapsen** zwischen beiden Neuronen *(Abb. 6)*. Weiter kommt es im Minutenbereich (3) zur Bildung neuer **pilzförmiger Auswüchse** (sogenannter Dornen) **an Dendriten**, die zur Synapsenbildung gezielt auf ein Endknöpfchen zuwachsen *(Abb. 7)*. Solche Auswüchse bleiben manchmal lebenslang erhalten, andere verschwinden wieder.

Das Langzeitgedächtnis ist also mit dauerhaften biochemischen, aber auch mikroanatomischen Veränderungen verknüpft. Auch Übergänge zwischen Arbeits- und Langzeitgedächtnis werden beobachtet. Potenziell ist aufgrund der Unterschiede in Verknüpfung und Langzeitpotenzierung jede Synapse in unserem Gehirn einmalig, ein **Individuum**.

Exkurs

Die besondere Wirkung synapsenverstärkender Proteine wurde an gentransformierten Mäusen demonstriert. War das Gen für NMDA-Rezeptor-Proteine *(Abb. 3, S. 203)* ausgeschaltet, litten die Tiere unter erheblicher Gedächtnisschwäche. Sie konnten sich z. B. den Weg durch Labyrinthe wesentlich schlechter einprägen als die Kontrollgruppe. Auch der umgekehrte Eingriff gelang: Wurde gentechnisch die Bildung besonders vieler NMDA-Rezeptoren veranlasst, lernten diese Mäuse ungewöhnlich schnell und dauerhaft.

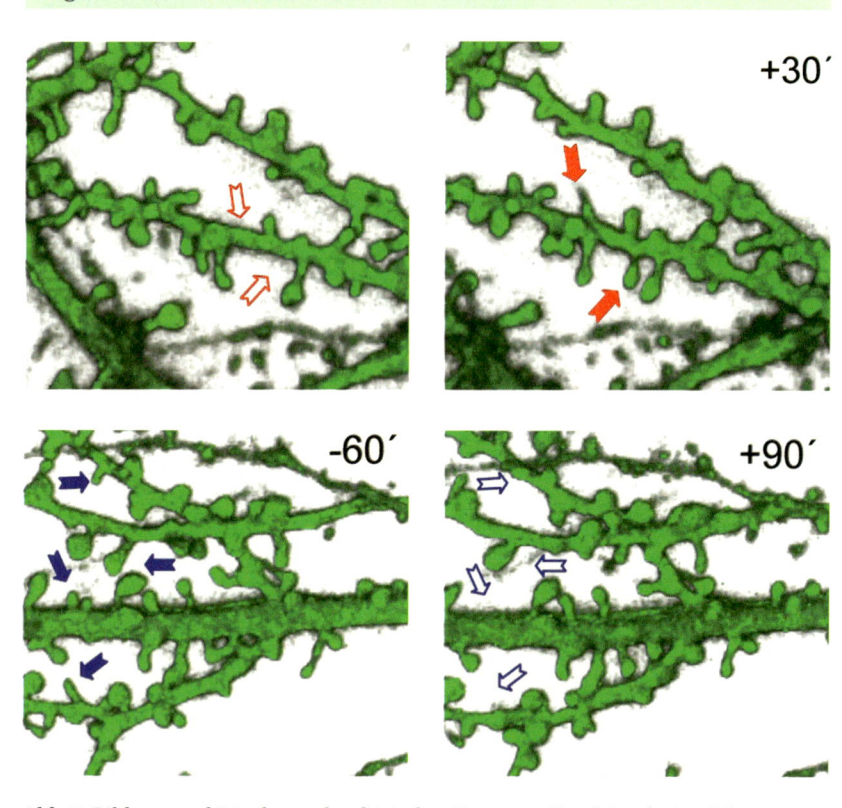

Abb. 7 Bildung und Löschung dendritischer Dornen – Vor Stimulation (oben links); nach 30-minütiger intensiver Stimulation mit Langzeitpotenzierung (oben rechts). Vor Langzeitdepression (unten links); nach geringer Stimulation, die Langzeitdepression induzierte (unten rechts). 8–24 Stunden nach einer Dornbildung entscheidet sich je nach Stimulation, ob eine Verbindung bestehen bleibt oder sich zurückbildet. Die angewandte Technik lässt in lebenden Gewebe Strukturen im Mikrometer-Bereich erkennen; Dendriten grün angefärbt.

Abb. 6 Neubildung von Synapsen nach Langzeitpotenzierung

3.2.2 Hierachische Speicherung von Erinnerungen in neuronalen Netzen

Über die Mechanismen der Langzeitpotenzierung, die bei adäquater Erregung weiter von Neuron zu Neuron wirken, etabliert sich **für jedes dauerhaft erlernte Phänomen ein spezifisches Neuronen-Netzwerk mit spezifischem Aktivitätsmuster** im Gehirn. Innerhalb dieses Netzwerks werden ständig – unter Umständen lebenslang – Signale weitergeleitet, die die jeweilige Erinnerung codieren. Bei der Erinnerung „Apfel" – ein vereinfachtes Beispiel – feuern also im Gehirn Neuronen, die auf die Farbe Rot anspringen, mit solchen, die auf süßlichen Duft reagieren, und anderen, die beim Erkennen einer mittelgroßen rundlichen Form ansprechen, gleichzeitig. Es gibt aber eine riesige Fülle von Erinnerungen. Das als Kind erlebte drohende Knurren von Hasso, dem großen schwarzen Schäferhund unseres Nachbarn, kann dazu führen, dass uns lebenslang selbst ein Schoßhündchen in Panik versetzt. Wie werden in diesem Beispiel Angst allgemein, Hund, knurrender Hund, knurrender, großer, schwarzer Schäferhund und schließlich speziell Hasso, der Hund des Nachbarn, abgespeichert?

Neuronengruppen bilden funktionale Codiereinheiten für Gedächtnisinhalte. Als Gesamtheit ist jede Gruppe stabil genug, um eine Information dauerhaft zu codieren, selbst wenn einzelne Zellen in ihrer Aktivität etwas abweichen sollten. Der gesamte Inhalt eines Erlebnisses wird im Gedächtnis **hierarchisch** geordnet abgelegt, einzelne Aspekte desselben Geschehens in mehreren Neuronengruppen gleichzeitig (Bildsymbol Pyramide, *Abb. 10, S. 206*). Für gleiche Grundereignisse, z. B. alle Schreckereignisse, ergäbe sich ein Polyeder als Bild mit gleichen Bausteinen an der Basis, aber immer spezielleren zur Spitze hin. Nach diesem Prinzip vermag das **Gehirn sehr sparsam** – trotz verfügbarer rund 20 Milliarden Neuronen – praktisch unbegrenzt **Neuronennetze** als **Gedächtnisbausteine** zu erstellen. Für viele Ereignisse lassen sich auf den untersten Stufen dieselben Neuronen-Verbände verwenden. Ähnlich dem genetischen Code mit 4 Basen ergibt das unzählige Kombinationsmöglichkeiten. Wenn also statt des uns bekannten Schäferhundes Hasso *(s. o.)* plötzlich ein kläffender weißer Pudel auftaucht, muss nicht der gesamte Gedächtniscode neu erstellt werden, vielmehr werden nur die neuen Aspekte in neuen Neuronennetzen im Gehirn verankert. Bleibt die Begegnung mit dem Pudel ohne ernstere Konsequenzen, lösen sich die neuen Neuronennetze wieder auf und der weiße Kläffer wird vergessen.

Äußerst spezielle Aspekte einer Information werden nur von sehr wenigen Neuronen repräsentiert, im **Extremfall** genügt ein einzelnes, das auf ganz bestimmte Personen oder Objekte justiert ist *(s. Exkurs rechts).*

Exkurs

Untersuchungen an Epilepsie-Patienten zur Vorbereitung einer Operation bestärken die These von der Repräsentation äußerst spezieller Erinnerungen in **Einzelneuronen**. Während man den Patienten Fotos bekannter Persönlichkeiten (z. B. US-Präsident Bush, die Beatles) zeigte, wurde die Aktivität von über 100 Einzelneuronen im mittleren Schläfenlappen *(S. 211)* aufgezeichnet. Das Ergebnis: Es gibt tatsächlich einzelne Neurone, die unabhängig von Lichtverhältnissen und Betrachtungswinkeln ausschließlich auf ein einzelnes bekanntes Gesicht reagieren. Auch das Lesen des geschriebenen Namens der bekannten Persönlichkeit aktivierte die gleiche Nervenzelle und nur diese.

Exkurs

Wie Erinnerungen gespeichert werden

Ansätze zur Klärung ergab ein Versuch mit Mäusen. Die Tiere wurden im Labor mehrfach künstlichen Schreckerlebnissen ausgesetzt, z. B. einer starken Erschütterung wie bei einem Erdbeben oder einem abstürzenden Fahrstuhl oder einem fingierten Raubvogelangriff. Durch höchst ausgeklügelte Methoden gelang es, vor und während der Schreckerlebnisse sowie danach bei jedem Tier die Aktivitäten von 260 Neuronen im Hippocampus aufzuzeichnen. Abbildung 8 zeigt einen Ausschnitt aus den Rohdaten. In diesen wurde dann nach Mustern für die Schreckerlebnisse gesucht, und zwar mit einem mathematischen Verfahren, das viele Dimensionen auf drei reduziert – jedes Neuron kann ja reagieren oder auch nicht, sodass man eigentlich $2 \times 260 = 520$ Dimensionen verarbeiten müsste. Diese Transformation ergab getrennte Punktewolken in einem dreidimensionalen Raum, die bei allen Tieren jedes Schreckerlebnis und den Fall „Ruhe" in typischer Weise charakterisieren (Abb. 9).

pus ins Großhirn und damit ins Gedächtnis übertragen worden sein. Ohne dass man den genauen Anlass feststellen konnte, zeigt sich später das gleiche Aktivitätsmuster erneut; vermutlich wurde es auf umgekehrtem Weg als Erinnerung wieder abgerufen.

Die Versuchsauswertung ging aber noch weiter: Hippocampus-Neuronen, die auf ein bestimmtes Schreckerlebnis ansprachen, ließen sich auf mehrere getrennte Gruppen aufteilen. Jede dieser Gruppen bildet a) eine Einheit, weil ihre Neuronen bei einem typischen Ereignis weitgehend gleich reagieren, und verschlüsselt b) in ihrer Aktivität einen besonderen Aspekt der Erlebnisse (Abb. 10), z. B. steht beim fingierten Erdbeben eine Gruppe für „allgemeinen Schrecken", eine für „sich bewegenden Boden" und schließlich eine für „Bodenwackeln im eigenen Käfig". Das kann man sich als Pyramide vorstellen, wobei die Neuronengruppen für sehr spezifische Merkmale (z. B. Bodenwackeln im eigenen Käfig) die Spitze bilden, die für abstraktes Geschehen (Schrecken allgemein) die Basis (Abb. 10) – diese reine Veranschaulichung sagt freilich nichts über die Zahl der beteiligten Neuronen.

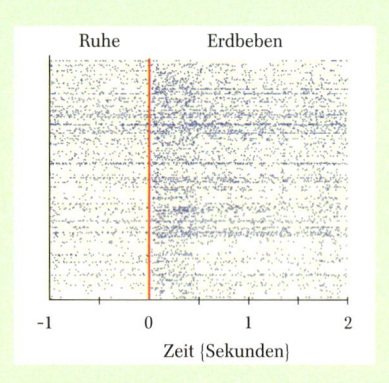

Abb. 8 Reaktion von Hippocampus-Neuronen auf das Schreckerlebnis „Erdbeben"

Muster wie beim jeweiligen Schreckereignis (Abb. 8; nach mathematischer Transformation: Abb. 9) ließen sich später noch mehrfach aufzeichnen, und zwar ohne neues Erlebnis. Das Schreckerlebnis dürfte zunächst im Hippocampus zwischengespeichert und dann – ohne neues Schockerlebnis – vom Hippocam-

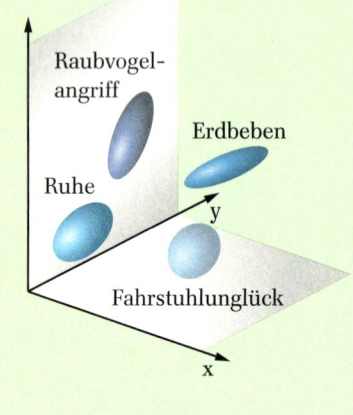

Abb. 9 Punktewolken zu den Neuronenreaktionen nach Auswertung mit Mustererkennungsverfahren. Die drei Achsen sind kein Maß für neuronale Aktivität; sie bilden aber einen Raum, in dem sich erkennen lässt, ob verschiedene Ereignisse charakteristische Muster erzeugen.

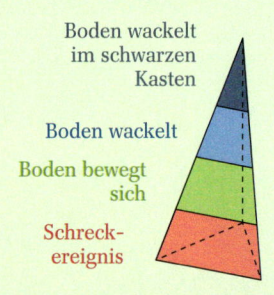

Pyramide zum Erdbeben im schwarzen Kasten

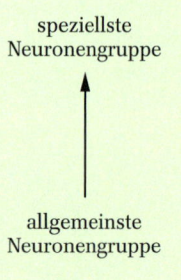

speziellste Neuronengruppe

allgemeinste Neuronengruppe

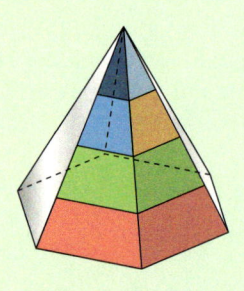

Pyramide zum fallenden Fahrstuhl im blauen Kasten

Polyeder für Schreckereignisse jeder Art

Abb. 10 Hierarchische Speicherung von Erlebnisaspekten im Gehirn

Wie wir wissen, feuert ein bestimmtes Neuron bedingt durch entsprechende individuelle Verstärkung seiner Synapsen immer und nur dann, wenn ein genau definierter Input vorliegt, sei dies nun der Anblick eines knurrenden Hundes oder das Lesen einer Lateinvokabel. Gleichzeitig ist ein **neuronales Netzwerk** aktiv. An einem sehr vereinfachten Beispiel sei ein Einblick in die Funktion eines solchen Netzwerks gegeben, in dem **Informationen parallel** und damit **sehr schnell** verarbeitet werden (Exkurs mit *Abb. 11 bis 14, S. 208*); die Komplexität neuronaler Verschaltungen lässt sich erahnen.

Die Dynamik in den neuronalen Netzen mit ihrer unvorstellbar großen Zahl an individuellen Schaltstellen bildet die Grundlage für die fast unerschöpfliche Lern- und Speicherfähigkeit unseres Gehirns. Neuere Forschungsergebnisse machen es möglich, diesen Eigenschaften erste grundlegende mikroanatomische und molekularbiologische Mechanismen zuzuordnen. So beginnen wir zunehmend zu verstehen, dass Lernen die „natürliche und nicht zu bremsende Lieblingsbeschäftigung" (Spitzer 2002) unseres Gehirns ist.

A9 Erläutern Sie einen molekularbiologischen und einen morphologischen Mechanismus für das Vergessen eines Sachverhalts und entwickeln Sie zusätzlich eine Hypothese, warum man sich an bestimmte Kindheitserlebnisse manchmal lebenslang in allen Einzelheiten erinnert.

A10 Unfallbeteiligte behaupten vor Gericht immer wieder, sie könnten sich an das unmittelbare Unfallgeschehen nicht erinnern. Erlebnisse vor dem Unfall wissen sie aber noch in Einzelheiten. Erklären Sie diesen Befund mit neuronalen Mechanismen.

Exkurs

Wie neuronale Netze funktionieren

Das Netzwerk in diesem vereinfachten Beispiel bestehe nur aus 9 Neuronen *(Abb. 11, 208)*: Drei davon sitzen auf der „Netzhaut im Auge" als Inputschicht, drei im Gehirn als Verarbeitungsschicht, die restlichen drei ebenfalls im Gehirn; sie bilden die Outputschicht. Letztere sind unmittelbar mit Muskeln bzw. einer Drüse verbunden. Man kann sich – wieder stark vereinfacht – einen Frosch vorstellen, der nur die drei Muster *(Abb. 11, S. 208)* erkennen und darauf reagieren soll.

Im Fall A erkennt er „Storch" und springt weg, bei B erkennt er „Fliege", die er bei Hunger mit seiner Klappzunge fängt, und bei C „blauer Himmel" – jetzt kann er sitzen bleiben und eine gefressene Fliege verdauen. Die drei Inputmuster müssen vom Neuronen-Netz in passende Output-Muster umgesetzt werden. Jedes Neuron der Inputschicht ist mit jedem Neuron der Verarbeitungsschicht verbunden *(Abb. 12, S. 208)*. Soll das nachgeschaltete Neuron aktiviert werden, müssen – im Beispiel – mindestens 8 Transmitter-Äquivalente ankommen. Im Fall A = „Storch" gilt dies nur für Neuron 4, das sofort über Output-Neuron 7 die Sprungmuskulatur zur Flucht aktiviert.

Im Fall B = „Fliege" wird nur Neuron 6 ausreichend aktiviert. Der Zungenschlag folgt über Output von Neuron 9, sofern Neuron 6 nicht gehemmt wird, z. B. von Sensoren, die einen gefüllten Magen signalisieren (hemmende Synapsen a bis d, rot in *Abb. 13, S. 208*).

Im Fall C = Verdauen *(Abb. 14, S. 208)* sind alle Neuronen aktiv. Allerdings leitet nur Neuron 8 die Aktivierung der Verdauungsdrüsen ein, weil es gleichzeitig über Zwischenneurone (rot) mit hemmenden Synapsen a bis d die Output-Neurone 7 und 9 hemmt.

Input-, Verarbeitungs- und Output-Neurone arbeiten also fast gleichzeitig und damit sehr schnell, weil die Mustererkennung und -verarbeitung in einem Schritt durch parallele Tätigkeit der Neuronen erfolgt. Bestünde ein Muster nicht nur aus drei, sondern aus mehr Bildpunkten oder fielen zusätzlich Eingangssignale von anderen Neuronen an, müssten entsprechend mehr Neuronen eingesetzt werden, die Schnelligkeit bliebe aber erhalten.

A11 Das auf *S. 208* dargestellte Neuronennetzwerk ist stark vereinfacht. Schlagen Sie Veränderungen für eine größere Realitätsnähe vor und einen Mechanismus, um Gedächtnisspeicher im Netzwerk zu verankern.

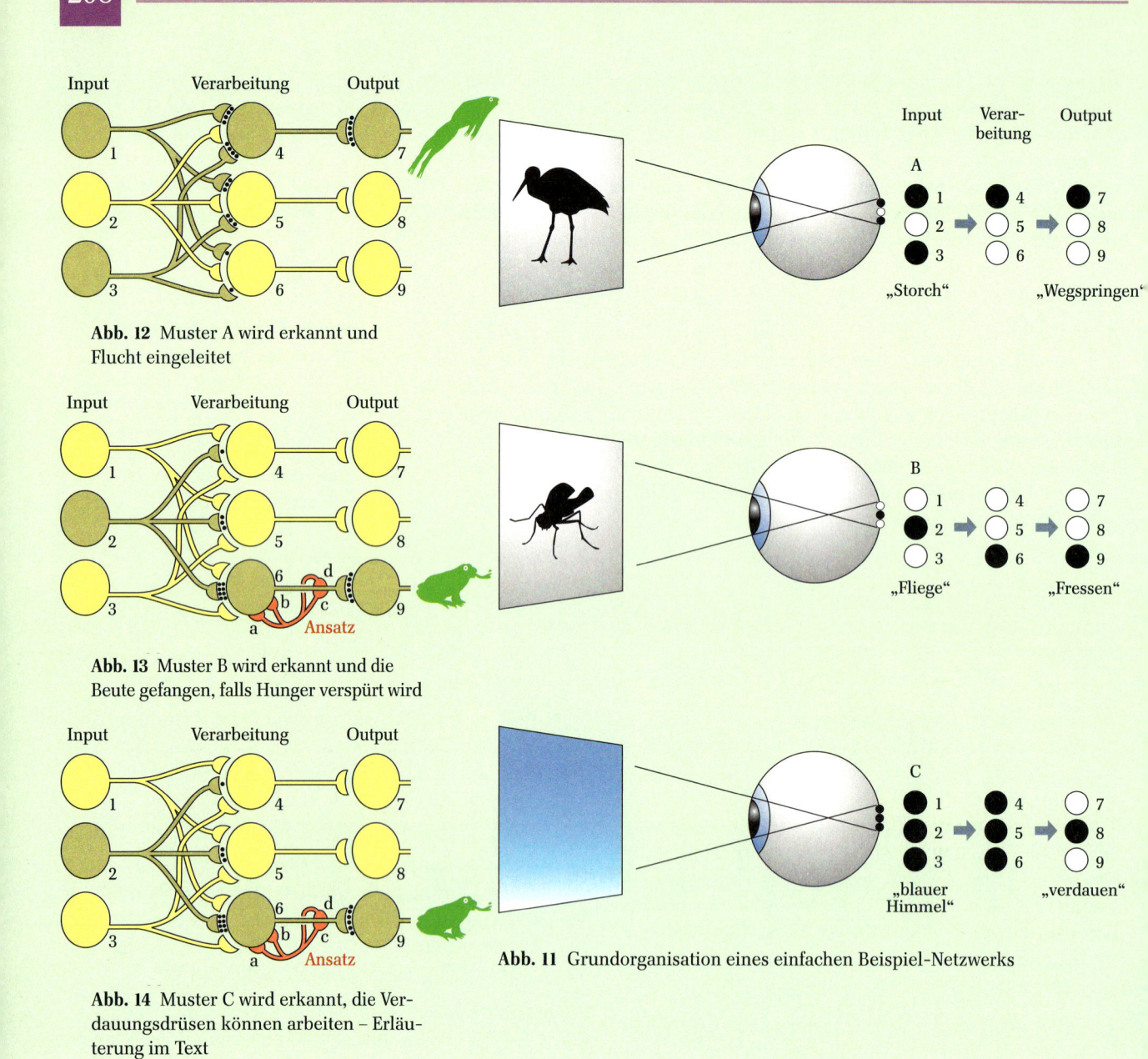

Abb. 12 Muster A wird erkannt und Flucht eingeleitet

Abb. 13 Muster B wird erkannt und die Beute gefangen, falls Hunger verspürt wird

Abb. 14 Muster C wird erkannt, die Verdauungsdrüsen können arbeiten – Erläuterung im Text

Abb. 11 Grundorganisation eines einfachen Beispiel-Netzwerks

Zusammenfassung

Synapsen können **erregend** und **hemmend** wirken. Der Gesamtinput wird am Neuron aufsummiert und in einer typischen Frequenz von Aktionspotenzialen weitergeleitet. In diesem Output ist die Information verschlüsselt. Die **Steuerung von Verhaltensreaktionen** folgt dem Prinzip Erregung der zugehörigen Muskulatur bei gleichzeitiger Hemmung der Antagonisten.

Dynamische Synapsen in neuronalen Netzen sind die Grundlage von Lernen und Gedächtnis. Die molekularen Mechanismen der **Langzeitpotenzierung** und der **Langzeitdepression** regulieren laufend die Ver-

bindungsstärke der einzelnen Synapse. Beim **Arbeits-** oder **Kurzzeitgedächtnis**, einer Vorstufe des **Langzeitgedächtnisses**, werden in erster Linie Stoffe aktiviert, die im Bereich der Synapse bereits verfügbar sind. Die Mechanismen des Langzeitgedächtnisses bestimmen nach Genexpression zusätzlich **synapsenverstärkende Proteine**, aber auch zusätzliche pilzförmige Auswüchse an den Dendriten zur **Synapsenneubildung**. Einzelne Erlebnisaspekte werden in den neuronalen Netzwerken des Gedächtnisses **hierarchisch** abgelegt, gegliedert vom Allgemeinen zum Speziellen.

3.3 Wie unser Gehirn lernt

Wer Lernen und Gedächtnis verstehen will, muss unser plastisches, sich ständig änderndes Gehirn verstehen. Dazu sind Grundkenntnisse der neuronalen Vorgänge *(S. 180 ff.)*, aber auch der Gehirnanatomie und der Funktion einzelner Hirnteile nötig. Gegenüber anderen Säugern dominiert beim Menschen *(Abb. 1 und 2)* das **Großhirn**, das wie eine Kappe mit beiden Hemisphären (gr. hemi – halb; sphaira – [Erd] kugel) den **Hirnstamm** überdeckt. Großhirn und **Kleinhirn** sind zur Oberflächenvergrößerung vielfach gefaltet. Die etwa 4 mm mächtige **Großhirnrinde** enthält fast ausschließlich Somata. Aufgrund ihrer Faltung erreicht sie eine Fläche von etwa einem Quadratmeter.

Forschungsmethoden

Die Ansätze zur Funktionsanalyse verschiedener Gehirnabschnitte haben sich mit dem Fortschreiten der Technik weiterentwickelt und sind heute dementsprechend vielfältig. Klassische Methoden bei der Untersuchung von Versuchstieren sind gezielte Zerstörungen, Hirnreiz- und Ableittechniken. Beobachtete Ausfallerscheinungen werden dokumentiert und mit dem zerstörten Gehirnareal in Verbindung gebracht. Beim Menschen können Daten von verstorbenen hirnverletzten Patienten herangezogen werden, deren Ausfallerscheinungen bekannt sind. Hirnreiztechniken erregen Neuronen und verursachen Muskelbewegungen. Von Patienten, die sich bei lokaler Betäubung einer Hirnoperation unterziehen, erhält man nach gezielter Reizung Beschreibungen erlebter Effekte. Ableittechniken ermöglichen die Lokalisation von Aktivitäten, die durch Sinneseindrücke und spontane Tätigkeit des Gehirns ausgelöst werden.

Moderne bildgebende Verfahren erlauben den Blick ins arbeitende Gehirn ohne Verletzung, so z. B. die **Positronen-Emissions-Tomografie, PET** *(Abb. 3)* oder die **Kernspin-Tomografie** *(Abb. 4, S. 210)*. Mit einer Auflösung von annähernd 1 mm erlauben diese Techniken sehr aussagekräftige Bilder und damit signifikante Untersuchungsmöglichkeiten.

3.3.1 Physiologische Grundlagen und Lernprozesse in Hirnstamm und limbischem System

Der Hirnstamm steuert Grundfunktionen

Das verlängerte Mark *(Abb. 1* und *2)* ist Reflexzentrum für Kauen, Schlucken, Würgen, Husten, Niesen und kontrolliert Atmung, Herzschlag und Blutdruck. Das Mittelhirn schaltet von Auge und Ohr eingehende Sinnesbahnen um und steuert den Lidschlagreflex und die Pupillenweite. Willkürliche Einflussnahme auf diese angeborenen Verhaltensweisen bzw. Kontrollinstanzen ist in der Regel weder möglich noch sinnvoll, sonst wäre das Überleben infrage gestellt. Ausnahmsweise erlaubt autogenes Training, die bewusste Beeinflussung des eigenen Herzschlags zu erlernen, um überschießende Reaktionen zu dämpfen.

Das **Kleinhirn steuert komplexe Bewegungsfolgen** und die Körperhaltung. Hierzu erhält es Sinnesinformationen vom ganzen Körper und motorische Grundbefehle des Großhirns. Letztere werden, teils unter Verwendung von Gedächtnisinhalten, in komplizierte Bewegungsmuster umgesetzt. Wollen wir z. B. Skifahren oder Geigespielen lernen,

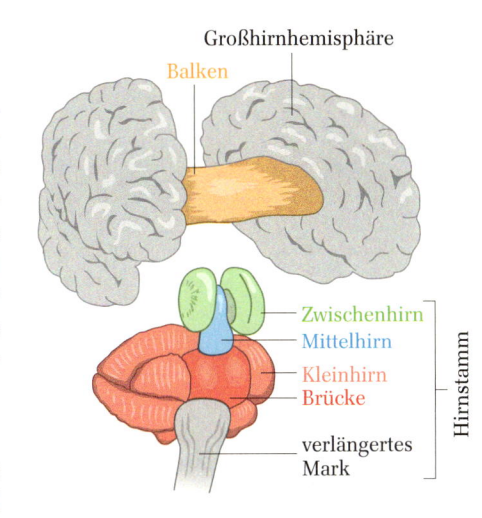

Abb. 1 Grobgliederung des menschlichen Gehirns – nicht eingetragen sind die Verbindungsbahnen zwischen Großhirn und Hirnstamm.

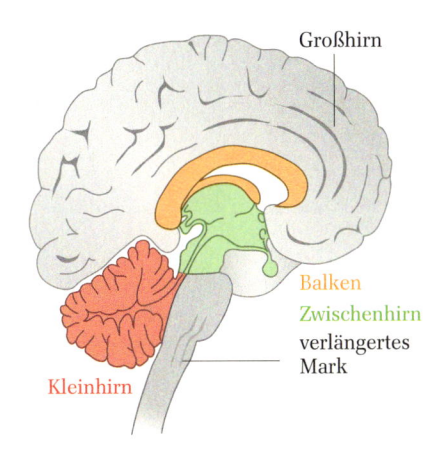

Abb. 2 Längsschnitt durch das menschliche Gehirn

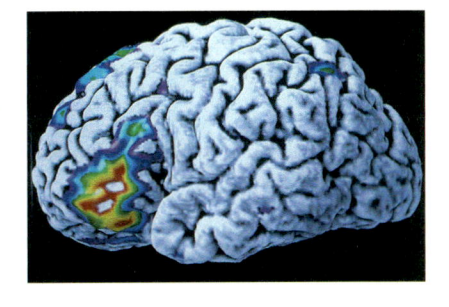

Abb. 3 PET-Falschfarbenaufnahme mit aktivem Sprachzentrum. Der Versuchsperson wurde radioaktiv markierte Glucose injiziert, deren Konzentration in den beim Sprechen aktiven Gehirnzentren (rot – gelb – grün) besonders hoch ist.

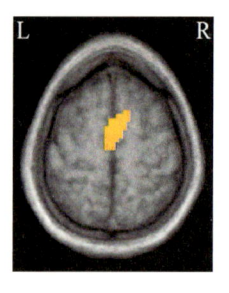
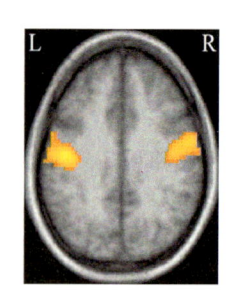
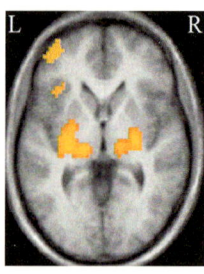
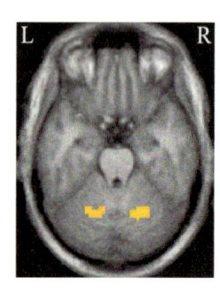
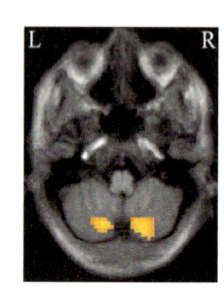

Abb. 4 Kernspin-Tomographie (Falschfarbendarstellung) – Abfolge der Erregung einzelner Gehirnzentren. Die virtuellen Schnitte verlaufen von oben nach unten durch das Gehirn. Beim Sprechen der Silbe „pa" beginnt die Erregung in den motorischen Zentren des Großhirns (1 und 2), verläuft über das Sprachzentrum links und die mittig gelegene Großhirnbasis (3) in das Kleinhirn (4 und 5), das die Sprechmuskulatur steuert.

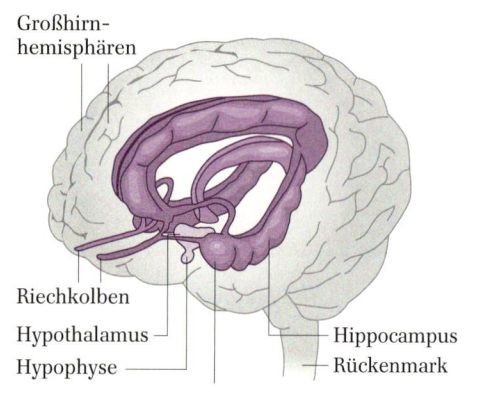

Großhirn-
hemisphären

Riechkolben
Hypothalamus
Hypophyse
Hippocampus
Rückenmark

Abb. 5 Das limbische System – die stammesgeschichtlich ältesten Teile des Großhirns

steuern wir typische Bewegungen zunächst mit großer Mühe bewusst, d. h. vom Großhirn aus. Wenn wir sie nach längerem Training beherrschen, stehen dafür im Kleinhirn spezielle motorische Programme bereit *(Tab. 1, S. 213)*, die automatisch ablaufen, wenn wir dies wollen. Manche Forscher weisen dem Kleinhirn weitere Funktionen zu, z. B. beim Spracherwerb.

Das limbische System steuert Gefühle, Lernen und Gedächtnis

Es umfasst Segmente des Zwischenhirns und phylogenetisch älteste Abschnitte des Großhirns *(Abb. 5)*. Im **Thalamus** (Teil des Zwischenhirns, *Abb. 1, S. 209*) werden unwichtige Informationen von Auge und Ohr anhand von Großhirnvorgaben ausgefiltert und Sinnesinformationen vor der Weitergabe ans Großhirn mit positiven oder negativen Emotionen verknüpft. **Hypothalamus** und **Hypophyse** (Hirnanhangdrüse) sind oberste Instanz unseres Hormonsystems. Der Hypothalamus ist an der Entstehung von **Emotionen** (Furcht, Wut, Angst, Freude, Liebe etc.) beteiligt und steuert Hunger, Durst, angeborene Komponenten des Sexualverhaltens und die Körpertemperatur. Bestimmte Zentren im Hypothalamus lösen bei Reizung mit Elektroden starkes Lustempfinden, Schmerz oder Wut aus. Hat eine Maus die Möglichkeit, ihr Lustzentrum durch Drücken eines Hebels zu stimulieren, drückt sie ihn bis zur völligen Erschöpfung und vergisst Trinken und Essen.

Der **Hippocampus** fungiert als **„Lehrer des Großhirns"**. Er identifiziert und selektiert Neues, Bedeutendes und Interessantes in der Vielfalt eingehender Sinnessignale, macht uns so Wichtiges bewusst, ergänzt es, wenn nötig, aus existierenden eigenen Erfahrungen und überführt es zur schnellen Zwischenspeicherung in Neuronen-Netze.

Sein Speicherplatz ist jedoch relativ gering, weswegen regelmäßig Informationen ins Großhirn „überspielt" werden; das geschieht im **Schlaf**, wie PET-Aufnahmen belegen. Tests bestätigen, dass nur ausreichende Schlafpausen das Behalten von Erlerntem ermöglichen. Das Großhirn besitzt fast unbegrenzte Speicherkapazität, speichert aber sehr langsam und bevorzugt Spezielles und immer wieder in neuem Kontext angebotene Information.

Erzeugt eine Information aber **Angst**, ist immer die **Amygdala** (Mandelkern) an Speicherung und Wiederabrufen beteiligt. Amygdala-Aktivität ist mit Ausschüttung von Stresshormonen, steigendem Puls und Blutdruck sowie Kampf- bzw. Fluchtbereitschaft des Körpers verbunden – wie dies in unserer Stammesgeschichte lange sinnvoll war. Für den notwendigen kreativen Umgang mit Lerninhalten kann dieser Stresszustand aber auch hinderlich sein.

Ein Experiment zeigt den unterschiedlichen Einfluss der verschiedenen Teile des limbischen Systems auf unser (Lern-)Verhalten: Das Blockieren des Hippocampus einer Maus verhindert das zur Orientierung in einem Irrgarten notwendige Lernen, vor einer Katze flieht die Maus jedoch nach wie vor sofort. Wird die Amygdala trainierter Mäuse blockiert, laufen sie nicht mehr vor Katzen davon, finden aber problemlos durch einen Irrgarten. Die Blockade von Amygdala und Hippocampus resultiert in fehlendem Lern- und Fluchtverhalten. Bei Schädigung des menschlichen Hippocampus, z. B. durch einen Unfall, können keine neuen Erinnerungen mehr gebildet werden. Der Zugriff auf vor dem Unfall gespeicherte Gedächtnisinhalte bleibt jedoch erhalten.

3.3.2. Physiologische Grundlagen und Lernprozesse im Großhirn

Jede Großhirnhemisphäre wird in Stirn-, Scheitel-, Schläfen- und Hinterhauptslappen unterteilt *(Abb. 6)*. Viele Funktionen des Großhirns sind in genau umschriebenen Bereichen zu finden. Man spricht von Feldern und unterscheidet anhand der Aufgaben **sensorische** (lat. sentire – fühlen), **motorische** (lat. movere – bewegen) sowie **Assoziationsfelder** (lat. associare – vereinigen, verbinden).

In **sensorischen Feldern** entsteht am Ende der Nervenbahnen der Sinneseindruck und wird dort auch gespeichert. Beispielsweise finden sich im Hörareal Neuronengruppen nebeneinander, die nur bei genau definierten Tonfrequenzen aktiv sind. Andere Gruppen antworten nur auf Änderungen der Tonhöhe, wieder andere sind auf Lautstärkenänderungen spezialisiert. Auch verhaltensbiologische Charakteristika werden erkannt, z. B. sind angeborene und erlernte arteigene Laute in jeweils eigenen Neuronennetzen repräsentiert. Durch intensives Training über Jahre können sich repräsentative Areale auf sensorischen Feldern deutlich vergrößern, z. B. bei einem Musiker die Areale im Hörzentrum. Ähnliches gilt für andere Sinne, wie den Tastsinn *(Abb. 7, S. 212)*.

Der überwiegende Teil der vom rechten Auge erfassten Sinnesreize wird im linken Hinterhauptslappen verarbeitet und umgekehrt *(Abb. 8, S. 212)*. Überkreuzte Verarbeitung gilt auch für akustische Signale und die **motorischen Felder** der Skelettmuskulatur *(Abb. 7, S. 212)*. Auffallend ist die enge Nachbarschaft zwischen Tastsinn und Muskelsteuerung. So sind auch schnelle unbewusste Reaktionen möglich, die über bloße Reflexe hinaus gehen.

Den weitaus größten Raum in unserem Großhirn nehmen **Assoziationsfelder** ein. Hier sind unsere besonderen intellektuellen und emotionalen Fähigkeiten, wie Lernen von komplexen Zusammenhängen, Gedächtnis, Bewusstsein etc. repräsentiert. Assoziationsfelder sind wesentlich „freier programmierbar", was unsere individuellen geistigen Eigenschaften erklärt.

Im Input vom Hippocampus sucht das Großhirn Regelmäßigkeiten und Muster. Wichtig ist nicht die Dauer des Inputs, sondern die Häufigkeit gleicher oder ähnlicher Signale. Das Großhirn kann daraus Regeln extrahieren und speichert regelhafte Erfahrungen in eigenen Netzwerken ab. Allgemein werden Bewusstseinsinhalte umso effektiver im Gedächtnis abgelegt, je mehr sie an schon gespeichertes Vorwissen anknüpfen. Einzelne Neuronenverbände sind für bestimmte Eingangsmuster zuständig und werden aktiv, wenn diese Muster erneut eingehen oder aus dem Gedächtnis abgerufen werden sollen. Neuronen, die auf ähnliche Inputmuster ansprechen, liegen nahe beisammen, Häufiges wird durch mehr Neuronen repräsentiert als Seltenes, Teilaspekte von Erfahrungen sind sparsam hierarchisch abgelegt *(S. 206)*. Zusätzlich entsteht eine Fülle von Verbindungen zwischen ähnlichen oder auch kontroversen Erfahrungsmustern. So bilden sich schrittweise immer komplexere Cluster neuronaler Netze. Definierte Areale existieren sehr wahrscheinlich für geistige Leistungen wie Sprechen, Denken, Wollen. Vieles lernen wir bewusst, noch mehr aber unbewusst, z. B. Verhaltensweisen, Einstellungen, Gewohnheiten. Wir haben sie allmählich, oft

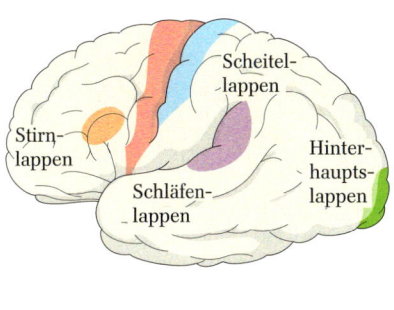

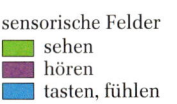
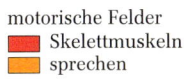

sensorische Felder	motorische Felder
🟩 sehen	🟥 Skelettmuskeln
🟪 hören	🟧 sprechen
🟦 tasten, fühlen	

Abb. 6 Großhirnlappen und Großhirnfelder

A12 Beim Lernen und Erinnern von Fremdsprachen-Vokabeln macht man oft folgende Beobachtungen:
(a) Bestimmte Vokabeln, die man nachmittags gelernt hat, weiß man am Abend noch, aber am nächsten Tag und später nicht mehr.
(b) Bestimmte Vokabeln, die man nachmittags gelernt hat, weiß man am Abend nicht mehr, aber am nächsten und den folgenden Tagen sehr genau.
Entwerfen Sie eine Hypothese, die molekularbiologische Mechanismen für diese Vorgänge beschreibt.

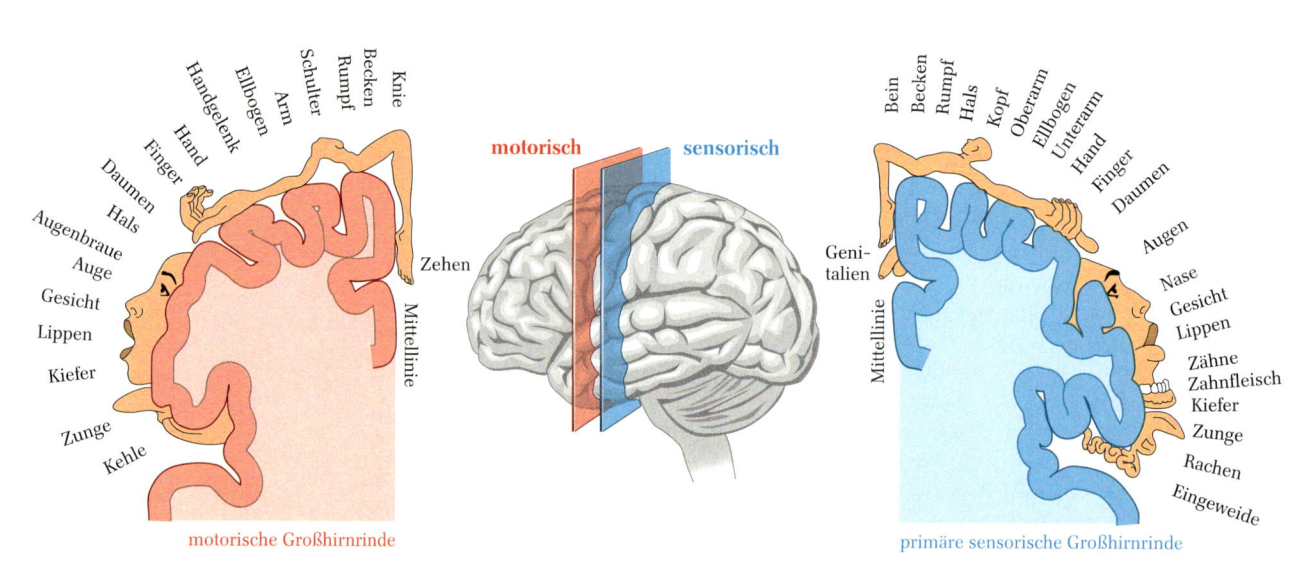

Abb. 7 „Neurophysiologischer Homunkulus" – Repräsentation der sensorischen Felder des Tastsinns sowie der motorischen Felder der Skelettmuskulatur in der Großhirnrinde. Lippen, Zunge und Finger besitzen besonders viele Tastsinneszellen, entsprechend groß sind ihre sensorischen Areale.

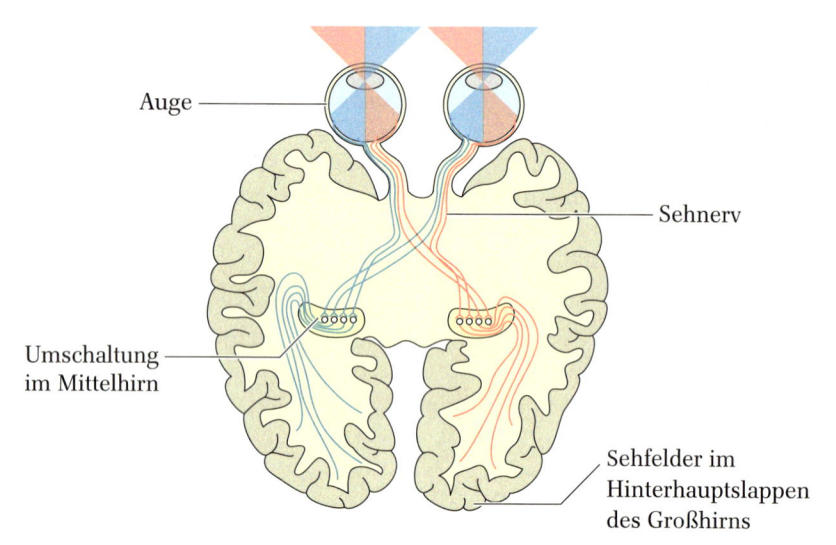

Abb. 8 Sehbahnkreuzung und weiterer Verlauf der Sehnerven im Gehirn

durch Imitation von Vorbildern, übernommen und über längere Zeit weiter entwickelt, sodass sie sehr stabile neuronale Repräsentanzen aufweisen können.

Haben wir etwas gelernt, liegt Information verarbeitet, gespeichert und abrufbar vor *(Tab. 1)*. Getrennt abgelegt werden dabei die Gedächtnisinhalte „Persönliches Erleben" (z. B. Ballonfahrt, Skiunfall), „Wissen und Fakten" (z. B. 5 × 3 = 15, Dendrit als Teil des Neurons) und motorische Fertigkeiten (z. B. Skifahren, Tangotanzen). An Einspeicherung und Abruf von Schockerlebnissen oder unter Angst Gelerntem ist immer zusätzlich die Amygdala beteiligt *(S. 210)*, weshalb negative Erinnerungen erneut Angstsymptome hervorrufen *(S. 206)*.

Im Gegensatz zu Sehen und Hören und zur Motorik gibt es im Großhirn aber wahrscheinlich kein definiertes Gedächtnisfeld, nur Teilaspekte sind lokalisierbar. Meistens ist ein komplexes Zusammenwirken der für das Gedächtnis maßgeblichen Gehirnregionen für eine Gedächtnisleistung notwendig. Wollen wir etwa von einem persönlichen Erlebnis berichten, werden die in Assoziationsfeldern gespeicherten Erinnerungen über den rechten Stirnlappen und die zugehörigen Wörter aus anderen Assoziationsfeldern über den linken Stirnlappen abgerufen und im Sprachzentrum verbunden *(Abb. 3, S. 209)*. Impulsaustausch erfolgt mit dem motorischen Sprachzentrum, das Grundbefehle über die Großhirnbasis an das Kleinhirn sendet. Das Kleinhirn übernimmt die Feinsteuerung der Sprechmuskulatur *(Abb. 4, S. 210)*.

Abb. 9 Indianischer Totempfahl

Information	Einspeicherung	Speicherung	Abruf
Persönliche Erlebnisse	Hippocampus (evtl. mit Amygdala)	Assoziationsfelder der Großhirnrinde	Rechter Stirn- und Schläfenlappen (evtl. mit Amygdala)
Fakten und Wissen	Hippocampus	Assoziationsfelder der Großhirnrinde	Linker Stirn- und Schläfenlappen
Motorische Fertigkeiten	Großhirnbasis und Kleinhirn	Großhirnbasis und Kleinhirn	Großhirnbasis und Kleinhirn

Tab. 1 Das menschliche Langzeitgedächtnis (Abruf bei Rechtshändern, bei Linkshändern sind die Gehirnhälften vertauscht)

Lernprozesse lassen sich mit der Arbeit an einem indianischen Totempfahl vergleichen *(Abb. 9)*. Über Jahre werden neue Linien und Figuren eingeschnitzt. Nicht benötigtes Material fällt weg. Der schließlich hochkomplexe, mit zahlreichen Mustern versehene Pfahl hat mit dem ursprünglich unbehauenen Stamm kaum mehr etwas gemeinsam – das Eingravieren neuer Muster wird allerdings immer schwieriger, weil tief eingeritzte Linien nicht ohne Weiteres zu überdecken sind. Ähnlich fällt uns mit zunehmendem Alter ein Umlernen schwerer, besonders wenn Routinen, liebgewordene Gewohnheiten oder Ansichten betroffen sind. Genauere Informationen zu diesem lebenslangen Lernprozess liefert der Exkurs auf *S. 214*.

„Wäre unser Gehirn so einfach, dass wir es uns erklären könnten, dann wäre es wahrscheinlich nicht in der Lage, genau dieses zu tun!", lautet ein oft zitierter Spruch in der Fachliteratur. Tatsächlich ist unser Gehirn äußerst komplex; viele Fragen sind offen. Dennoch konnte die Hirnforschung eine Reihe von **Lernweisheiten neurobiologisch begründen**. Wer sie kennt und anwendet, lernt mit Verstand und deshalb besser.

Exkurs

3.3.3 Lebenslange Gehirn- und Lerndynamik

Während des lebenslangen, schon vor der Geburt beginnenden Lernens unterliegt das Gehirn ständigen Umstrukturierungen. Wir unterscheiden vorgeburtlich eine Neuronenbildungs- und eine Verknüpfungsphase und nachgeburtlich zwei Reorganisationsphasen mit Synapsenabbau. Parallel dazu erfolgt die Myelinisierung und somit Erhöhung der Leitungsgeschwindigkeit wichtiger Bahnen *(S. 187 ff.)*.

Hirnentwicklung und Lernen im Mutterleib
19 Tage nach der Befruchtung ist im menschlichen Embryo erstmals Nervengewebe abgrenzbar, das am 26. Tag das Gehirn als Verdickung erkennen lässt. Bis zur 19. Schwangerschaftswoche sind alle wesentlichen Gehirnstrukturen und die Mehrzahl der Gehirnzellen angelegt. Eine erste planlose, aber umfangreiche Verknüpfungswelle (bis zu 2 Millionen Synapsen pro Sekunde) erfolgt in der zweiten Schwangerschaftshälfte. Ab der 5. Woche werden erste Tast-Erfahrungen gespeichert. Im Fötus (ab dem 3. Monat) stabilisieren sich genetisch bedingt und umweltgesteuert erste Verbindungen im Gehirn. Die Axone für den Atemreflex und weitere vegetative Vorgänge werden schrittweise myelinisiert, später auch solche in primären Verarbeitungszentren; insbesondere Tast-Eindrücke werden hier nun regelmäßig ausgewertet. Erste Repräsentationsareale entstehen. Ab dem 6. Monat ist Hören nachweisbar und der Hörnerv wird langsam myelinisiert, ab dem 7. Monat kann der Fötus riechen und schmecken.

Hirnentwicklung und Lernen vom Säugling zum Kleinkind
Nach der Geburt wächst das Gehirn hauptsächlich durch Myelinisierung. Am weitesten ist jetzt im Bereich von Mund und Lippen die Verarbeitung des Tastsinns fortgeschritten, weswegen zum „Begreifen" alles in den Mund gesteckt wird; die Finger werden erst mit 2–3 Jahren relevant. Bis zum Ende des ersten Lebensjahrs werden sensorische und motorische Areale myelinisiert. Weitere Erfahrungen kann der Säugling wegen fehlender Myelinisierung noch kaum in höheren Zentren verarbeiten. Auch die verlangsamte Reizleitungs- und damit Reaktionsgeschwindigkeit eines Kindes bis etwa zum 6. Lebensjahr liegt an unvollständiger Myelinisierung entsprechender Bahnen.

Bis zum 2. Lebensjahr setzt sich die Synapsenbildung jetzt umwelt-, d. h. durch Lernen gesteuert, fort. Dann kommt es aber auch zu intensivem Abbau: Bis zu 20 Milliarden Synapsen können täglich entfallen, wobei Unbedeutendes eliminiert wird. Im Alter von 3–4 Jahren ist unser Wortschatz so umfangreich, dass persönlich Erlebtes *(S. 205)* erinnert werden kann; frühere Begebenheiten sind kaum präsent. Verstehen und Aussprechen der Muttersprache lernt das Kind intuitiv durch Nachahmung. So werden Grammatikregeln vom Großhirn aus der Muttersprache extrahiert, im Gedächtnis verankert und unbewusst angewandt. Nicht mehr benötigte Verbindungen werden in einer ersten **Reorganisationsphase** des Gehirns gekappt.

Hirnentwicklung und Lernen in Kindheit und Jugend
Mit Schulbeginn sind wegen fortschreitender Myelinisierung *(Abb. 10)* im Bereich des Arbeitsgedächtnisses (oberes Stirnhirn) größere kognitive Leistungen möglich. Diverse Regeln können jetzt schrittweise erlernt und auf Beispiele angewandt werden, z. B. die Grammatik einer Fremdsprache. Verständnis und Wiedergabe fremdsprachlicher Laute macht jetzt allerdings größere Mühe. Tests mit in die USA eingewanderten Familien ergaben, dass bis zum Alter von 7 Jahren das Englische praktisch fehler- und akzentfrei erlernt werden konnte, was mit steigendem Alter immer schwieriger und im Erwachsenenalter fast unmöglich wurde.

Auf eine erneute Phase der Synapsenbildung, die bis zum Alter von ca. 12 Jahren dauert, folgt eine **zweite Reorganisation** des Gehirns, die mit der **Pubertät** beginnt. Erst nach ihrem Ende dominieren myelinisierte Bahnen überall in unserem Großhirn.

In dieser abschließenden Myeliniserungsphase werden zuletzt die für das Lernen ethischer Erfahrungen und Werte relevanten Areale myelinisiert. Heranwachsende sind daher erst allmählich in der Lage, die Folgen ihrer Handlungen abzuschätzen und zu bewerten. Ihre Reaktionen stützen sich zunehmend auf erlerntes Wissen und eingeprägte Wertvorstellungen. Äußere Belohnung oder Bestrafung bzw. Lust oder Unlust verlieren individuell verschieden zwischen 15 und 25 Jahren als Handlungsantrieb an Bedeutung.

Lernen mit ausgereiftem Gehirn
Zwar lernen ältere Menschen anders und langsamer als jüngere; sie verfügen jedoch über einen Schatz an vorstrukturiertem Wissen und verknüpften Erfahrungen, in den sie Neues und Bedeutendes immer besser integrieren. Im Bild der Gedächtnispolyeder *(S. 206)* brauchen sie meist nur mehr obere Schichten hinzufügen.

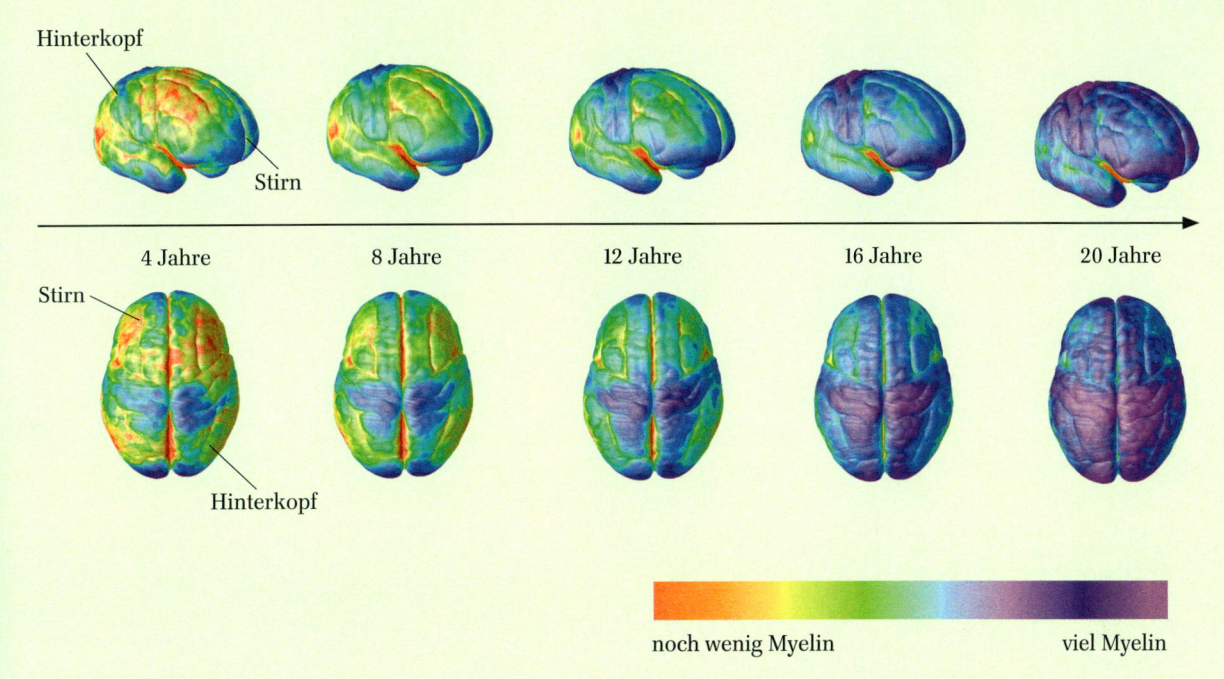

Hinterkopf

Stirn

4 Jahre   8 Jahre   12 Jahre   16 Jahre   20 Jahre

Stirn

Hinterkopf

noch wenig Myelin   viel Myelin

Abb. 10 Anteil von weißer Substanz (myelinisierte Axone) im Großhirn in Abhängigkeit vom Alter

Neben körperlichen Spitzenleistungen, z. B. bei Olympiaden, werden auch geistige Spitzenleistungen von Menschen im Alter von 25 bis 35 Jahren erbracht. Tests bei Naturvölkern ergaben andererseits, dass 25- bis 30-Jährige zwar am besten und ausdauerndsten mit Pfeil und Bogen schießen, die meiste Jagdbeute aber 40- bis 60-jährige Jäger heimbringen. Die Erfahrung der Älteren ist nur selten auszugleichen!

Im ausgereiften Gehirn ist die Bildung neuer Neuronen nur für den Hippocampus nachgewiesen, der sie als „Neuigkeitsdetektor" wahrscheinlich benötigt, um die Datenflut lebenslang zu beherrschen. Neuronenneubildung im Großhirn dagegen würde die Authentizität gespeicherter Inhalte gefährden, weswegen hier „nur" ständiger Synapsenauf- und -abbau stattfindet. Pro Tag sterben bei Erwachsenen ca. 6 000 nicht aktivierte Neuronen ab. Krankheiten, übermäßiger Alkohol- und sonstiger Drogenkonsum können die Absterberate so erhöhen, dass Verhaltensdefizite und Einschränkungen bei Lernen und Gedächtnis auftreten.

A13 „Wir lernen und speichern Dinge und Handlungen am besten, wenn sie unsere ganze Aufmerksamkeit verlangen oder uns ‚bis ins Mark treffen' und wir lernen weniger dramatische Phänomene durch ständiges Wiederholen." Belegen Sie diese Aussage der Fachliteratur durch Beispiele und beschreiben Sie die molekularen Grundlagen.

A14 „Hören und vergessen – sehen und verstehen – selbst gestalten und behalten", lauten drei Merkkombinationen zum erfolgreichen Lernen. Erläutern Sie diese an einem praktischen Beispiel und erklären Sie zugrundeliegende neurobiologische Mechanismen.

A15 Erläutern Sie an konkreten Beispielen mit zugehörigen Mechanismen, wie man entsprechend den Ergebnissen der Neurobiologie hirngerecht lernt.

A16 Mit Zwölfjährigen eine Wertediskussion zu führen, ist etwa so sinnvoll wie Kindergartenkindern Grammatikregeln beizubringen. Erklären Sie diese Behauptung eines Hirnforschers.

Auf einen Blick

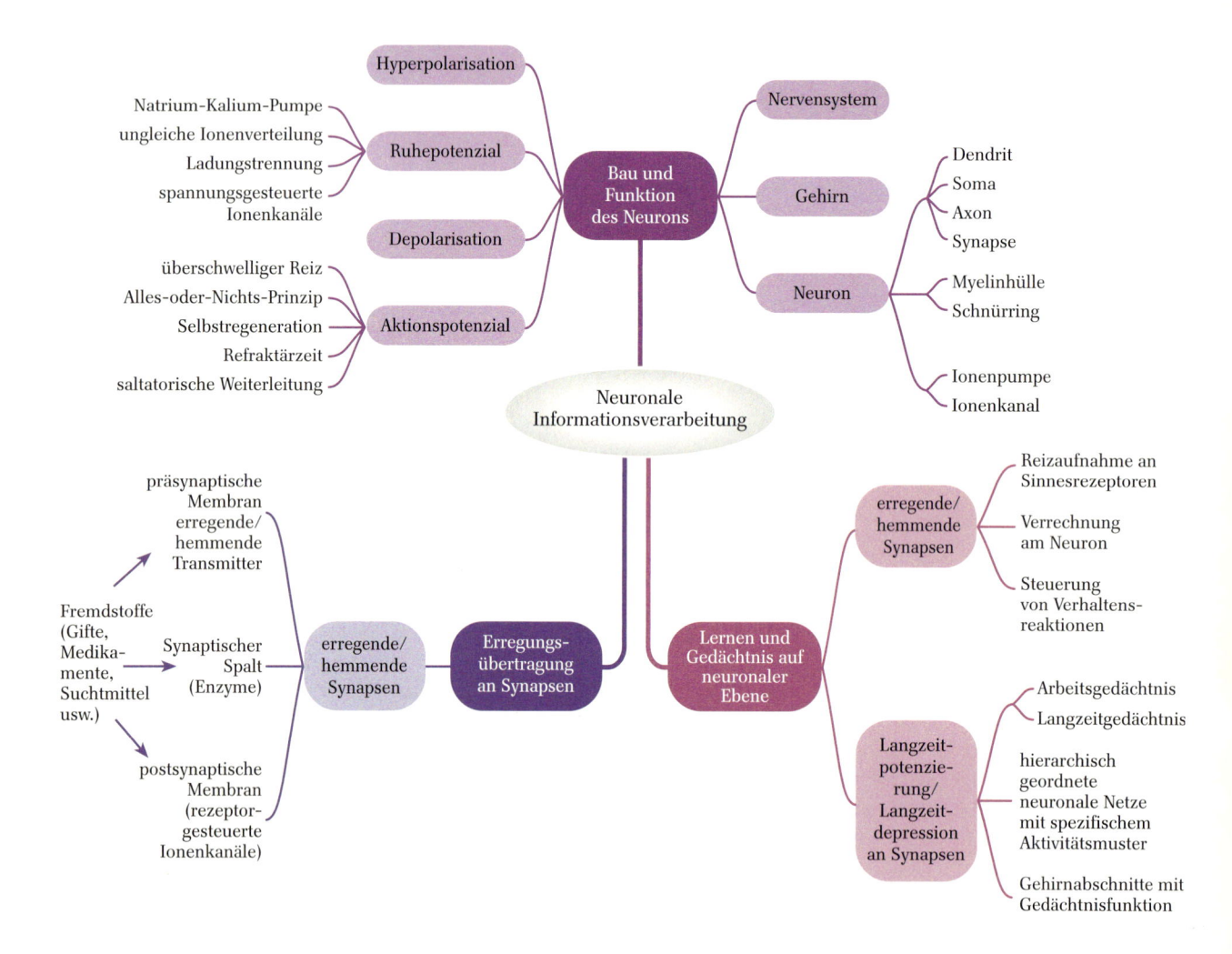

Trinkwasser – im Spannungsfeld von Ökologie und Ökonomie

1 Münchner Trinkwasser – Qualität dank konsequentem Wasserschutz

1.1 Historisches zur Trinkwasserversorgung der Stadt München

Im Sommer 1854 wurde die Stadt München von einer schweren Choleraepidemie heimgesucht. Eineinhalb Monate wütete die Krankheit; von den ca. 6000 Infizierten kamen 2974 Menschen ums Leben, von denen die Ehefrau des bayrischen Königs Ludwig I., Therese, wohl das namhafteste Opfer war. Erst durch einen Temperatursturz wurde zum Ende des August 1854 die Weiterverbreitung der Seuche beendet.

Unter den Erkrankten war auch der Mediziner und Apotheker MAX von PETTENKOFER *(Abb. 1)*, der damals Mitglied der „Commission für wissenschaftliche Erforschung der indischen Cholera" war und schon im Jahr 1836 die Ursachen für immer wiederkehrende Seuchen in der mangelnden Abwasserhygiene der Stadt München suchte. Nach seiner Genesung widmete er sich ausführlich der weiteren Erforschung der Epidemiologie der Seuche. Die von ihm dabei gewonnenen Erkenntnisse über die Bedeutung der Stadthygiene für den Ausbruch und die Verbreitung von Cholera sowie seine unermüdliche Aufklärungsarbeit zur Seuchenprophylaxe hatten weitreichende Folgen für die damals herrschende Trink- und Abwassersituation der Stadt München. Für die stark angewachsene Bevölkerung der Stadt war die hygienische Situation völlig unzureichend. Die seit 1811 existierende Kanalisierung war mangelhaft gebaut und Fäkalien und Abfälle wurden immer noch hauptsächlich über die Straße oder Abortgruben entsorgt. Erst durch die Bemühungen Pettenkofers zur Seuchenprophylaxe durch Stadthygiene kam es zum Bau einer systematisierten Kanalisation – und zur Einrichtung einer zentralen Trinkwasserversorgung.

Abb. 1 Max von Pettenkofer, Mediziner, Apotheker und Hygieniker

VON PETTENKOFER sah den Auslöser der Cholera nicht in einem bakteriellen Erreger, sondern in der Verschmutzung von Erdreich und Grundwasser durch die Zersetzung menschlicher Fäkalien. Die dabei entstehenden Gase waren seiner Meinung nach Ursache der Seuche. Trotz dieser Fehleinschätzung griffen die von ihm geforderten Maßnahmen zum Schutz von Boden und Grundwasser unter anderem durch eine zentrale Wasserversorgung auch gegen den eigentlichen Grund für Cholera und andere Epidemien: die Trinkwasserverschmutzung. Aufgrund der Anregung und Entschlossenheit VON PETTENKOFERS wurde das Mangfalltal als zentrale Trinkwasserquelle für die Stadt München erschlossen. Im Jahr 1880 wurde mit dem Bau der Quellfassung des Kasperlbachs im Mühltal begonnen *(Abb. 2)*.

1.2 Die Mangfall …

Die 58 km lange Mangfall entspringt als Tegernseeabfluss und mündet bei Rosenheim in den Inn. Der Voralpenfluss der Äschenregion durchfließt eine vielfältige Landschaft, weswegen ihn Mönche „die Mannigfaltige" nannten, eine Bezeichnung, die schließlich zum Namen „Mangfall" wurde. Auch die Artenvielfalt der in und an diesem Fluss le-

Abb. 2 Denkmal zur Ersten Quellfassung im Mangfalltal am Kasperlbach

benden Tieren ist hoch; selten gewordene Fische und Vögel wie Bach- und Regenbogenforelle, Fischreiher oder gar der Eisvogel können in und an der Mangfall beobachtet werden.

Abb. 3 Die Mangfall

1.3   … und die Stadt München

Mit dem Beginn der Trinkwasserförderung im Mangfalltal 1880 erwarb die Stadt München Grund im Bereich des Einzugsgebiets des Flusses. Um Verunreinigungen durch den Menschen zu vermeiden, galt für die knapp 1200 ha Land, die bis ins Jahr 1911 in den Besitz der Stadt gelangten, ein striktes Bebauungs- und Schürfverbot. Das Engagement zum Schutz des Trinkwassereinzuggebietes ist bis heute ungebrochen: Seit 1992 verpachten die Stadtwerke München Flächen im Einzugsgebiet der Mangfall zur landwirtschaftlichen Nutzung – unter strikten Auflagen, die nur eine gewässerschonende, **ökologische Bewirtschaftung** *(Abb. 4)* des Bodens erlauben. Die ebenfalls im Jahr 1992 von den Stadtwerken München gestartete Initiative „Öko-Bauern" gewährleistet zudem die finanzielle Unterstützung der Bauern, die im Einzugsgebiet der Mangfall ökologischen Landbau betreiben.

Abb. 4 Ein nach Prinzipien des ökologischen Landbaus bestelltes Feld

Mit einer Gesamtfläche von ca. 2500 ha ist so in den letzten Jahren die größte zusammenhängende Fläche Deutschlands entstanden, die ökologisch bewirtschaftet wird.

In guter Zusammenarbeit sorgen so Wasser- und Landwirtschaft für die Bewahrung der hohen Güte des Trinkwassers aus dem Mangfalltal.

Auch die Waldwirtschaft in der Region trägt zur Wasserqualität bei. Für den Wasserhaushalt eines Gebietes ist ein gesunder Waldboden gleichbedeutend mit einem hochfunktionalen Filtersystem von Niederschlag. Hinzu kommt das hohe Wasserrückhaltevermögen eines gesunden Waldes *(Abb. 5)*, das große Bedeutung für den Wasserhaushalt einer Landschaft hat. Durch jahrzehntelange konsequent ökologische Bewirtschaftung des Waldes durch einen Forstbetrieb der Münchner Stadtwerke konnte die ursprüngliche Waldmonokultur im Münchener Trinkwassereinzugsgebiet in einen Mischwald umgewandelt werden. Dieser **Wasserschutzwald** trägt das Siegel des Forest Stewardship

Abb. 5 Gesunder Wald und Waldboden als Wasserspeicher

Council (FSC), das die ökologische Bewirtschaftung und den Erhalt des Waldes in seiner Diversität garantiert.

Die geschilderten Maßnahmen sichern nicht nur die hohe Güte des Trinkwassers, das ohne Chlorung oder andere Behandlungen genutzt werden kann. Auch hinsichtlich der Forderungen der **Wasserrahmenrichtlinie** der Europäischen Union leisten diese Maßnahmen einen bedeutenden Beitrag zu dem ehrgeizigen Ziel, bis zum Jahr 2015 einen „guten Gewässerzustand" der Oberflächengewässer und des Grundwassers zu erreichen.

2 Wasserqualität als öffentliches Gut?

Die ökologische und damit nicht immer kostengünstige Nutzung des Münchner Trinkwassereinzugsgebietes sichert Ressourcen und Trinkwasserqualität, ist aber nicht selbstverständlich. Um eine öffentliche Wasserversorgung rechtlich möglich zu machen, müssen einige notwendige Grundlagen gesetzlich verankert sein. Zum einen muss den Städten und Gemeinden das Recht zukommen, ihre Trinkwasserversorgung eigenständig zu regeln. Dieser Anspruch ist durch das **kommunale Recht auf Selbstverwaltung** in Artikel 28 des Grundgesetzes geregelt. Da diese exklusive Zuständigkeit aber strenggenommen den Wettbewerb in Sachen Wasserversorgung einschränkt, bedarf es zusätzlich noch einer Befreiung der Städte und Gemeinden vom **Kartellrecht**. Im **Gesetz gegen Wettbewerbsbeschränkung** ist in Paragraf 103 genau eine solche Freistellung festgelegt. Diese rechtliche Grundlage ist Basis für eine öffentliche Wasserversorgung in Deutschland. Wie am Beispiel der Trinkwassergewinnung im Mangfalltal gezeigt, können Städte und Gemeinden durch entsprechende Maßnahmen unabhängig von wirtschaftlichem Wettbewerb für nachhaltigen Gewässerschutz und somit eine hohe Trinkwasserqualität in ihrem Zuständigkeitsbereich sorgen.

Abb. 1 Aus dem Titelblatt der Informationsbroschüre der EU zur Wasserrahmenrichtlinie

2.1 Der Trend zu Privatisierung auch in der Wasserversorgung

In den Dubliner Prinzipien, die als Ergebnisse der Internationalen Wasser- und Umweltkonferenz in Dublin 1992 verabschiedet wurden, wird Wasser erstmals als **wirtschaftliches Gut** definiert:

> „Bei allen seinen konkurrierenden Nutzungsformen hat Wasser einen wirtschaftlichen Wert und sollte als wirtschaftliches Gut behandelt werden."

Auch im sogenannten **Grünbuch zur Daseinsvorsorge** von 2003 klassifiziert die Europäische Union Wasser als „Dienstleistung von allgemeinem wirtschaftlichem Interesse" (DAWI). Eine derartige Einordnung erlaubt die Anwendung europäischer Wettbewerbsregeln und damit eine Liberalisierung der Wasserversorgung in allen Mitgliedsstaaten der EU. Auch die Richtlinien des **GATS** (**G**eneral **A**greement on **T**rade in Services), ein Vertragswerk der **WTO** (**W**orld **T**rade **O**rganisation) zur Regelung internationalen Handels mit Dienstleitungen und Vorantreibung entsprechender Liberalisierung, könnten so auf die europäische Trinkwasserversorgung ausgedehnt werden. Möglicherweise müssten die Wasserversorgungsdienstleistungen zukünftig auf dem europäischen Anbietermarkt ausgeschrieben und das Angebot akzeptiert werden, das die kostengünstigsten Konditionen bietet. Teure Maßnahmen zum Gewässerschutz, wie sie von den Münchner Stadtwerken im Mangfalltal ergriffen wurden, wären dann aus Kostengründen nicht mehr leistbar; die bisher hohe Qualität des Trinkwassers könnte in Gefahr sein.

Zahlreiche zivilgesellschaftliche Organisationen haben sich zu einem breiten Bündnis gegen die von ihnen befürchtete internationale Liberalisierung der Wasserversorgung zusammengeschlossen *(Abb. 2)*. Denn neben der Sorge um die Güte des einheimischen Trinkwassers wird auch die Entwicklung einer Zweiklassengesellschaft befürchtet, in der sich nur wohlhabende Staaten eine gute Trinkwasserqualität leisten können.

Exkurs

Die Grünbücher der Europäischen Kommission stehen in der Tradition der „Farbbücher", die in der Politik ursprünglich zur Kennzeichnung regierungsamtlicher Dokumente verwendet wurden. Heute kennzeichnen Farbbücher hauptsächlich Dossiers über einen bestimmten Themenkomplex. So listen z. B. Rotbücher vom Aussterben bedrohte Arten auf. Die Grünbücher der Europäischen Kommission umfassen Diskussionspapiere zu bestimmten Fragen und Thematiken; anschließend erarbeitete Lösungs- und Handlungsvorschläge werden in sogenannten Weißbüchern veröffentlicht.

3 Vorschläge zur Projektstruktur

Das komplexe Thema „Trinkwasser im Spannungsfeld zwischen Ökologie und Ökonomie" lässt sich auf mehreren Ebenen bearbeiten. Vor dem Hintergrund dieser verschiedenen fachlichen Schwerpunkte, die von der Biologie, der Chemie über die Geografie bis zu den Sozialwissenschaften reichen, können sich folgende Teilprojekte ergeben:

3.1 Die Bewertung der Qualität unseres Trinkwassers

Mögliche Fragestellungen:

Welche Gefahren können sich im Trinkwasser verbergen? Welche möglichen Folgen haben entsprechende biologische oder chemische Belastungen? Und wie „sauber" ist eigentlich das Wasser, das aus unseren Hähnen kommt?

In diesem Projekt werden die Risiken schlechter Trinkwasserqualität dargestellt und die Güte des täglich genutzten Wassers mithilfe zahlreicher Analysen bewertet. Die chemische und biologische Wasserqualität wird untersucht, Vergleiche mit offiziellen Werten und Angaben durchgeführt und Zusammenhänge mit der Herkunft des Wassers werden hergestellt. Wenn möglich, wird das Trinkwasser aus dem Hahn in seiner Güte mit ebenfalls analysierten Proben aus dem entsprechenden Einzugsgebiet (z. B. Mangfalltal) verglichen. Die durchgeführten Untersuchungen können auch auf den Boden im Einzugsgebiet ausgedehnt werden, um dessen Filterwirkung experimentell nachzuweisen und zu veranschaulichen.

Abb. 2 Logo der WasserAllianz München

3.2 Ökologische Bewirtschaftung eines Wassereinzugsgebiets – Bedeutung für Natur und Ökobauern

Abb. 1 Kühe in ökologischer Haltung

Mögliche Fragestellungen:

Gibt es rechtliche Vorgaben und Hintergründe zum ökologischen Landbau? Welche Voraussetzungen müssen erfüllt sein, damit ein Landwirtschaftsbetrieb das Siegel „Öko" verwenden kann – und wie sehen die Unterschiede zur konventionellen Landwirtschaft aus? Welche Konsequenzen haben beide Arten der Bewirtschaftung für Grundwasser und Oberflächengewässer? Ergeben sich aus der ökologischen Landwirtschaft Schwierigkeiten für den Bauer oder die Bäuerin und welche könnten das sein?

Die Darstellung der Merkmale der ökologischen Landwirtschaft ist ein zentrales Element dieses Unterprojekts; es sollen die Richtlinien und Vorgaben beschrieben werden, nach denen Landbau und Viehhaltung nach ökologischen Maßstäben stattfindet. In einem Vergleich mit der konventionellen Landwirtschaft wird gezeigt, welche Konsequenzen die entsprechende Bewirtschaftung für die Umwelt, für das landwirtschaftliche Produkt, aber auch für die Situation der jeweiligen Bauern und Bäuerinnen hat. Von Interesse kann hier auch sein, welche Chancen oder Risiken die Ökobauern und -bäuerinnen des Mangfalltals in einer möglicherweise bevorstehenden Liberalisierung der Wasserwirtschaft in Deutschland durch Vorgaben der Europäischen Union sehen.

3.3 Gesetzliche Regelungen zur Wasserqualität und -versorgung

Mögliche Fragestellungen:

Wie ist die augenblicklich noch gültige Trinkwasserversorgung in Deutschland rechtlich geregelt? Überwiegen private oder öffentliche Anbieter? Andere Länder, andere Sitten – wie ist die Wasserversorgung in anderen Mitgliedsstaaten der Europäischen Union organisiert? Und welchen Standpunkt nimmt eigentlich die EU dazu ein?

In diesem Teilprojekt soll eine ausführliche Darstellung der noch geltenden gesetzlichen Situation zur Trinkwasserversorgung als Vergleich zwischen Deutschland und einem anderen europäischen Land, z.B. Großbritannien, erarbeitet werden. Ein besonderer Schwerpunkt liegt hier auf der Wasserqualität, den Maßnahmen, die zu ihrem Schutz in beiden Ländern ergriffen werden, sowie den entsprechend entstehenden Kosten. Zur Erörterung der Problematik auf europäischer Ebene sollen anhand verschiedener Texte, Grundsätze (z.B. die Dubliner Prinzipien, Grün- und Weißbücher, die Wasserrahmenrichtlinie (WRRL)) und Beschlüsse des Europäischen Parlaments die unterschiedlichen Definitionen des Guts „Wasser" gezeigt werden. Auch Entscheidungen des Europäischen Gerichtshofs zum rechtlichen Umgang mit Trinkwasser können genutzt werden. Die möglichen Konsequenzen einer Umsetzung des General Agreement on Trade in Services (GATS) für die Trinkwasserversorgung werden herausgearbeitet.

4 Der Einstieg ins wissenschafts-orientierte Arbeiten

Wissenschaftliches Arbeiten stellt an die Beteiligten besondere Anforderungen. Eine vorgegebene oder selbst gewählte Thematik soll eigenständig durchdacht und bearbeitet, die Ergebnisse anhand einer Fragestellung interpretiert und schließlich zusammengefasst und präsentiert werden. Auf dem Weg dorthin liegen weitere Aufgaben wie effiziente Zeitplanung, die Auswahl geeigneter Methoden, korrekte Dokumentation oder die Zwischendarstellung von vorläufigen Ergebnissen. Diese notwendigen Erfordernisse für ein erfolgreiches Vorgehen beherrscht niemand von Anfang an, aber diese Fähigkeiten können erlernt und trainiert werden. Für wissenschaftliches Arbeiten gibt es ein allgemeingültiges „Eckgerüst", das auf jede Thematik, die bearbeitet wird, angewandt werden kann und soll. Ebenso existieren verschiedene grundlegende Methoden, die in manchen Bereichen mehr, in anderen weniger anwendbar sind, aber dennoch die Basis für ein erfolgreiches systematisches und analytisches Vorgehen darstellen.

4.1 Struktur reinbringen – Planung ist das A und O

Der Ausgangspunkt jedes wissenschaftlichen Vorgehens liegt im Formulieren einer klaren Fragestellung oder eines Problems. Die entsprechende Lösung zu finden, z.B. in Form einer eigenen Theorie, ist die Zielsetzung der Arbeit. Erst wenn Fragestellung und Ziel festgelegt sind, macht es Sinn, das weitere Vorgehen zu überdenken und zu planen. Zu Beginn eines jeden wissenschaftlichen Projekts steht daher das Sammeln von Ideen, das Finden von relevanten Aspekten sowie das Fokussieren auf die zentralen Gesichtspunkte. Dieser Prozess wird durch das Formulieren einer klaren Fragestellung bzw. eines Problems sowie der entsprechenden Zielsetzung zur Erarbeitung einer Antwort oder Lösung abgeschlossen. Ob alleine oder in der Arbeit mit der Gruppe: Ein **Brainstorming** und anschließendes Ordnen der Ergebnisse mithilfe von **Mindmapping** oder **Clustering** hilft, einen Gesamtüberblick zu bekommen, gleichzeitig aber auch auf zentrale Gesichtspunkte aufmerksam zu werden (*Abb. 1*).

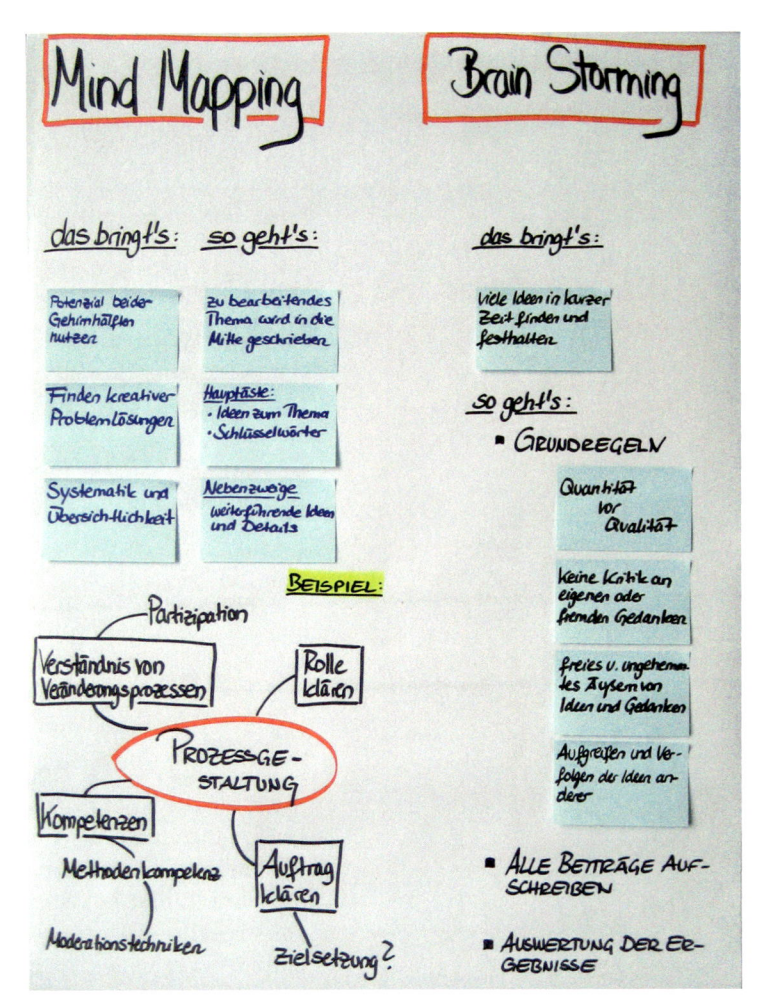

Abb. 1 Beispiel für Brainstorming und Mindmapping

4.2 Erst nach dem „Was" kommt das „Wie"

In den nächsten Schritten wird die praktische Durchführung des Projekts durchdacht und geplant:

• **Welche Methoden sind notwendig, um das gesetzte Ziel zu erreichen?**
Sollen biologische oder chemische Experimente durchgeführt werden? Werden Experteninterviews notwendig sein? Muss ausführliche Recherchearbeit geleistet werden? Wird eine Kombination verschiedener Methoden nötig?

• **Ist das erforderliche Know-How vorhanden?**
Besonders im Fall von Experimenten und praktischen Versuchen, bei denen Chemikalien, spezielle Geräte, Aufbauten usw. zum Einsatz kommen, muss geklärt sein, ob das nötige Fachwissen für eine gefahrfreie Durchführung zur Verfügung steht. Die eigene Sicherheit und Gesundheit steht auf jeden Fall im Vordergrund. Das gilt auch für Exkursionen, bei denen z.B. Freilandproben oder ähnliches genommen werden sollen.

• **Steht die notwendige Hardware zur Verfügung?**
Welche Materialien werden benötigt? Ist die Ausrüstung der Schullabore ausreichend für die notwendigen Experimente? Gibt es Möglichkeiten, in außerschulische Labore auszuweichen? Werden bestimmte Medien gebraucht? Wie kommt man an Fachliteratur, z.B. Gesetzestexte, Sitzungsprotokolle? Ist die Ausrüstung zur Durchführung von Interviews usw. an der Schule vorhanden? Kann die entsprechende Ausstattung alternativ beschafft werden?

4.3 Der Faktor Zeit …

… ist für die weitere Planung entscheidend. Eine realistische Abschätzung der Zeit, die für das Projekt kalkuliert werden muss, ist nicht einfach. Eingerechnet werden müssen hier auf jeden Fall

• Planung und Vorbereitung
• die eigentliche Durchführung und Datenerhebung
• die Auswertung und Interpretation der Daten

Bei jeder Methode (genauere Beschreibung S. 225 ff.) gibt es unterschiedliche Risiken für Zeitengpässe. Bei der Planung eines **Experteninterviews** kann es sein, dass man sich nach dem Zeitplan der Person richten muss, die befragt werden soll. Vor allem bei Personen des öffentlichen Lebens sind kurzfristige Termine eher unwahrscheinlich, was in die Zeitplanung des Projekts einbezogen werden muss.

Auch bei der **Literaturrecherche** gibt es „Zeitfallen"; so können Bücher verliehen oder Zeitschriften erst ab oder nur vor einem bestimmten Datum zugänglich sein. Von Fall zu Fall ist eine Quelle nicht an der örtlichen Bibliothek vorhanden und muss durch sogenannte Fernleihe aus einem größeren auswärtigen Archiv bestellt werden, was auf jeden Fall mehrere Tage dauern kann.

Besonders anfällig für zeitliche Fehleinschätzungen sind praktische Versuche. Vor allem bei **Experimenten**, in denen mit lebenden Organismen gearbeitet wird, die nicht immer nach Plan reagieren, kann es schnell zu Verzögerungen kommen. Auch experimentelle Methoden, die erst neu erlernt werden müssen, oder der Umgang mit unbekannten Geräten nimmt oft mehr Zeit in Anspruch als beim ersten „Hinschauen" vermutet.

Bei der weiteren Planung des Projekts ist es daher ratsam, den zeitlichen Rahmen, der zur Verfügung steht, nicht komplett auszureizen. Es müssen nicht alle Methoden oder Experimente zum Einsatz gekommen sein und nicht alle gefundenen Quellen verwendet werden. Empfehlenswert ist auch der berühmte „Plan B" in der Hinterhand – sollte sich herausstellen, dass eine bestimmte Person nicht zum Interview zur Verfügung steht, ein Experiment wegen fehlender Materialien nicht durchgeführt oder eine Literaturquelle nicht beschafft werden kann, kann sofort auf die eingeplante Alternative zurückgegriffen und der Zeitverlust minimal gehalten werden.

5 Methoden

Grundsätzlich handelt es sich bei **Methoden** um Verfahren, die eingesetzt werden, um ein bestimmtes Ergebnis zu erzielen. Bei **wissenschaftlichen Methoden** kommt hinzu, dass diese Ergebnisse möglichst unverfälscht und objektiv sein sollen, bei anderen Methoden, z.B. bei einem Interview oder dem Einsatz von Umfragebögen, kann auch ein gewisser Grad der Voreingenommenheit beinhaltet sein. Alle Methoden haben aber eines gemeinsam: Sie dienen dem Erreichen eines bestimmten Ziels, in diesem Fall dem Sammeln von Daten.

5.1 Auf der Jagd nach Informationen – Recherchieren

Während, aber vor allem vor der eigentlichen Bearbeitung oder Durchführung eines Projekts ist das **gezielte Sammeln von Informationen** eines der wichtigsten Werkzeuge überhaupt. Egal, ob bereits Vorwissen vorhanden ist oder eine Thematik vollkommen neu erschlossen werden muss, der schnelle Zugriff auf wichtiges Fachwissen macht die Arbeiten leichter – und die Ergebnisse verlässlicher.

Unabhängig davon, ob die Suche nach Informationen in Bibliotheken oder im Internet stattfinden soll: Zunächst einmal sollte entschieden werden, welche Quellen eigentlich die geeigneten sind – und das hängt wieder einmal von der Fragestellung ab. Es ist daher hilfreich, sich eine **Suchstrategie** zurechtzulegen, bevor die eigentliche Recherche beginnt:

- immer das Ziel vor Augen – **was** wird gesucht?
- klassisch oder lieber world wide … **wo** wird gesucht?
- ergebnisorientierte Recherche … **wie** wird gesucht?
- Vertrauen ist gut, Kontrolle ist besser – richtiges Einschätzen der **Qualität** der Suchergebnisse
- wissen, wann Schluss ist – inhaltliche und zeitliche Grenzen setzen

Tipp

Schon während der Planung ist es sinnvoll, wichtige Schritte und Aspekte schriftlich und nachvollziehbar festzuhalten. Vor allem für das Planen und Einhalten von Terminen hilft eine Visualisierung. Ein **Zeitstrahl** (beispielhaft in *Abb. 2* dargestellt) ermöglicht das Fixieren von wichtigen Daten und Arbeitsphasen und kann während des gesamten Projekts als Orientierungshilfe dienen.

Die Zeitplanung kann sowohl „rückwärts" (ausgehend vom Zeitpunkt des Projektabschlusses) als auch „vorwärts" (gerichtet auf den Projektabschluss) stattfinden. Wichtig für beide Herangehensweisen ist eine realistische Abschätzung der Dauer notwendiger Arbeitsphasen.

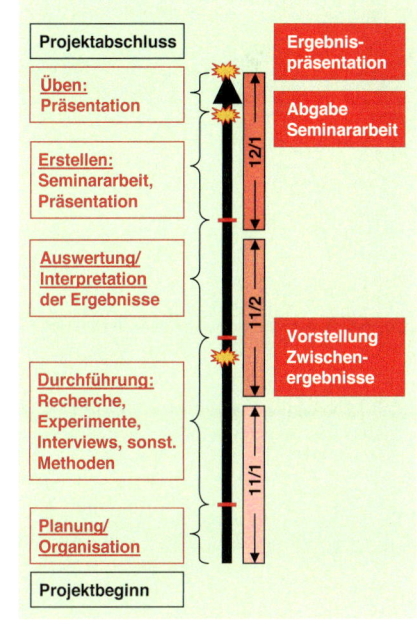

Abb. 2 Zeitstrahl im Schema

Abb. 3 Information wird mithilfe unterschiedlicher Medien gespeichert.

Was wird gesucht

Wieder einmal ist die Fragestellung entscheidend. Soll ein politisches Thema bearbeitet werden, z. B. der von der Europäischen Union vertretene Standpunkt zur Liberalisierung der Wasserversorgung, macht es Sinn, die Suche auf Presse und Nachrichten zu konzentrieren. Wissenschaftliche Fragestellungen wie die Suche nach Methoden zur Analyse der Trinkwasserqualität lassen sich eher durch Recherche in Fachliteratur, z. B. entsprechenden Büchern, Zeitschriften oder Bibliografien beantworten.

Wo wird gesucht

Die Entscheidung zwischen Bibliothek und Internet *(Abb. 3)* ist keine einfache – beide Möglichkeiten haben ihre Vorzüge, aber auch Nachteile. Die Bibliothek bietet ein vorsortiertes und -organisiertes Wissen in kompakter Form, kann dafür in Sachen Aktualität und Informationsfülle mit dem Internet nicht mithalten. Doch aus der Menge an frei zugänglichem Wissen im world wide web solches von Bedeutung herauszufiltern ist nicht einfach; auch die Qualität und Zuverlässigkeit der Informationen (s. u.) kann nur sehr schwer überprüft werden. Die Auswahl zwischen den beiden Informationsarchiven Bibliothek und Internet sollte immer vor dem Hintergrund dieser Vor- und Nachteile getroffen werden.

Wie wird gesucht

Allen gut ausgearbeiteten Suchstrategien zum Trotz – die gesuchte Information liegt nur in den seltensten Fällen genau in der Form vor, die man sich am Anfang vorgestellt hat. Recherchieren – ob in der Bibliothek oder im Internet – ist daher oft ein Prozess, der zu vielen Umwegen einlädt. Gerade weil es so verlockend ist, sich von einem Stichwort zum nächsten führen zu lassen, ist eine genaue Vorstellung von dem, was man sucht umso wichtiger.

- **Recherchieren in der Bibliothek**

  Das Katalogsystem einer Bibliothek listet den gesamten Bestand an Büchern, Zeitschriften und anderen Medien auf. Eine Suche in den Katalogen ist heute in den meisten Fällen per Suchmaske am Computer möglich; gesucht werden kann nach bekannten Namen von AutorInnen und Titeln von Büchern, Zeitschriften oder Artikeln sowie nach Schlag- oder Stichwörtern. Bei Problemen kann man sich jederzeit an die Bibliotheksangestellten wenden, die ihr Suchsystem in der Regel sehr gut kennen.

Die recherchierten Medien können über das Signiersystem (*Abb. 4*), das jede Bibliothek entwickelt hat, gefunden werden. Meistens sind so Art des Mediums, Standort und oft auch die Thematik vermerkt. Wieder gilt: bei Fragen einfach ohne Hemmungen an die BibliothekarInnen wenden.

• **Recherchieren im Internet**
Eine Suchmaschine durchsucht theoretisch das gesamte Internet nach einem eingegebenen Begriff, unabhängig von Zusammenhang und Hintergrund. Vor allem bei der Recherche nach einem ganz bestimmten Begriff sind Suchmaschinen sehr hilfreich.

Inzwischen gibt es auch Suchmaschinen mit recherchefreundlichen Eigenschaften. **Metasuchmaschinen** sind besonders für sehr spezielle Themen geeignet, da sie andere Suchmaschinen durchsuchen und die Ergebnisse anschließend gesammelt darstellen. Man erhält so auf einen Blick mehr Resultate, als wenn man selbst nur in einer Suchmaschine recherchieren würde.
Es gibt auch Suchmaschinen, die von Anfang an eine Einschränkung der Suche auf bestimmte Themengebiete und -zusammenhänge ermöglichen oder Ergebnisse den entsprechenden Sachgebieten zuordnen. Viele Anbieter haben eine spezielle Bildsuchfunktion oder recherchieren nur nach Fachliteratur. Die Möglichkeit, die Internetrecherche zu strukturieren, ist also gegeben und sollte aus Zeit- und Qualitätsgründen konsequent genutzt werden.

Abb. 4 Signaturen auf dem Rücken von Büchern

Die Qualität der Suchergebnisse

In der Informationsflut besonders des Internets wichtige von unwichtigen Informationen zu trennen, ist nicht einfach. Prinzipiell sollte man sich nie auf eine einzige Quelle verlassen, sondern nach weiteren Seiten und anderen Medien (z. B. Fachbücher) suchen, die eine gefundene Information bestätigen. Es gibt zwar einige Anhaltspunkte, nach denen man die Verlässlichkeit einer Internetquelle abschätzen kann, wirkliche Sicherheit bringt aber nur Kontrolle:

• Wie sorgfältig ist die Internet-Seite gestaltet?
• Wer veröffentlicht hier Informationen? Gibt es ein Impressum? Wer seinen Namen nicht nennt, hat möglicherweise einen Grund dafür.
• Welche Interessen stehen hinter der Veröffentlichung? Dabei sollen kommerzielle Gründe nicht abschrecken, sie sollten aber klar und deutlich genannt sein.
• Wann wurden die Informationen online gestellt? Besonders bei wissenschaftlichen Veröffentlichungen kann die Aktualität eine große Rolle spielen. Außerdem kann das Fehlen eines Datums ein Hinweis auf fehlende Sorgfalt bei der Darstellung von Daten, Inhalten usw. sein.

Inhaltliche und zeitliche Grenzen

Grundsätzlich gehen die eigentlichen Ziele einer Recherche in der Fülle der erhaltenen Informationen leicht verloren. Dies gilt besonders für die Recherche im Internet. Das Setzen von inhaltlichen und zeitlichen Limits kann hier sehr hilfreich sein. Immerhin muss noch genügend Zeit bleiben, um die Ergebnisse zu ordnen und/oder zu interpretieren, um sinnvoll mit ihnen weiterarbeiten zu können. Bei der Recherche darf man nie vergessen, dass sie zwar ein zentraler Bestandteil, aber meistens eben doch erst der Anfang eines Projekts ist.

> *Tipp*
>
> Beim Recherchieren im Internet ist es besonders wichtig, die Suchergebnisse zu sichern! Eine Internetadresse kann schnell verloren gehen; sofortiges Sichern oder Speichern spart lästige und zeitaufwändige Mehrarbeit!

5.2 Auf der Jagd nach Daten – das Experiment

Klassischerweise wird das Experiment in den Naturwissenschaften eingesetzt. Nach dem Formulieren einer Frage oder einer Theorie wird mithilfe eines geeigneten Experiments eine Antwort gesucht oder die Theorie bestätigt bzw. widerlegt.

Eine solche Frage könnte z. B. sein:

> Wie hoch ist die quantitative bakterielle Belastung unseres Trinkwassers?

Mit den oben beschriebenen Möglichkeiten der Recherche stößt man auf verschiedene Versuche, mit deren Hilfe diese Frage beantwortet werden kann. Eine Möglichkeit wäre z. B. die **Keimzahlbestimmung** einer Trinkwasserprobe. Bevor aber eine endgültige Entscheidung für den Einsatz dieses Experiments getroffen werden kann, stehen eine Reihe von Fragen an, die anhand der Methode Keimzahlbestimmung im Folgenden dargestellt werden.

- *Entspricht der Versuch dem sogenannten **state of the art**, also dem aktuellen Stand der Wissenschaft und Technik?*
  Durch die ständig fortschreitenden wissenschaftlichen Erkenntnisse werden Experimente, die für bestimmte Fragestellungen lange als sachgerecht und geeignet galten, immer wieder in ihrem Aufbau und ihren Ergebnissen als fehlerhaft oder unzureichend „entlarvt". Ob ein Experiment dem *state of the art* entspricht, kann durch entsprechende Recherche in Fachliteratur, -zeitschriften und im Internet sowie durch Befragung von ExpertInnen (z. B. FachlehrerInnen) oder Anfragen an Labore ermittelt werden.

Die Keimzahlbestimmung ist tatsächlich eine aktuelle und gängige Methode zur bakteriellen Beurteilung einer Wasserprobe. Soweit spricht also nichts dagegen, diese Methode zur Klärung der bakteriellen Trinkwasserbelastung einzusetzen.

- *Kann das Experiment mit den vorhandenen Mitteln durchgeführt werden?*
  Bei der Klärung dieser Frage gelten die bereits erwähnten Regeln zur Planung eines Projekts. Es muss gesichert sein, dass alle notwendigen Materialien zum Versuchsaufbau und zur Durchführung verfügbar sind – und auch für die komplette Dauer des Versuchs genutzt werden können. Um das beurteilen zu können ist eine genaue **Versuchsvorschrift** nötig, die vom Aufbau des Experiments über die Probennahme bis zur eigentlichen Ausführung jeden Schritt deutlich und nachvollziehbar beschreibt. Ein weiterer wichtiger Punkt ist die **Probennahme** selbst. Nicht alle Ausgangsmaterialien, die untersucht werden sollen, sind leicht zu beschaffen; möglicherweise müssen Exkursionen ge-

Exkurs

Die Methode der **Keimzahlbestimmung** ermittelt die Anzahl koloniebildender Einheiten (**KE**; meistens Bakterien) in einem festgelegten Volumen Ausgangsmaterial. Es kann entweder die Gesamtzahl aller vorhandenen KE oder die einer bestimmten Art festgestellt werden. Zur Keimzahlbestimmung werden die KE unter definierten Bedingungen (z. B. Temperatur, Zeit) und mithilfe bestimmter Nährmedien kultiviert und die Anzahl der gebildeten Kolonien bestimmt.

plant, Genehmigungen eingeholt oder die Probe auf besondere Weise entnommen und gelagert werden. Auch hier ist eine ausführliche und sorgfältige Recherche notwendig; hilfreich sind Gespräche mit ExpertInnen, die den Versuch und evtl. auch problematische Probennahmen bereits durchgeführt haben – es geht nichts über die Ratschläge von erfahrenen Fachleuten!

Zur Durchführung der Keimzahlbestimmung gibt es verschiedene Möglichkeiten, z. B. das Gussplatten- *(Abb. 5)* oder das MPN (**m**ost **p**robable **n**umber)-Verfahren. Material und Geräte für mindestens ein Verfahren müssen für die Dauer des Experiments zur Verfügung stehen. Gibt es die Ausrüstung für mehrere Verfahren, muss mithilfe von Recherche und Gesprächen mit ExpertInnen entschieden werden, welches Verfahren unter den gegebenen Umständen das geeignete ist.

Die Probennahme für die Keimzahlbestimung aus dem Wasserhahn oder sogar aus dem Wassereinzugsgebiet (z. B. dem Mangfalltal) scheint auf den ersten Blick unproblematisch. Aber Vorsicht – der Schein trügt! Bei dieser Methode wird mit Bakterien gearbeitet und die sind nicht nur überall, sondern vermehren sich unter geeigneten Bedingungen auch rasend schnell. Um abschließend wirklich nur die Bakterien auszuwerten, die zum Zeitpunkt der Probennahme im Wasser enthalten waren, müssen bei der Beprobung von Wasserhahn und Freiland folgende Regeln beachtet werden:

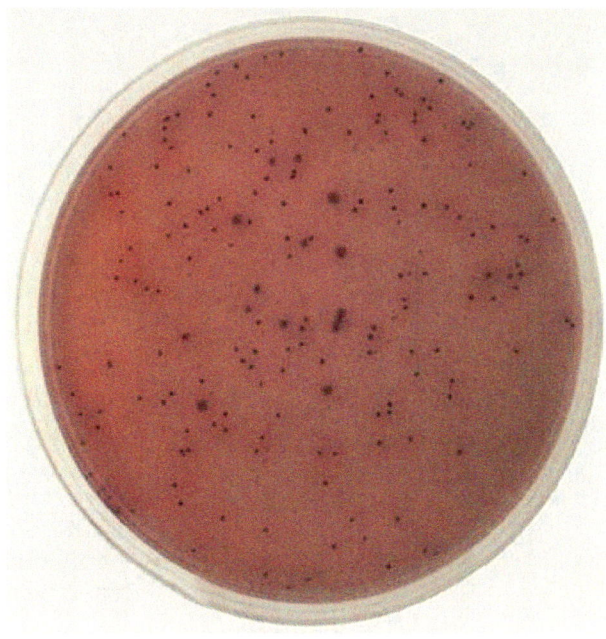

Abb. 5 Eine Gussplatte mit Enterobakterien, die als Indikatoren mangelhafter Hygiene gelten.

- nur sterile Gefäße zur Probennahme verwenden, um keine Fremdkeime einzutragen,
- die Wasserprobe sofort kühl lagern, um eine Vermehrung der Bakterien unter unnatürlichen Bedingungen zu vermeiden,
- die Wasserproben so schnell wie möglich bearbeiten.

5.3 Auf der Jagd nach Antworten – das Experteninterview

Das Experteninterview stammt aus der Soziologie, wird aber in vielen Bereichen angewendet (z. B. Berichterstattung in Politik, Sport usw.). Es ist keine quantitative Umfrage wie z. B. der Fragebogen, der die Meinungen einer größeren Personengruppe wiedergibt. Beim Experteninterview wird oft nur eine Person zu einer Thematik befragt; ein Interview mit einem weiteren Experten oder einer Expertin würde möglicherweise andere Ergebnisse bringen. Daher können auch die erhobenen Antworten / Daten aus einem Experteninterview niemals als repräsentativ gelten, sondern müssen immer als exemplarisch betrachtet werden.

Ein Kennzeichen eines Experteninterviews ist, dass es keine standardisierte Methode ist, sondern meist durch einen Leitfaden vorstrukturiert wird. Dieser Leitfaden wird von den InterviewerInnen selbst erstellt; Themenbereiche und entsprechende Fragen müssen also bereits vor-

Exkurs

Der **Fragebogen** fordert zur schriftlichen Beantwortung standardisierter Fragen auf. Hierbei muss oft aus einer Anzahl von Antworten ausgewählt (***Multiple choice***) oder den Antworten eine bestimmte Wertung zugewiesen werden. Seltener werden auch offene Fragen integriert. Beim Fragebogen handelt es sich um die klassische Methode der quantitativen Befragung; das Ziel ist also die *zahlenmäßige* Darstellung eines bestimmten Aspekts. Der Einsatz eines Fragebogens ist sinnvoll, wenn Informationen von einer großen Gruppe eingeholt werden sollen, eine statistische Auswertung geplant ist und/oder Daten über einen längeren Zeitraum eingeholt und verglichen werden müssen. Fragebögen werden daher oft im Zusammenhang mit z. B. Markttests oder Kundenanalysen eingesetzt.

her erarbeitet und festgehalten werden. Das hat den Vorteil, dass eine grobe Gesprächsstruktur vorgegeben ist, von der je nach Situation aber durchaus abgewichen werden kann: Man ist flexibel, ohne in Gefahr zu sein, zu weit vom Thema abzuweichen. Ein solcher Leitfaden erfordert allerdings einige Vorarbeit – ohne eigene Kenntnisse können Themenbereiche und Fragen schließlich nicht erarbeitet werden. Das bedeutet Zeitaufwand schon vor dem Interview und der Auswertung. Auch die Anforderungen an fachliche und zwischenmenschliche Kompetenz der InterviewerInnen sind höher als z.B. bei einer normierten Umfrage.

Abhängig davon, wann in einem wissenschaftlichen Projekt die Methode des Experteninterviews eingesetzt werden soll, kann es folgenden Zielen dienen:

> • dem Einführen oder Verdeutlichen von Zusammenhängen und Strukturen,
> • der Bildung eigener Thesen und weiterführenden Fragestellungen,
> • der Vertiefung eigener Recherche- oder Untersuchungsergebnisse.

… und wer ist denn nun Expertin oder Experte?

Der Begriff „ExpertIn" ist schwer zu definieren, ist aber immer deutlich gegen „LaiInnen", „Betroffene" und „Neulinge" auf bestimmten Gebieten abgegrenzt. ExpertInnen verfügen über langjährige Erfahrung und weisen darum Kompetenz in einem bestimmten Fach auf. Kenntnis und Erfahrung sind wichtige Merkmale von ExpertInnen; lediglich eine fundierte Meinung zu einem Thema zu haben, ist nicht ausreichend.

Mit also wem soll man reden?

Die Wahl der Gesprächspartnerin oder des Gesprächspartners hängt von der Fragestellung ab – soll z.B. die Position der Europäischen Union zur Wasserpolitik der Zukunft besprochen werden, können Mitglieder des Europäischen Parlaments befragt werden, aber auch außerparlamentarische BeobachterInnen oder entsprechende ExpertInnen von NGOs (**n**on-**g**overnmental **o**rganisations). Ein Interview mit Ökobauern oder -bäuerinnen bietet sich z.B. für Fragestellungen zum Ökolandbau im Mangfalltal an.

> Wer soll befragt werden? Wie kann diese Person kontaktiert und an wen muss die Anfrage zum Interview gestellt werden?

Fragen über Fragen …

Mit dem nötigen Vorwissen werden die Fragen für den Leitfaden zum Experteninterview erarbeitet. Dabei können unterschiedliche Typen von Fragen (Beispiele in *Tab.1*) eingesetzt werden, die verschiedenen Zielsetzungen dienen und folgendermaßen eingeteilt werden können:

- Fragestellungen können **direkten** oder **indirekten** Charakter haben; das Anliegen der fragenden Person ist entweder klar erkennbar oder versteckt.
- Fragstellungen zielen entweder auf die Thematik oder die ExpertInnen persönlich ab.
- Fragestellungen können die Thematik entweder einschränken (**fokussieren**) oder ausdehnen (**generalisieren**).
- Manche Fragen verlangsamen den Fluss des Interviews und führen daher zu einer sogenannten „**Retardierung**".

> Mit welchen Fragetypen sollen welche Aspekte der Thematik durch das Interview geklärt oder vertieft werden?

Eine persönliche Befragung bringt immer die Subjektivität der InterviewerInnen mit ins Spiel. Formulierungen, Reihenfolge oder die Verständlichkeit von Fragen z. B. können zur Beeinflussung der ExpertInnen führen – eine Einschränkung dieser Methode, die man immer im Hinterkopf behalten sollte.

Typ der Frage	Beispiel	Vorteil	Nachteil
Aufforderungsfrage	Frau Müller, Sie bewirtschaften Ihren Hof seit Jahren ökologisch. Was hat Sie zu diesem Schritt bewegt?	auffordernde Wirkung, Antwort kann weit gefasst sein	Antwort kann unbestimmt und schwer steuerbar sein
Sachverhaltsfrage	Herr Maier, wie hoch liegen die Grenzwerte für die Belastung von Trinkwasser mit *Escherichia coli*?	fordert zu überprüfbarer Antwort auf	Charakter der Frage unpersönlich
Definitionsfrage	Herr Maier, was genau wird durch die Trinkwasserverordnung geregelt?	fordert zu Verdeutlichung und Klärung auf	kann Gesprächsfluss ins Stocken bringen
Motivationsfrage	Frau Müller, Öko-Bewirtschaftung birgt neben dem harten Leben als Landwirtin auch finanzielle Herausforderungen. Was begeistert Sie dennoch so an Ihrem Beruf?	impliziert Vertraulichkeit	Eindruck der Distanzlosigkeit kann entstehen
Erlebnisfrage	Herr Schwarz, können Sie kurz beschreiben, was Ihnen als Umweltaktivist angesichts der Pläne der Europäischen Union durch den Kopf geht?	fordert zu detaillierter und anschaulicher Antwort auf	Antwort kann leicht vom Thema abkommen
Verständnisfrage	Frau Klein, Sie sind offensichtlich nicht begeistert von den Privatisierungsvorhaben der Politik. Die augenblicklichen Regelungen sind für Sie also überzeugend?	fordert zu präziser, zusammenfassender Antwort auf	kann Gesprächsfluss ins Stocken bringen
Meinungsfrage	Herr Maier, wie bewerten sie die Qualität des deutschen Trinkwassers?	fordert zur Äußerung der persönlichen Meinung auf	Antworten können unbestimmt und wenig anschaulich sein
Szenario-Frage	Sollte es tatsächlich zu einer Privatisierung der Trinkwasserversorgung in Ihrer Region kommen, Herr Schwarz, welche Folgen befürchten Sie für die Wasserqualität?	fordert zur Hypothesenbildung auf	Gefahr der Spekulation

Tab. 1 Beispiele für verschiedene Fragentypen

6 Dokumentation und Präsentation

Die Ergebnisse der eigenen Arbeit strukturiert dar- und vorzustellen, ist ein wesentlicher Bestandteil wissenschaftlicher Tätigkeit. Das Ziel ist dabei nicht nur die abschließende schriftliche Seminararbeit und der dazugehörige Vortrag; Zwischenresümees und Referate *während* des Projektverlaufs sind hilfreich und wichtig, um immer wieder zu kontrollieren, ob man zeitlich und inhaltlich noch in den am Anfang ausgearbeiteten Planungen liegt.

6.1 Denn was man schwarz auf weiß besitzt …

Auch wenn es zu Beginn lästig scheinen mag – eine konsequent fortschreitende schriftliche Dokumentation der eigenen Arbeit ist Gold wert. Die frustrierende Erfahrung, Ergebnisse eines Experiments nicht mehr nachvollziehen oder Literaturquellen nicht mehr finden zu können, sollte man sich von Anfang an ersparen. In manchen Fällen kann durch Zeitaufwand und Mehrarbeit ein solcher Informationsverlust wiedergutgemacht werden. In anderen Fällen gehen Daten für immer verloren und ganze Experimentreihen können umsonst gewesen sein. Beim wissenschaftlichen Arbeiten gilt daher immer: Egal ob Recherche zur europäischen Wasserrahmenrichtlinie in der Bibliothek, ob Festhalten der Kommunikation mit dem persönlichen Assistenten eines Abgeordneten des Europäischen Parlaments oder die genaue Beschreibung der chemischen Zusammensetzung eines Bakteriennährbodens: Jeder Schritt auf dem Weg zum Abschluss des Projekts sollte kontinuierlich dokumentiert werden. Auch beim Erstellen der Seminararbeit und des abschließenden Vortrags zeigt sich immer wieder, was eine gewissenhafte Dokumentation des Projektverlaufs wert ist.

6.2 Resultate liefern – Seminararbeit und Präsentation

Die Gedankengänge, die zu bestimmten Entscheidungen und Vorgehensweisen während der Arbeit geführt haben, die Ergebnisse und Interpretationen, zu denen man gekommen ist, versteht niemand besser als die, die an dem Projekt gearbeitet haben. Die Herausforderung und die Kunst von Abschlussarbeit und -vortrag besteht darin, alle anderen an dieser Einsicht teilhaben zu lassen. Ohne das Einhalten einiger Regeln kommt man hier nicht weit.

Die Seminararbeit

Zu allererst und ganz allgemein: Um Leser und Leserinnen einer Abschlussarbeit nicht gleich auf den ersten Blick abzuschrecken, sollte die Arbeit **orthographisch** und **grammatikalisch** möglichst fehlerfrei sein. Hilfreich sind hier die Rechtschreibprogramme der Textverarbeitungssoftware. Eigene sorgfältige Kontrolle und das Gegenlesen durch Dritte kann zusätzlich helfen, unnötige Fehler zu vermeiden.

Der richtige Umgang mit **Zitaten** ist eine weitere Grundsatzregel jedes schriftlichen wissenschaftlichen Arbeitens. Die Kennzeichnung von **Quellentexten** und ihre Angabe in einem eigenen Abschnitt zur verwendeten Literatur (Literaturverzeichnis) ist das formale Rückgrat jeder Seminararbeit. Da es verschiedene Arten des Zitierens gibt, sollte vor dem Verfassen der Seminararbeit geklärt werden, welche Form angewandt werden soll.

Auch für die Gliederung der Seminararbeit gibt es einige Grundregeln. Hier finden sich viele Elemente aus der Planungsphase wieder:

- In einer **Einleitung** wird das Thema der Arbeit umrissen. Hier werden Punkte wie z.B. Ausgangssituation und theoretischer Hintergrund abgehandelt. Die Frage- bzw. Zielstellung schließt die Einleitung ab.
- Im Abschnitt **Methoden** wird rein technisch dargestellt, mit welchen Mitteln die Fragestellung bearbeitet wurde. Weder Ergebnisse noch Interpretation werden hier erwähnt.
- Es folgt die Beschreibung der erarbeiteten **Ergebnisse**, ohne diese zu bewerten. Grafiken zu den Auswertungen eines wichtigen Experiments oder Interviews werden hier gezeigt.
- Die Interpretation und Erörterung der Ergebnisse erfolgt im Abschnitt **Diskussion**. Dieser Teil ist das Herzstück der Arbeit: Hier muss gezeigt werden, dass die Problematik durchdrungen wurde und Zusammenhänge zwischen Ausgangsfrage, Zielstellung und den selbst erarbeiteten Ergebnissen hergestellt werden können.
- In den **Schlussbemerkungen** wird die Arbeit abgerundet. Sie bestehen aus einer kurzen Zusammenfassung der wichtigsten Ergebnisse und Grundaussagen.
- Im **Anhang** finden sich z.B. zusätzliche Abbildungen und Grafiken, die nicht in den Ergebnisteil integriert wurden. Außerdem wird hier die verwendete und zitierte Literatur aufgeführt.

Die Präsentation

Eine Präsentation der eigenen Arbeit in Form eines Vortrags wird in der Regel durch grafische Hilfsmittel unterstützt *(Abb. 1, S. 234)*. Dabei kann es sich um Darstellungen auf einer Wandzeitung oder auf Postern handeln. Es können auch Flipcharts oder Folien auf einem Tageslichtprojektor zum Einsatz kommen. Eine weitere Methode ist die computergestützte Präsentation unter Verwendung eines Beamers.

Falls die Schule über eine eigene Homepage verfügt, kann das Projekt in all seinen unterschiedlichen Entstehungsphasen auch für alle zugänglich online im world wide web vorgestellt werden.

Für welche Variante man sich auch entscheidet: Auch bei der Präsentation müssen die Ergebnisse und Interpretationen der eigenen Arbeit strukturiert und verständlich einem Laienpublikum vorgestellt werden. Formal gelten daher prinzipiell die gleichen Regeln wie für die Seminararbeit. Auf den Präsentationsmedien, ob nun klassisch oder digital, sollten sich so wenige orthographische und grammatikalische Fehler wie möglich befinden. Auf Posterformat oder groß an die Wand geworfen machen diese mindestens so viel Eindruck wie in der gedruckten Seminararbeit. Zitate müssen auch bei der Präsentation korrekt gekennzeichnet und die dazugehörige Quelle angegeben werden. Und auch die Gliederung der Seminararbeit lässt sich prinzipiell auf die Präsentation übertragen.

' YOU'VE COPIED ALL THIS OFF THE INTERNET... '

www.CartoonStock.com

Tipp

Das Format eines Literaturverzeichnisses ist nicht verbindlich. Wie beim Zitieren gibt es unterschiedliche korrekte Formen, verwendete Literatur anzugeben. Wichtig ist, innerhalb eines Verzeichnisses immer dieselbe Form beizubehalten und auf jeden Fall folgende Punkte aufzuführen: Namen der AutorInnen und/oder HerausgeberInnen, Erscheinungsjahr und Name der Quelle (im Fall von Büchern den Titel von Buch und Kapitel) sowie eine komplette Seitenangabe. Bei Zeitschriften muss auch die Nummer der Ausgabe und bei Büchern der Name des Verlags angegeben werden:

Literaturverzeichnis

Scheytt T, Grams S, Fell H (1998) Vorkommen und Verhalten eines Arzneimittels (Colfibirnsäure) im Grundwasser. Grundwasser 3: 67–77

Schindler P (2008) Entnahme und Transport von Proben. In: Feuerpfeil I, Botzenhart K (Hrsg.) Hygienisch-mikrobiologische Wasseruntersuchung in der Praxis. Wiley-VCH, Weinheim, S. 12–21

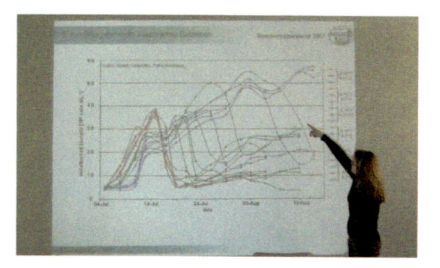

Abb. 1 Verschiedene Präsentationsmedien: Flipchart, Computer mit Beamer und Tageslichtprojektor (von oben nach unten)

Das Einhalten von ein paar goldenen Regeln kann das freie Sprechen vor vielen Menschen einfacher machen:

- **Immer wissen, wovon man spricht**
  Die Beherrschung des eigenen Themas minimiert das eigene Lampenfieber. Wer alle Aspekte seiner Präsentation verstanden hat, fühlt sich während des Vortrags sicher – und kann die anschließenden Fragen beantworten.

- **Die Körpersprache … mehr als tausend Worte**
  Nonverbale Kommunikation entscheidet zu 90 % über die Wirkung eines Vortrags! Sehr wichtig sind daher die Körperhaltung und der Blickkontakt mit dem Publikum. Kein Vortrag im Sitzen oder ständiges Fixieren der Folien oder Poster.

- **KISS**
  Das Publikum muss eine Präsentation nachvollziehen können. Die verwendeten Medien sind lediglich zur Unterstützung des Gesagten gedacht. Daher sollte z. B. auf Folien eine Überfrachtung mit Inhalten oder Verwendung von ganzen Sätzen immer vermieden werden. Eine hilfreiche englische Formel: **k**eep **i**t **s**hort and **s**imple

- **Handwerkliches zum Schluss**
  Auch die Aufmerksamkeitsspanne des motiviertesten Publikums hat eine Grenze, daher muss eine zu hohe „Folienfrequenz" vermieden werden – 2 bis 3 Folien pro Minute sind ein guter Richtwert. Außerdem sollte das Equipment vor dem Vortrag auf jeden Fall überprüft und die Präsentation mindestens einmal damit durchgeprobt werden, um peinliche Überraschungen zu vermeiden.

Präsentation und Dokumentation

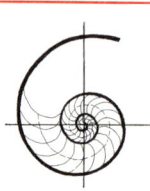

Die Präsentation

Tipps für die Bildschirmwiedergabe

- Überfrachtung der Folien vermeiden – zu viel Text schreckt ab!
- passende Schriftgröße – niemals kleiner als 14 Punkt
- passende Schriftart – serifenlos (ohne „Häkchen" an Buchstaben)
- Farben für Text und Hintergrund – für ausreichend Kontrast sorgen

Literaturverzeichnis

Strukturelle und energetische Grundlagen des Lebens

BEYER H., WALTER, W.: Lehrbuch der organischen Chemie. S. Hirzel Verlag, Stuttgart 1998[23].

CAMPBELL, N.A., REECE, J.B.: Biologie. Spektrum Akademischer Verlag, Heidelberg 2003[6].

NULTSCH W.: Allgemeine Botanik. Georg Thieme Verlag, Stuttgart 1991[9].

NULTSCH, E., GRAHLE, A.: Mikroskopisch-Botanisches Praktikum. Georg Thieme Verlag, Stuttgart 1988[8].

STRASBURGER, SITTE, P., ZIEGLER, H., EHRENDORFER, F., BRESINSKY, A.: Strasburger Lehrbuch der Botanik. Gustav Fischer Verlag, Stuttgart 1998[34].

Genetik und Gentechnik

ALBERTS, B., BRAY, D. et al.: Molekularbiologie der Zelle. VCH Verlag, Weinheim 1997[3].

BIRNSTIEL, M., SPEIRS, J., PURDOM, I., JONES, K., LOENING u. E.: Properties and Composition of the Isolated Ribosomal DNA Satellite of Xenopus laevis. In: Nature 219 (1968) 454ff.

BUSELMAIER, W., TARIVERDIAN, G.: Humangenetik. Springer-Verlag, Berlin 1999[2].

FISCHER E. : Das Genom. Fischer-Verlag, Frankfurt am Main 2002.

GADNER H. et al.: Pädiatrische Hämatologie und Onkologie. Springer-Verlag, Berlin 2006.

GRAW J.: Genetik. Springer-Verlag, Berlin 2006[4].

HENNIG: Genetik. Springer-Verlag, Berlin 2002[3].

JANNING, W., KNUST, E.: Genetik. Thieme-Verlag, Stuttgart 2004.

MADIGAN, M., MARTINKO, J. et al.: Brock – Mikrobiologie. Spektrum-Verlag, Heidelberg 2001.

SCHMIDTKE J.: Ein humangenetischer Ratgeber. GUC-Verlag, Chemnitz 2002.

Neuronale Informationsverarbeitung

CAMPBELL, N.A., REECE J. B.: Biologie. Pearson Studium, München 2006[6].

CASPARY, R.: Lernen und Gehirn. Herder-Verlag, Freiburg 2006.

KANDEL, E. R., SCHWARTZ, J. H., JESSEL, T. M.: Neurowissenschaften. Eine Einführung. Spektrum Akademischer Verlag, Heidelberg 1995.

LUFT, A., DREWS, U.: NeuroTutor 2.0 – Das Gehirn auf vernetzten Wegen. Georg Thieme Verlag, Stuttgart 1999.

MARKOWITSCH, H.-J.: Dem Gedächtnis auf der Spur. Wissenschaftliche Buchgesellschaft, Darmstadt 2002.

NEUWEILER, G.: Vergleichende Tierphysiologie. Springer-Verlag, Heidelberg 2003.

NEUWEILER, G.: Die dynamische Synapse. Naturwissenschaftliche Rundschau 59 (2006).

PURVES, W.K., SADAVA, D., ORIANS, G.H., HELLER, H.C.: Biologie. Spektrum Akademischer Verlag, Heidelberg 2006[7].

ROTH, G.: Aus Sicht des Gehirns. Suhrkamp Verlag, Frankfurt am Main 2005.

SCHACHL, H.: Was haben wir im Kopf? Veritas-Verlag, Linz 2005[3].

SCHMIDBAUER, W., VON SCHEIDT, J.: Handbuch der Rauschdrogen. Fischer Taschenbuchverlag, Frankfurt am Main 1998.

SCHMIDT, R. F., SCHAIBLE, H.-G.: Neuro- und Sinnesphysiologie. Springer-Verlag, 2001.

SPITZER, M.: Lernen - Gehirnforschung und die Schule des Lebens. Spektrum Akademischer Verlag, Heidelberg 2003

SPITZER, M.: Nervensachen. Suhrkamp-Taschenbuch, Stuttgart 2005.

SPRINGER, S. P., DEUTSCH, G.: Linkes/rechtes Gehirn. Spektrum Akademischer Verlag, Heidelberg 1998[4].

THOMPSON, R. F.: Das Gehirn. Von der Nervenzelle zur Verhaltenssteuerung. Spektrum Akademischer Verlag, Heidelberg 1994.

VAAS, R.: Schöne neue Neuro-Welt. Hirzel-Verlag, Stuttgart 2008.

Glossar

Absorption: lat. absorbere – aufsaugen, verschlingen; das Aufsaugen, in-sich-Aufnehmen; auch: Abschwächung bzw. Aufnahme von Strahlungsanteilen beim Durchgang durch Materie

aerob: gr. aer – Luft; unter Vorhandensein von Sauerstoff ablaufend; Organismen, die Sauerstoff zum Leben benötigen (↑ anaerob)

Aktionspotenzial: Nervenimpuls; kurze, charakteristische Abweichung des Membranpotenzials einer erregbaren Zelle (Neuron, Muskelzelle) von ihrem Ruhepotenzial; dient der Reizweiterleitung über Axone

Akzeptormolekül: lat. acceptare – empfangen, annehmen; Molekül, auf das in einer chemischen Reaktion funktionelle Gruppen oder auch Elektronen übertragen werden

akzessorisch: lat. accedere – herankommen, dazukommen; hinzutretend, nebensächlich, weniger wichtig

Allel: gr. allelon – einander, gegenseitig; eine von mehreren möglichen Varianten eines Gens; Allele eines bestimmten Gens sind an gleichen Positionen auf homologen Chromosomen lokalisiert

allosterisch: gr. allos – anders, steréos – Ort; bedeutet „am anderen Ort" und beschreibt die Wirkungsweise bestimmter Proteine in der Biochemie

Amyloplasten: spezialisierte Leukoplasten, die Reservestärke aufbauen und längerfristig speichern können; sie befinden sich in den Speicherorganen der Pflanzen

Anabolismus: gr. anabol – aufbauend; Aufbau von köpereigenen Bestandteilen durch den Stoffwechsel

anaerob: gr. an – nicht, un, -los, aer – Luft; ohne Vorhandensein von Sauerstoff ablaufend; Organismen, die keinen Sauerstoff zum Leben benötigen (↑ areob)

Arbeitsgedächtnis: zuständig für vorübergehende Speicherung und Veränderung, verfügt über begrenztes Erfassungsvermögen

Assimilation: lat. assimilare – ähnlich machen, angleichen; Aufbau körpereigener Substanzen aus aufgenommenen Stoffen

Autolyse: Selbstauflösung abgestorbener Körperzellen durch die aus Lysosomen frei werdenden Enzyme ohne die Beteiligung von Bakterien

Autoradiografie: Verfahren, bei dem mithilfe besonders lichtempfindlicher fotografischer Platten die räumliche Anordnung radioaktiver Stoffe sichtbar gemacht wird; radioaktive Stellen zeichnen sich als Schwärzungen ab

azyklisch: gr. a – nicht, un-, kýklos – Kreis; nicht kreisförmig, zeitlich unregelmäßig, unabgestimmt

Brainstorming: engl. brain – Gehirn, to storm – stürmen; Sammeln von spontanen Einfällen; dient der Erzeugung neuer und ungewöhnlicher Ideen innerhalb einer Gruppe von Menschen

Carbonylgruppe: reaktionsfähige funktionale Gruppe in organischen Verbindungen, besteht aus einem C-Atom, das durch eine Doppelbindung mit einem O-Atom verbunden ist

Carotinoid: in organischen Fetten vorkommender Farbstoff, der eine gelbe bis rötliche Färbung verursacht

chemiosmotische Theorie: 1961 von P. D. Mitchel aufgestellte Theorie zur Erklärung des Mechanismus der Kopplung von Redoxreaktion und Phosphorylierung in der mitochondrialen Atmungskette

Chiasma: Überkreuzung zweier nicht-Schwesterchromatiden eines Chromosomenpaares während der späten Prophase I der Reduktionsteilung

Chitin: stickstoffhaltiges Polysaccharid, Hauptbestandteil des Außenskeletts von Gliederfüßern, Hauptbestandteil der Zellwände von Pilzen

Chromatin: gr. chroma – Farbe; filamentöser Bestandteil des Zellkerns, der das Erbgut der Zelle enthält und sich mit basischen Farbstoffen anfärben lässt

Chromatografie: gr. chroma- Farbe, graphein – schreiben; Verfahren zur Trennung chemisch nahe verwandter Stoffe

Chromoplasten: gr. chroma – Farbe, plastos – geformt; Plastide, die als Farbstoffträger die Blüten oder Früchte bestimmter Pflanzen färben

Clustering: engl. cluster – Bündel, Häufung; kreative Arbeitstechnik zur Ideenfindung, die auf dem Verfahren der freien Assoziationen basiert; ausgehend von einem Zentralwort werden Assoziationsketten notiert

Codon: frz./engl. code – Schlüssel; drei aufeinander folgende Nukleotide, die den Schlüssel für eine Aminosäure im Protein darstellen

Decarboxylierung: chemische Reaktion, bei der die Carboxylgruppe einer Carbonsäure als Kohlenstoffdioxid abgespalten wird

Denaturierung: lat. de – von, weg, natura – Natur, Charakter; Veränderung der biologisch aktiven räumlichen Struktur von Proteinen oder DNA, die meistens mit dem Verlust der biologischen Funktion dieser Moleküle einhergeht

Depolarisation: lat. de – von, weg, gr. pólos – Drehpunkt; (positive) Änderung des Membranpotenzials einer Nerven- oder Muskelzelle

Destillation: lat. destillare – herabträufeln; thermisches Trennverfahren zur Reinigung und Trennung meist flüssiger Stoffe durch Verdampfung, die durch Abkühlen anschließend wieder verflüssigt werden

Destruenten: lat. destruere – zerstören, zersetzen; Organismen, die tote organische Substanzen zu anorganischem Material abbauen und dem Stoffkreislauf wieder zuführen

Dictyosomen: Stapel flacher, membranumhüllter Hohlräume (Zysternen) in der Zelle mit der Aufgabe, Proteine zu lagern und zu modifizieren; die Gesamtheit aller Dictyosomen wird als Golgi-Apparat bezeichnet

Disaccharide: lat. di – zweimal, doppelt, gr. sakcharon – Zucker; Kohlenhydrate, die durch die Verknüpfung von zwei Monosacchariden gebildet werden; wichtige Disaccharide sind Maltose, Lactose und Saccharose

Dissimilation: lat. dissimilare – unähnlich machen; Abbau von Energiespeichern durch Organismen unter Freisetzung von Energie

Diversität: lat. diversitas – Vielfalt, Verschiedenheit

DNA (engl. desoxyribonucleic acid): Makromolekül aus Nukleotiden, das als Träger der Erbinformation die stoffliche Substanz der Gene darstellt; ist in allen Lebewesen vorhanden

Dubliner Prinzipien: beziehen sich auf Ressourcenschutz und Nachhaltigkeit des Wassers, seinen ökonomischen Wert und die Partizipation von Nutzern, Planern und Entscheidungsträgern; wurden 1992 auf der Umwelt- und Wasserkonferenz der Vereinten Nationen in Dublin beschlossen

Endoplasmatisches Reticulum: Abk. ER; (lat. endo – in, plasma – Gebilde, reticulum – kleines Netz; untereinander verbundene Membranvesikel in eukaryotischen Zellen; das raue ER ist mit Ribosomen besetzt, das glatte ER ist frei von Ribosomen

endotherm: gr. éndon – innerhalb; thérme – Wärme; in der Chemie: Reaktionen, die unter Energiezufuhr stattfinden; in der Ökologie: Organismen, die ihre Körpertemperatur durch eigene Wärmeproduktion aufrechterhalten

Erbkrankheiten: Erkrankungen oder Besonderheiten, die durch untypisch veränderte Gene ausgelöst werden

Eugenik: gr. eu – gut, richtig, leicht, genos – Gattung, Nachkommen; Erbgesundheitsforschung und -lehre mit dem Ziel, unerwünschte Erbeigenschaften zu tilgen (negative Eugenik) und erwünschte Eigenschaften zu fördern (positive Eugenik). Instrumente der Eugenik sind die Erkenntnisse genetischer Forschung sowie Kontrolle und Beeinflussung von Fortpflanzungsprozessen.

Euthanasie: gr. eu – gut, richtig, leicht, thanatos – der Tod; Erleichterung des Sterbens durch schmerzlindernde Narkotika oder absichtliche Herbeiführung des Todes bei unheilbar Kranken; bezeichnet auch die systematische Ermordung geistig und körperlich behinderter Menschen während des Nationalsozialismus.

Euzyten: gr. eu – gut, richtig, kytos – die Zelle; Grundbaustein der Eukaryoten (Protisten, Pflanzen, Pilze, Tiere) mit Zellkern, Mitochondrien und reicher Kompartimentierung

exergonisch: Energie abgebend

exotherm: gr. exo – außerhalb, außen, thérme – Wärme; in der Chemie: Reaktionen, bei denen Energie in Form von Wärme frei wird; in der Ökologie: Organismen, die ihre Körpertemperatur durch externe Wärmequellen aufrechterhalten

Forest Stewardship Council (FSC): weltweit anerkannte, regierungsunabhängige, internationale Organisation zur Förderung verantwortungsvoller Waldwirtschaft

fotoautotroph: gr. phos – Licht, autos – selbst, trophé – Ernährung; fotoautotrophe Organismen bauen mithilfe des Sonnenlichts energiereiche organische Verbindungen aus anorganischen Molekülen auf

fraktioniert: lat. fractio – Bruch; aufgeteilt, unterteilt

GATS (General Agreement on Trade in Services): allgemeines Abkommen der Welthandelsorganisation über den grenzüberschreitenden Handel mit Dienstleistungen und dem Ziel einer fortschreitenden Liberalisierung dieses Handels

Gehirn: Teil des Zentralnervensystems, der im Kopf aller Wirbeltiere zu finden ist und die Steuerzentrale des gesamten Körpers darstellt; alle Informationen aus der Umwelt werden hier zu Reaktionen verarbeitet

Gen: gr. genos – Gattung, Nachkommen; 1) klassisch: Teil des Genoms, der die Ausbildung eines Merkmals bedingt; 2) molekularbiologisch: Abschnitt eines Chromosoms, der für Bildung eines funktionellen Produkts (z. B. Polypeptid) zuständig ist

Gendiagnostik: gr. diágnosi – Durchforschung, Unterscheidung, Entscheidung; Untersuchung genetischer Anlagen im menschlichen Erbgut

genetischer Code: fr./engl. code – Schlüssel; Zuordnungssystem von Codons (Basentripletts) zu den 20 biogenen Aminosäuren bei der Proteinsynthese

genetischer Fingerabdruck: individuelles Muster von DNA-Fragmenten, z. B. nach Schneiden von DNA-Abschnitten mit Restriktionsenzymen (Restriktionsfragment-Längenpolymorphismus)

Genmutationen: gr. genos – Gattung, Nachkommen, lat. mutare – verändern; erbliche Veränderung der spezifischen Basenfolge eines Gens

Genotyp: gr. genos – Gattung, Nachkommen, typos – Gestalt, Ausdruck; Gesamtheit der Gene eines Lebewesens, welche die Merkmale eines ausgewählten Erbgangs bestimmen

Gesetz gegen Wettbewerbsbeschränkung: dient der Erhaltung eines ungehinderten, funktionierenden und möglichst vielgestaltigen Wettbewerbs; schützt gegen Missbrauch marktbeherrschender Stellungen, kontrolliert Unternehmenszusammenschlüsse und tritt für Verbot und Kontrolle bestimmter Wettbewerbsbeschränkungen ein

Gliazellen: gr. glia – Leim; bilden eine bindegewebeähnliche Stützsubstanz im Zentralnervensystem; sie sind strukturell und funktional von den Neuronen abzugrenzen

Glykolyse: gr. glykys – süß, lysis – Auflösung; erster „Schritt" des biochemischen Glukose-Abbaus (Katabolismus), bei dem ein Molekül Glukose in zwei Moleküle Pyruvat umgewandelt wird

Grana: lat. granum – Korn; übereinander gelagerte scheibenförmige Thylakoidstapel in den Chloroplasten, die lichtmikroskopisch erkennbar sind

Grünbuch: Diskussionspapier der Europäischen Kommission zu einem bestimmten Thema, z. B. über Auswirkungen des Verkehrs auf die Umwelt, die Sanierung von Umweltschäden oder zum Handel mit Treibhausgasemissionen; dadurch wird eine öffentliche und wissenschaftliche Diskussion in Gang gesetzt, die zu grundlegenden politischen Zielen verhelfen soll

Hämoglobin: gr. haïma – Blut, lat. globulus – Kügelchen; in roten Blutkörperchen enthaltener Blutfarbstoff zahlreicher Tiere; eisenhaltiges Protein, das Sauerstoff transportiert

Hemicellulose: gr. hemi – halb, lat. cellula – kleine Kammer; Bestandteil der Zellwand pflanzlicher Zellen, dient als Stütz- und Gerüstsubstanz

heterotroph: gr. heteros – anders, trophé – Nahrung; Eigenschaft von Organismen, die organische Nahrungsstoffe aufnehmen und in körpereigene Verbindungen umwandeln

Hydrathülle: gr. hydro – Wasser; entsteht bei der Anlagerung von Wassermolekülen um ein Ion; wird auch als Hydrat-Sphäre bezeichnet

Hydrolyse: gr. hydro – Wasser, lysis – Auflösung; Spaltung chemischer Verbindungen durch die Reaktion mit Wasser

hydrophob: gr. hydro – Wasser, phobia – Angst, Wasser abstoßend, nicht in Wasser löslich; Gegensatz zu hydrophil

hydrostatisch: gr. hydro – Wasser, statike – die Lehre des Gleichgewichts; sich nach den Gesetzen der Hydrostatik (Wissenschaft von den Gleichgewichtszuständen strömungsfreier Flüssigkeiten/Gasen) verhaltend

Hyperpolarisation: gr. hyper – über, über hinaus, pólos – Drehpunkt; Senkung des Membranpotenzials einer Nerven- oder Muskelzelle

Hyphe: gr. hyphe – das Weben, das Gewebte; fadenförmige, oft mehrzellig gegliederte Grundstruktur der Pilze

Interzellulare: lat. inter – zwischen, cellula – kleine Kammer; gasgefüllte Hohlräume zwischen benachbarten pflanzlichen Zellen

intramolekular: lat. intra – innerhalb, molekula – kleine Masse, Teilchen; innerhalb eines Moleküls stattfindend

Ionen: gr. ión – gehend, wandernd; positiv oder negativ elektrisch geladene Moleküle oder Atome

Ionenkanal: röhrenförmig angeordnete, in die Zellmembran eingelagerte Proteinkomplexe, die Ionen das (üblicherweise selektive) Durchqueren von biologischen Membranen ermöglichen

Ionenpumpe: Enzymkomplex, der Ionen gegen ein Konzentrationsgefälle und unter Energieverbrauch durch eine Membran transportiert

irreversibel: lat. in – un-(verneinende Wirkung vor Adjektiven), reversus – zurückgekehrt, nicht umkehrbar; nicht rückgängig zu machen

Isotop: gr. iso – gleich, topos – Ort; Atome des gleichen Elements, die sich untereinander in der Massenzahl unterscheiden

Kartellrecht: umfasst Rechtsnormen auf der Ebene des Wirtschaftsrechts, die auf den Erhalt eines ungehinderten und möglichst vielgestaltigen Wettbewerbs gerichtet sind

Karyogramm: gr. káryon – Kern, gramma – etwas Geschriebenes, Gezeichnetes; geordnete, grafische Darstellung eines vollständigen Chromosomensatzes; die Chromosomen sind nach Größe, Zentromerlage und Bandenmuster geordnet und fortlaufend nummeriert

Katabolismus: gr. katabállein – verringern; Abbau von Substanzen im menschlichen Körper durch den Stoffwechsel; dient der Energiegewinnung

Katalysator: gr. katálysis – Auflösung, Vernichtung; Stoff, der chemische Reaktionen herbeiführt oder

die Reaktionsgeschwindigkeit erhöht, selbst aber unverändert bleibt

Keimbahn: Zellfolge, die in der Embryonalentwicklung eines vielzelligen Lebewesens von der befruchteten Eizelle zur Bildung der Keimdrüsen und Keimzellen führt

Kohlenhydrate: organische Verbindungen aus Kohlenstoff, Sauerstoff und Wasser; z. B. Stärke, Zucker, Zellulose

Kommunales Recht auf Selbstverwaltung: völkerrechtliche Grundregeln, welche die politische, finanzielle und verwaltungsmäßige Selbständigkeit der Staaten gewährleistet

kompetitiv: lat. competere – zusammentreffen; konkurrierend, im Wettbewerb um etwas stehen

komplementäre Basenpaarung: lat. complementare – sich ergänzen; Paarung der sich ergänzenden Basen (Adenin und Thymin; Guanin und Cytosin) bei der Bildung der Doppelhelix-Struktur der DNA

Konjugation: lat. conjugare – verbinden; Austausch von Genmaterial aus dem Zellkern zweier Einzeller oder Bakterien, einfachste Form der sexuellen Fortpflanzung

kontraktil: lat. contrahere – zusammenziehen; fähig, sich aktiv zusammenzuziehen

Kutikula: lat. cutis – Häutchen; wird von Epithelzellen nach außen abgeschieden, bedeckt äußerste Zellschicht vieler Pflanzen und Tiere

Langzeitdepression: lat. depressus – niedrig, tief; lang andauernde Abschwächung der Signalübertragung an neuronalen Synapsen; zelluläre Grundlage von Lernen und Gedächtnis (↑ Langzeitpotenzierung)

Langzeitgedächtnis: permanenter Wissensspeicher eines Menschen, Speicherung von Informationen über Minuten bis zu Jahren oder ein Leben lang möglich

Langzeitpotenzierung: lat. potens – stark, kräftig, wirksam; lang andauernde Verstärkung der Signalübertragung an neuronalen Synapsen, zelluläre Grundlage von Lernen und Gedächtnis (↑ Langzeitdepression)

Leukoplasten: gr. leukos – weiß, plastos – geformt, gebildet; farblose Untergruppe der Plastiden in pflanzlichen Zellen

Lysosomen: gr. lysis – Auflösung, soma – Körper; vom Golgi-Apparat gebildete Zellorganellen der eukaryotischen Zelle, die hydrolytische Enzyme zur Verdauung fremder oder körpereigener Stoffe enthalten

Makromolekular: gr. makro – groß, lang, lat. molekula – kleine Masse, Teilchen; aus Makromolekülen (Molekülen aus bis zu mehreren Hunderttausend Bausteinen) bestehend

marin: lat. mare – Meer; zum Meer gehörend

Markergen: wird in der Gentechnik an Fremd-DNA gekoppelt und führt bei erfolgreicher Transformation zu einer best. Funktion der transgenen Zellen (z. B. Produktion von Farbstoffen oder Antibiotika); dient der Kontrolle eines erfolgreichen Gentransfers

messenger-RNA: engl. messenger – Bote; Abk. mRNA; eine Ribonukleinsäure (ribonucleic acid); entsteht während der Proteinbiosynthese als Kopie der DNA zum Übertrag genetischer Information

Mindmapping: engl. mind – Geist, Verstand, to map – kartieren; grafische Darstellung, die Beziehungen zwischen Begriffen aufzeigt; dient der Gedankenstrukturierung.

Monosaccharide: gr. monos – allein, sakcharon – Zucker; Einfachzucker, kleinste Einheiten der Kohlenhydrate mit den wichtigen Vertretern Glucose, Fructose und Galactose; können sich zu Disacchariden, Oligosacchariden und Polysacchariden verbinden

MPN (most probable number)-Verfahren: Verfahren zur statistischen Bestimmung der „wahrscheinlichsten Keimzahl"

Mutagene: lat. mutare – verändern, gr. génesis – Geburt, Entstehung; in der Regel chemische oder physikalische Faktoren, die Mutationen des Erbguts eines Organismus auslösen und/oder dessen Mutationsrate erhöhen

Mycel: gr. Mykes – Pilz; Vegetationskörper der Pilze; kann aus Hyphen (Fadenmycel, ↑ Hyphe) oder kugelförmigen sog. Sprossketten (Sprossmycel) bestehen

Myelinscheide: gr. myelon – Fett; aus Myelin bestehende, lipidreiche isolierende Schicht um die Axone der Neuronen von Wirbeltieren

Natrium-Kalium-Pumpe: in Zellmembran verankertes Transmembranprotein mit Bindungsstellen für Natrium- und Kalium-Ionen sowie für ATP; unter Verbrauch von ATP werden in die Zelle eingedrungene Natrium-Ionen durch Kalium-Ionen aus dem Außenmedium ausgetauscht

Nervensystem: allen komplexeren Organismen eigenes übergeordnetes Kommunikations- und Schaltsystem, das aus der Gesamtheit aller Nervenzellen des Organismus besteht; integriert und koordiniert Informationen aus der Umwelt

Neuron: gr. neûron – Sehne, Band; Zelltyp mit der Fähigkeit, elektrische Signale über weite Entfernungen im Körper zu senden und zu empfangen, also auf Erregungsleitung spezialisiert

Nucleolus: lat. nucleolus – kleiner Kern; in fast allen eukaryotischen Zellkernen vorliegende eiweißhaltige Körperchen; mikroskopisch sichtbar

Nukleus: lat. nucleus – Kern; im Cytoplasma gelegener Zellkern der eukaryotischen Zelle

Oligopeptid: gr. oligo – wenig, selten, gering, peptos – gekocht; Peptid, das aus einer Verknüpfung von weniger als zehn Aminosäuren entstanden ist

Oligosaccharide: gr. oligo – wenig, selten, gering, sakcharon – Zucker; Kohlenhydrate, die aus 3–10 gleichen oder verschiedenen glykosidisch verknüpften Monosacchariden aufgebaut sind

Osmose: gr. osmos – das Stoßen, Schieben; Diffusion zwischen zwei unterschiedlich konzentrierten Substanzen (in der Regel gleichartige Flüssigkeiten) durch eine semipermeable (= halbdurchlässige) Membran

Oszilloskop: lat. oscillare – (sich) schaukeln, gr. skopein – betrachten; stellt voneinander unabhängige Spannungen über ihren zeitlichen Verlauf dar

Palisadengewebe: unterhalb der oberen Epidermis höherer Pflanzen gelegene Schicht aus zylindrischen Zellen mit hohem Gehalt an Chloroplasten

pH-Wert: lat. **p**otentia – Kraft, **h**ydrogenium – Wasserstoff; logarithmische Größe für die Stärke saurer und basischer Lösungen

Plasmolyse: gr. plásma – Gebilde, lýsis – Auflösung, Lösung; Vorgang bei osmotisch begründetem Wasserausstrom aus einer pflanzlichen Zelle, führt zu

Schrumpfung des Zellsaftraums und Ablösung der Zellmembran von der Zellwand

Polyphänie: gr. poly – allgemein, viel, phainesthai – erscheinen; Einfluss eines einzelnen Gens auf die Ausprägung mehrerer Merkmale

Polysaccharide: gr. poly – allgemein, viel, sakcharon – Zucker; Vielfachzucker, gehören zu den Kohlenhydraten; makromolekulare (↑ makromolekular) Verbindungen aus einer großen Anzahl glykosidisch verknüpfter Monosaccharide (↑ Monosaccharide)

Polysom: gr. poly – allgemein, viel, soma – Körper; perlschnurartige Aneinanderreihung mehrerer Ribosomen an der zu translatierenden mRNA (↑ messenger-RNA) während der Proteinbiosynthese im Cytoplasma

prosthetische Gruppe: gr. prósthetos – angesetzt, hinzugefügt; kovalent an ein Enzym gebundene, für dessen Funktion notwendige Gruppe (häufig Ionen)

Protozyten: gr. protos – erster, erstrangig, cytos – Zelle; bezeichnet prokaryotische Zellen, die keinen Nukleus (↑ Nukleus) besitzen

Quantitative Befragung: Methode, um Verhalten und Zusammenhänge systematisch als Modelle und/oder in zahlenmäßiger Ausprägung so genau wie möglich beschreiben und/oder vorhersagen zu können; die dafür nötigen repräsentativen Zufallsstichproben werden z. B. mit Fragebögen oder in Interviews erhoben

Reduktionsäquivalent: lat. reducere – zurückführen, aequus – gleich, valere – wert sein; die Menge eines Reduktionsmittels, die benötigt wird, um ein Elektron an jedes Molekül des zu reduzierenden Oxidationsmittels abzugeben; auch: Stoffklasse von als universelle Elektronenquellen dienenden Coenzymen

Reflex: lat. reflectere – zurückbeugen; neuronal vermittelte, rasche Reaktion des Organismus auf eine Reizung seiner Nervensysteme

Refraktärphase / Refraktärzeit: lat. refractarius – widersetzlich; Zeitspanne nach Auslösung eines Aktionspotenzials, in der eine erneute Reizung ohne Reizerfolg bleibt, bis das Ruhepotenzial wieder hergestellt ist

REM (Raster-Elektronenmikroskop): Oberflächenabbildungen werden durch Führen eines sehr fein gebündelten Elektronstrahls über eine Oberfläche („rastern") erzeugt; Wechselwirkungen der Elektronen mit dem Objekt lassen die Abbildung entstehen

reversibel: reversus – zurückgekehrt; umkehrbar, rückgängig zu machen (↑ irreversibel)

RNA (ribonucleic acid): wie die DNA ein Makromolekül aus zahlreichen Nukleotiden, liegt allerdings nur als Einzelstrang vor und transportiert und übersetzt die in der DNA gespeicherte genetische Information (↑ messenger-RNA)

RNA-Polymerase: für die Transkription während der Genexpression relevantes Enzym, das vom DNA-Matrizenstrang die Herstellung einer RNA-Kopie katalysiert

Ruhepotenzial: durch unterschiedliche Ionenverteilung zwischen intra- und extrazellulärem Raum entstehende Spannungsdifferenz

S = **Svedberg:** Sedimentationskoeffizient von der Größe S = 10–13s; Geschwindigkeit, mit der sich Teilchen im Einheitsbeschleunigungsfeld einer Ultrazentrifuge ablagern

saltatorische Nervenleitung: lat. saltare – springen; sprunghafte Weiterleitung von Aktionspotenzialen entlang einer myelinisierten Nervenfaser, die Erregung „springt" von einem Ranvier'schem Schnürring zum folgenden

saprophytisch: gr. sapros – faulig, phytón – das Gewachsene; Ernährungsweise, bei der Organismen (häufig Pilze) tote oder faule organische Substanz zersetzten und so dem Stoffkreislauf wieder zuführen

Semipermeabilität: lat. semi – halb, permeare – durchwandern; Halbdurchlässigkeit; Eigenschaft z. B. einer semipermeablen Membran, die nur für bestimmte Stoffe oder nur in eine Richtung durchlässig ist

Silierung: span. silo – Großraumbehälter; Vorgang der Herstellung von durch Milchsäuregärung konserviertem Grünfutter; wird auch als Konservierung der Rohstoffe für Biogasanalgen eingesetzt

Skleroproteine: gr. sklerós – rau, hart; protos – erster, erstrangig; Gerüstproteine des Organismus, besitzen eine Faserstruktur

somatische Gentherapie: gr. soma – der Körper; ausschließlich Köperzellen werden zu Therapiezwecken in ihrer genetischen Zusammensetzung verändert

Splicing: eng. splice – spleißen, kleben; Herausschneiden der Introns aus der prä-mRNA sowie anschließendes Verbinden der übrigen Exons im Verlauf der Transkription bei der Proteinbiosynthese

Steroide: gr. strereó – das Feste, Starre, -oeides – ähnlich; Lipidhormone, deren Gerüst sich vom Cholesterin ableitet und die meist in der Nebennierenrinde, den Keimdrüsen und dem zentralen Nervensystem gebildet werden

Stomata: gr. stoma – Mund, Mündung, Öffnung; Spaltöffnungen, funktionelle Einheiten der Blattepidermis, an denen der Gasaustausch zwischen Außenwelt und interzellularem pflanzlichen Gewebe erfolgt

Synapsen: gr. syn – zusammen, gr. haptein – fassen, ergreifen, tasten; Schaltstellen und Brücken zwischen Nerven- und anderen Zellen wie Muskel-, Sinnes-, aber auch weiteren Nervenzellen, die der Erregungsübertragung dienen

TEM (Transmissions-Elektronenmikroskop): eine Betriebsart der Elektronenmikroskopie

Thylakoide: gr. thýlakos – Sack, Beutel; Membransysteme in den Chloroplasten pflanzlicher Zellen oder fotosynthetisch aktiver Bakterien

Transkription: lat. trans – über, hinüber, durch, scribere – schreiben; wesentlicher Teilprozess der Genexpression; genetische Information der unbeweglichen DNA wird auf mobile mRNA (↑ messenger-RNA) umgeschrieben

Translation: lat. translatus – hinübertragen (Part. Perf. transferre); der Transkription (↑ Transkription) nachgelagerter, wesentlicher Teilprozess der Genexpression; bezeichnet die Dekodierung von mRNA zur Herstellung von Polypeptiden nach dem in der mRNA enthaltenen genetischen Code

Transmitter: lat. trans – über, hinüber, durch, mittere – gehen lassen, schicken; heterogene biochemische Substanzen, dienen der Weitergabe von Information zwischen erregbaren Zellen über Synapsen

Transpiration: lat. trans – über, hinüber, durch, spirare – Atem schöpfen, atmen; bei Pflanzen: Abgabe von Wasserdampf; findet zum größten Teil über die Spaltöffnungen, in geringerem Maß über die Kutikula statt

Triglyceride: gr. tría – drei; glycerós – süß; entstehen durch Veresterung des dreiwertigen Alkohols Glycerin mit drei Säuremolekülen

Turgor: lat. turgere – anschwellen, trotzen; bezeichnet den inneren Druck des Zellsafts auf die Zellwand pflanzlicher Zellen

Van-der-Waals-Kräfte: Bindungskräfte zwischen Molekülen; sie beruhen auf elektrostatischen Wechselwirkungen zwischen Atomen oder Molekülen und sind die Ursache der Van-der-Waals-Bindung

Wasserrahmenrichtlinie: vereinheitlicht den rechtlichen Rahmen für die Wasserpolitik innerhalb der Europäischen Union; dient dem Zweck, die Wasserpolitik stärker auf eine nachhaltige und umweltverträgliche Wassernutzung auszurichten

WTO (World Trade Organisation): internationale Organisation, die sich unter der Prämisse einer liberalen Außenhandelspolitik mit der Regelung von Handels- und Wirtschaftsbeziehungen beschäftigt

zyklisch: gr. kýklos – Kreis; regelmäßig wiederkehrend, wiederholend; auch: kreisförmig (↑ azyklisch)

α-Helix: gr. helix – Windung, Spirale; aufgrund von Wasserstoffbrückenbildung entstehende, häufig spiralförmige Sekundärstruktur bei Polypeptiden

Stichwortverzeichnis

(Seitenzahl f. = die folgende Seite, Seitenzahl ff. = die folgenden Seiten einbeziehend)

Bildquellenverzeichnis